*· The Expression of the Emotions in Man and Animals ·*

本书深刻揭示了动物和人类之间心理机能的连续性，开创了心理学的一个崭新时代！

——《心理学报》

理智受情感奴役。

——〔英〕大卫·休谟

如果没有"人类的情绪"，那么绝不会而且不可能有人类对真理的追求！

——〔苏联〕弗拉基米尔·列宁

本书列入"十四五"国家重点图书出版规划

# 科学元典丛书

*The Series of the Great Classics in Science*

主　　编　任定成

执行主编　周雁翎

策　　划　周雁翎

丛书主持　陈　静

科学元典是科学史和人类文明史上划时代的丰碑，是人类文化的优秀遗产，是历经时间考验的不朽之作。它们不仅是伟大的科学创造的结晶，而且是科学精神、科学思想和科学方法的载体，具有永恒的意义和价值。

科学元典丛书

# 人类和动物的表情

*The Expression of the Emotions in Man and Animals*

［英］达尔文 著　周邦立 译

北京大学出版社

PEKING UNIVERSITY PRESS

**图书在版编目(CIP)数据**

人类和动物的表情/（英）达尔文著；周邦立译. —北京： 北京大学出版社，2009.11
（科学元典丛书）

ISBN 978-7-301-15749-7

Ⅰ. 人…　Ⅱ. ①达…②周…　Ⅲ. 达尔文学说　Ⅳ. Q111.2

中国版本图书馆 CIP 数据核字（2009）第 167063 号

| | |
|---|---|
| 书　　　名 | **人类和动物的表情** |
| | RENLEI HE DONGWU DE BIAOQING |
| 著作责任者 | 〔英〕达尔文 著　周邦立 译 |
| 丛 书 策 划 | 周雁翎 |
| 丛 书 主 持 | 陈　静 |
| 责 任 编 辑 | 陈　静 |
| 标 准 书 号 | ISBN 978-7-301-15749-7 |
| 出 版 发 行 | 北京大学出版社 |
| 地　　　址 | 北京市海淀区成府路 205 号　100871 |
| 网　　　址 | http://www.pup.cn　新浪微博：@ 北京大学出版社 |
| 微信公众号 | 通识书苑（微信号：sartspku）科学元典（微信号：kexueyuandian） |
| 电 子 邮 箱 | 编辑部 jyzx@pup.cn　总编室 zpup@pup.cn |
| 电　　　话 | 邮购部 010-62752015　发行部 010-62750672　编辑部 010-62707542 |
| 印 刷 者 | 北京中科印刷有限公司 |
| 经 销 者 | 新华书店 |
| | 787 毫米×1092 毫米　16 开本　20.25 印张　彩插 8　400 千字 |
| | 2009 年 11 月第 1 版　2024 年 1 月第 7 次印刷 |
| 定　　　价 | 69.00 元 |

# 弁　言

这套丛书中收入的著作，是自古希腊以来，主要是自文艺复兴时期现代科学诞生以来，经过足够长的历史检验的科学经典。为了区别于时下被广泛使用的"经典"一词，我们称之为"科学元典"。

我们这里所说的"经典"，不同于歌迷们所说的"经典"，也不同于表演艺术家们朗诵的"科学经典名篇"。受歌迷欢迎的流行歌曲属于"当代经典"，实际上是时尚的东西，其含义与我们所说的代表传统的经典恰恰相反。表演艺术家们朗诵的"科学经典名篇"多是表现科学家们的情感和生活态度的散文，甚至反映科学家生活的话剧台词，它们可能脍炙人口，是否属于人文领域里的经典姑且不论，但基本上没有科学内容。并非著名科学大师的一切言论或者是广为流传的作品都是科学经典。

这里所谓的科学元典，是指科学经典中最基本、最重要的著作，是在人类智识史和人类文明史上划时代的丰碑，是理性精神的载体，具有永恒的价值。

## 一

科学元典或者是一场深刻的科学革命的丰碑，或者是一个严密的科学体系的构架，或者是一个生机勃勃的科学领域的基石，或者是一座传播科学文明的灯塔。它们既是昔日科学成就的创造性总结，又是未来科学探索的理性依托。

哥白尼的《天体运行论》是人类历史上最具革命性的震撼心灵的著作，它向统治西方思想千余年的地心说发出了挑战，动摇了"正统宗教"学说的天文学基础。伽利略《关于托勒密和哥白尼两大世界体系的对话》以确凿的证据进一步论证了哥白尼学说，更直接地动摇了教会所庇护的托勒密学说。哈维的《心血运动论》以对人类躯体和心灵的双重关怀，满怀真挚的宗教情感，阐述了血液循环理论，推翻了同样统治西方思想千余年、被"正统宗教"所庇护的盖伦学说。笛卡儿的《几何》不仅创立了为后来诞生的微积分提供了工具的解析几何，而且折射出影响万世的思想方法论。牛顿的《自然哲学之数学原理》标志着 17 世纪科学革命的顶点，为后来的工业革命奠定了科学基础。分别以惠更斯的《光论》与牛顿的《光学》为代表的波动说与微粒说之间展开了长达 200 余年的论战。拉瓦锡在《化学基础论》中详尽论述了氧化理论，推翻了统治化学百余年之久的燃素理论，这一智识壮举被公认为历史上最自觉的科学革命。道尔顿的《化学哲学新体系》奠定了物质结构理论的基础，开创了科学中的新时代，使 19 世纪的化学家们有计划地向未知领域前进。傅立叶的《热的解析理论》以其对热传导问题的精湛处理，突破了牛顿的《自然哲学之数学原理》所规定的理论力学范围，开创了数学物理学的崭新领域。达尔文《物种起源》中的进化论思想不仅在生物学发展到分子水平的今天仍然是科学家们阐释的对象，而且 100 多年来几乎在科学、社会和人文的所有领域都在施展它有形和无形的影响。《基因论》揭示了孟德尔式遗传性状传递机理的物质基础，把生命科学推进到基因水平。爱因斯坦的《狭义与广义相对论浅说》和薛定谔的《关于波动力学的四次演讲》分别阐述了物质世界在高速和微观领域的运动规律，完全改变了自牛顿以来的世界观。魏格纳的《海陆的起源》提出了大陆漂移的猜想，为当代地球科学提供了新的发展基点。维纳的《控制论》揭示了控制系统的反馈过程，普里戈金的《从存在到演化》发现了系统可能从原来无序向新的有序态转化的机制，二者的思想在今天的影响已经远远超越了自然科学领域，影响到经济学、社会学、政治学等领域。

科学元典的永恒魅力令后人特别是后来的思想家为之倾倒。欧几里得的《几何原本》以手抄本形式流传了 1800 余年，又以印刷本用各种文字出了 1000 版以上。阿基米德写了大量的科学著作，达·芬奇把他当作偶像崇拜，热切搜求他的手稿。伽利略以他的继承人自居。莱布尼兹则说，了解他的人对后代杰出人物的成就就不会那么赞赏了。为捍卫《天体运行论》中的学说，布鲁诺被教会处以火刑。伽利略因为其《关于托勒密和哥白尼两大世界体系的对话》一书，遭教会的终身监禁，备受折磨。伽利略说吉尔伯特的《论磁》一书伟大得令人嫉妒。拉普拉斯说，牛顿的《自然哲学之数学原理》揭示了宇宙的最伟大定律，它将永远成为深邃智慧的纪念碑。拉瓦锡在他的《化学基础论》出版后 5 年被法国革命法庭处死，传说拉格朗日悲愤地说，砍掉这颗头颅只要一瞬间，再长出这样的头颅 100 年也不够。《化学哲学新体系》的作者道尔顿应邀访法，当他走进法国科学院会议厅时，院长和全体院士起立致敬，得到拿破仑未曾享有的殊荣。傅立叶在《热的解析理论》中阐述的强有力的数学工具深深影响了整个现代物理学，推动数学分析的发展达一个多世纪，麦克斯韦称赞该书是"一首美妙的诗"。当人们咒骂《物种起源》是"魔鬼的经典""禽兽的哲学"的时候，赫胥黎甘做"达尔文的斗犬"，挺身捍卫进化论，撰写了《进化论与伦理学》和《人类在自然界的位置》，阐发达尔文的学说。经过严复的译述，赫胥黎的著作成为维新领袖、辛亥精英、"五四"斗士改造中国的思想武器。爱因斯坦说法拉第在《电学实验研究》中论证的磁场和电场的思想是自牛顿以来物理学基础所经历的最深刻变化。

在科学元典里，有讲述不完的传奇故事，有颠覆思想的心智波涛，有激动人心的理性思考，有万世不竭的精神甘泉。

## 二

按照科学计量学先驱普赖斯等人的研究，现代科学文献在多数时间里呈指数增长趋势。现代科学界，相当多的科学文献发表之后，并没有任何人引用。就是一时被引用过的科学文献，很多没过多久就被新的文献所淹没了。科学注重的是创造出新的实在知识。从这个意义上说，科学是向前看的。但是，我们也可以看到，这么多文献被淹没，也表明划时代的科学文献数量是很少的。大多数科学元典不被现代科学文献所引用，那是因为其中的知识早已成为科学中无须证明的常识了。即使这样，科学经典也会因为其中思想的恒久意义，而像人文领域里的经典一样，具有永恒的阅读价值。于是，科学经典就被一编再编、一印再印。

早期诺贝尔奖得主奥斯特瓦尔德编的物理学和化学经典丛书"精密自然科学经典"从 1889 年开始出版，后来以"奥斯特瓦尔德经典著作"为名一直在编辑出版，有资料说目前已经出版了 250 余卷。祖德霍夫编辑的"医学经典"丛书从 1910 年就开始陆续出版了。也是这一年，蒸馏器俱乐部编辑出版了 20 卷"蒸馏器俱乐部再版本"丛书，丛书中全是化学经典，这个版本甚至被化学家在 20 世纪的科学刊物上发表的论文所引用。一般把 1789 年拉瓦锡的化学革命当作现代化学诞生的标志，把 1914 年爆发的第一次世界大战称为化学家之战。奈特把反映这个时期化学的重大进展的文章编成一卷，把这个时期的其他 9 部总结性化学著作各编为一卷，辑为 10 卷"1789—1914 年的化学发展"丛书，于 1998 年出版。像这样的某一科学领域的经典丛书还有很多很多。

　　科学领域里的经典，与人文领域里的经典一样，是经得起反复咀嚼的。两个领域里的经典一起，就可以勾勒出人类智识的发展轨迹。正因为如此，在发达国家出版的很多经典丛书中，就包含了这两个领域的重要著作。1924 年起，沃尔科特开始主编一套包括人文与科学两个领域的原始文献丛书。这个计划先后得到了美国哲学协会、美国科学促进会、美国科学史学会、美国人类学协会、美国数学协会、美国数学学会以及美国天文学学会的支持。1925 年，这套丛书中的《天文学原始文献》和《数学原始文献》出版，这两本书出版后的 25 年内市场情况一直很好。1950 年，沃尔科特把这套丛书中的科学经典部分发展成为"科学史原始文献"丛书出版。其中有《希腊科学原始文献》《中世纪科学原始文献》和《20 世纪（1900—1950 年）科学原始文献》，文艺复兴至 19 世纪则按科学学科（天文学、数学、物理学、地质学、动物生物学以及化学诸卷）编辑出版。约翰逊、米利肯和威瑟斯庞三人主编的"大师杰作丛书"中，包括了小尼德勒编的 3 卷"科学大师杰作"，后者于 1947 年初版，后来多次重印。

　　在综合性的经典丛书中，影响最为广泛的当推哈钦斯和艾德勒 1943 年开始主持编译的"西方世界伟大著作丛书"。这套书耗资 200 万美元，于 1952 年完成。丛书根据独创性、文献价值、历史地位和现存意义等标准，选择出 74 位西方历史文化巨人的 443 部作品，加上丛书导言和综合索引，辑为 54 卷，篇幅 2 500 万单词，共 32 000 页。丛书中收入不少科学著作。购买丛书的不仅有"大款"和学者，而且还有屠夫、面包师和烛台匠。迄 1965 年，丛书已重印 30 次左右，此后还多次重印，任何国家稍微像样的大学图书馆都将其列入必藏图书之列。这套丛书是 20 世纪上半叶在美国大学兴起而后扩展到全社会的经典著作研读运动的产物。这个时期，美国一些大学的寓所、校园和酒吧里都能听到学生讨论古典佳作的声音。有的大学要求学生必须深研 100 多部名著，甚至在教学中不得使用最新的实验设备，而是借助历史上的科学大师所使用的方法和仪器复制品去再现划时代的著名实验。至 20 世纪 40 年代末，美国举办古典名著学习班的城市达 300 个，学员 50 000 余众。

　　相比之下，国人眼中的经典，往往多指人文而少有科学。一部公元前 300 年左右古希腊人写就的《几何原本》，从 1592 年到 1605 年的 13 年间先后 3 次汉译而未果，经 17 世纪初和 19 世纪 50 年代的两次努力才分别译刊出全书来。近几百年来移译的西学典籍中，成系统者甚多，但皆系人文领域。汉译科学著作，多为应景之需，所见典籍寥若晨星。借 20 世纪 70 年代末举国欢庆"科学春天"到来之良机，有好尚者发出组译出版"自然科学世界名著丛书"的呼声，但最终结果却是好尚者抱憾而终。20 世纪 90 年代初出版的"科学名著文库"，虽使科学元典的汉译初见系统，但以 10 卷之小的容量投放于偌大的中国读书界，与具有悠久文化传统的泱泱大国实不相称。

我们不得不问：一个民族只重视人文经典而忽视科学经典，何以自立于当代世界民族之林呢？

# 三

科学元典是科学进一步发展的灯塔和坐标。它们标识的重大突破，往往导致的是常规科学的快速发展。在常规科学时期，人们发现的多数现象和提出的多数理论，都要用科学元典中的思想来解释。而在常规科学中发现的旧范型中看似不能得到解释的现象，其重要性往往也要通过与科学元典中的思想的比较显示出来。

在常规科学时期，不仅有专注于狭窄领域常规研究的科学家，也有一些从事着常规研究但又关注着科学基础、科学思想以及科学划时代变化的科学家。随着科学发展中发现的新现象，这些科学家的头脑里自然而然地就会浮现历史上相应的划时代成就。他们会对科学元典中的相应思想，重新加以诠释，以期从中得出对新现象的说明，并有可能产生新的理念。百余年来，达尔文在《物种起源》中提出的思想，被不同的人解读出不同的信息。古脊椎动物学、古人类学、进化生物学、遗传学、动物行为学、社会生物学等领域的几乎所有重大发现，都要拿出来与《物种起源》中的思想进行比较和说明。玻尔在揭示氢光谱的结构时，提出的原子结构就类似于哥白尼等人的太阳系模型。现代量子力学揭示的微观物质的波粒二象性，就是对光的波粒二象性的拓展，而爱因斯坦揭示的光的波粒二象性就是在光的波动说和微粒说的基础上，针对光电效应，提出的全新理论。而正是与光的波动说和微粒说二者的困难的比较，我们才可以看出光的波粒二象性学说的意义。可以说，科学元典是时读时新的。

除了具体的科学思想之外，科学元典还以其方法学上的创造性而彪炳史册。这些方法学思想，永远值得后人学习和研究。当代诸多研究人的创造性的前沿领域，如认知心理学、科学哲学、人工智能、认知科学等，都涉及对科学大师的研究方法的研究。一些科学史学家以科学元典为基点，把触角延伸到科学家的信件、实验室记录、所属机构的档案等原始材料中去，揭示出许多新的历史现象。近二十多年兴起的机器发现，首先就是对科学史学家提供的材料，编制程序，在机器中重新做出历史上的伟大发现。借助于人工智能手段，人们已经在机器上重新发现了波义耳定律、开普勒行星运动第三定律，提出了燃素理论。萨伽德甚至用机器研究科学理论的竞争与接受，系统研究了拉瓦锡氧化理论、达尔文进化学说、魏格纳大陆漂移说、哥白尼日心说、牛顿力学、爱因斯坦相对论、量子论以及心理学中的行为主义和认知主义形成的革命过程和接受过程。

　　除了这些对于科学元典标识的重大科学成就中的创造力的研究之外，人们还曾经大规模地把这些成就的创造过程运用于基础教育之中。美国几十年前兴起的发现法教学，就是在这方面的尝试。近二十多年来，兴起了基础教育改革的全球浪潮，其目标就是提高学生的科学素养，改变片面灌输科学知识的状况。其中的一个重要举措，就是在教学中加强科学探究过程的理解和训练。因为，单就科学本身而言，它不仅外化为工艺、流程、技术及其产物等器物形态，直接表现为概念、定律和理论等知识形态，更深蕴于其特有的思想、观念和方法等精神形态之中。没有人怀疑，我们通过阅读今天的教科书就可以方便地学到科学元典著作中的科学知识，而且由于科学的进步，我们从现代教科书上所学的知识甚至比经典著作中的更完善。但是，教科书所提供的只是结晶状态的凝固知识，而科学本是历史的、创造的、流动的，在这历史、创造和流动过程之中，一些东西蒸发了，另一些东西积淀了，只有科学思想、科学观念和科学方法保持着永恒的活力。

　　然而，遗憾的是，我们的基础教育课本和科普读物中讲的许多科学史故事不少都是误讹相传的东西。比如，把血液循环的发现归于哈维，指责道尔顿提出二元化合物的元素原子数最简比是当时的错误，讲伽利略在比萨斜塔上做过落体实验，宣称牛顿提出了牛顿定律的诸数学表达式，等等。好像科学史就像网络上传播的八卦那样简单和耸人听闻。为避免这样的误讹，我们不妨读一读科学元典，看看历史上的伟人当时到底是如何思考的。

　　现在，我们的大学正处在席卷全球的通识教育浪潮之中。就我的理解，通识教育固然要对理工农医专业的学生开设一些人文社会科学的导论性课程，要对人文社会科学专业的学生开设一些理工农医的导论性课程，但是，我们也可以考虑适当跳出专与博、文与理的关系的思考路数，对所有专业的学生开设一些真正通而识之的综合性课程，或者倡导这样的阅读活动、讨论活动、交流活动甚至跨学科的研究活动，发掘文化遗产、分享古典智慧、继承高雅传统，把经典与前沿、传统与现代、创造与继承、现实与永恒等事关全民素质、民族命运和世界使命的问题联合起来进行思索。

　　我们面对不朽的理性群碑，也就是面对永恒的科学灵魂。在这些灵魂面前，我们不是要顶礼膜拜，而是要认真研习解读，读出历史的价值，读出时代的精神，把握科学的灵魂。我们要不断吸取深蕴其中的科学精神、科学思想和科学方法，并使之成为推动我们前进的伟大精神力量。

任定成

2005 年 8 月 6 日

北京大学承泽园迪吉轩

位于英国伦敦自然历史博物馆的达尔文雕像。

▶ 达尔文的外祖父乔塞亚·韦奇伍德（Josiah Wedgwood，1730—1795），英国著名的"韦奇伍德"美术瓷器厂创办人，1769年建立了伊特鲁里亚工业示范城。他与拉兹马斯是好朋友。

▲ 达尔文的祖父拉兹马斯·达尔文（Erasmus Darwin，1731—1802），医生、地质学家、博物学家、政治进步人士，主张无神论，著有《动物生理学》。

▲ 乔塞亚·韦奇伍德一家。右侧坐着的是乔塞亚及其妻子，中间戴白色帽子的是达尔文的母亲苏珊娜。

◀ 韦奇伍德家庭的勋章。

◄ 达尔文的父亲罗伯特·韦林·达尔文（Robert Waring Darwin，1766—1848）。他19岁时就出版了一部医学著作。他慈爱但过于严厉，一心希望达尔文长大后当医生，常常批评达尔文读书不用功，达尔文对父亲很是尊敬和爱戴，却又害怕会令父亲失望。

▲ 1809年2月12日，达尔文出生于英国英格兰西部城市什鲁斯伯里（Shrewsbury）的一个名叫Shropshire的乡村，图为什鲁斯伯里广场。

▲ 今日Shropshire乡村的一条小河。

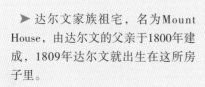

▶ 达尔文家族祖宅，名为Mount House，由达尔文的父亲于1800年建成，1809年达尔文就出生在这所房子里。

◀ 什鲁斯伯里学校图书馆。达尔文8岁时在该校走读，后来他称这是他枯燥的学习生涯的开始。那时候达尔文无心学习诸如语言、历史、文学等传统文化课，却不知疲倦地观察植物、昆虫和鸟类。

▶ 爱丁堡大学是英国一所著名的以医科为招牌的大学。达尔文16岁时在父亲的意愿下进入该校攻读医科专业。在这里，枯燥的课程使他对医学彻底失望，他不得不把兴趣转移到他的爱好上面来。但后来他却十分后悔没在这里好好学解剖学。

▼ 剑桥大学。1827年，18岁的达尔文毅然转学到剑桥大学，他兴趣广泛，一边攻读文凭，一边饶有兴致地学习几何学、自然神学以及艺术等。

► 达尔文舅舅的庄园。达尔文喜欢这里，因为每到打猎季节，他就能在附近森林里得到充分的精神享受。达尔文自幼对大自然有着浓厚的兴趣，他骑马、打猎、钓鱼、采集矿石、捕捉昆虫、钻进树林观察鸟类的习性……他常常边观察边思考，甚至忘记了危险。有一次，达尔文在一个古代城堡上散步，像往常一样陷入了沉思，突然一脚踩空，从城垛上跌了下来。甚至这个时候，他还在思考自己的跌落时的反应怎么与之前的心理学家认为的不一样。

◄ 上学时期的达尔文爱好搜集标本，并将搜集来的甲虫进行仔细分类。达尔文在自传里提到："除了搜集甲虫标本，其他没有一件事情能激发我的热情，引起我的快乐。"在剑桥大学上学期间的某一天，达尔文到伦敦郊外的一片树林里转悠。突然，他发现在一块将要脱落的树皮下有两只奇特的甲虫，他马上左右开弓抓在手里观看，正在这时，树皮里又跳出一只甲虫，达尔文毫不犹豫把手里的甲虫藏到嘴里，伸手又把第三只甲虫抓到。这时的达尔文，只顾得意地欣赏手中的甲虫，却忘了嘴里的那只，直到它放出毒汁，把他的舌头蜇得又麻又痛。后来，人们为了纪念他首先发现的这种甲虫，就把它命为"达尔文"。

▲ 达尔文用过的"六分仪"。

◀党豪思（Down House）别墅。达尔文从33岁起，就常居住在这里，除了一些拜访活动和各种疗养，他基本上足不出户。在此，他也接待过许多杰出的人物，比如胡克、莱伊尔、赫胥黎、赫克尔、华莱士……

▶达尔文的手稿。达尔文因为健康的原因，晚年每天只能集中精神做四个小时的研究工作。在这样的生活中，阅读浪漫的小说成了达尔文重要的调剂。

◀达尔文的居室内景。达尔文故居位于伦敦南郊，至今保存完好，向游客开放。

➤ 1842年，达尔文与长子威廉（William Erasmus Darwin, 1839—1914）的合影。达尔文于1839年与埃玛·韦奇伍德结婚，婚后育有六子四女，但有三个不幸夭折。1839年达尔文当选为伦敦皇家学会的委员。在达尔文的家族中，有很多人曾经当选为伦敦皇家学会的委员：他的祖父、外祖父、父亲以及达尔文的三个儿子：乔治（George Darwin, 1845—1912），天文学家、数学家；弗朗西斯（Francis Darwin, 1848—1925），植物学家；贺瑞斯（Horace Darwin, 1851—1928)，土木工程师。

◀ 埃玛与儿子伦纳德（Leonard Darwin, 1850—1943）的合影。

◀1882年4月26日，达尔文的葬礼在威斯敏斯特大教堂隆重举行。他的墓碑与牛顿的墓碑紧邻。

▲ 晚年的达尔文。尽管体弱多病，但达尔文以惊人的毅力，顽强地坚持进行科学研究和写作，连续出版了《人类的由来及性选择》、《人类和动物的表情》等很多著作。达尔文本人认为他"一生中主要的乐趣和唯一的事业"是他的科学著作。

◄ 达尔文的长子威廉。达尔文在自传里写道："我的长子生于1839年12月27日，我马上开始记录他所表现的各种表情的开端，因为我相信，即使在这个早期，最复杂最细微的表情一定都有一个逐渐的和自然的起源。"

► 达尔文的女儿安妮（Anne Darwin，1841—1851）在10岁时不幸夭折，这一事件在达尔文的一生中都是一个难以愈合的伤口。更何况达尔文性格格外敏感细腻，对于自然界存在的诸多苦难和痛苦，怀有深刻体会。

# 目 录

# 导 读

陈蓉霞

（上海师范大学 教授）

**• Introduction to Chinese Version •**

作为进化的造物——人类，我们不仅拥有发达的智力，同时还拥有最为丰富的情感。尽管由达尔文开创的科学告诉我们，这种情感也许只不过是自然选择的"策略"而已，但这丝毫不会影响我们珍爱自己的感情生活。假设生活中缺失了情感，不再有喜怒哀乐，不再有彼此间的信任与默契，更重要的是，不再有相濡以沫之情，这将是毫无意义的人生。达尔文充分地意识到这一点，所以，继《物种起源》（1859 年）和《人类的由来》（1871 年）之后，他又发表了《人类和动物的表情》（1872 年）一书。

有这样一则故事:拿破仑从俄国撤军时,眼看追兵就在后面,情急之下躲进一个犹太裁缝家。尽管犹太裁缝不知逃亡者为何人,但还是让他藏在床上的毛皮褥子下面。不一会儿,俄国追兵赶到,他们没有找到拿破仑,临走时还用长矛戳了戳毛皮褥子。躲过一劫的拿破仑对犹太裁缝满怀感激之情,亮明身份后说,作为皇帝,他可以满足裁缝提出的三个要求。裁缝的前两个要求都不难做到,只是第三个要求:"对不起,陛下,您能告诉我,当俄国兵用长矛戳毛皮褥子的时候,您感觉如何?"拿破仑大怒:"你竟敢问皇帝这样的问题! 因为你的冒失,天一亮我就枪毙你!"

在惊慌绝望中度过一夜的裁缝,天亮后被带到一棵树下,一队士兵就站在他面前,用枪瞄准他。就在军官准备发出射击命令时,拿破仑的侍兵骑马飞奔而来。"慢,不要开枪,陛下赦免了你,还让我带来了这张纸条。"裁缝长舒一口气,打开字条,上面写着:"你想知道我藏在你家毛皮褥子下的感受,是吗? 现在你知道了吧!"

这则故事耐人寻味。它告诉我们,恐惧作为一种情感,人皆有之,与生俱来,却难以言说,唯有我们的感受及其表情才可道出我们内心的恐惧之感。人类有多种情感(或情绪,英语为同一个词,emotion,本文经常互用这两个词),恐惧是其中的一种。达尔文的著作《人类和动物的表情》(*The Expression of the Emotion in Man and Animals*)一书讨论的就是种种情感在人类和动物中的表达。该书其实是达尔文另外一部著作《人类的由来及性选择》中的一章内容的扩充。

达尔文在这部著作中表达的基本思想即是,人类的情感是天生的,不习自会的,并且具有共性,比如,当害羞时,各地的人都会脸红,哪怕是黑人,也能观察到他们的脸色因此而更有光泽。给生活在新几内亚巴布亚岛上的土著人出示一张板着脸的高加索人照片,前者能毫不费力指出后者在生气。也许不同的文化在习俗礼节等细节上存在着诸多差异,但我们却天生具有一套相同的、最为基本的心理构造。

既然情绪表达具有这种相通性和天生性,这就表明,它们是通过遗传而来,并且与自然选择密切相关。与此同时,达尔文还以相当的篇幅关注各种情绪的躯体表达特征,尤其是脸部表情与情感的相关性。更为重要的是,这种情感在动物身上也有相似表达,达尔文以此证明,这是人类起源于动物的又一个明证。

本导读以情感(或情绪)作为主线,讨论当代神经生理学及其心理学对此研究的新进展,作为对达尔文著作的补充说明。

## 一、五种基本情感及其概述

达尔文根据表情特征把人类的情绪大致分为:痛苦、悲哀(忧虑)、快乐(爱情、崇拜)、不快(默想)、愤怒(憎恨)、厌恶(鄙视、轻蔑)、惊奇和害羞。

当代心理家认为,人类的情绪分为基本情绪和次级情绪。基本情绪有五种:快乐、悲

---

◀ 达尔文的研究室一角。达尔文不到 30 岁就患上了严重的心脏病,而且随着年龄增长以及科研任务日益繁重,各种疾病也逐渐缠身,这使得达尔文后半生的旅程很大部分是在与疾病的痛苦搏斗中度过。

伤、愤怒、恐惧和厌恶，它们分别对应于特定的躯体状态。次级情绪是上述五种基本情绪的细微变体，比如，欣喜和惊喜是快乐的变体；忧郁和惆怅是悲伤的变体；惊慌、害羞与焦虑是恐惧的变体；憎恨是愤怒的变体；鄙视和轻蔑是厌恶的变体。今天的神经生理学告诉我们，基本情绪与特定的神经通路有关，当这些通路被激发时，我们就感受到了悲伤、快乐、愤怒或恐惧。次级情绪则还与经验有关，当基本情绪与个体的认知经验相结合时，我们就会体验到更为复杂的心理感受，如悔恨、尴尬、喜出望外或幸灾乐祸等。

就神经生理学机制而言，大脑由三部分构成：最低等的爬行动物大脑，掌管基本的生理需求；哺乳动物大脑掌管基本的情感；最后就是大脑新皮质，尤其是其中的额叶，掌管各路信息的整合。不用说，灵长类，尤其是人类，具有发达的大脑新皮质，它能对基本情感进行加工整理，使人类的情感世界以丰富多变的面目出现，诸如多愁善感、爱恨交加等等。

值得注意的是，上述五种基本情绪中，除快乐之外，其余四种都是负面情绪。这一点意味深长。它表明，地球上的动物（包括人类自身）大多时候都生活在一种危机四伏的环境之中，身边随时会有天敌出现，或是突如其来的雷声，更不用说洪水、干旱、疾病等自然灾害的如影相随。因此在所有的情绪中，恐惧是一种最为原始古老的情绪，它犹如忠实的报警装置，提醒我们避开危险，防患于未然。其余则有悲伤、愤怒和厌恶，它们同样是对世事无常或可憎之事的提醒。休谟深刻地洞察到了这一点。在他看来，"最早的宗教观念并不是源于对自然之工的沉思，而是源于一种对生活事件的关切，源于那激发了人类心灵发展的绵延不绝的希望和恐惧"。[①] 这是因为，"我们既没有充分的智慧去预知，也没有足够的力量去防范那些不断威胁我们的灾难。我们永远悬浮在生与死、健康与疾病、丰足和匮乏之间"。[②] 这就是说，人类生活中的厄运远远多于好运，正如古希腊诗人荷马所说："诸神赐予我们一份快乐，就要相伴双份的苦难。"也正如作家张爱玲的叹息："长的是磨难，短的是人生。"而人又是这样一种动物，到手的好运认为是理所当然，经历的厄运则久久难忘，所谓"一朝被蛇咬，十年怕井绳"。其间的缘由则在于，正是对厄运或痛苦的深刻记忆避免让我们重蹈覆辙。生于忧患，死于安乐，居安还须思危，实在是古代圣人留给我们的极为深刻的智慧。难怪在五种基本情绪中，负面情绪会占上四种。正因如此，人类文明中的各种宗教应运而生，它们大多是为了解答生存中的困境或痛苦之情。

若说人类（其实还有动物）大多数时候都生活在负面情绪之中，亦即被不快、忧虑甚至痛苦所缠绕，那么，人类或动物为何还会有求生避死的本能、一种强烈的求生欲望？对于自然界存在的诸多苦难和痛苦，作为博物学家的达尔文怀有深刻体会，更何况达尔文生性格外敏感细腻，他的爱女安妮在 10 岁时夭折，这一事件在达尔文的一生中都是一个难以愈合的伤口。越是思考自然界的苦难，达尔文就越发困惑，因为当时的神学理论把世间所有的苦难都归诸于上帝对于信徒的考验，但他却无论如何也想不通，一个真正仁慈全能的上帝，怎么可能会把秩序建立在一种无比沉重的痛苦之上。于是，"我深深地感到，整个问题对于人类智力来说过于深奥，如同一条狗在思索牛顿的心智那样"。

在《自传》中，达尔文试图确定在所有具有感觉能力的生命中，究竟是"悲惨更多，还

---

① 大卫·休谟：《宗教的自然史》，徐晓宏译。上海人民出版社，2003 年，第 13 页。
② 同上，第 16 页。

是快乐更多","这一世界作为整体是善还是恶。"对于这些问题的回答,他有些拿不定主意。"根据我的判断,快乐当然更占上风,尽管难以证实。"他认为,如果一个物种的所有成员都习以为常地蒙受痛苦,它们就会"不再关注繁衍,但我们没有理由相信这种情形曾经或者至少是经常发生"。痛苦和愉悦都是行为的动机,这些行为将有利于物种的生存,尽管反复的痛苦让受害者情绪低落,而愉悦则有刺激振奋的作用。以此方式,自然选择使得愉悦成为行为的主要引导力量。于是,他得出结论:"这些愉悦,它们持久反复地出现,以致我毫不怀疑,总体说来,它们给予大多数有感觉生物的快乐要超过悲惨,尽管许多个体偶尔也会经历更多的折磨。"就此而言,达尔文依然是一个常识意义上的乐观主义者。毕竟生命给了我们太多美好的东西,而情感就是其中重要的一环。有爱就有痛,于是,我们愿意痛并快乐着。

正因为我们的生活中存在着诸多磨难和痛苦,悲伤就是一种令人心酸的负面情感。哭泣就是悲伤的一种明显标志。达尔文注意到,刚出生的婴儿即便在大哭时,也无泪水流出,直至几星期之后,婴儿的哭声才会伴随着泪水。动物的哭叫声中同样没有泪水的分泌。人类作为唯一会流泪的灵长类动物,这一特性也许值得关注。在动物学家莫里斯(《裸猿》一书的作者)看来,流泪首先是一种视觉信号,由于我们的脸部光滑无毛,这一现象就格外突出;同时它还与母亲的反应有关,因为母亲通常会为婴儿"擦干泪水",这就导致了母亲与孩子间亲密的躯体接触。其实当我们长大成人时,恋人之间也常常做出为对方擦去泪水的亲昵举止。于是,泪水也许成为加强社会成员彼此之间亲密沟通的一种"道具",正如黑猩猩相互之间梳理毛发那样。少量的泪水分泌有助于清洗和保护眼睛,但"泪流满面"却仅具重要的象征意义,主要作用是为了鼓励人与人之间的亲密行为。

与哭相反的表情是笑,它表达的也正是与悲伤相反的快乐之情。正如流泪的哭泣一样,婴儿要长到2个月以后才会微笑。在灵长目动物中,在婴幼儿时期,唯有人类婴儿会微笑,幼猴或幼猿都不会笑。这是一个意味深长的事实。它源于这一事实,即人类婴儿的极度软弱无助,以致离开成人的看护就难以成活。于是,人类婴儿不得不通过某种方式来取悦于母亲,同时,护犊心切的母亲也演变出了回应方式,当母亲沉浸于婴儿的微笑并心甘情愿被它所套牢时,微笑就是婴儿的一种适应性状。得益于这一适应性状,人类的生活中尽管难以摆脱暴力的阴影,但人类的天性中同时还不乏对于和平的追求和向往。正如人类学家的观察,一个正在微笑的人是不会同时拿起武器杀生的。

不过人类的微笑仍有其进化上的渊源。威尔逊在《社会生物学》一书中提到冯·胡弗的假说,认为微笑在进化上源于动物的"露齿表演",而"露齿表演"在系统发育上是最原始的社会信号之一。当个体受到恶意刺激并具有逃跑倾向时,它们就会采用这一表演形式。逃跑受到阻挠时,还会强化这一表演。[1]

自然选择通过赋予个体以快乐情感以便追求自身利益的最大化。对于食欲的满足即会产生快乐之情,因为饱餐有利于个体的生存;性欲的满足(性高潮)更是达到快乐之极限,因为它有利于个体基因的传播。就此而言,快乐常表现为对于生理欲望的满足,因为它们与个体的生存及其繁殖密切相关。但唯有人类,才能从快乐转向对幸福的追求。

---

[1] 爱德华·威尔逊:《社会生物学》,毛盛贤等译。北京理工大学出版社,2008年,第216页。

幸福是一种不同于仅满足生理欲望的、更为深刻的体验。

其实还有一种情绪值得一提，那就是惊讶，不同于其他情绪，它是一种中性情绪，与积极和消极体验无关，类似于催化剂的作用。惊讶的存在本质上与学习有关。亚里士多德曾经说过，求知出于好奇与闲暇。好奇就是对未知或新鲜事物的惊讶之情，学习就是被这种好奇之心所激发。儿童对于我们周围的事物充满了好奇之心，以至问题不断，这就是学习最好的动力。遗憾的是，成人因熟视无睹而麻木，不再有惊讶，也不再有学习的动力。就此而言，科学家就是那些对周围事物终生保持惊讶之情的人们。正如爱因斯坦所说："为什么是我创立相对论，我认为原因如下。一个正常的成年人不见得会去思考空间与时间问题，他会认为这个问题早在孩童时代就解决了。我则相反，智力发展很慢，成年以后还在思考这一问题，显然我对这个问题要比儿童时期发育正常的人想得更深。"

细究起来，我们对第一次接触的事物总是印象深刻，想忘也忘不了。自然选择赋予我们惊讶这一中性的情感，看来就是为了让我们对未知事物充满激情，因为人与动物的不同还在于，人有强大的学习能力。但麻木恰恰是学习的天敌。就此而言，成功的教育模式即在于呵护并且强化学生的惊讶之情、好奇之心。

## 二、情感的本质及其神经通路

有人认为，情绪的本质就是"身体状态的变化的总和"。[①] 这就是说，很多身体状态的变化，比如，肤色、体态和表情等，对于外部观察者来说都是一目了然的事实，喜形于色、愁眉苦脸、怒目双睁、咬牙切齿、垂头丧气等就是对此类表情的生动刻画。达尔文在《人类和动物的表情》一书中，对于每一种特殊情绪也都有细致刻画。比如，面颊泛红就是人类共有的一种现象，即便盲人也不例外。达尔文得出的结论是，这一现象反映出羞涩、惭愧或者谦卑心理。

值得一提的是眉毛。唯有人类这种动物，才在其眼睛的上方和光滑无毛的额部下端长有两道短毛。眉毛的作用曾被认为是防止汗水流入眼睛，但在莫利斯看来，表达人的情绪变化才是它的基本功能。达尔文在论述各种情感时，对于眉毛的变化有着细致的描述。紧锁双眉显然是忧愁，在恐惧和惊骇时眉毛会往上抬起，在愤怒时会往下垂，在表示顺服时，则低眉垂眼，此外还可眉目传情、眉开眼笑……

从词源上来看，emotion（情绪或情感），即表示向外的运动，是由身体发出的、针对外界的信号。正如威廉·詹姆斯所说：

"如果说，恐惧既没有使心跳加快，也没有使呼吸变浅，既没有使嘴唇颤抖，也没有使四肢无力，既没有出现鸡皮疙瘩，也没有五脏六腑难受地翻腾，那么，我很难想象，恐惧这种情绪还剩下什么。假如有这样一种愤怒状态，没有感觉到怒火要冲破胸口，脸没有涨红，鼻孔也没有张大，没有咬牙切齿，没有要采取暴力的冲动，取而代之的是放松的肌肉、镇定的呼吸和平静的面孔，你能想象这种愤怒吗？"[②]

---

① 安东尼奥·达马西奥：《笛卡儿的错误》，毛彩凤译。教育科学出版社，2007 年，第 112 页。
② 同上，第 104—105 页。

这就意味着,情绪必然伴随身体状态的变化,而这种变化,受到特定神经回路的控制。根据现代神经生理学的研究,基本情绪的表达依赖于边缘系统回路,其中杏仁核和前扣带回是最主要的参与者。如果中风导致左半球的运动皮层受到损伤,病人就会表现出右侧脸的瘫痪,此时肌肉无法运动,嘴巴向运动能力正常的左侧脸部歪斜。但是,当病人对一段幽默的笑话做出反应时,情况则截然不同:他的笑容很正常,两侧脸部肌肉都能正常运动,和瘫痪前的笑容没有任何区别。相反的案例则是,如果对一个因中风而导致左侧扣带回损伤的病人进行研究,就会发现,当病人处于情绪表达时,他的右侧脸部运动要弱于左侧脸部;但是当病人刻意收缩面部肌肉时,脸部运动就完全正常了。这就说明,有两套不同的神经回路在控制脸部肌肉运动,一套与情绪表达有关,位于前扣带回、其他边缘系统(位于颞叶内侧)和基底神经节。另一套则是非情绪的肌肉的自主运动,受运动皮层及其锥体束所控制。正是在《人类和动物的表情》一书中,达尔文首次提到真实和假装情绪的面部表情的差异。

上述事实解释了日常生活中的常见现象。当照相时,摄影师要我们发"茄子"之音,以使面带微笑,此时的笑就是假笑;当我们因为兴奋而开怀大笑时,才是真笑。它们分别受不同脑区的控制。专业演员早就注意到这一问题。个别优秀的演员可以通过刻意模仿而做出以假乱真的表情,但难度极大,因为它受到来自神经系统所设置障碍的干扰。还有一种表演流派,则是演员让自己沉浸于某种真实情感之中,而不是假装或模仿,这种表演就更为生动并且更具感染力。当然它对演员的要求也更高。

在日常生活中,我们能够借助语言来说谎,但我们不由自主的表情却常常使我们的谎话露馅;一个高明的演讲者总是能够利用恰当的手势语来煽动气氛、增加感染力;人们即便在打电话时也会情不自禁地做出手势。这些事实均表明,躯体语言要比口头语言更为古老。动物不会口头语言,正因如此,它们识别躯体语言的能力或许要比人类更为发达。长期与主人共同生活的宠物极具"察言观色"的能力,其行为表现如同它们能懂"人话"。

五种基本情绪在孩子两岁时即发育完毕,从特定的面部表情中可以识别。微笑是快乐,皱眉是悲伤,瞪眼是愤怒,怪相是恐惧,吐舌闭眼是厌恶的表露,而张嘴瞪眼则是惊讶。先天眼盲和耳聋的儿童同样具有这些表情,足可见这些表情非模仿习得,而是与生俱来。

人们就已知道,实验室长大的猴子不会表现出对蛇的惧怕,而野生的猴子则有这种恐惧。于是,一位科学家设计了这一实验,把在圈养状态下的小猴子放到蛇面前,显然它们没有表现出害怕。这时再让它们看到成年猴子对蛇的反应:母猴表现出强烈的恐惧表情,小猴子很快领会这种表情,并且学会对蛇的恐惧。接下来研究者想弄明白,让小猴子看到母猴对花的恐惧反应,小猴是否也会习得对花的恐惧呢?当然实验步骤需要移花接木,亦即把录像带进行剪接,把母猴对蛇的恐惧画面中的蛇隐去,代之以花;作为对照实验,再给小猴观看未经剪接的母猴对蛇的恐惧画面。结果是,小猴通过观看录像,从母猴的表情中学会了对蛇的恐惧,但却学不会对花的恐惧。

上述实验告诉了我们两个事实:首先,情绪的躯体表达有其重要功能,小猴正是从母猴的表情中学会懂得避开危险对象;其次,即便是后天习得,但什么物体才能成为恐惧对象,却是天生的,这一点意味深长。可见我们后天能够学会什么,取决于我们先天的构造,那也正是我们的祖先在漫长的演化过程中必须面对的东西。其实这种情况在我们人类身上同样存在。对于蛇、开阔的空间或高度,我们几乎有一种本能的恐惧,但对于汽车、电器却缺乏这种恐惧,尽管后者带来的伤害更为严重,究其原因,则在于汽车、电器等是新近才出现的事物,我们的大脑尚未形成对它的本能恐惧。可以认为,我们尽管生活在现代文明社会,但我们大脑的诸多神经回路却依然针对石器时代的环境。

## 三、情绪的功能

### 1. 有利于生存

在达尔文看来,情绪是一种先天的能力,通过遗传而得到,本质上它就是自然选择的产物。自然选择所保存的性状,必定是对生物体有利的性状,由此看来,动物体(包括人类的各种情绪)必定对于我们的生存至关重要。以恐惧为例,心理学家曾做过这样一个实验。把一块厚玻璃板放在平台上,使得玻璃板超出平台的边缘。将一个 6 个月大或更大些的婴儿放在玻璃板上,逗引他向前爬,他会在清晰可见的平台边缘停下来,同时表现出恐惧的行为和面部表情。看来婴儿与生俱来就有一种对于悬空高处的恐惧感,显然这与我们的特定生存环境有关。因为我们的祖先灵长类动物是一种树栖攀缘生物,不慎从高处坠下就是一种常见事故,由此形成的恐高症就是一种有利性状,它提醒我们尽量避开悬空的高处,以防不测。其实人类或多或少都有恐高症。所谓高处不胜寒,就是一句极妙的双关语。

记得笔者女儿在 5 个月左右时,有次笔者买回一个上紧发条后会跳跃的青蛙,当它在桌上跳跃时,只听女儿发出叫声,开始我们没注意她的表情,还以为她是被逗乐了呢,结果发现叫声不对,再观察她的脸色,显然是惊恐万状。于是,赶快拿走了那只会动的青蛙。动物在恐惧时,大多会发出尖叫声,这种高频声常被用来作为警报声,以警告同伴或向同伴发出求助信号。今天的人类社会同样利用这种高频声作为警报。

情感的要义在于维持个体生存,它要比理性更为古老,这是因为动物也有基本情感的表达,但理性能力却远不如人类发达,可见动物的生存更多基于情感表达。原始人在漫长的前文明时期也更多通过情感而率性行为,但今天的人类显然已远离了那种情景。君子报仇,十年不晚,这是一种较为理智的策略,但在远古时代,人们朝不保夕,当遇见危及自己声誉的被挑战时,是即刻拍案而起、大剁快刀,还是忍辱负重、伺机行事? 显然前者更为可取些。不过在今天,这类事件就被我们看做是理智与情感的冲突。情感印证了我们远古时代的生存方式,而理智则是文明时代的产物。

顺便提及,当我们做梦时,事件之间常常没有逻辑关联,但其中所表达的情感却真实可靠、从不走样。这或许是一条线索,暗示情感远比理智更为古老。

### 2. 维持恰当的人际关系

人是群居动物,或说社会性动物。正如古希腊圣哲亚里士多德所说,那些"不能在社会中生活的个体,或者因为自我满足而无须参与社会生活的个体,不是野兽就是上帝"。

婴儿在成长的过程中,在与自己的养育者(通常是母亲)建立起稳定的依恋关系之后,就会表现出"认生"这一恐惧感,也就是说,当别人、尤其是陌生人试图接近他(她)时,就会因害怕而哭闹,紧紧依偎于自己的母亲,这种认生现象尤其在黑夜来临之际格外明显,或许黑夜让婴儿更需一种安全感。正是这种天生的恐惧感,令婴儿与自己的养育者之间建立起牢固的联系,以便获得必要的保护和庇佑。这也许正是婴儿建立人际关系的第一步。

在进行人际交往时,我们都懂得"投桃报李"、"以牙还牙"等策略。这是因为在一个社会性群体中,相互需要及其互惠帮助是维持稳定关系的必不可少的纽带。设想一下,某天我见邻居正驮着重物费力地上楼,于是我用举手之劳帮了他一把。过些天,我家搬重物,急需邻居助上一臂之力,但他却耸耸肩表示无能为力后关上了房门。此时的我会做出怎样的举动?我一定会愤怒,由于愤怒之情溢于言表,此时若正好有旁人经过(或者我主动告诉别人),他就会明白事情的来龙去脉,于是,那位忘恩负义的邻居的坏名声就会传遍全楼,从此他休想得到别人的帮助。反过来设想,若是我对邻居的忘恩之举无动于衷,下次依旧为他提供必要的帮助。结果将会怎样?结果将是,群体中如此尽占别人便宜的小人会越来越多。当然这不可能是一个和谐稳定的社会。

再说嫉妒这一似乎上不得台面的情感,除了与男女恋情有关之外,它还与维护公正有关。公正可说是一个好词。但激发人们公正感的或许正在于一己私利:凭什么某人能比我(或我们)多吃多占?这就是嫉妒心在作怪。正是在这种情感的驱使之下,我们拍案而起,以公正的名义消除我们的嫉妒对象。就此而言,嫉妒犹如社会的免疫系统,不可缺少。正如学者曹明华所言,"假如大众都完全没有嫉妒心,都一心一意地忠诚和奉献,那么骗子会更猖狂,私欲膨胀者会更攫取,病态而又掌控权力者会更如鱼得水"。也许大众难以做到完全消除嫉妒心而一心一意奉献,但统治者通过这样的提倡从而更容易满足自己的私欲,却是曾经发生过的不幸现象。

由此可见,维系社会稳定以及人际关系和谐的重要来源之一恰恰是我们的各种情感,尤其是负面情感。古希腊有一则神话,说的是宙斯交与美女潘多拉一个盒子,嘱她切不可半道打开,但她却抑制不住自己的好奇冲动,打开了盒子,结果从盒子中跑出来的全是"恶"的东西,如嫉妒、仇恨、灾难、疾病等。今人以潘多拉的盒子来比喻"恶",殊不知,文明正是被恶之力量所推动。

当然,我们也通过微笑——一种快乐之情——来表达我们的友好。正如一首歌曲所唱:"请把我的歌带回你的家,请把你的微笑留下。"

### 3. 情感与选择

达马西奥在《笛卡儿的错误》一书中记载了这样一个真实事件:有一位名叫埃利奥特的病人,曾经是个好丈夫、好父亲,任职于一家商业公司,拥有令人羡慕的个人生活、事业和社会地位。但是他不幸患上了严重的头痛症,结果证实是脑瘤。经手术后切除了肿瘤,但同时还切除了遭肿瘤损坏的额叶组织。手术本身很成功,肿瘤不再生长,与此同时,尽管埃利奥特的智能、行动、记忆及其语言能力依旧正常,但人格却发生了不可思议的变化,他的行为方式不可理喻。比如,早晨需要别人催促才能起床;上班时无法恰当安排自己的时间;随意改变计划,工作没有连续性;当他阅读一份文件时,完全能理解其中的意思并且知道如何归类,但会用整个下午的时间来思考根据什么标准进行归类,是根据日期、文件大小、案例性质还是别的什么? 就是说,尽管他能够进行正常的思考等,但却缺乏做出决定的能力。在沟通无效之后,他被公司解雇了。此后他又从事不少行业,但都以失败而告终。他的家人无法理解他现在各种愚蠢的行为,最后以离婚收场。之后他又有一段短暂的婚姻,但又离婚。总之,他过着漂泊不定的生活,只得靠救济金过活。

达马西奥对此的判断是,因为大脑额叶的特定区域受到损伤,以致影响了他作出决定的能力,对于未来他不再有通盘计划。这绝不是考虑欠周或性格失误,而是神经系统损伤带来的不可逆变化,与本人的意志无关。经核磁共振等检测手段表明,埃利奥特的前额叶皮层受到伤害。对其行为的进一步观察表明:埃利奥特可以用超然冷静的态度叙述自己的生活悲剧,冷静得与事件的严重性极不相符。作为医生,达马西奥希望病人有这种自制能力,但埃利奥特显然走过了头,以致他似乎不再有情感的困扰。与家人的交谈得知,患病后的埃利奥特从不受情感折磨,完全以一种中性基调来对待生活。当看到各种灾难图片时,他也不再有感情上的冲动。

各种研究证据显示,人脑中有一个脑区,即前额叶皮层腹内侧区域,它的受损会对推理/决策能力和情绪/感受造成伤害,以致令患者丧失计划未来的能力以及作出行动选择的能力。

这就回到一个古老的问题:情感重要还是理智重要? 也许是多年文明熏陶的结果,我们大多会倾向于认为,理智比情感更重要,动物也有情感,但唯有人类才有理智。记得休谟曾有这样的说法:理智受情感奴役。如今的实证科学对此给出了合理的解释。相比于理智,情感更古老,情感的要义就是帮助动物生存下去,因而正常的情感系统要比认知系统更重要。其实当大脑工作时,情感与理智本是两个浑然难分的过程。如埃利奥特这样的病人,他们的认知能力或智商完全正常,但生活却无法自理。原来他们只有事实知识,但对这些事实(包括刺激性场面)却缺乏情绪反应能力,同时对未来决策举棋不定。为什么? 因为一旦选择总要面临决策,我们向来以为是理性思维帮助我们权衡再三,做出最佳方案。殊不知,人的理性总是一种有限理性,它不可能达到料事如神的境界,所谓智者千虑,必有一失。面对理性斟酌后得到的众多方案,最终帮助我们拍板定夺的恰恰是情感。原来正是情感,令我们从心动到行动,而不至成为布里丹的驴子!(注:此典故源出于中世纪一位神学家布里丹的设想,当一头驴子面对两个同等距离、完全相同的干草堆时,它或许会因拿不定主意吃哪一堆而活活饿死。)同样,当哈姆雷特徘徊在生还是死时,这就是一种理性的算计或较量,此时若不投入情感,哈姆雷特就会一事无成。以今天大脑生理学的研究成果来看,哲学家钟爱的"自由意志"或许就蕴藏于我们的情感之中。正是情感令我们摆脱因果律的束缚,自由地采取行动。人类的情感更为丰富发达,人类享有的自由也就比动物更多。


4. 道德感起源于情感

有位学者曾设计过这样的心理测试:你驾驶一列刹车失灵的货车正驶向一个小路的岔道口,这时你突然发现左岔口有 5 个人,而右岔口只有 1 个人。你只能转动方向盘但不能刹车，此时你会怎么做呢？答案很简单，大多数人会选择向右转，因为这样只会撞死一个人。但如果你正站在一座桥上，底下是一条笔直的没有岔口的铁路，这时一辆货车正以全速向 5 个工人逼近，此时旁边站着一个大个子，若把他推下桥，就可减缓火车的速度，从而拯救所有人。你会怎么做？结果是大多数人不愿故意把那个人推向死亡。这个选择与理性几乎没有关系，因为逻辑上两种解决方案是一样的：1 人牺牲，5 人获救。但后者还渗入了情感因素。

通过扫描仪，实验者发现，在考虑是否要把某人推下大桥这样的问题时，会激发大脑中与情感相关的区域；而在做出转动方向盘这一决定时，大脑就像处理不带感情的实际问题一样。[①] 结论显而易见，道德感与我们的情感同出一源。

说起来，道德是自私的反义词，道德表现为利他甚至自我牺牲。达尔文对此的解释是，一个群体中，具有道德感的个体越多，他们愿意为群体利益甚至不惜牺牲自己的生命，那么，这个群体就会有更多的生存机会，显然自然选择有利于道德感的脱颖而出。但当代学者却发现此种推理存在漏洞。因为具有道德感的个体更可能会因自我牺牲而较少甚至没法留下后代，因为冲锋在前的后果很有可能就是丧失生命，荣升烈士；相反，那些胆小鬼倒是趁机占尽便宜，从别人的牺牲中苟且偷生，从而大量繁殖自己的后代。如此说来，自然选择反会淘汰那些“高尚人士”。

达尔文在此确实犯下了一个错误，他于不知不觉中把群体设定为选择的对象。但当代进化论者对此已达成共识：自然选择的作用对象是个体，甚至是基因，而决非群体。这就是说，自然选择总是青睐于令个体（或基因）的适合度达到最大化，哪怕因此而牺牲群体的利益。用道金斯的话来说，基因的本性就是尽可能多地复制自己的后代，他称之为“自私的基因”。个体的行为即受我们体内基因的支配，因而也不可避免具有自私性。但自私恰与利他相反，如此说来，道德感的起源似乎与生物学意义上的自然选择无关，那么，它纯粹就是一个文化学意义上的事件，是灵魂对躯体的超越？

然而，20 世纪 70 年代兴起的社会生物学恰恰要从生物学的层面来讨论道德感的起源。尽管基因的本性可以借助“自私”一词来刻画，但基因的本性同样可以导出具有利他色彩的血缘互助，这就是“亲选择”的概念，它是指，彼此具有亲缘关系的个体甚至会牺牲自己的利益去帮助对方，只因它们之间或多或少共享体内诸多基因。一个极端的例子即是母爱，这是因为子女的体内有一半基因来自母亲，在此意义上，帮助子女谋生，也就等于为自己的基因寻求最大限度的复制机会。

除了血缘纽带之外，个体之间的合作还与互惠利他主义的出现有关。自从 20 世纪上半叶出现博弈论以来，科学家试图用博弈论的语言来描述群体中个体之间的合作及其竞争行为。加拿大博弈论家拉波波特（Anatol Rapoport）设计了一种游戏程序，名为“投桃报李”（Tit for Tat）策略。当它首次与任何一个程序相遇时，总是采取合作行为，若对方给予回报，则双方合作成功并建立友谊。由此带来的就是“双赢”效果，用博弈论的术语来说，就是“非零运算”。若对方欺骗，“投桃报李”就会采取惩罚、报复策略，并终止合作关系。运算的结果，只要群体中存在一定量愿意合作的程序，投桃报李策略就会是优

---

① 〔美〕弗朗斯·瓦尔：《人类的猿性》，胡飞飞等译．上海科技文献出版社，2007 年，第 126—127 页。

胜者,并且投桃报李者越多,该策略所获得的成功机会也就越多,换言之,社会越是和谐。这样的群体就达到了"进化上稳定的策略",亦即其他策略难以钻空子侵入。但可以设想,在一个群体中,若绝大部分的个体都采用自私策略,只想抓住每一次机会利用对方,那么,个别的投桃报李者将难以立足,更不用说取胜。这样的群体尽管也是稳定的,但效率却是最差,亦处于最不和谐状态。

现在的问题就在于,凭什么群体中不会是自私者占绝大多数,答案正在于亲选择原理。在一个小规模的群体中,个体相互之间未免都有"沾亲带故"的关系,它们就会表现出某种程度的合作利他行为,这正是投桃报李策略得以存在的基础。当投桃报李策略所带来的成功被更多的个体享受到时,它就会进一步蔓延开来,以至于无须受亲选择条件的束缚,亦即针对对象不只限于直系或较少的旁系亲属。

在自然界中大量存在互惠利他行为,比如,吸血蝙蝠夜间去大型哺乳动物那里吸血,有些个体偶尔会空腹而归,此时吸饱血的个体就会吐出胃内的血液喂给饥饿的个体,尽管它们之间并没有直接血缘关系。这样的行为常常是相互的,结果就是非零意义上的双赢结果。在灵长类中,这种互助行为更加流行。黑猩猩相互之间分享食物,梳理毛发,彼此给予对方以安抚,或是合作抵抗共同的敌人,等等。不过互惠利他行为的流行也许需要某些条件:个体有足够长的寿命,能辨认并且记住对方的行为。这也就是它们在高等哺乳动物中更为常见的原因。甚至有不少观点认为,人类高度发达的智力就与处理复杂的人际关系有关。当然这种智力不包括纯粹的逻辑推理能力。

这就是说,自然界本已存在道德的萌芽,并且道德的前提恰在于自私。假设这一前提成立,即人类道德源于动物中的亲选择以及互惠利他行为,那么必须强调指出的是,无论是血缘互助还是互惠利他,其背后都不存在个体的有意算计或所谓的动机,而是通过感情的引导来执行这一进化逻辑,亦即自然选择的作用方式就是利用感情成为逻辑的执行者。我们天生就具有感激、同情、回报、愧疚等正面感情,当受到伤害时还具备愤怒、仇恨乃至报复等负面感情。正是这些情感令我们做出"投桃报李"或"以牙还牙"的行为。滴水之恩,当以涌泉相报,向来被视为做人美德;而血债要用血来还,同样也是社会所认可的行为准则。在这些美德或准则的背后,其实都是情感要素在起作用。

由于人的心智已进化出算计、动机等更高层面的东西,这就是人类所谓的理性思维。在此意义上的理性思维意味着,行为主体有预谋地采取某一行动,以便达到预期效果。所谓三思而后行,就是告诫人们不要不计后果地感情用事。但为何人们常常容易感情冲动? 乃因情感是比理性更为古老的东西。

然而,人们总是不太愿意把道德感与盲目单纯的情感因素相联系。或许这是因为情感更多属于与生俱来的本能,在某种意义上,它甚至是不教自会。而道德,却是人之为人的高贵品性,被看做更多是后天熏陶教化的结果。道德还应是个体自由选择的结果,这种自由选择当然与理性思维有关。所以,若说道德出于带有本能色彩的情感,似乎就是玷污了道德。

但请设想一下。如果我们对别人行善,总是经过理性算计,当确信能够得到回报时,才会伸出援手。显然,我们不会把它称做是善行,而说成是势利。可见在势利的行为中,恰恰存在有意算计或主观动机,这当然是一种理性的行为。也可以这样说,理性追求的是短期利益,所以才会有"机关算尽太聪明,反丢了卿卿性命"的报应。

　　与之对照,道德律令却要求我们不求回报地行善,也就是说出于情感的驱使,不做功利的算计。然而,道德行为其实是有回报的,只是这种回报往往是长期的,远非人类的理性所能算计。设计此种逻辑的就是自然选择,它通过情感驱使我们做出道德行为。一种重要的情感即是,同情或移情能力,用民间的大白话来说,就是"将心比心",设身处地为他人着想。用孔子的话来说,就是"己所不欲,勿施于人"。孟子所谓的"恻隐之心,人皆有之",说的也正是道德感起源于人性中共有的同情之心,它与功利性的追求回报或舆论的赞赏无关。但一个令人痛心的现象却是,有时恰恰是现代社会的灌输或说教才导致个体丢失了素朴的人性。比如在影片《朗读者》中,女主人公本是一个文盲,但所谓现代社会的说教却让她迷失了本性,在担当犹太集中营的看守时,她可以做到毫不动情地挑选出某个犹太女囚犯,让她去送死;当集中营发生火灾时,她却依然忠于职守,不愿为囚犯提供一条生路。当战后面对法庭的审判时,她的回答却是,作为一个看守,她只能这样做。她的人性就在忠于职守的说教之下被泯没了。

　　有这样一个测试或游戏:一个人收到 100 美元,但要求他必须和同伴分享。至于如何划分,则由他来定,但前提是,对方必须接受,否则双方都别想得到这笔钱。通常说来,收到钱的人大多会按大致平均的原则来分钱。若他贪婪地自己得 9 成,让对方只得 1成,对方就会宁可不要,从而带来双输结果。但若根据理性算计原则,对方哪怕再少也该接受,因为再少也聊胜于无。可见在这里支配人们行为动机的不是理性,而恰恰是情感。一种对于吃亏的愤怒导致人们做出不合理性的举动,其实在生活中这样的事例比比皆是。人不患寡而患不均,就是对这种情绪的生动刻画,高尚的原则从卑微的起点开始上升。正是对自己吃亏的愤愤不平,再通过移情能力,导致我们想到,别人同样有对吃亏的愤愤不平,于是,道德感中最基本的要素"公平或公正"得以确立。可见道德原则的确立决非个别伟人或圣人冥思苦想的结果,而是漫长时期以来人性的自然结晶或升华,是一个自我演化的过程。

　　因此结论就是:道德感源于非理性的情感,因其非理性,所以它不求回报;也因其不求回报,从而使它成为人类所理解的道德。但就道德的本性而言,它与最大限度地维持个体的适合度有关,在此意义上,它立足自身,需求回报,或者说有其自私的一面,只是这种回报或自私的一面,非人类理性所掌控,而是经由自然选择这双手所设计,体现于漫长的演化过程之中。

　　就此而言,道德先于人性,而非人性所独享。因为道德在动物界的出现条件:亲选择和互惠利他现象,在人类中全都存在。由于人类的长寿及其智力的高度发达,还有因狩猎而带来的对肉食的分享,互惠利他行为更是大有发展空间。而宗教,在大多数人的心目中,无非就是劝人为善,可见它只是强化了已有的道德情感,而决非无中生有地创造出道德情感,或者用宗教的语言来说,是神赋予人以道德良知。其实与其说是神,还不如说是无情的自然选择造就了动物(包括人)的道德情感。

　　作为进化的造物——人类,我们不仅拥有发达的智力,同时还拥有最为丰富的情感。尽管由达尔文开创的科学告诉我们,这种情感也许只不过是自然选择的"策略"而已,但这丝毫不会影响我们珍爱自己的感情生活。假设生活中缺失了情感,不再有喜怒哀乐,不再有彼此间的信任与默契,更重要的是,不再有相濡以沫之情,这将是毫无意义的人生。达尔文充分地意识到这一点,所以,继《物种起源》(1859 年)和《人类的由来及性选择》(1871 年)之后,他又发表了《人类和动物的表情》(1872 年)一书。但对于达尔文来说,关注表情却是一个由来已久的兴趣,早在他的第一个儿子出生之际(1839 年),他就开始对婴儿表情的发育过程进行详尽的记录。今天的神经生理学及其心理学对此已有更深入的研究。但毋庸置疑,作为该领域的先驱性工作,本书的意义自然无须多加强调。

# 汉译者前言

• *Preface to the Chinese Version* •

达尔文的经典著作之一——《人类和动物的表情》(*The Expression of the Emotion in Man and Animals*)在 1872 年出版。当时他已经 63 岁了。

这本书的内容丰富，描写细致；当时科学界人士都认为，达尔文对表情有特殊的观察力，叙述都很正确。

在达尔文自传里，有下面一段话：

"我的长子生于 1839 年 12 月 27 日；我马上开始记录他所表现的各种表情的开端，因为我相信，即使在这个早期，最复杂最细微的表情一定都有一个逐渐的和自然的起源。第二年，1840 年夏季，我读到了贝尔(Bell)爵士论表情的名著；这就大大提高了我对于这个主题的兴趣，不过我不能完全同意他的主张，就是他以为各种肌肉是专门为了表情而产生出来的。从此以后，我就随时去进行关于人类和我们所家养的动物的表情这个主题的研究工作。我所著的这本书(《人类和动物的表情》)销行很广；在出版那一天，就销售了 5267 本"。

因此，我们可以知道，达尔文早在这本书出版以前 33 年，就开始对表情这个问题产生兴趣，进行研究、观察和收集资料的工作。这种长期不倦的研究精神，正也是值得作为我们学习的榜样的。

当然，从现代的观点看来，这本书的内容并不是十分完善的，而且存在着一些缺点；主要就在于达尔文当时还没有关于劳动创造人类的思想，因此他就把人类和动物的情绪有时混为一谈，模糊了双方的质的差异。不过，它的优点也不能抹杀，因为达尔文终究是第一个大胆采取了有机界的历史发展学说的唯物主义立场，来进行这个问题的研究的。

为了使我国读者更加清楚地理解这个著作的意义和优缺点，进一步明了苏联巴甫洛夫生理学派对于表情这个问题的研究情形，译者特地翻译了俄译本达尔文全集第 5 卷（1953年，苏联科学院出版社）里的一篇文章：《达尔文的著作〈人类和动物的表情〉的历史意义》（Историческое значение труда Ч. Царвина "Выражение эмоций у чело-века и животных"）。

除此以外，译者自感对这方面的知识不够，因此也参照了这个著作的俄译本（就是达尔文全集第 5 卷的下半部分），力求译文更加浅显，而容易使人理解。这个著作的俄译本，最初（也是在 1872 年）是由著名的俄国古生物学家兼达尔文主义者科瓦列夫斯基（B. O. Ковалевский，1842—1883）所译出；后来又由俄国植物生理学家兼解剖学家克拉舍宁尼可夫（Ф. Н. Крашенинников，1869—1938）教授重译了一部分；而现在的俄译本则是苏联格列尔斯坦（С. Г. Геллерштейн，1896—?）教授根据上述两个译本而重译的。虽然俄译本的文字译得很显明，但是我认为还有少数地方略有不符于原文，而且也有遗漏（例如第 759 页第 21 行和第 785 页第 37 行各漏译一句）和分段不符（例如第 760 页和第 795页）等情况。这也说明达尔文的这个著作的翻译，确实不是轻而易举所能办到的事情。

格列尔斯坦教授又在俄译本后面的附录里，著写了附注文字 100 多条，对这本书补充了很多新的观点和见解，并且作了个别的批评。译者也全部把它们译了出来。可是，这些附注的文字大都很长，甚至有些在千字以上，因此如果分别附印在正文的当页下面，就很难安排，因为原文里的著者附注和弗兰西斯·达尔文在第二版时候所增添的附注，已经有好几处多得难以容纳了，而且可能将来俄译者的附注再有修改和补充的地方（例如在现在的俄译者附注里，已经有 2a，52a 等几条补充附注），所以仍旧把它们附印在本书的后面；这些附注的号码，加用方括弧，例如[1]、[2]……以便和原注号码区分开来。

这本书的书名里的一个译名"表情"（Expression of emotions）也有译做"情绪表达"或者"面目表情"等，但是通常所谓面目表情（或者面部表情）的意义，偏于舞台上的表情，就是英名 mimic（俄名 мимика）；在这本书里所指的表情，则是种种情绪的表达，含有连动物也在内的各种表情动作、姿态和叫声等在内，所以要对它作广义的看法；译者为了简便和依从习惯起见，而把它译成了"表情"。

1877 年，达尔文在《精神》杂志（Mind，哲学与心理学季刊）上，发表了一篇文章，叫做"一个婴孩的生活概述"（A Biographical Sketch of an Infant）。因为这篇文章也是关于表情方面的，所以译者根据俄译文（达尔文全集，第 5 卷，第 932—940 页）译了出来；虽然一时没有找到原文对照，但是大约不会有太大的出入，因为据达尔文全集的编辑部说明，这篇文章的俄译文已经作了多次的重译。这篇文章的附注，也是苏联格列尔斯坦教授所写的。

最后，在这次翻译时间里，为了争取提早这本书的排印和出版时间，并且迎接达尔文诞生 150 周年纪念，因此译者一而再地尽力把交稿日期提前了两个多月；可是，也很可能由于匆忙而不免在翻译、抄写和校对等方面有疏忽和错误的地方，所以希望读者能够帮助指正，以便再版时修改。又在译稿的抄写和校对方面，承李慕兰同志全力协助，特此致谢！

译者写于 1958 年 6 月

# 本书第二版的编者序

*• Preface to the Second Edition •*

在我的父亲还没有去世的时候，这本书的第一版还没有售完，所以他没有机会再亲自把那些为了增订第二版而收集的资料发表出来。这些资料，是由大批信件、各种书籍里的摘录与参考文字、短文和评论所构成；我就打算把这些资料利用到现在这本书里来。还有，我也利用了一些在这本书第一版出版以后所著述的文献，但是因为我阅读得不多，所以绝不能说这些资料已经是完备的。

遵照我的父亲在第一版的书里，用铅笔所写的备考，我在现在这本书里作了几处订正。其他由我所作的增补文字，则作为附注，并且加用方括弧标明，以便区别。

弗兰西斯·达尔文
1889 年 9 月 2 日于剑桥

本书英文版封面

# 绪 论

## • *Exordium* •

　　在上面所指出的日期（1838 年）里，我已经偏爱于相信进化原理，也就是物种从另一批比较低等的类型里发生出来的原理。因此，在我阅读贝尔爵士的大作时候，他认为人类好像是连带着那些特别适应于他的表情的一定的肌肉而被创造出来的这种见解，就使我感到极其不满意。我觉得，习惯用一定的动作来表现出我们的感情，虽然现在它已经成为天生的，但是很可能当时是靠了某种方法而逐渐获得的。可是，要去确定这些习惯以前怎样被获得——这是困难透顶的事情。应当从新的角度去考察全部问题，而且对每种表情都要作合理的解释，这种信念就使我尝试来写述现在这个著作，可是它终究还是写得不完善的。

　　已经有很多著作发表了关于表情的问题，[①]但是大多数的著作都是关于人相学方面的，就是关于用研究面部的固定的形状的方法来认定人的性格方面的。我在现在这本书里，并不去讨论人相学的问题。虽然我查看了一些古旧的论著，[②]但是它们对我很少有用处或者完全无用。画家勒布朗（Le Brun）在 1667 年所出版的名著 *Conférences*[③]（《讲义》），是最著名的一部古书，并且含有几个良好的意见。还有一个比较陈旧的著作，就是 *Discours*（《演讲集》），是著名的荷兰解剖学家康普尔（Camper）在 1774—1782 年里所讲述的；[④]它未必能够被看做是在这个问题上有什么显著的进步。下面所举出的著作则相反，值得大家加以最充分的注意。

　　查理士·贝尔（Charles Bell）爵士由于自己在生理学上有发现而获得相当的声誉；他在 1806 年出版自己的著作《表情的解剖学》（*Anàtomy of Expression*）的初版，而在 1844 年出版这本书的第三版。[⑤]可以公正地说，他不仅已经奠定了这个作为科学分科之一的论题，而且也在它上面建筑了卓越的体系。他的这个著作在各方面都是很有趣的；在它里面载有关于各种情绪的引人入胜的绘画，而且也说明得令人敬佩。大家都公认，他的贡献主要就在于说明了表情动作和呼吸动作之间所存在的密切关系。在他的最重要的见解当中，有一个见解，粗粗一看，好像是无关紧要的。这就是：在剧烈向外呼气的时候，眼睛周围的肌肉就作不随意的收缩，以便保护这一对柔弱的器官，而避免血液对它们的压力。由于我的请求，乌得勒支（Utrecht，丹麦的一个省）的唐得尔斯（Donders）教授盛情地替我彻底研究了这个事实；后面我们可以知道，这个事实很明显地表明出几种最重要的人类的面部表情来。贝尔爵士的著作的功绩，虽然被很多外国的著者所看轻，或者完全

---

◀ 达尔文在党豪思的书房。

---

　　① ［约翰·布耳威尔（John Bulwer）在他所著的 *Pathomyotomia*（《肌肉病理学》，1649 年）里，对于各种表情作了相当良好的叙述，并且对于那些在各种表情里有连带关系的肌肉方面也作了详细的研讨。哈克·秋克（D. Hack Tuke）博士（*Influence of the Mind upon the Body*——《精神对身体的影响》，第二版，1884 年，第 1 卷，第 232 页）就引用了约翰·布耳威尔的"Chirologia"（手语法）这篇文章，并且认为在它里面含有关于表情动作方面的卓越意见。培根（Bacon）勋爵指出说，在将来被后代人们所添写的著作当中，应该有 *The Doctrine of Gesture*（《表情姿态理论》）或者 *The Motions of the Body with a view to their Interpretaion*（《身体动作以及对于它们的解释的看法》）。］

　　② 帕尔生斯（J. Parsons）在 1746 年出版的《哲学学报》（*Philosophical Transactions*）的附录里（第 41 页），发表自己的一篇文章，列举出 41 位曾经写过表情方面的著作的老作家。［孟特加查（Mantegazza）在自己所著的"*La Physionomie et l'Expression des Sentiments*"（《面相和表情》，世界文库，1885 年）这本书的第一章里，提出了"Esquisse historique de la sience de la physionomie et de la mimique humaine"（人的面相和表情的科学史的概述）。］

　　③ 就是 *Conférences sur l'Expression des différents Caractères des Passions*（《关于各种激情的特性的表达的讲义》），巴黎，四开本，1667 年。我时常引用"Conférences"的再版本；它是 1820 年由莫罗（Moreau）出版，而由拉伐脱尔（Lavater）编著的文集，第 9 卷，共 257 页。

　　④ 就是 *Discours par Pierre Camper Sur le Moyen de représenter les diverses Passions*（《论披尔·康普尔关于各种激情的表达方法的著作的演讲集》）等。1792 年。

　　⑤ 我时常利用这本书的第三版；它在 1844 年在贝尔爵士去世以后出版，并且包含他的最后的修改部分。它的 1806 年的初版本的内容价值要比第三版差得很远，因为当时还没有包含进他的几个最重要的见解。

忽略去，但是也得到几个著者的完全承认，例如被列莫因（Lemoine）先生所承认。① 列莫因先生十分公正地说道："Le livre de Ch. Bell devrait être médité par quiconque essaye de faire parler le Visage de l'homme，par les philosophes aussi bien que par les artistes，car，sous une apparence plus légère et sous le prétexte de l'esthétique，c'est un des plus beaux monuments de la science des rapports du physique et du moral"。*

　　根据我们现在就要来指出的理由可以知道，贝尔爵士不打算把自己的见解再发展到它可能达到的地步。他不打算去说明：为什么在各种不同的情绪产生的时候，会有各种不同的肌肉开始发生作用；例如，为什么一个经受到悲哀或者忧虑的人会使得双眉的内端向上举起和使嘴角向下压抑。

　　1807 年，莫罗出版拉伐脱尔所编著的《人相学交集》②；在这本书里，莫罗添加进几篇自己所写的文章；在这几篇文章里含有许多关于面部肌肉的动作的卓越叙述，还有很多宝贵的意见。可是，他对这个主题的哲学观点方面，却说明得很少。例如，他在讲到皱眉的动作——就是法国著者叫做 sourcilier（皱眉肌，Corrugator supercilii）的肌肉的收缩——时候，公正地指出说："Cette action des sourciliers est un des symptômes les plus tranchés de l'expression des affections pénibles ou concentrées"**。接着，他又补充说，这些肌肉，从它们的附着情形和地位看来，是适合于"à resserrer，à concentrer les principaux traits de la *face*，comme il convient dans toutes ces passions vraiment oppressives ou profondes，dans ces affections dont le sentiment semble porter l'organisation à revenir sur elle-même，à se contracter et à *s'amoindrir*，comme pour offrir moins de prise et de surface à des impressions redoutables ou importunes"***。凡是认为这一类说法能够说明各种不同的表情起源的人，都会对这个问题采取一种和我极不相同的观点。

_____

　　① 参看 *De la Physionomie et de la Parole*（《面相和讲话》），阿尔般特·列莫因（Albert Lemoine）著，1865 年，第 101 页。

　　* 这段文字的意思是："查理士·贝尔的这本书，应该会引起每一个将作为哲学家或者艺术家的、而且想要理解人的面部表情的人的思考，因为这本书虽然写得很浅显，而且又联系到纯粹美学问题的考察方面，但仍旧是良好的论述肉体和精神双方关系的科学的古典文献之一。"——译者注

　　② 书名就是：*L'Art de connaître les Hommes*（《观相术》）等，拉伐脱尔编著。在这本书的 1820 年的十卷集版本的序文里，讲到这本书的初版本说，它包含有莫罗的观察资料；据说，它的初版本是在 1807 年出版的；我对这一点认为正确无疑，因为在它的第一卷开头载有一篇"Notice sur Lavater"（关于拉伐脱尔的短文），而标明写作日期是 1806 年 4 月 13 日。可是，在有几册书目提要里，则认为出版日期是 1805—1809 年；因此我以为，1805 年出版的说法似乎是不可能的。杜庆博士提出说（*M'ecanisme de la Physionomie Humaine*——《人相的机制》，八开本，1862 年，第 5 页；还有"Archives Générales de Médecine"——普通医学文摘杂志，1862 年 1 月和 2 月号），莫罗先生已经在 1805 里"a composé pour son ouvrage un article important"（已经写著了一篇重要题目的著作）等；还有，我在 1820 年的版本的第 1 卷里看到，除了上面所讲的日期 1806 年 4 月 13 日以外，有几处写有"1805 年 12 月 12 日"和"1806 年 1 月 5 日"的文句。因为有几处的文句是这样在 1805 里所写的，所以杜庆博士就认定莫罗先生比贝尔爵士先提出研究结果来；大家知道，贝尔爵士的著作是在 1806 年出版的。这种确定科学著作出版的优先权的方法是十分特殊的，但是这些问题在和著作的相对贡献比较时候，就显得极其不重要了。我在上面所引用的莫罗先生和勒布朗的著作里的文句，不仅在这种情况下，而且也在所有其他情况下，都是从拉伐脱尔所编著的 1820 年的版本（第 4 卷，第 228 页；第 9 卷，第 279 页）里摘取来的。

　　** "皱眉肌的这种动作，就是痛心而紧张的心情的最明显的表征之一。"——译者注

　　*** "紧缩、集中面部的主要特征，使相应于一切真正深刻的和重压的激情，相应于一切这样的心情，就是：好像要使身体受到极度的紧压、缩小和减小，以便尽可能使这些阴郁而可厌的印象的影响的次数最少和范围最小。"——译者注

从上面所举出的句子里，可以看出，我们这个题目的哲学见解，在和画家勒布朗所达到的地步来作比较的时候，即使有些进步，但是也进步得极其微小；勒布朗在 1667 年描写到恐怖的表现时候说道：“Le sourcil qui est abaìssé d'un eôté et élevé de l'autre, fait voir que la partie élevée semble le vouloir joindre au cerveau pour le garantir du mal que l'âme aperçoit, et le côté qui est abaissé et qui paraît enflé, nous fait trouver dans cet état par les esprits qui viennent du cerveau en abondance, comme pour couvrir l'âme et la défendre du mal qu'elle craint; la bouche fort ouverte fait voir le saisissement du coeur, par le sang qui se retire vers lui, ce qui l'oblige, voulant respirer, à faire un effort qui est cause que la bouche s'ouvre extrêmement, et qui, lorspu'il passe par les organes de la voix, forme un son qui n'est point articulé; que si les muscles et les veines paraissent enflés, ce n'est que par les esprits que le cerveau envoie en ces parties-là”.*
我以为，上面这些文句是值得引举出来的，因为可以表明有人对这个问题所写出来的惊人的废话的榜样来。

白尔格斯（Burgess）博士所著的《脸红的生理或者机制》（*The Physiology or Mechanism of Blushing*），在 1839 年出版；我将在自己所写的这本书的第 13 章里经常引用到这个著作。

1862 年，杜庆博士出版了自己所著的《人相的机制》（*Mecanisme de la Physionomie*）的两个版本——对开本和八开本；在这个著作里，他用电气去分析面部肌肉的动作，并且用很精美的照片来说明这些动作。他很慷慨地允许我尽量随着自己的需要去把他的照片翻印在现在这本书里。可是，有几个他的同国人却很少提说到他的著作，或者甚至完全忽略这些著作。这很可能是因为杜庆博士过分夸大了个别的肌肉收缩在表情动作里所具有的意义了，因为从亨列的解剖图里可以看出，[①] 由于肌肉彼此联系得有这样的密切，很难使人相信它们会发生各自分离的动作；我认为，这些解剖图非常精美，是以前从来没有出版过的。可是确实无疑的是：杜庆博士也清楚地想到错误的某种来源，因为大家也知道，他借助于电气刺激方法，去顺利说明手的肌肉生理，所以极可能是他在面部肌肉的收缩方面的说法一般是正确的。根据我的意见，杜庆博士由于自己对这个问题的研究处理，而使它有了很大的进展。以前还没有人能够比他更加仔细地研究过各种个别的肌肉的收缩情形和这些收缩引起皮肤上发生皱纹的情形。除此以外，他还确定哪一些肌肉最少受到意志的单独支配，这是他的很重要的贡献。他很少去作理论上的探讨，也极少企图去解释为什么只有这一束肌肉，而不是另一束肌肉，在一定的情绪影响之下发生收缩。

---

\* “眉毛的一侧下垂，另一侧上举；这表明出：上举的一侧好像要去和脑子联结起来，以便保护脑子，而避免那种被精神所注意到的祸害；同时下垂的一侧好像是膨胀的，使我们以为是相应于那些从脑子里大量输送出来的精力影响下的状态；这些精力的出现目的，是为了要去掩护精神而防止祸害的侵犯；大张开嘴来的情形，也同样证明：心脏由于血液流来而收缩，这就在任何一次呼吸的尝试时候总要引起不可避免的用力来；这种用力就使嘴极度张大，而且发声器官紧张的时候就发出音节不明的声音来；在同样的情况下，如果肌肉和血管外表是膨胀的，那么就是说，精神正是被脑子派送到了身体的这些部分里来了。”——译者注

① 亨列：《人体系统解剖学手册》（*Handbuch der Systematischen Anatomie des Menshen*），第 1 卷，第 3 部分，1858 年。

　　著名的法国解剖学家披尔·格拉希奥莱曾经在巴黎大学文理学院（Sorbonne）讲授表情学教程；在他去世以后，他的教程的笔记本被刊印出来（1865 年），它的书名叫做 *De la Physionomie et des Mouvements d'Expression*（《人相学和表情动作》）。这是一个很有趣味的著作；在它里面充满着很多宝贵的观察资料。他的理论有相当的复杂，而且也尽可能用单独的一句话被表明出来（这本书的第 65 页），就是："Il résulte, de tous les la pensée elle-même, si élevée, si abstraite qu'on la suppose, ne peuvent s'exercer sans éveiller un sentiment corrélatif, et que ce sentiment se traduit directement, sympathiquement, symboliquement ou métaphoriquement, dans toutes les sphères des organes extérieurs, qui le racontent tous, suivant leur mode d'action propre, comme si chacun d'eux avait été directement affecte"。*

　　格拉希奥莱大概忽略了遗传的习惯的意义，甚至在某种程度上也忽略了个体的习惯的意义；因此，据我看来，好像他不仅不能够去正确说明很多姿态和表情，而且也完全不能够说明它们。为了说明他所说的象征动作（Symbolic movements）起见，我可以举出下面一段从舍夫烈耳（Chevreul）先生的著作里摘来的、关于一个作打弹子娱乐的人的话来："Si une bille dévie légèrement de la direction que le joueur prétend lui imprimer, ne l'avez-vous pas vu cent fois la pousser du regard, de la tête et même des épaules, comme si ces mouvements, purement symboliques, pouvaient rectifier son trajet? Des mouvements non moins significatifs se produisent quand la bille manque d'une impulsion suffisante. Et, chez les joueurs novices, ils sont quelquefois accusés au point d'éveiller le sourire sur les lèvres des spectateurs"**。据我看来，这些动作可以认为是单单由于习惯而产生。要知道多次在同样重复发生这样的情形：一个人在想要把一件东西推向一侧的时候，就时常要把它推向这一侧去；在想要使它向前移动的时候，就把它向前推去；还有在希望它停止不动的时候，就把它向后拉过来。因此，一个打弹子的人在看到自己的弹子在向不正确的方向滚动，而且强烈地希望它向另一方向滚过去的时候，他由于长期的习惯，就不可避免地去无意识地进行那些在其他情形下曾经使他发现是有效的动作。[1]***

　　格拉希奥莱举出下面的一种情形，来作为交感动作的例子（第 212 页）："Un jeune chien à oreilles droites, auquel son maître présente de loin quelque viande appétissante, fixe avec ardeur ses yeux sur cet objet dont il suit tous les mouvements, et pendant que les yeux regardent, les deux oreilles se portent en avant comme si cet objet pouvait être

---

　　* 从我所举出的上述一切事实里可以知道，感觉、想象、甚至是思想本身，无论这种思想有多么的卓越和多么的抽象，在不引起相当的感情的时候，就不可能实现；还有，这种感情就直接用同感、象征和比喻的方式在外部器官的一切范围里表现出来；这些器官按照它们特殊的活动种类，把它们各自分别传达出来，好像在这些器官当中，每种器官都会被直接激动起来似的。——译者注

　　** 你们恐怕也已经看到了几百次，如果弹子略微偏离开打弹子者对它所希望的方向，那么这个打弹子者就立刻要促使自己的眼睛、头部和甚至肩部行动起来，好像这些纯粹的象征动作会去改变弹子的滚动路线似的。还有，在弹子被打出去而没有受到足够的力量时候，也会使打弹子者发生同样特有的动作。没有经验的打弹子者们，就会这样突发性地表现出这些动作来，因此引起了观众们的好笑。——译者注

　　*** [1]、[2]……是俄译者注，共一百余条，都列在本书末尾。——译者注

entendu"＊。在这里，我认为并不应该去谈到耳朵和眼睛之间的交感动作，而是可以更加简单地去相信，在一连很多世代里，当狗向任何一件东西凝视的时候，它们总是竖起耳朵，去听取各种声音；相反地，它们在偶然听闻到一些声音时候，就向声音的来源方向仔细瞧望起来，其结果，在这种长期连续的习惯影响之下，这些器官的动作就彼此密切地联合在一起了。

皮德利特(Piderit)博士在 1859 年发表一篇关于表情的文章；我还没有阅读到这篇文章；可是据他所说，在这篇文章里，他有很多见解超越过了格拉希奥莱的见解。1867 年，皮德利特出版一本书，叫做 *Wissenschaftliches System der Mimik und Physiognomik*（《表情和人相学的科学体系》)＊＊。很难用短短几句话来使人正确地理解他的见解；说不定也可以用这本书里的下面两句话来提供出一个尽可能简明的对这些见解的叙述来："肌肉的表情动作，一部分和想象上的事物互相联系，而一部分又和想象上的感觉的印象互相联系"（第 25 页）。还有："表情动作主要就表现在面部肌肉的神经是从最贴近于思维器官的部位那里发源的，而另一部分则是由于这些肌肉也在干着支持感觉器官的工作"（第 26 页）。如果皮德利特博士已经阅读过贝尔爵士的著作，那么他大概就不会去说（第 101 页），狂笑因为也带有几分苦痛的性质，所以也引起皱眉；或者也不会去说（第 103 页），婴孩的眼泪刺激眼睛，因此就激起眼睛周围的肌肉收缩。在这本书里到处都散布着很多正确的意见；我在后面将把它们引用出来。[2]

在各种著作里，也可以发现一些关于情绪的简短的讨论文字；在这里用不到再把它们特别引举出来了。可是，培恩先生在自己所写的两个著作里，相当详细地研究了这个问题。他说："我把所谓表情看做是情绪的一部分和一种要素。我以为这样的事实是精神生活的一般法则，就是：有一种通过身体各部分的扩散作用或者兴奋，在同时和内部的感情或者意识一起发生出来"。① 在另一处地方，他补充说："有数目极多的事实，可以被包括在下面这个原理里面，就是：愉快的情况是和几种生活机能或者甚至全部生活机能的增强有联系的，而苦痛的情况则是和几种生活机能或者全部生活机能的减弱有联系的"。可是，上面所说的感情的扩散作用法则，好像对于要使人可靠地去说明特殊的表情问题方面，显得太普通了②。

斯宾塞(Herbert Spencer)先生在自己的著作《心理学原理》(*Principles of Psychology*，1855 年)里谈论到感情时候，提出了下面的意见："恐惧在达到强烈的程度时候，就

---

＊　有一只竖起耳朵的小狗；它的主人从远处取出一块有诱惑力的鲜肉给它看，于是它就用自己的眼睛急切地注视着这块肉，同时追随着主人的一切动作，并且在它的眼睛张望着的时候，它的一双耳朵也朝向前方，好像甚至可以听闻到这块肉在发生声音似的"。——译者注

＊＊　在后面的多处附注里，都把这本书的书名简写成：表情和人相学。——译者注

①　培恩：《感觉和智力》(*The Senses and the Intellect*)，第二版，1864 年，第 96 页和第 288 页。这本书的初版本的序文所署的日期是 1855 年 6 月。还可以参看培恩先生关于情绪和意志(*Emotions and Will*)的著作的第二版。

②　[在培恩先生的《论达尔文的〈人类和动物的表情〉》里，是《感觉和智力》这篇文章的附言，1873 年，第 698 页；这位著者写道："达尔文先生引用了我在这个法则(扩散法则)里所提出的说法，并且指出说，它'好像对于要使人可靠地去说明特殊的表情问题方面，显得太普通了'；这是十分正确的；可是，他为了这个同样的目的，却去采取了一种使我认为还是更加模糊不清的说法"。查理士·达尔文大概已经觉得培恩先生的批评意见是正确的，因为这是我根据他的"附言"的抄本上的铅笔摘录而判断出来的。]

表现成为大声喊叫、拼命躲藏或逃走、心脏急跳和身体发抖；同时正就是这些表现，会伴同这些激发恐惧的不幸事件的真正经验而产生出来。破坏性的激情，就表现成为肌肉系统的普遍紧张、咬牙切齿、伸出脚爪、张大眼睛和鼓起鼻孔、咆哮；同时这些表现是属于那些和杀死猎获物时候一起发生的动作当中的较弱的类型"。在这里，据我看来，我们已经获得了一个可以说明大量表情的理论；可是，这个主题的主要兴趣和困难，却在于要去查明这方面的复杂得惊人的现象的来源。我推想，大概以前已经有一个人（我已经不能断定这个人是谁）发表过几乎相同的见解，因为贝尔爵士说："已经确定，所谓激情的外表特征，只不过是那些受到身体构造所制约的随意运动的伴侣罢了"。① 斯宾塞先生也发表了一篇关于笑的生理的宝贵的论文；②他在这篇论文里坚持"一条普遍的法则，就是：感情在超过一定的高度以后，通常就用身体的动作来解除自己"；还有："一种不受任何激动所支配的神经力量的溢流，将明显地首先替自己选取最惯熟的路线；而且如果它们还显得不能满足于这种溢流，那么它接着就会流到那些较不惯熟的路线上去"。我以为，这个法则对于理解我们的问题方面极其重要。③

除了斯宾塞先生这一位进化原理的卓越的解释者以外，所有曾经写述过关于表情方面的文章的著者，好像都坚决相信，物种——当然也包括人类在内——就是以自己的现在状态而发生出来的。贝尔爵士就采取这种说法，因此主张说，在我们的面部肌肉当中，有很多肌肉就是"纯粹用在表情方面的工具"，或者是专门为了这个表情目的而设的"一种特殊的用具"。④ 可是，类人猿也具有和我们人类相同的面部肌肉，⑤这个简明的事实就使人极难去假定说，我们面部的这些肌肉是专门为了展示出自己的歪脸怪相来的特种肌肉。⑥ 实际上，可以相当正确地指出说，差不多所有的面部肌肉都有一定的用处，而和表情没有什么关系[2a]。

贝尔爵士显然想要尽可能把人类和比较低等的动物之间的差别拉开得很远；正因为这样，他就肯定说："比较低等的动物除了具有那些或多或少是明显地和自己的欲望的动作或者必需的本能有联系的表情以外，再也没有其他的表情了"。其次他又肯定说，它们

---

① 贝尔：《表情的解剖学》，第三版，第 121 页。
② 斯宾塞：《科学、政治和推理的论文集》(Essays, Scientific, Political, and Speculative)，第二集，1863 年，第 111 页。在他的论文集的第一集里，有关笑的讨论；我以为这个讨论的价值非常低劣。
③ 斯宾塞在刚才出版上面所说的论文以后，又再写了一篇论文，叫做《道德和道义感情》(Moralsand Moral Sentiments)，登载在《双周评论报》(Fortnightly Review)上，1871 年 4 月 1 日，第 426 页。现在他又发表了自己的最后结论，载在《心理学原理》(Principles of Psychology)的第二版第 2 卷里，1872 年，第 539 页。为了使大家不至于责怪我侵犯斯宾塞的研究范围起见，我可以来声明一下，我曾经在自己的《人类起源》一书里发表说，当时已经写好了现在这本书的一部分；我的最初关于表情问题的原稿的完成日期，实际上是 1838 年。
④ 贝尔：《表情的解剖学》，第三版，第 98 页，第 121 页和第 131 页。
⑤ 欧文教授明确地肯定说（动物学会记录，1830 年，第 28 页），这种情形对于猩猩（orang）是正确的，并且列举出了一些最重要的肌肉；大家知道，这些肌肉就是属于那些为了表达人的感情而替人服务的。还有，可以参看马卡里斯脱尔（Macalister）教授所写的一篇关于黑猩猩的几种面部肌肉的记述文章，发表在《自然史研究杂志》(Annals ane Magazine of Natural History)里，第 7 卷，1871 年 5 月，第 342 页。
⑥ ［在我这本书的第一版里，把这种歪脸怪相形容做"hideous（可怕的）"。在《雅典神堂》杂志(Atheneaum，1872 年 11 月 9 日，第 591 页)里，有人批评说，"理解不到歪脸的可怕性对于这个和美观毫无关系的问题有什么关系"；我对这个批评表示敬意，因此就把这个形容词(hideous)删去了。]

的面部"好像主要是能够表现出大怒和恐惧来"。① 可是，要知道甚至人类本身，也不能够像狗所做到的情形那样用外部表征来表现出爱情和恭顺情形来；狗在看到亲爱的主人时候，就垂下耳朵、放下嘴唇、弯曲身体和摇摆尾巴，去迎候主人。在这里，也很难用欲望的动作和必需的本能去说明狗的这些动作；它们正也像是一个人在遇见老朋友时候所表现出来的发光的眼睛和含笑的双颊那样。要是我们去询问贝尔爵士怎样去说明狗的爱情表现，那么他显然无疑会回答说，这种动物是连带着那些使它适合于和人类接近在一起的特殊本能而被创造出来的，因此所有关于这个问题的进一步探究也就是多余的了。

虽然格拉希奥莱坚决否认任何肌肉都是单单为了表情目的而发达起来的说法，但是他好像从来没有设想到进化原理。② 他显然是把各个物种看做是分别被上帝创造出来的东西了。其他著写关于表情方面的著者，也犯了这种毛病[3]。例如，杜庆博士在讲述了四肢的动作以后，就去分析那些使面部发生表情的动作，并且指出说③："Le créateur n'a donc pas eu à se préoccuper ici des besoins de la mécanique; il a pu, selon sa sagessse, ou-que l'on me pardonne cette manière de parler-par une divine fantaisie, mettre en action tel ou tel muscle, un seul ou plusieurs muscles à la fois lorsqu'il a voulu que les signes caractéristiques des pqssions, même les plus fugaces, fussent écrits passagèrement sur la face de l'homme. Celangage de la physionomie une fois créé, il lui a suffi, pour le rendre universel et immuable, de donner à tout être humain la faculté instinctive d'exprimer toujours ses sentiments par la contraction des mêmes muscles" *。

很多著者认为全部表情问题是不能说明的。例如，著名的生理学家米勒(Müller)就这样说道："面部在各种激情发生时候的完全不同的表情，就证明说，面部神经的完全不同的纤维束，是依随着各种兴奋的感情的性质而发生动作的。我们完全不明白这种现象的原因"。④

显然无疑，在我们还把人类和所有其余的动物看做是彼此无关的创造物的时候，我想要尽可能去研究表情的原因的这种天然愿望，就难以实现。我们就可以用这种说法去同样良好地说明任何东西和各种事物；已经证实这种说法，对于表情的理论方面，也像对于自然史的其他各个部门一样，有着相同的危害性。人类的某些表情的来源，例如由于极度恐怖的影响而头发直竖的情形，或者由于发狂的大怒的影响而露出牙齿的情形，除了只有承认人类曾经在很低等的类似动物的状况下生活过以外，那就难以使人得到理解了。如果我们承认说，不同的、但也是有亲缘关系的物种起源于共同的老祖宗，那么它们

---

① 贝尔：《表情的解剖学》，第 121 页和第 138 页。

② 格拉希奥莱：《人相学》(De la Physionomie)，第 12 页和第 73 页。

③ 杜庆：《人相的机制》，八开本，第 31 页。

* "因此，创世主就不必去开心到技师的要求；他可以按照自己的智慧并且（如果可以允许我作这种说法）按照自己的神的怪癖，在他高兴的时候，就会牵动某一种肌肉，一下子牵动一种或者几种肌肉，以便把那些甚至是最容易消失的激情的特征，也把暂时的印记加盖在人类的面部上。为了要把这种一次就创造出来的面貌变成一般的和永久的起见，创世主只要那种时常用同样的肌肉的收缩方法表现出自己的感情来的本能的能力赐给每一个人，就足够了。"——译者注

④ 米勒：生理学基础(Elements of Physiology)，英文译本，第 2 卷，第 934 页。

的某些表情的共同性就比较容易使人理解了；例如，人类和各种不同的猿在发笑时候所发生的同样的面部肌肉的动作，就是这样的。一个人如果根据于一切动物的身体构造和习性都是逐渐进化而来这个普遍的原理，那么就会用一种新的具有趣味的看法，去考察这整个关于表情的问题了。

因为表情动作时常极其细微，而且具有一种迅速消失的性质，所以就很难去研究表情。可以清楚地看出表情差异的事实本身；可是，却不能够去确定这种差异是由于什么原因而来；至少是我自己已经发现是有这样的情形。当我们亲自遇到某一种深刻的情绪时候，我们的同情心就这样强烈地激发起来，以致使我们当时或者完全不能够去作精密的观察，或者几乎不可能去作这种观察；我已经获得了很多关于这个事实方面的有趣的证据。另外一个更加重大的错误来源，就是我们的想象，因为如果我们盼望要从环境的性质方面去看出一定的表情来，那么我们就会容易把它当做好像是存在的。杜庆博士虽然有丰富的经验，但是据他亲自所说，他曾经长期以为，在某些情绪发生的时候，就有几种肌肉收缩；最后他方才完全相信，这种动作只限于一种肌肉参加。

为了要尽可能获得更加牢固的基础，而且不顾一般流行的意见，要去确定面部特点和姿态的特定动作实际上表现出一定的精神状态到怎样的程度起见，我认为采用下面的研究方法是最有用的。

第一，是去观察婴孩，因为正像贝尔爵士所指出的，婴孩表现出很多"具有特殊力量"的情绪来；可是在以后的年龄里，我们有几种表情就"丧失它们在婴孩时代所涌现出来的那种纯粹而单纯的泉源"。①

第二，据我所想到的，就是应当去研究精神病患者们，因为他们很容易发生最强烈的激情，并且使它们毫无控制地暴露出来。我自己没有机会去研究他们，因此我就去请求毛兹莱（Maudsley）博士，于是就从他那里收到一封给克拉伊顿·勃郎（J. Crichton Browne）博士的介绍信；勃郎博士在管理着威克飞尔德（Wakefield）附近的一座大精神病医院，而且据我所知道的，他已经注意到这个问题。这位卓越的观察者就以源源不绝的好意，把很多抄本和记载送给我，同时还对于很多问题提供了宝贵的意见；而且他的帮助价值简直大得难以使我估计得出来。除此以外，我还应当感谢塞塞克斯（Sessex）地方的精神病医院的帕特利克·尼古尔（Patrick Nicol）先生，他盛情地对两三个问题作了很有趣味的说明。

第三，正像前面已经讲到过的杜庆博士曾经把电流通到一个老年人的面部的某些肌肉上去，他的皮肤已经不太敏感；杜庆博士就用这个方法引起了各种不同的表情，同时还把这些表情拍摄成放大的照片。我很幸运地有机会把他的几张最良好的照片去交给20多位年龄不同的有学识的男女人士察看，而且没有写上说明文字，同时我每一次询问他们，根据他们的推测，这个老年人被激发起了哪一种情绪或者感情来；我就依照他们所用的字句把他们的回答记录下来。差不多每个人都立刻辨认出当中的几种表情来，不过并没有用真正相同的语言来说明它们；我以为，这些意见可以作为真实的说法而使人相信的，因此在后面将把它们详细引举出来。可是另一方面，他们却对另外几种表情作了极

---

① 贝尔：表情的解剖学，第三版，第 198 页。

不相同的判断。这种展示照片的试验,对于另一方面说来也是有用的,因为这使我相信,我们多么容易被自己的想象所迷惑,而且当我第一次观看杜庆博士的照片,同时阅读他的说明书,并且因此知道了它们所应该表明什么意义的时候,我就对全部照片(除了少数几张照片以外)的真实性发生极大的惊叹。可是,如果我只察看这些照片而没有看到任何的说明文字,那么显然无疑地我也会像已经讲到的其他的人一样,在有些情形方面,发生很大的迷乱了。

第四,我曾经希望从那些作为很仔细的观察家的绘画和雕刻的名家那里获得重大的帮助。因此,我就去察看了很多有名著作里的照片和雕刻画,但是除了少数例外情形以外,却没有获得什么益处。这个原因显然无疑是在于:在美术作品里,最主要的对象是美,而剧烈收缩的面部肌肉就破坏了美。① 美术作品的构想,通常是靠了巧妙选取附属景物的方法而用惊人的力量和真实性被传达出来的。

第五,我以为,有一件十分重要的事情,就是要去确定一切人种,特别是那些和欧洲民族很少来往的人种,是不是也像大家时常毫无确实证据而去肯定的情形那样,具有相同的表情和姿态。要是证实有几个不同的人种的面貌或者身体的同样的动作真的表示相同的感情,那么我们就会以极大的可能性来断定说,这些表情是真正的表情,也就是天生的或者本能的表情。个体在幼年时代所获得的习惯上的表情,在各种不同的人种当中,大概是各不相同的,例如他们的语言就各不相同。在 1867 年年初,我就根据上面所说各点,把下面所列出的一张印刷的问题表分送给别人,并且在问题后面附加一个要求,就是要他们信赖确实的观察,不要去信赖记忆;后来他们确切遵守了我这个要求。这些问题,并不是被我一时就编列出来的,而是经过了相当长的一段时间才获得的;在这段期间里,我的注意力曾经转向其他的方面去;现在我可以看出,最好要把这些问题作重大的修正。在最后寄送出去的几张印刷的问题表里,我又亲笔填写了几条补充意见。这些问题如下:

(1)吃惊是不是用眼睛和嘴张大开来以及用眉毛向上扬起的情形来表达?

(2)在皮肤颜色容许显现出脸红的情形下,羞惭是不是会引起脸红? 而且特别重要的是:这种脸红现象究竟向身体下部扩展到怎样远?

(3)当一个人愤慨或者挑战的时候,他是不是皱眉、挺直身体和头部、耸起双肩和握紧拳头?

(4)在深思某一个问题或者设法去理解某一个难题的时候,他是不是皱眉,或者使下眼睑下面的皮肤皱缩起来?

(5)在意气消沉的时候,是不是嘴向下压抑、眉毛的内尖靠了一种被法国人所称做“悲哀肌”(grief muscle)的肌肉所举升起来? 眉毛在这种状态时候就变得略微倾斜,而它的内端也略微膨胀起来;前额在中央部分出现横皱纹,但是并不像在眉毛因惊奇而向上扬起时候那样出现横过全额的皱纹。

(6)在精神奋发的时候,是不是眼睛闪闪发光,同时眼睛的周围和下面的皮肤略微起皱,而且嘴角稍向后缩?

---

① 　参看莱辛(Lessing)在《劳孔》(*Laocoon*)里对于这个问题的意见,罗斯(W. Ross)的英译本,1836 年,第 19 页。

（7）在一个人冷笑或者咒骂另一个人的时候，是不是他的上唇角举升到那颗偏于被笑骂的人一边的犬齿或者上犬齿的上面去？

（8）是不是能够辨认出固执或者顽固的表情来？这种表情主要是以嘴紧紧闭住、蹙额和略微皱眉来表示。

（9）轻蔑是不是用嘴唇略微突出、鼻子向上掀起和轻微的呼气来表现？

（10）厌恶是不是用下唇降下、上唇略微升起、连带着一种有些像开始呕吐或者嘴里要吐出什么东西时的急速呼气来表现？

（11）极度的恐惧是不是也用那种和欧洲人相同的一般方式来表现？

（12）笑达到极点时候，是不是也会使泪水流到眼睛里去？

（13）当一个人想要表示出他不能阻止某种事情、或者不会去干某种事情的时候，他是不是把自己的双肩耸起、使臂肘向内曲弯、摊开双手、张开手掌而且扬起眉毛来？

（14）小孩在愠怒的时候，是不是鼓起双颊或者把嘴巴大撅起来？

（15）是不是能够辨认出自觉有罪、或者狡猾、或者妒忌这些表情来？可是，我知道怎样去确定出这些表情来。

（16）点头是不是表示肯定；还有，摇头是不是表示否定？

当然，去观察那些很少和欧洲人来往的土人的表情而得到的资料，是最有价值的，不过我对于那些从观察任何土人方面所得到的资料都是会感到很大兴趣的。那些对于表情的一般意见则价值较小；而记忆都具有这样的欺骗性质，所以我诚意请求不要去信赖它。关于在任何一种情绪或者心绪发生时候的相貌的明确叙述，还有关于使它发生的周围情况的说明，是具有很大价值的。[4]

我从不同的观察者方面收到了 36 封对于上面这些问题的回信；在这些观察者当中，有几个是传教士或者土人的保护者；我对于所有这些通信者表示深切的感谢，因为他们为我费了很大的精力，因此使我得到了宝贵的援助。为了不至于打断我现在的叙述起见，我将把他们的姓名等情形另外列举在这一章的末尾。这些回答是关于几种最明显不同的未开化的种族方面的。在很多回答的例子里，都记录下了那些在观察每种表情时候所处的周围情况，并且也描写了表情本身。在这些例子里，可以充分信赖这些回答。在这些回答单单是"对的"和"不对"的时候，我时常小心谨慎地去接受它们。从这一种通信方面所获得的资料里，可以得出结论说，在全世界各地，都用显著的一致性来表达出同样的精神状态来；而且这种事实具有本身的趣味，因为可以把它作为一切人种的身体构造和精神气质非常相似的证据。

第六，我曾经用自己一切可能的注意力，去察看几种普通动物的几种激情的表达情形；我以为，这种观察具有极其重要的意义，当然这并不是因为它会使人去解决关于人的某些表情能够成为一定的精神状态的特征到怎样程度的问题，而是因为它会提供最可靠的根据，而使人去对各种不同的表情动作的原因或者起源作出概括来。我们在观察动物的时候，不应该这样轻易地去偏信自己的想象；除此以外，我们可以得到保证说，这些动物的表情绝不是受到约束的。[5]

前面曾经举出了观察困难的原因,就是:有几种表情具有迅速消失的性质(面容的变化往往极其细微);在我们看到任何一种强烈的情绪时候,我们的同情被激发起来,因此我们的注意力也就分散开来;我们的想象在欺骗我们,这是因为我们极其模糊地在想象自己期待着什么,不过在我们当中,确实只有少数人才知道相貌方面的确切变化究竟是什么;还有最后,长期认识这个问题的事实本身也是原因之一。把所有这些原因综合起来,可以知道,对于表情的观察绝不是件容易的事情,因为有很多曾经被我请求去观察某些要点的人立刻就发现这种情形。因此,很难去确切地决定说,究竟怎样的面容和身体的动作在通常表征出一定的精神状态来。虽然这样,我却以为,借助于观察婴孩、精神病患者、最后是那些受到电流作用的面部肌肉(像杜庆博士所进行的试验那样)的办法,就会把有些疑点和困难消除。

可是,还有很大的困难,就是:要去理解各种不同的表情的原因和起源,并且要去正确判断究竟哪一种对表情的理论说明是正确无误的。除此以外,如果我们尽自己所具有的理解力,不去借助于任何的规则,而去判断在两种以上的说明当中究竟哪一种最能使人满意,或者完全不能满意的时候,我以为只有一种方法可以用来核对我们的结论。这种方法就是去观察一下看借以说明一种表情的原理,对于其他与此相类似的情形是否适用;而且特别重要的一点是:是不是可以把同一个一般的原理应用到人类和比较低等的动物两方面去,而获得同样满意的结果。我偏爱于把后面这一个方法看做是一切方法当中最有用的一个。评定某一种理论说明的真实程度和采取一种明确的研究方法核对这种说明这两方面的困难,正就是那种由于研究这个问题而显然很能够激起的兴趣方面的重大障碍。

最后,至于说到我的私人观察方面,那么我可以说,早在 1838 年,我就已经开始进行这些观察;从这个时候一直到现在,我时常去注意到这个问题。在上面所指出的日期(1838 年)里,我已经偏爱于相信进化原理,也就是物种从另一批比较低等的类型里发生出来的原理。因此,在我阅读贝尔爵士的大作时候,他认为人类好像是连带着那些特别适应于他的表情的一定的肌肉而被创造出来的这种见解,就使我感到极其不满意。我觉得,习惯用一定的动作来表现出我们的感情,虽然现在它已经成为天生的,但是很可能当时是靠了某种方法而逐渐获得的。可是,要去确定这些习惯以前怎样被获得——这是困难透顶的事情。应当从新的角度去考察全部问题,而且对每种表情都要作合理的解释,这种信念就使我尝试来写述现在这个著作,可是它终究还是写得不完善的。

现在我就来举出那些先生的姓名来;正像我前面已经讲到过的,他们告诉过我关于各种不同的人种所显示的表情,因此使我对他们非常感激;同时我着重指出了几种情况;在这些情况下,曾经在每次个别情形里进行了观察。由于肯特州(Kent)、海斯普来斯(Hayes Place)地方的威尔孙(Wilson)先生的深厚情谊和崇高的声望,我从澳大利亚方面收到了至少有 13 套对我的问题的回答。我在这方面遇到了特殊的幸运,因为大家都认为澳大利亚土人是一切人种当中的最特殊的一种。后面就可以看出,这些观察主要是在南部地区、在维多利亚殖民地的边远地方所进行的;不过我也收到几封从北部地区寄来的回信。

　　但松·拉西(Dyson Lacy)先生详细地告诉我几个宝贵的观察；这些观察是在昆士兰(Quensland)的内地几百英里远的地方进行的。我非常感激墨尔本(Melbourne)地方的勃罗·斯米特(R. Brough Smyth)先生，因为他把自己所做的观察告诉我而且还把下面几封信转寄给我，就是：第一是威灵吞湖(Lake Wellington)地方的教师哈格纳乌尔(Hagenauer)先生的来信；他是维多利亚州的吉普兰(Gippsland)地方的传教士，在和土人来往方面有丰富的经验。第二是沙穆爱尔·威尔孙(Samuel Wilson)先生的来信；他是居住在维多利亚的维姆梅尔区(Wimmera)的朗奇烈农(Langerenong)地方的地主。第三是牧师乔治·塔普林(George Taplin)的来信；他是马克列耶港(Port Macleay)的土人企业殖民地的监督。第四是维多利亚州的科朗德利克(Corandrik)地方的阿基巴德·吉·拉恩(Archibald G. Lang)先生的来信；他是一所学校的教师，在这所学校里招收殖民地的所有各区的老年和青年工人。第五是维多利亚州的别尔法斯特(Belfast)地方的莱恩(H. B. Lane)先生的来信；他是当地公安局长和教会委员，我确信他的观察是极其确实可信的。第六是厄切喀(Echuca)地方的顿普列吞·彭耐特(Templeton Bunnett)先生的来信；他的居住地点位在维多利亚殖民地的边境，因此他就能够观察到很多和白种人极少来往的土人。他曾经把自己的观察结果去和另外两位长久侨居在附近地区的先生所做的观察互相比较。还有，第七是巴尔满(J. Bulmer)先生的来信；他是维多利亚州的吉普兰地方的一个边远地点的传教士。

　　我还感谢维多利亚的著名植物学家弗尔第南德·米勃(Ferdinand Müller)博士，因为他亲自替我做了几个观察，还寄送给我格林夫人(Mrs. Green)所做的其他的观察，而且也转寄上面所提到的信件当中的几封信给我。[6]

　　至于说到新西兰的毛利人(Maoris)方面，那么牧师斯塔克(J. W. Stack)只回答了我的问题当中的不多几个；可是，他的回答非常充分、清楚和确切，并且还记录下了那些在进行观察时候所处的周围情况。

　　印度公爵勃鲁克(Brooke)寄给我一些有关婆罗洲(Borneo，现称加里曼丹)的达雅克人(Dyaks)的观察资料。

　　至于说到马来人(Malays)方面，我获得了极其良好的结果，因为吉契(F. Geach)先生(他是华莱士先生介绍给我的)在马来半岛的内地担任矿业工程师的侨居期间里，曾经观察过很多以前从来没有和白种人接近过的土人。他写给我两封长信，提供了关于这些土人的表情方面的卓越的详细观察资料。他还观察了马来群岛的中国移民。

　　著名的自然科学家、帝国领事斯文和(Swinhoe)先生，也替我观察了中国境内的中国人；同时他还向自己所能信赖的其他的人作了有关表情方面的询问。

　　在印度方面，爱尔斯金(H. Erskine)先生在孟买省的亚马那加区(Ahmednugur District)担任官职时的侨居期间里，曾经注意到当地居民的表情，但是认为要得到任何可靠的结论是十分困难的，因为这些土人在欧洲人面前惯常把自己的一切情绪隐藏起来。他还替我从加拿大的司法官惠斯特(West)先生那里取得观察资料，并且他又去和几位有知识的印度绅士谈论到我的问题当中的某几点。在加尔各答(Calcutta)地方，植物园主任斯各特(J. Scott)先生仔细观察了那些在他那里做了相当长久的工作的各种土人的种族，并且寄送给我最充分而宝贵的详细观察资料，这真是其他的人所不能办到的。他就把自己在植物学研究方面所获得的正确观察的习惯，很好地应用到我们现在所研究的表情问题方面来。在锡兰方面，我非常感激牧师格列尼（S. O. Glenie），因为他回答了我提出的问题当中的几个。

至于说到非洲方面，虽然有文乌德·利德（Winwood Reade）先生尽了他所能办到的一切力量来帮助我，但是我仍旧很遗憾地只收集到很少关于黑人方面的资料。如果要去获得美洲黑奴方面的资料，那么就比较容易办到；可是，因为这些黑奴已经长期和白种人联系在一起，所以这方面的观察资料恐怕只有很少的价值。在非洲的南部方面，巴尔般夫人（Mrs. Barber）观察了卡弗尔人（Kafirs）和芬哥人（Fingoes），并且寄送给我很多确切的回答。孟谢尔·威尔（J. P. Mansel Weale）先生也对土人作了一些观察，并且替我找来了一件有趣的文件，就是酋长桑第里（Sandilli）的兄弟、天主教徒盖卡（Gaika）用英文所写的关于他的本乡土人的表情方面的意见。在非洲北部地区，陆军上校斯皮德（Speedy）曾经长期和埃塞俄比亚人（Abyssinians）居住在一起，所以一半根据自己的记忆，一半根据他对当时他所监护的国王提奥多尔（Theodore）的王子所作的观察，来回答了我的问题。阿沙·格莱教授和夫人（Professor and Mrs. Asa Gray）曾经在向尼罗河上游旅行时候观察过当地的土人，注意到他们的表情方面的几点。

至于说到美洲大陆方面，有勃烈奇斯（Bridges）先生，他是一位和火地岛人居住在一起的传教士，对于我好几年前寄去的问题表，作了不多几个关于火地岛人的表情方面的问题的回答。在美洲的北半部方面，罗特罗克（Rothrock）博士注意到美洲西北部分的纳赛河（Nasse River）边的未开化的阿特那族（Atnah）和爱斯比奥克族（Espyox）的土人的表情。美国陆军助理军医华盛顿·马太（Washington Matthews）先生（在阅读了斯密生公报 *Smithsonian Report* 上所印出的我的问题表以后），也特别仔细地观察了美国西部地区的几个最野蛮的种族，就是铁顿族（Tetons）、格罗斯文特烈族（Grosventres）、孟丹族（Mandans）和阿西纳波因族（Assinaboines）；已经证实，他的回答是最有价值的。

最后，除了这些特殊的报道来源以外，我还从旅行记的书籍方面收集到少数偶然提出的事实。

因为我时常要讲到人类的面部肌肉方面，尤其是在这本书的后半部分里讲述得更多，所以我就在这里附印出一张从贝尔爵士的著作里借用来的一张缩小的图（图1），还有两张从亨列的名著《人体系统解剖学手册》里借用来的、有更加精确的详细说明的图（图2和图3）。在所有这3张图里面，对同样的肌肉用同样的文字来注明，但是这里所注明的几种肌肉的名称只是我以后将要讲到的比较重要的肌肉罢了。面部肌肉彼此混杂得很厉害，据我所知道的情形，在一个解剖开的面部上绝没有现在这里所表明得这样清楚的肌肉。有几个著者认为，面部的肌肉共有19对和一条不成对的肌肉；①可是，另外一些著者则认为面部肌肉的数目要更加多，[7]根据莫罗的说法，甚至有55种。这些肌肉按照本身构造看来极不相同；所有写过关于这个问题方面的著作的人，都认为是这样，莫罗也指

---

① 参看派特利奇（Partridge）先生在托德（Todd）所编的《解剖学和生理学百科辞典》（*Cydopaedia of Anatomy and Physiology*）里的文章，第2卷，第227页。

出说，这些肌肉简直没有半打是相同的。① 它们在机能方面也是很不相同的。例如，嘴里的一边犬齿的露出能力，对于各种不同的人就很不相同。根据皮德利特博士所说，鼻孔两翼向上鼓起的能力也是随着各种不同的人而极不相同的；②还可以举出其他这一类的情形来。

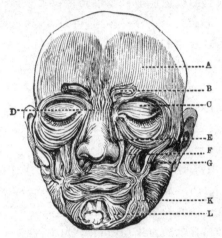

**图 1　面部肌肉图**
（从贝尔爵士的著作里借取来）

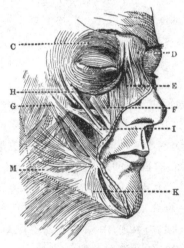

**图 2　右侧面部肌肉图**
（从亨列先生的著作里借取来）

---

① 《人相学文集》(*La Physionomie*)，拉伐脱尔编著；第 4 卷，1820 年，第 274 页。关于肌肉的数目问题，参看第 4 卷，第 209—211 页。

② 皮德利特：《表情和人相学》(*Mimik und Physiognomik*)，1867 年，第 91 页。

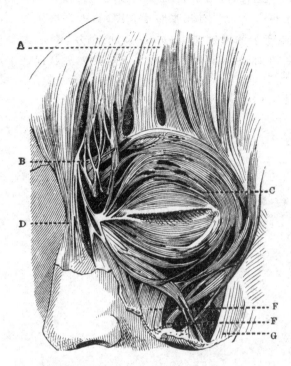

**图 3　眼睛周围的肌肉图**（从亨列先生的著作里借取来）

图 1—3 的符号说明：

A. 额肌（Occipito-frontalis）。

B. 皱眉肌（Corrugator supercilii）。

C. 眼轮匝肌（Orbicularis palpebrarum）。

D. 鼻三棱肌（Orbicularis palpebrarum）。

E. 鼻唇提肌（Lavator labii superiorisalae-
　　eque nasi）。

F. 固有上唇提肌（Lavator labii proprius）。

G. 大颧肌（Zygomatic）。

H. 颊肌（Malaris）。

I. 小颧肌（Zygomatic minor）。

K. 口三角肌（Trangularis oris，或者 de-
　　pressor anguli oris）。

L. 颐方肌（Quadratus menti）。

M. 笑肌，颈阔肌的一部分（Risorius，part of
　　the Platysma myoides）。

　　最后，我应该很高兴地对烈治朗德尔（Rejlander）先生表示感谢，因为他费神替我拍摄了各种不同的表情和姿态的照片。我也很感激汉堡（Hamburg）地方的金德尔曼（Kindermann）先生，因为他借给我几张哭泣的婴孩的精美的照相底片；而且也感激华里奇（Wallich）博士，因为他借给我一张微笑女郎的美妙的照相底片。我已经向杜庆博士表示自己的感谢，因为他慷慨答允我把他的几张大照片复制和缩小。所有这些照片都是用胶版印刷法印制出来的，因此也可以保证它们复制得很精确。这些照片的插页，就用罗马数字来标明。

　　除此以外，我还向武德（T. W. Wood）先生表示感谢，因为他在作各种动物的表情的写生画时候，遭受到了极大的苦处。著名的画家利威尔（Riviere）先生亲切地赠给我两张狗的画片：一张画上的狗表现出敌对情绪；另一张画上的狗表现出恭顺和亲热的情绪。梅伊（A. May）先生也赠送给我两张类似的狗的素描画。库彼尔（Cooper）先生在木刻画方面耗费了很多精力。有几张照片和图画，就是梅伊先生所绘的狗的素描画和沃耳夫（Wolf）先生所绘的狒狒（*Cynopithecus*）的画片，都是首先被库彼尔先生用照相的方法复制在木版上面，然后再雕刻而成。用这种方法就保证了木刻画差不多完全和原画相同。

# 第 1 章

# 表情的一般原理

• *General Principles of Expression* •

现在我开始来叙述三个原理；我以为，这三个原理可以去说明人类和比较低等的动物在各种不同的情绪和感觉的影响之下、所不随意地使用的大多数表情和姿态。可是，我只有在到了自己的观察结束的时候，方才达到这三个原理。在现在这一章和下面两章里，我们将以一般的方式来讨论这三个原理。

三个主要原理的叙述——第一个原理——有用的动作，在和一定的精神状态互相联合的时候就成为习惯的动作，并且在各种个别情况下不再依存于它们有用或者无用而实现——习惯的力量——遗传——人类的联合性习惯动作——反射动作——习惯向反射动作转移的情形——比较低等的动物的联合性习惯动作——结论

现在我开始来叙述三个原理；我以为，这三个原理可以去说明人类和比较低等的动物*在各种不同的情绪和感觉的影响之下、所不随意地使用的大多数表情和姿态。① 可是，我只有在到了自己的观察结束的时候，方才达到这三个原理。[8] 在现在这一章和下面两章里，我们将以一般的方式来讨论这三个原理。在这里，将利用到那些从人类和比较低等的动物两方面所观察到的事实；可是，动物方面的事实具有更加可取的价值，因为它们好像很不容易使我们受骗。在第四章和第五章里，我将讲述到几种比较低等的动物的特殊表情；而在后面几章里，则讲述到人类的特殊表情。因此，每一个人都能够亲自来判断，我的三个原理究竟对这个问题的理论方面能够说明到什么程度。我以为，这三个原理会这样相当满意地去说明这样许多的表情，所以此后很可能使人认为，可以把所有的表情都包括在这三个原理当中，或者包括在那些和它们极其相似的原理当中。在这里，我未必再要来提出说，像狗摇摆尾巴、马把耳朵向后牵伸、人把双肩耸起、或者皮肤的毛细管扩大这一类在身体的任何部分方面的动作或者变化，也可以同样良好地代替表情。现在来说明三个原理如下：

1. 有用的联合性习惯原理——一定的复合动作，在已知的精神状态下，为了减轻一定的感觉或者满足一定的欲望等而具有直接或者间接的用处；每次当这种同样的精神状态再被诱发出来的时候，即使这种情形很微弱，也就会靠了习惯的和联合的力量而出现一种倾向，就是要去完成同样的动作，即使这些动作在这一次完全无用也曾发生。有一些靠了习惯而通常和一定的精神状态联合起来的动作，可以通过意志而部分地被抑制下去；在这些情形下，那些很难听受意志来分配的肌肉，就显露出仍旧极其想要去行动的准备，因此就同时引起了一些动作，我们就把这些动作认做是表情动作。在另一些已知情形下，也需要用其他的轻微的动作去抑制某一种习惯性动作；这些动作也同样是表情动作。[9]

2. 对立原理——一定的精神状态会引起一定的习惯性动作；而这些动作也像在我们的第一个原理的情形下一样，是有用的动作。如果现在有一种直接相反的精神状态被诱发出来，那么立刻就会显露出一种强烈的不随意的倾向，就是要去完成那些具有直接相

---

◀ 年事已高的达尔文，在党豪思别墅的暖房里观察鲜花。

---

* 比较低等的动物（lower animals）在俄译本里简单译做"动物"（животные）；按照书里的叙述，都是指脊椎动物。——译者注

① 赫伯特·斯宾塞先生：（论文集，第二集，1863 年，第 138 页）把情绪（emotion）和感觉（sensation）作了明显的区分；他以为感觉就是"在我们的身体组织里发生出来"的。他把情绪和感觉双方都归属于感情（feeling）。

反的性质的动作,即使这些动作完全无用也会发生;在有些情况下,这些动作就表现得极其显著。

3. 由于神经系统的构造而引起的、起初就不依存于意志、而且在某种程度上不依存于习惯的作用原理——在感觉中枢受到强烈的激奋时候,神经力量就过多地发生出来,或者是依照神经细胞的相互联系情形和部分地依照习惯的情形而朝着一定的方向传布开来,或者是像我们所看出的,神经力量的供应可以发生中断。这样就产生了那些被我们认为具有表情性质的效果来。为了叙述简明起见,可以把这个第三原理叫做神经系统的直接作用原理。

至于说到我的第一原理,那么可以知道,习惯的力量有多么的强大。有时,我们虽然没有丝毫的努力或者意识,却也能够完成最复杂的困难的动作。我们还没有肯定地知道,习惯由于什么原因而会这样有效地去减轻复杂的动作,可是,心理学家们则认为:①"如果神经纤维的兴奋次数愈来愈多,那么这些神经纤维的传导能力也跟着增大起来"。这种说法,不仅可以应用到运动神经和感觉神经方面去,而且也可以应用到那些和思考行动有联系的神经方面去。未必可以去怀疑说,在那些惯常被使用着的神经细胞或者神经里,有某种物理变化正在发生出来,因为如果不这样的话,那么也就不可能去理解:为什么这种想要去实现某些获得的动作的倾向会遗传下去。[10]我们可以从下面的例子里,来看出这些动作的遗传情形:马具有某些遗传来的步伐,例如它们本来并不具有缓驰和溜蹄;年轻的指物猎狗(pointer)用鼻子指示猎物和年轻的波状长毛猎狗(setter)用蹲立方式指示猎物;某些家鸽品种具有特殊的飞行方式,等等。在人类方面,我们也可以看到类似的情形,例如有些怪癖和姿态的遗传;我们以后将再谈到这个问题。对于那些承认物种逐渐进化的人看来,蜂雀蛾(humming-bird sphinx-moth, *Macroglossa*)提供了一个最惊人的完善的例子,就是它遗传到了那些最困难而必须细致地互相配合的动作,因为这种蛾在从茧子里钻出来以后,不久就把自己的细长像毛一样的吻突伸出来,插进花朵的细孔里去,而且可以使人看到,它的身体在空中采取着均衡不动的姿势,这种情形就可以从它的鳞毛上的蜡粉方面来得到证明;我相信,决没有人曾经看到这种蛾去学习完成自己的这种需要非常精确瞄准的艰苦任务。

除了存在着一种要去完成某种动作的遗传或者本能上的倾向,或者一种对于一定种类的食物的遗传上的嗜好以外,在个体方面,时常或者一般还需要某种程度的习惯。我们在马的步伐方面看到这种习惯的影响情形;而在猎狗的指物动作方面,则也达到某种可见的程度;虽然有几只年幼的猎狗在初次被带领出外打猎时候,能够精确地指示出猎物来,但是它们往往也会把自己所遗传到的正确姿态,去和一种不正确的嗅觉和甚至是错误的眼力联合在一起。我听到有人肯定说,如果让初生的小牛去吮吸一次母牛的乳,

---

① 米勒:《心理学基础》,英文译本,第2卷,第939页。还可以参看斯宾塞对于同样主题和对于神经发生方面的有趣的臆测:在他所著的《生物学原理》(*Principles of Biology*)里,第2卷,第346页;还有在他所著的《心理学原理》(*Principles of Psychology*)里,第二版,第511—557页。

那么以后要去人工喂奶给它吃就非常困难了。① 大家知道,如果把一种树叶去喂养毛虫,而以后再把另一种树叶去喂养它们,那么虽然这种树叶在自然环境里就是它们的正常的食物,但是它们却宁可饿死而不愿去吃食这些树叶;②还有在很多其他情形里,也可以观察到这类现象。

这种联合能力的意义得到大家的公认。培恩先生指出说:"动作,感觉、感情状态,在同时或者彼此接连地发生出来的时候,就具有一种倾向,要联系在一起或者凝集起来,这时候就采取了这样的方法:在它们当中,如果有一种以后在头脑里发生出来,那么这就会引起其余几种也要发生出来的趋势"。③ 对于我们的目的说来,相当重要的事情是要去充分相信:一批动作容易去和另一批动作联合起来,并且去和各种不同的精神状态联合起来;我将提供出很多良好的例子来,首先是关于人类方面的例子,以后再谈到关于比较低等的动物的例子。当中有几个例子,虽然具有极其琐屑的性质,但是对于我们的目的方面说来也很适合,而可作为比较重要的习惯方面的例子。大家知道,如果不去采取多次重复的训练,而要用四肢去完成那些朝着我们以前从来没有实践过的、某些反对方向进行的动作,那么这真有多么的困难,或者甚至是不可能的。在感觉方面,也发生类似的情形;例如,在用交叉的两只手指的指尖去把一个石弹滚转这个普通的实验里,我们就会觉得正好像有两个石弹在被推动似的。[11]每个人在跌倒在地面上的时候,就会伸出自己的手臂来保护自己的身体;正像阿里松(Alison)教授所说,即使我们故意向柔软的床铺上跌倒下去,也很少有人能够抑制得住这种自卫动作的。一个人在出门的时候,就会完全毫无意识地戴上自己的手套来;好像这是一种极其简单的手续,但是一个已经教导过小孩戴手套的人,就知道情形绝不是这样的。

当我们的精神很奋发的时候,我们的身体动作也会和这种情形配合起来;可是在这里,除了习惯以外,还有另一个原理也起着一部分的作用;这个原理就是神经力量的无定向的溢流。诺尔福克(Norfork,剧中人物)在讲到红衣主教瓦耳西(Wolsey)的时候说道:

> 在他的脑海里,出现了
> 某种奇怪的波涛:他咬紧自己的嘴唇,身体发抖;
> 突然他又停止脚步,低下头来朝着地面,
> 接着又把自己的手指贴在太阳穴上;站直身子,
> 跳起来,飞步前进;于是又再停止脚步,

---

① 在很久以前,希坡克拉特(Hippocrates)和著名的哈维(Harvey)早已作出了极其相似的见解来,因为他们两人都肯定说,幼年动物在出生了不多几天以后忘却吮吸母乳的本领,并且必须要经过相当困难方才会使它重新获得这种本领。我是根据达尔文博士的著作《动物生理学》(*Zoonomia*,1794,第 1 卷,第 140 页)而提出这些说法来的。[斯登来·海恩斯博士在寄给我的信里也确证了这类情形。]

② 参看我的叙述和很多类似的事实,《动物和植物在家养下的变异》(*The Variation of Animals and Plants under Domestication*),1868 年,第 2 卷,第 304 页。

③ 培恩:《感觉和智力》,第二版,1864 年,第 332 页。赫胥黎教授指出说(《心理学基础教程》,*Elementary Lessons in Physiology*,第五版,1872 年,第 306 页):"可以把下面的情形认为是一条规则:如果有两种精神状态同时或者相继地被激发起来,而且有相当多的次数和相当的活跃程度,那么以后在它们当中,即使有一种精神状态发生,也足够引起另一种精神状态来,而且这并不和我们心里想不想去这样做有关"。

用力捶击自己的胸部；不久，他就把自己的视线投向月亮。——我们看到，

他亲自做出了十分奇怪的姿势。

——莎士比亚：《亨利八世》，第三幕，第二场

一个普通的人在心头发生令人烦恼的问题的时候，就往往会去搔头；我以为，他是由于习惯而去采取这样的动作的；这时候好像他体验到了一种身体上的略微不舒适的感觉，就是好像发生了自己的头部发痒的感觉；因为他特别容易发生这种头痒的感觉，所以他就用手去搔头，解除这种感觉。还有人在感到心里烦恼时候，就用手去擦眼睛；或者心绪纷乱的时候，就做轻微的咳嗽；在这两种情形里，好像他觉得在自己的眼睛里或者在气管里发生了一种略微不舒适的感觉。①

因为眼睛在经常不断的使用，所以这种器官特别容易在各种不同的精神状态下，由于联合作用而行动起来，即使在那里明明没有什么东西可看也是这样。根据格拉希奥莱所说，一个人在绝对否认某种建议的时候，差不多一定会闭住自己的双眼，或者把面部掉转过去；可是，如果他接受这个建议，那么他就会用点头去表示肯定，同时把自己的眼睛张开得很大。这个人在这种点头和把眼睛张大的时候，就好像他清楚地看到了这件事情似的；而在前面一种情形里，则好像他不曾去看或者不愿意去看这件事情似的。我曾经注意到，有些人在描写一种可怕的景象时候，往往顿时闭紧双眼，或者摇起头来，好像不要去看某种讨厌的事情，或者是要驱除这种情形似的；我自己也理解到这种情形，当我在黑暗地方想象到一种可怕的景象时候，就会紧闭起自己的眼睛来。每个人在突然看到一种东西，或者向四面环视的时候，就要举起自己的眉毛来，以便使眼睛迅速张大开来；杜庆博士指出说，②一个人在企图回想到某件事情的时候，往往就举起自己的眉毛来，好像要去看到这件事情似的。[12] 有一个印度绅士，向爱尔斯金先生提出了确实相同的关于自己本地人的意见来。我曾经注意到一个年轻的女士在竭力回忆起一个画家的姓名的情形；起初她望着天花板的一个角落，接着又去望相对的一个角落，每次举起一条靠近所望的方面的眉毛；可是，在那里是没有东西可看的。

在大多数上面所举出的例子里，我们就能够明白，联合性动作怎样可以由于习惯而获得；可是在有些个别的方面，某些奇怪的姿态或者怪癖，就会由于完全不能说明的原因，而和一定的精神状态联合发生出来，并且显然无疑是由于遗传而得来的。我曾经在另外一处地方，根据自己的观察，举出了一种和愉快感情联合在一起的特别复杂的姿态；这种姿态是父亲遗传给他的女儿的；而且我那时还举出另外几个类似的事

---

① 格拉希奥莱（《人相学》，第 324 页）在谈论到这个问题的时候，就提供出了很多这一类例子来。参看第 42 页，关于眼睛的张开和闭合的叙述。他引用了恩格耳（Engel）的说法，就是：一个人在思想发生变化的时候，也会使自己的步伐发生变化（第 323 页）。

② 杜庆：《人相的机制》，1862 年，第 17 页。

实。① 在现在这本书里，以后还要举出另外一个关于奇怪的遗传动作的有趣例子来，这种动作和一种想要获得某种东西的欲望联合在一起。

还有另外一些动作；它们通常在一定的周围情况下完成，并不和习惯有关，而且好像是由于模仿或者某种同感而发生出来的。例如，我们可以看到，有些人在用剪刀剪东西的时候，会使自己的双颚按照剪刀的剪动的拍子同时张开和闭合。小孩在练习写字的时候，往往会使自己的舌头随着手指的移动而转动，显出一副滑稽可笑的样子来。有一个绅士是我能够信赖的人；他向我肯定说，有好几次，当一个公开表演的歌唱家突然唱得声音有些沙哑时候，就可以听到有很多听众也随着咳嗽起来；可是在这里，很可能是习惯在起着作用，因为我们自己在相似的情况下也曾咳嗽起来。我还听到人家说，在跳高竞赛的时候，当选手一跳跃起来，就有很多观众，通常是男人和男孩，也随着跳动自己的双脚；可是在这里，大概也是习惯在起着作用，②因为使人极其怀疑的是，妇女是不是也曾这样行动。[13]

反射动作——从严格的意义说来，反射动作（reflex action）是由于周围神经（末梢神经）的兴奋而发生出来的；周围神经把自己的冲动力传送给一定的神经细胞；于是这些神经细胞又再去激发一定的肌肉或者腺去行动；全部这个过程，用不到什么感觉或者意识来参加，就能够发生出来，不过，感觉或者意识往往也会伴随着发生出来。因为很多反射动作都是极其富于表情的动作，所以在这里必须来略为详细地考察这个问题。[14]除此以

---

①　《动物和植物在家养下的变异》，第 2 卷，第 6 页。对我们说来，习惯性的姿态的遗传情形有这样的重要，因此我很高兴在得到加尔顿（F. Galton）先生的允许以后，引用他亲自所写的话，来说明下面的显著情形："下面有一段关于三个连续世代的个体所发生的习惯的叙述，是特别使人感到兴趣的；因为它只是在熟睡的时候发生，所以也就不可能由于模仿而发生，却应该被认为是完全天生的。这些情节是十分可靠的，因为我已经详细调查过它们，并且还根据很多彼此无关的证据来讲述。曾经有一个地位相当高的绅士；他的妻子发现他有一种怪癖，就是：他在床上仰面朝天而熟睡的时候，会慢慢地把右臂举起到面部上面，达到前额处，然后突然向下降落，因此手腕正好重落在鼻梁上。这种怪癖并不是每天夜里发生的，但是有时就会发生，而且毫无明确的原因来引起它。有时在一小时里，或者在一小时以上的时间里，连续重复发生这种情形。这个绅士的鼻子很高，所以鼻梁在受到手腕重击以后就发生肿痛。有一次，它肿得很厉害，而且经过了长期的治疗，因为初次引起肿痛的打击，会一夜夜连续发生下去。他的睡衣的袖口有纽扣，在手腕落下的时候，它会造成严重的擦伤，所以他的妻子就不得不把它除去，而且还曾经有几次设法把他的手臂捆缚起来。

在这个绅士死去以后很多年，他的儿子和一位小姐结婚；这位小姐从来没有听说过丈夫家里过去发生这类事件。可是，她仔细观察到她的丈夫也有同样的怪癖；不过因为他的鼻子并不特别高，所以从来没有由于这种打击而受伤。［自从第一次写了这一段话以后，曾经发生一次击伤的事件。有一天，他的身子十分疲倦，就躺在安乐椅里熟睡起来；当时突然惊醒过来，发现自己的鼻子被自己的指甲抓破得很厉害。］在他半醒半睡的时候，例如在安乐椅里假寐的时候，不会发生这种怪癖；但是在熟睡的时候，就容易发生这种情形。他也像自己的父亲一样，间歇地发生这种情形；有时一连很多夜间都不发生，有时则在一连几夜的一定时间里几乎接连发生。在发生这种情形的时候，他也像他的父亲一样，把右手举起来。

在他的孩子当中，有一个女孩也遗传到同样的怪癖。她在发生这种怪癖的时候，也把右手举起，但是以后的动作略微不同，因为她在把手臂举起以后，并不使手腕落下到鼻梁上去，而是把半握的手掌从上面落下到鼻子上去，相当迅速地从鼻子上滑过去。这个女孩也是非常间歇地发生这种情形，有时在几个月里不发生，有时则接连不断地发生。"

［莱德克尔（R. Lydekker）先生（在没有写明日期的信里）告诉我一个关于遗传特性的例子，就是眼睑发生特征性下垂的情形。这种特征就是眼睑提肌（lavator palpebre）麻痹，或者很可能是完全缺乏。起初在一个妇女 A 夫人的身上，发现这种特性；她有 3 个小孩，当中一个小孩 B 就遗传到了这种特性。小孩在长大以后生有 4 个小孩，这些小孩都有这种遗传性的眼睑下垂特性；当中有一个女儿，在出嫁以后生有 2 个小孩，在这两个小孩当中，第二个小孩具有这种特性，但是只有一边的眼睑下垂。］

②　［有一个美国医生在写给我的信里说道，他在看护产妇分娩的时候，有时就觉得自己也在模仿着产妇使肌肉紧张起来。这种情形很有趣，因为在这里习惯的影响由于必要而被排除了。］

外,我们还将看到,有几种反射动作,逐渐转变成为习惯性的动作,因此也就很难和那些由于习惯而引起的动作区分开来。① 咳嗽和打喷嚏,就是大家都知道的两种反射作用的例子。虽然打喷嚏要有很多肌肉的协合动作才能实现,但是婴孩的最初的呼吸动作常常是打喷嚏。呼吸作用一部分是有意的,但主要还是反射的作用;它在不受到意志干涉的时候,就以最自然的和最良好的方式进行下去。有极多数目的复合动作是反射的动作。可以被据供出来作为良好的例子之一的,就是那个时常引用到的无头蛙的例子;这种无头蛙当然不能够感觉到什么动作,也不能够去有意识地完成什么动作。可是,如果把一滴酸液放置到这种状态的蛙的腿的下表面上,那么它就会用一只脚爪的上表面拭去这一滴酸液。如果已经把这只脚爪切除,那么它就不会发生这种动作。"因此,在几次无效果的努力以后,就放弃了这方面的尝试,变得好像是焦躁不安的样子,并且根据普夫留格尔(Pflüger)所说,它好像是在找寻另外一些方法;最后它就去使用另一只脚上的脚爪,于是成功地拭去了这滴酸液。在这里,显然我们所见到的,并不是单单肌肉的收缩情形,却是一种复合的协调的收缩情形,它按照一种适合于特殊目的的应有的程序性而行动。这些动作从全部外表上看来,好像是动物的理智所引导出来和它的意志所鼓舞起来的,不过大家所公认的它的理智和意志的器官已经被切除去了。②

我们可以从下面的事实里看出反射运动和随意运动之间的差别来:根据亨利·霍伦德(Henry Holland)爵士对我所说,年龄极小的婴孩不能够去完成某些略为相似于打喷嚏和咳嗽的动作,就是:他们不能够去擤出鼻涕来(就是捏紧鼻子而用力从鼻孔里喷出气来),而且也不能够把痰咳出自己的喉咙来。他们不得不去学习完成这些动作的方法;可是,他们在年纪稍大的时候,就向我们学会了这些方法,而且把这些动作完成得差不多好像反射动作一样。可是,我们只能够部分地或者完全不能够用意志去控制打喷嚏和咳嗽;而咳出痰来和擤出鼻涕的动作则完全听受我们的支配。

当我们意识到自己的鼻腔或者气管里有某种刺激物存在的时候,就是当同样的神经细胞也像在打喷嚏和咳嗽的情形下一样被激奋起来的时候,我们就能够有意用力从这些腔道里喷出气来,把这种刺激物驱除出外;可是,我们不能够像靠了反射动作那样,采用

---

① 赫胥黎教授指出说(《生理学基础》,*Elementary Physiology*,第五版,第 305 页),脊髓所特有的反射动作是天生的;可是,由于脑子的帮助,就是由于习惯,就可以去获得无数人工的反射动作。微耳和(Virchow)认为("Sammlung wissensnschaft. Vorträge"etc.,"Ueber das Rückenmark",1871 年,第 24 页和第 31 页),有些反射动作很难和本能区分开来;我们还可以辅充说一句,有些本能不能够和遗传的习性区分开来。[关于这种实验方面,有一个批评家提出说,如果记录得正确无误,那么这种实验就演示出了意志的作用,而没有演示出反射作用来;同时又有一个批评家就采用根本怀疑这种实验的正确性的办法,来硬性消灭这种困难。米契尔·福斯脱(Michael Foster)博士在讲到蛙的动作时候,写道(《生理学教程》,*Text Book of Physiology*,第二版,1878 年,第 473 页):"起初,我们以为这种动作好像是理智的选择作用。它显然无疑是一种选择作用;要是拥有了许多关于这一类选择作用的例子,而且要是获得了一些证据,可以去证明也像有意识的意志作用那样,蛙的脊髓会引起各种不同的自动的动作来,那么我们就有理由去推测说,选择作用就由理智来决定。可是,另一方面,也极可能去这样推测说,脊髓的原生质里的抵抗线(lines of resistance)被排列得可以容许交替的动作发生;如果去考虑到,在没有脑子的蛙体上,可以证明这些外表上的选择作用的例子是多么的稀少和简单,还有怎样在蛙的脊髓里完全缺乏自发性或者不规则的自动的动作,那么这个见解大概是很近于真实情形了"。]

② 毛兹莱博士:《肉体和精神》(*Body and Mind*),1870 年,第 8 页。

差不多相同的力量、速度和准确程度去进行这些动作。在发生反射动作时候，感觉神经细胞显然是去刺激运动神经细胞，但是并没有丧失去那种耗用在最初和大脑两半球（我们的意识和意志的座位）通信方面的力量。好像到处都存在着一种在同样的动作之间的深刻的对抗作用；这些动作在某些情形下受到意志的支配，而在另一些情形下则受到反射刺激的机制的支配；这种对抗作用就表现在这些动作所用来发生的力量方面，也表现在那种激发这些动作的容易程度方面。[15]正像克劳德·伯尔那德（Claude Bernard）所肯定说，"L'influence du cerveau tend donc à entraver les mouvements réflexes，à limiter leur force et leur étendue"。[①]

那种要去进行反射运动的有意识的愿望，有时会停止或者中断自己的执行，即使是适当的感觉神经细胞可以被激奋起来，也曾发生这种情形。例如，在很多年以前，我下了一笔小赌注去和一打（12 个）青年打赌说，如果他们嗅了鼻烟，那么他们并不会打喷嚏，但是他们都宣称自己一定会打喷嚏；于是他们大家都取了一小撮鼻烟去嗅闻，但是由于都想成功地打出喷嚏来，却反而一个人也没有办到这件事，只是他们的眼睛流出泪水来罢了；因此，他们毫无例外地都输给我一笔赌注。霍伦德爵士指出说，[②]如果专心要去进行吞咽动作，那么这反而会阻止正常的动作的进行；有些人认为，要吞服丸药非常困难；这种情形很可能就是由于太专心于吞咽方面的缘故，或者至少是一部分由于这种原因而发生。

还有一个大家都知道的反射动作的例子，就是：在有东西接触到眼睛表面的时候，眼睑就会不随意地闭合起来。如果作出朝向面部打的姿势，那这也会引起眨眼的动作，但是这种动作是习惯性的动作，而从严格的意义上说来却不能算做是反射动作，因为这种刺激是通过意识而被传达出去，并不是靠了周围神经的兴奋而被传达出去的。这时候整个身体和头部通常就同时突然向后退避。可是，如果想象到危险好像并不迫近，那么也能够阻止这些后退运动；不过，单单我们这种通知自己没有危险出现的理智，是不足够的。我可以举出一个琐屑的事实，来说明这一点；这个事实曾经使我感到很有趣。我曾经在动物园里，把自己的面部紧贴在一间饲养着南非洲大毒蛇（puff-adder）的房间正面的厚玻璃上，同时打下坚强的决心，如果这条毒蛇隔着玻璃扑过来，我不向后退缩；可是，当这条蛇真的一扑过来的时候，我的决心马上消失，同时我就立刻用惊人的速度后跳了一两码路。我的意志和理智，就在这种从来没有体验到的想象上的危险面前显得无能为力了。

就地惊起的猛烈程度，大概一部分依靠想象力的活跃程度来决定，[16]而另一部分则依靠神经系统的习惯的或者临时的状况来决定。一个人如果去注意到自己的马在疲劳状态时候和在强劲有力时候的惊起情形，那么就会看出，它怎样从简单瞥见某种突然显现的物体而顿时怀疑到它是不是有危险的这个时刻起，一直到这样迅速而猛烈的一跳的

---

① 参看克劳德·伯尔那德（Claude Bernard）对全部这个问题所写的极其有趣的讨论，《肉体的组织》（*Tissus Vivants*），1866 年，第 353—356 页。［这里的一段引用文字的译意是："大脑的影响具有一种倾向，就是要去阻碍反射运动，而且限制这些运动的力量和扩大"。——译者注］

② 《精神生理学讲义》（*Chapters on Mental Physiology*），1958 年，第 85 页。

经过情形；这匹马大概不会有意用这样迅速的方式向后回旋过去。一匹强劲有力而且肥壮的马的神经系统，能够把自己的命令非常迅速地传达给运动系统方面，以致使它没有时间去考虑前面的危险究竟是不是实在的。这匹马在做了一次猛烈的惊起以后，受到了激奋，于是它的血液就充分流进到它的脑子里去，因此它非常容易又再惊起；我已经讲到过，在年幼的婴孩方面，也发生同样的情形。

如果有一种突发的嘈声，而它的刺激由于听觉神经而被传达出去，那么它所引起的惊起，在成年人方面，就同时会引起眨眼的动作来。① 可是，我观察到，我的几个婴孩在出生了两星期的时候，虽然会由于突然发生的声音而惊起，但是确实并不时常因此眨眼；而且我相信他们绝没有眨过眼。年纪较大的婴孩的惊起，显然表明出一种想要去抓住某种可以阻止跌倒的东西的模糊企图。当我的一个婴孩出生了 114 天的时候，我把一只厚纸做的匣子靠近在他的眼睛面前挥动，但是他的眼睛一次也没有眨动；后来我把几颗糖果放进纸匣里去，仍旧在原来的地位上把纸匣挥动起来，这个婴孩就每次眨眼，并且略为惊起。* 显然在这里不可能去假定说，这个被保育得很周到的婴孩会根据经验来知道，在他的眼睛附近所发生出来的沙沙声就表明是一种对眼睛的危险。可是，这种经验却是在一连经过了很多世代的长时间以后渐渐地获得的；根据我们在遗传方面的知识来判断，如果亲代初次所获得的习惯在子代里表现出来，那么子代在表现出这种习惯的时候的年龄，绝不可能小于亲代在获得它的时候的年龄。

从上面这些叙述里，显然可以知道，有几种动作，起初虽然是有意识地被完成的，但是后来大概就由于习惯和联合作用而转变成为反射动作，[17]而到现在就成为很坚固的遗传的习惯；因此，每次在发生出那些原来由于意志作用而激发起这些习惯来的同样的原因时候，这些习惯即使当时对我们毫无用处，②也会进行下去。在这些情况下，感觉神经细胞就直接去激发运动细胞，而不再事先去通知我们的意识和意志所依存的那些细胞。大概打喷嚏和咳嗽的动作，起先是由于那种要尽可能猛烈地从敏感的通气腔道里吐出任何的刺激物来的习惯而获得的。至于说到时间方面，那么这些习惯就得要经过十分长久的年代，方才会变成天生的，或者转变成为反射动作，因为大多数或者全部高等的四足兽都具有这些习惯，所以这些习惯最初一定是在很古的年代里被获得的。我还不能去说，为什么咳出痰来的动作并不是反射动作，而必须由我们的小孩来学习它；可是，我们都可以知道，用手擤出鼻涕来的动作则必须学习才能得来。

在无头蛙拭去自己的大腿上的酸液或者其他东西的时候，它的这些动作是多么良好地为了特殊目的而互相配合起来；因此，确实可以使人相信，这些动作起初是有意地被完成的，后来就由于长期的习惯而变得更加容易发生出来，最后终于无意识地被完成，或者是和大脑两半球无关地被完成。

---

① 米勒指出说[《生理学基础》(*Elements of Physiology*)，英文译本，第 2 卷，第 1311 页]，在惊起的时候，总是同时发生眼睑闭合现象。

* 参看本书后面的附篇，一个婴孩的生活概述，第二段文字。——译者注

② 毛莱兹博士指出说(《肉体和精神》，第 10 页)："那些通常能够达到有用的目的的反射运动，在患病而情况变化的时候，就会发生重大的害处，有时甚至也会造成严重的苦楚和最痛苦的死亡。"

其次，也可以认为，惊起大概最初是由于那种想要赶快脱离开危险这种习惯而被获得；这种习惯是在我们的任何一种感觉每次向我们提出警告的时候发生出来的。正像我们所看到的，惊起和眨眼同时发生，而眨眼则是为了要保护眼睛这种在身体上最柔弱的敏感的器官；我以为，它时常也和一种突然强烈的吸气同时发生，而吸气则是一种对任何一种狂热努力的自然准备。可是，当一个人或者一匹马惊起的时候，心脏就朝着肋骨方面剧烈鼓动起来；在这里，我们可以正确地说，一种从来没有受到意志支配的器官参加了身体的一般反射动作。可是，对这个问题，我们将在后面一章里再谈。

在网膜受到明亮的光线刺激时候，瞳孔就收缩起来；这种现象也是一种说明这种起初显然绝不能够有意地被完成、而后来则由于习惯而巩固起来的动作的例子；我们还没有遇见到任何一种动物的瞳孔会受到它的意志的有意识的支配。① 在这里，就应当从那些完全不同于习惯的机制里去找寻出另一种关于这些情形的说明来。极度兴奋的神经细胞向着另一些和它们有联系的细胞方面放射神经力量的现象，例如那种由于明亮的光线降落在眼睛的网膜上而引起打喷嚏的情形，大概可以帮助我们去了解有些反射动作的起源。这种神经力量的放射，如果会引起一种具有减弱初次刺激的倾向的动作，也像瞳孔收缩能够防止过多的光线降落到网膜上去的情形一样，那么以后就可能为了这种特殊目的而得到利用和发生变异。

再次，还有一件事实值得提出来，就是：反射动作极可能是像所有的身体的构造特征和本能一样，容易遭受到细微的变异；同时任何的变异如果是有益处的和相当重要的，那么也就具有一种被保存和遗传下去的倾向。例如，有些反射作用如果为了某种目的而有一次被获得，那么以后就可能不依靠意志或者习惯，而朝着那个对某种完全不同的目的有用的方向发生变异。我们确实有理由可以认为，这一类情形是和很多本能方面所发生的情形互相类似的，因为虽然有些本能单单由于长期不断的遗传的习惯而发展下去，但是还有些极其复杂的本能却由于保存以前本能的变异而发展下去，就是靠了自然选择而发展下去。

我已经有些冗长地讨论过了关于获得反射动作方面的问题，不过据我看来还是讨论得极不完全，因为反射动作时常和那些表现我们的情绪的动作联系在一起；并且必须表明，在它们当中至少有几种反射动作，起初为了要去满足某种欲望或者消除厌恶感觉的目的，而可能在意志的参加下被获得。

比较低等的动物的联合性习惯动作——我在前面讲到人类的综合性习惯动作时候，已经举出几个和各种不同的精神状态或者身体状态联合起来的动作；它们现在虽然是漫无目的的，但是起初本来是有用的，而现在对于某些情况方面也仍旧是有用的。因为这

---

① 〔巴克斯脱（Baxter）博士（1874 年 7 月 8 日的来信）要我去注意到微耳和的纪念约翰斯·米勒的演说（*Gedàachtnissrede über Johannes Maller*）里所讲到的事实，就是米勒已经能够去控制瞳孔的收缩。根据柳伊斯所说《精神的物质基础》，*Physical Basis of Mind*，1877 年，第 377 页），波昂大学的教授别耶尔（Beer）已经具有一种随意把瞳孔收缩或者张开的本领。"在这里，思想就成为运动机关。当他在想象到自己在黑暗的空间里的时候，他的瞳孔就张大；而在想象到自己在很明亮的地点时候，瞳孔就收缩"。〕

个问题对我们非常重要,所以我现在就举出相当多的有关动物方面的类似事实来,不过当中有很多事实的性质非常琐屑。我的目的,就是要表明出,有些动作起初由于具有一定的目的而产生出来;还有,在差不多相同情况下,它们仍旧是在毫无用处的时候由于习惯而顽强地产生出来。在下面所举出的情形当中的多数情形里,这类倾向是由于遗传而来的;我们可以根据所有同种的不论年幼或者年老的个体都在同样完成这些动作方面,来断定这一点。下面我们还可以看到,这些动作是在各种极不相同的、常常很曲折的、而且有时也是错误的联合作用的影响下被激发起来的。

当狗想要睡在地毯或者其他坚硬的地面上时候,它们通常就毫无意义地打圈子,并且用自己的前爪去搔挖地面,好像它们打算要把草践踏下去和挖掘出一个洞穴来的样子;显然无疑,它们的野生祖先以前在空旷的草原上和在森林里生活的时候就是这样做的。① 动物园里的胡狼(jackal)、大耳狐(fennec)和其他跟狗有亲缘关系的动物,就用这种方式去践踏褥草的;可是,很使人奇怪的是:动物园里的看守人在观察了几个月以后,却从来没有看到狼具有这种习性。根据我的朋友的观察结果,有一只半白痴的狗(这种状态的狗特别容易去服从无意义的习惯)在睡下以前,竟在地毯上绕转了 13 个圈子。

有很多食肉动物,在爬行到自己的猎物那里去而且准备要向前冲奔或者跳扑到猎物身上去的时候,就低下头来,并且把身体贴近地面;显然可以知道,这种动作一半是为了要隐藏自己,一半则是为了作好冲奔过去的准备;这种习惯就在我们的指物猎狗和波状长毛猎狗身上非常显著地成为遗传的习性了。其次,我有几十次注意到,当两只彼此不相识的狗在空旷的道路上相遇的时候,第一只先看见对方的狗,虽然双方相距有 100～200 码远,在起初一望见以后,就常常低下自己的头来,通常把身子略微伏下,甚至有时贴近在地面上;就是说,即使道路十分空旷,而且距离也很大,它还是采取了适当的姿势,要隐藏起来,并且想要向前冲奔或者跳扑过去。还有,所有各种狗在专心监视和慢慢地接近它们的猎物时候,就常常要把自己的一只前脚屈曲,向上缩起一长段时间,准备作一次慎重的跨步;这是指物猎狗的很显著的特征。可是,当它们的注意力一被激发起来的时候,它们就会由于习惯而作出完全相同的动作来(图 4)。我曾经看到,有一只狗站立在高墙的脚下,仔细倾听墙壁背后的声音,同时就把自己的一只前脚屈曲起来;不过在这时候,不可能发生出一种慎重向前接近的企图来。

狗在大便以后,也差不多像猫一样采取相同的方式,往往同时把自己的四只脚向后搔土几次,甚至在光秃的石子铺的路面上也是这样,好像它的目的是要用泥土去覆盖自己的粪便似的。动物园里的狼和胡狼,在大便以后也采取完全相同的动作;可是,看守人向我肯定说,不论狼、胡狼或者狐,在大便以后,即使有机会让它们去搔土,也总是不会像狗所做的那样把自己的粪便掩盖好。因此,如果我们正确理解到上面所说的这种像猫的习性,而且这种习性是确实无疑地存在着的,那么我们就可以把它看做是一种残余的无

---

① 根据莫斯里(H. N. Moseley)对于柏塞尔(Bessel)所写的北极星号船的探险记的评论文章(《自然》杂志(Nature),1881,196),可以知道,爱斯基摩人的猎狗在睡下以前从来不绕圈子;这个事实也和上面的说明互相协调的,因为爱斯基摩人的猎狗在无数世代的期间里,都不可能得到机会去替自己在草地上践踏出一个睡卧地点来。

**图 4 小狗在监视一只蹲在桌上的猫的姿态**
（从烈治朗德尔先生处取来的照片）

目的的习惯动作,最初是由狗属的远祖为了一定的目的而采取的,后来就在极其长久的期间里被保存下来。可是,埋藏残余食物的习惯则完全和这种习惯不同。

狗和胡狼①很爱好用头颈和背部靠在腐臭的尸肉上滚转和擦拭。虽然狗(至少是饲养得很周到的狗)不吃腐臭的尸肉,但是它们好像很喜爱这种臭气。巴尔特莱特先生[18]曾经替我观察了狼;他把腐臭的尸肉给狼吃,但是从来没有看到它们靠在尸肉上打滚。我听到有人指出一件事情,并且认为它是确实的,就是:那些大概是起源于狼种的大狗,好像并不像那些大概是起源于胡狼种的较小的狗一样,时常靠在腐臭的尸肉上打滚。在我的狸(小猎狗,terrier)不感到饥饿的时候,如果丢一块褐色饼干给它(我也听到一些类似的例子),那么它起初就把饼干当做老鼠或者其他的猎物那样,把它丢掷和咬弄,此后又把饼干当做腐臭的尸肉而靠在它上面反复打滚,到最后方才吃掉这块饼干。这种情形真好像是有一种假想的口味附加到了这种不好吃的东西身上去似的;狗也尽量把这块饼干想象成活的动物或者是一种带有尸肉的臭气的东西,因此就依照习惯而去对付它,但是它比我们更加明白实际的情形并不是这样的。我曾经看到,我的这只小猎狗在咬死一只小鸟或者老鼠以后,也用同样的方式去对付它们。

狗用一种迅速摇动自己的一只后腿方法去轻搔身体;如果我们用一根手杖去擦动狗的背部,那么它们的习惯就显出有这样的强烈,以致它们不能自制地向空中或者地面乱抓,作出无用而且可笑的样子来。在我用手杖去这样擦动刚才讲到的那只狸(小猎狗)时,有几次它就用另一种习惯的动作来表示自己的高兴态度;这种动作就是把空气也当

---

① 参看沙尔文(F. H. Salvin)所写的关于驯顺的胡狼的文章,载在《陆地和水》杂志(Land and Water)上,1869年10月。

做是我的手一样去舐它。①

马用自己的牙齿啃咬它们所能达到的身体部位的方法,去搔身体;可是有一种更加普通的情形,就是一匹马会向另一匹马表明自己身体上的所需要搔痒的部位,于是它们就彼此互相啃咬这些痒处。我曾经请求一个朋友去注意到这个问题;他观察到,当他去摩擦自己的马的头颈时候,这匹马就伸起头部,露出牙齿,并且移动双颚,正好像要去啃咬另一匹马的头颈的样子,因为它绝不能去啃咬自己的头颈。如果一匹马被搔得很厉害,例如在梳理它身上的毛的时候,那么它想去啃咬东西的欲望就变得非常难以忍耐的强烈,以致使它要去磨动自己的牙齿,并且去咬自己的看马人,不过这种情形不是恶意的。同时,这匹马由于习惯而把自己的双耳垂下,紧贴身旁,好像要防护耳朵以免被咬的样子,正像在两匹马互相格斗时候所发生的情形一样。

当一匹马急躁地要动身赶路的时候,它就做出一种极其相似于向前行进的动作来,就是用蹄子去踢地面。② 还有,如果马在马厩里等待到将近喂饲料的时候而且又急切地想要吃饲料,那么它们就用蹄子去踢铺筑的地面或者褥草。在我的马当中,有两匹马在看到或者听到饲料被喂给邻近的马时候,就作出这种动作来。可是在这里,我们大概可以把它叫做真正的表情(true expression),因为大家都认为,用蹄子踢地面的动作是热望的表征。

猫用泥土掩盖自己的大便和小便;我的祖父③曾经看到,有一只小猫在抓取炉灰去掩盖一匙滴落在炉子上的清水;因此,这里的习惯的动作或者本能的动作,并不是由于上面所讲到的动作或者由于气味而错误地被激发起来的,却是由于视觉而错误地被激发起来的。大家都清楚地知道,猫不喜欢自己的脚沾湿;这种习性大概是它们原先居住在埃及的干燥地区里的缘故;因此,它们在沾湿了自己的脚时候,就剧烈抖动去脚上的水迹。我的女儿把水倒进一只靠近小猫的头旁的玻璃杯里,它就依照通常的办法抖动自己的脚;因此在这里,我们所遇见的,是一种被联合的声音所错误地激发起来的习惯的动作,而不是被触觉所激发起来的动作。

小猫、小狗、小猪和大概很多其他幼年的动物,都用自己的前脚轮流去推压自己的母畜的乳腺,使它们分泌出更加丰富的乳来,或者促进母乳的分泌。还有,时常可以看到,无论是普通的或者是波斯种的小猫,而且时常也有些老猫(有些自然科学家认为,波斯种猫是特殊的变种),在舒适地躺卧在暖和的披肩或者其他柔软物体上面以后,就用前脚去轮流轻敲自己的乳腺;同时它们的脚趾伸开,脚爪略微突出,完全像是吮吸母乳时候的情形。小猫时常同时抓取披肩的一片塞进嘴里和吮吸它,而且通常由于狂喜而眯起眼睛和

---

① [肯特郡的法恩勃罗(Farnborough)地方的吐尔纳(Turner)先生肯定说(1875 年 10 月 2 日的来信),如果去摩擦有角的牛的尾的"紧靠尾根处"的部位,那么它们总是要扭转自己的身体,伸长头颈和开始舐起嘴唇来。从这种情形里可以看出,狗的这种舐空气的习惯,大概是和舐主人的手的习惯毫无关系,因为上面所举出的说明就很难被应用到牛的情形方面去。]

② [赫格·伊里亚特(Hugh Elliot)先生(没有写明日期的来信)讲述到,有一只狗在被带运渡河的时候,就作着一种游水的姿势。]

③ 参看达尔文博士的叙述[《动物生理学》(Zoonomia),第 1 卷,第 160 页]。在这本动物生理学的第 1 卷的第 151 页上,我看到还有一个事实,就是:猫在高兴的时候,就要伸出自己的脚来。

哼叫起来；这种情形就清楚地表明出在这里也发生了同样的动作。这种有趣的动作通常只不过是由于一种和温暖而柔和的表面的感觉互相联合的情形而被激发起来；可是，我曾经看到一只老猫，在它的背部被人搔动而感到高兴的时候，它就采取同样的方式用脚在空中踢动；因此，这种动作差不多已经变成了愉快感觉的表示了。

在讲过了吸乳动作以后，我还可以补充说，这种复合动作，也像前脚轮流伸出的动作一样，是反射作用，因为在把小狗的脑子前部切除去以后，如果把一个蘸有奶水的手指塞进它的嘴里去，那么也可以观察到这种动作。① 最近，在法国地方有人说，吸乳动作单单是由于嗅觉而被激发起来的；因此，如果小狗的嗅觉神经遭到破坏，那么它就不会去吸乳。同样地，小鸡在孵化出来以后还不到几小时，就已经具有啄食小颗食物的惊人能力；这好像是由于听觉而被推动的，有一个卓越的观察者从人工孵化的小鸡方面发现："如果模仿母鸡的啄食声，用指甲在木板上叩击出声音来，那么就可以初次教会小鸡去啄取肉吃"。②

我只打算再举出一个关于习惯的、无目的的动作的例子来。冠鸭（sheldrake，麻鸭属，Tadorna）在退潮以后露出的沙滩上找寻食物吃；当它发现一个有蠕虫粪的孔穴时候，"它就开始用脚去叩击地面，好像是在孔穴上面跳舞的样子"；这种动作是要使蠕虫钻出地面来。同时，圣约翰（St. John）先生说，在他的已经驯顺的冠鸭"跑来索取食物的时候，它们就采取一种急躁的迅速的方式用脚叩击地面"。③ 因此，我们差不多可以认为这是它们的饥饿时候的表情。巴尔特莱特先生告诉我说，红鹳（flamingo，火烈鸟）和冠鹭（Kagu，学名 Rhinochetus jubatus）在急切要吃东西的时候，也采取同样奇怪的方式，用脚叩击地面。还有，翠鸟（鱼狗，Kingfisher）在捕鱼的时候，时常④把鱼乱打，直到鱼死才停止；在动物园里，翠鸟时常在吞食那些喂给它们吃的生肉块以前，先要把肉块叩打。

我以为，现在我们已经足够来证明我的第一个原理的真实情形了；就是可以证明说，如果任何一种感觉、欲望，不高兴等在一连很多世代的期间里引起某种随意运动来，那么每当同样的、或者类似的，或者联合性的感觉等被感受到的时候，即使它非常微弱，也会差不多肯定地激发起一种要完成相似的动作的倾向来；不过，在这种情况下，这种动作可能是完全没有用处的。这一类习惯的动作时常或者一般是可以遗传下去的，而且有时和反射作用并没有什么区别。当我们以后谈到人类的特殊的表情时候，我们就会看出，我们的第一个原理的后半部分是确实有据的，正像现在这一章开头所讲到的情形一样；就是说，那些靠了习惯而和一定的精神状态联合起来的动作，可以通过意志而部分地被抑

---

① 卡尔本脱（Carpenter）：《比较生理学原理》（Principles of Comparative Physiology），1854 年，第 690 页。还有，米勒：心理学基础，英文译本，第 2 卷，第 936 页。
② 穆勃雷（Mowbray）：《家禽》（Poultry），第六版，1830 年，第 54 页。
③ 参看这位卓越的观察者所作的叙述，就是：圣约翰：《高地的野生生态动物》（Wild Sports of the Highlands），1846 年，第 142 页。［高地（Highlands）是苏格兰的西北地区的地名。——译者注］
④ 如果说翠鸟时常用这样的方式去对付鱼，那么这也是不正确的。参看阿波特（C. C. Abott）先生的文章，《自然》杂志（Nature），1873 年 3 月 13 日和 1875 年 1 月 21 日。

制下去;可是,严格的不随意的肌肉,而且还有那些很难听受意志来分别支配的肌肉,却仍旧有想要去行动的准备;这时候它们的动作往往是很富于表情的。相反的说来,在意志暂时或永久被削弱的时候,随意肌就比不随意肌先停止动作。[19] 根据贝尔爵士的意见,①病理学家所熟悉的一个事实,就是:"如果脑子患病而引起衰弱症,那么它对于那些在自然状态下最能受到意志支配的肌肉所产生的影响最大"。在以后几章里,我们还要去考察到另一个包括在我们的第一个原理当中的假定,就是:有时需要用其他的轻微的动作,去阻止某一种习惯性动作;这些轻微的动作也是作为一种表情的手段而有用的。

---

① 《哲学通报》(*Philosophical Transaction*),1823 年,第 182 页。

# 第 2 章

# 表情的一般原理(续)

## • *General Principles of Expression* (Continued) •

　　因此,现在这一章里所讲到的各种动作的发展,并不受到意志和意识的支配,而是受到另一个原理的支配。显然这个原理就是:我们在一生当中所有意地进行过的各种动作,都要有一定的肌肉动作来参加;如果我们进行一种直接相反的动作,那么通常就有一组相反的肌肉也开始发生作用。

对立原理(或反对原理)——狗和猫方面的例子——这个原理的起源——沿传的姿态(手势语)——对立原理并不是发生于那些在对立性冲动下有意识地实现的对立行动

现在我们就来考察我们的第二个原理,就是对立原理。[①] 在上面一章里,我们已经看到,一定的精神状态会引起一定的习惯性动作;这些动作起初是有用的,以后也可能仍旧有用;而且我们会发现,如果有一种直接相反的精神状态被诱发出来,那么立刻就会显露出一种强烈的不随意的倾向,就是要去完成那些直接相反的性质的动作,即使这些动作完全无用,但也会发生。在以后讲到人类的特殊表情方面的时候,就将举出少数惊人的对立作用的例子来;可是,在这类情形方面,我们特别容易把沿传的或者人工的姿态与表情,去和那些天生的和普遍的、而且只是被公认为真正的表情这一类的姿态与表情混杂在一起;因此,在现在这一章里,我差不多专门谈到比较低等的动物方面。[20]

当一只狗抱着怒恨的或者敌意的心绪去接近另一只陌生狗或者陌生人的时候,它就作着挺直的而且非常坚定的跨行;它的头部略微抬起,或者也不很下垂;它的尾向上伸直,而且十分刚硬;它的全身的毛竖直起来,尤其是颈部和背部的毛竖直得更加显著;耸起的双耳伸向前方,而它的眼睛则凝视着对方不动(参看图 5 和图 7)。这些动作,正像我们以后将要说明的,是由于狗要去进攻自己的敌人这个企图而产生出来的,因此也很能使我们理解到。当狗发出怒恨的咆哮声,准备向敌人跳扑过去的时候,它的犬齿就露出

图 5　一只抱着敌对企图的狗在走近另一只狗(利威尔先生绘)

◀ 根据这些关于狗和猫方面的例子,就可以去认为,无论是敌意的姿态或者恋情的姿态,都是属于天生的或者遗传的,因为在这两种动物的各个不同品种当中,或者在同一品种的不论老幼的全部个体当中,差不多都表现出同样的姿态来。

---

① ［关于对立原理方面的批评(这个原理不很受到大家的赞成),可以参看:冯德(Wundt):《论文集》(*Essays*),1885 年,第 230 页;还有他所著的《生理心理学》(*Physiologische Psychologie*),第三版;还有塞莱(Sully):《感觉和直觉》(*Sensation and Intuition*),1874 年,第 29 页。孟特加查(《人相学》,1885 年,第 76 页)和杜蒙特(L. Dumont,《知觉力的科学理论》,*Théorie Scientifique de la Sensibilité*,第二版,1877 年,第 236 页)也反对这个原理。］

来,双耳紧贴在头部背后;可是,在这里我们不打算来讨论到这后面一些动作。现在我们来假定说,这只狗突然发现它所接近的那个人并不是陌生人,而就是自己的主人;并且让我们来观察,它怎样立刻把自己的全部行为完全改变过来。这时候,它不再挺直身体走路,而是把身体略微下降,甚至贴近地面,并且马上作着屈曲不定的动作,它的尾巴不再保持强硬和直举,而是向下低降和左右摆动起来;它的身上的毛变得光滑起来;它的耳朵下降而且向后牵伸,但是不太贴近头部;还有它的嘴唇则宽松地下垂。由于双耳向后牵伸,眼睑就伸长,而双眼也不再显出圆形和凝视状态。还应该补充说,在这些情况下,这只动物就因为快乐而达到兴奋状态;它的神经力量过多地发生出来,这就自然地引起几

图6　同图5的狗,怀有卑贱的爱抚的心绪(利威尔先生绘)

图7　杂种的牧羊狗,抱着敌对企图在走近另一只狗
（梅伊先生绘）

图8　同图7的狗,在向主人表示亲热
（梅伊先生绘）

种动作来。上面所说的动作这样明显地表现出了这只动物的恋情来;可是在它们当中,没有一种动作对这只动物是有丝毫的直接用处的。依照我的看法,只可以用这样的说法来解释这些动作,就是:它们是和某些动作和姿态完全反对或者对立的;从可以理解到的原因看来,这些动作和姿态是一只打算去打架的狗所特有的,因此也就成为愤怒的表现。我请求读者去瞧看这里的 4 张附图(图 5—图 8);这几张素描图应该可以使大家鲜明地想象到狗在上面所说的两种精神状态时候的外貌。可是,要表达出一只狗在向它的主人表示亲热和摇摆自己的尾巴时候的恋情来,却是极其困难的事情,因为这时候的表情的精华就在于那些连续不断的屈曲动作。

现在我们再来考察猫的情形。猫在受到狗的进攻威吓的时候,就弓起自己的背部,作着惊奇的状态,身上的毛直竖起来,张大了嘴,并且发出一种喷吐口水的声音来。可是,我们在这里并不打算讨论到这种大家都知道的、和愤怒结合在一起的恐怖的姿态与表情;我们单单来讨论到大怒或者愤怒的姿态与表情。这种表情并不是时常可以看到的,但是在两只猫互相打架的时候就可以被观察到;我曾经看到,有一只怒恨的猫在受到一个男孩打扰的时候,就显著地表现出这种情形来。这种姿态极像是一只老虎在受到打扰并且为了要取得自己的食物而咆哮的时候的姿态;大概每个人已经在动物园里看到过这种情形。这种动物把自己的身体伸长,贴近到地面上;整条尾巴,或者是尾端,像鞭子一样左右挥舞或者左右屈曲。身上的毛没有直竖起来。这样,这些姿态和动作就差不多好像一只野兽在准备要去猛扑它的猎物和显然已经怒恨起来的时候的情形。可是,猫在准备打架的时候,则做出另外一些不同的动作来,就是:双耳向背后紧贴起来;嘴有一部分张开,露出牙齿;前脚有时带着张开的爪向前伸出;还有,这只动物有时就发出凶恶的咆哮声来(参看图 9 和图 10)。所有这些动作,或者差不多全部动作,都是从猫在进攻它的敌人时候的方式和企图方面自然地发生出来(后面将再来说明它们)。

图 9　一只怒恨的而且准备打架的猫(武德先生的写生画)

现在让我们来看,一只猫在发生恋情和向主人表示亲热的时候,具有完全相反的心绪的情形;大家可以看出,它的姿态在各方面有怎样的相反。现在,它就直立起来,把背

**图 10　一只正在表示亲热心绪的猫**
（武德先生的写生画）

部略微弓起，这就使身上的毛显得略微蓬松，但是并不直竖起来；它的尾巴不再像以前那样伸出和向左右挥舞，而是保持着十分刚硬和向上直升；它的双耳也举起和变成尖角式；它的嘴闭拢；还有，它把身体去挨擦自己的主人，发出低沉的喃喃声，而不是以前的咆哮声。其次，我们可以看出，在有着恋情的猫和狗的一切行为之间，有着多么巨大的差别；狗在向主人表示亲热的时候，就把身体伏下，并且屈曲不定，把它的尾巴降下和摇摆起来，并且把双耳向下压抑。这两种处在同样愉快和恋情的心绪下的食肉动物的姿态和动作完全相反的情形，据我看来，只能够用下面的说法来解释，就是：它们的动作，是和这些动物在野性发作和准备去打架或者扑取猎狗时候所自然地发出来的动作，完全对立的。根据这些关于狗和猫方面的例子，就可以去认为，无论是敌意的姿态或者恋情的姿态，都是属于天生的或者遗传的，因为在这两种动物的各个不同品种当中，或者在同一品种的不论老幼的全部个体当中，差不多都表现出同样的姿态来。

　　在这里，我再来举出一个表情方面的对立情形的例子来。我以前曾经养有一只大狗；它也像所有其他的狗一样，很高兴出门去散步。它在我前面庄重地跨着大步奔驰，头部向上抬得很高，耳朵适度竖起，而尾巴则向上举起，但是并不刚硬。在离开我家房屋不远的地方，有一条小路向右分支出去，通向温室；我时常走到那里去几分钟，以便察看我的试验植物。这件事情时常使这只狗发生很大的失望，因为它不知道我是不是再要继续散步下去；当我的身体开始略微转向这条小路的时候，它所显示出来的表情就立刻有显著的转变(我有时就把这件事作为一种实验来试它);这种转变情形,真使人可笑。我的全家人都知道这只狗具有这种精神沮丧的样子,因此就把这种样子叫做温室相貌(hot-house face)。这种表情的特征就是:头部下降得很低;身体略微下沉而且保持不动;双耳和尾巴突然垂下,而尾巴则不再摆动。由于它的双耳和巨大的双颚下垂,眼睛的表情就发生很大变化,使我觉得它们已经失却了光辉。它的外貌显出是可怜而失望的沮丧样子;我已经指出,这是很可笑的,因为这种转变的原因是多么的微小。它的姿态里的各种细微部分,都和它原来的快乐而又庄严的气概完全相反;因此据我看来,除了采用对立原理以外,就无法去说明这种情形。要是这种转变发生得没有这样神速,那么我就会认为这是因为它的意气消沉对于神经系统和血液循环的影响,因此也就是对于狗的全部肌肉系统的状况的影响,正也好像人类方面所发生的情形一样;不过,可能这是一部分原因。

　　现在我们来考察,表情方面的对立原理怎样会产生出来的。对于社会性动物说来,同一个社会里的成员之间的交际能力具有重大意义;而对于其他的物种说来,则是异性的个体之间以及老幼不等的个体之间的交际能力具有重大意义。这种交际通常是靠了声音来实现的;可是确定无疑的是:动物的姿态和表情在某种程度上是它们互相理解的。人类不仅使用没有音节的叫喊声、姿态和表情,而且已经发明了有音节的语言;只要是"发明"(invented)这个字能够被应用到一种由无数半意识的企图所构成的过程方面去,那么实际上就可以作这样的说法了。任何一个已经注意到猿类的人,都会确实无疑地相信,猿类完全能够懂得彼此所作的姿态和表情;而且根据伦奇尔(Rengger)的说法,[①]它们也能够懂得人类的大部分姿态和表情。一只动物在准备去进攻另一只动物的时候,或者在想恐吓另一只动物的时候,时常竖直自己的毛发、因此也就是增加自己身体的外表体积,露出牙齿,或者摆动双角,或者发出凶恶的声音来,用这些方法来显示自己可怕的样子。

　　因为交际能力对于很多动物确实是有极大用处的,所以我们也就绝不能 à priori(演绎地)去推测说,有些姿态,对于那些已经用来表明一定感情的姿态具有明显的反对性质,起初却是在一种反对的感情状态的影响下被有意地使用过的。[21]这些姿态现在是天生的——这个事实,绝不会对它们起初是有意的这种信念作出有力的反驳来,因为它们如果在很多世代里被使用过,那么最后就很可能被遗传下去。虽然这样,我们马上就会知道,却有一个很使人怀疑的问题出现:是不是任何一种被包括在我们现在所用的"对立"这个名称里面的现象,都是这样产生出来的呢?

　　至于说到沿传的姿态(conventional signs,姿态语或手势语),就是不属于天生的动作方面的姿态,例如聋子、哑子和未开化的人所使用的那些姿态,那么反对原理(Principle of opposition),或者对立原理,也可以部分地适用于这个方面。[22]西妥教团的僧侣(Cisterian monks)认为说话是有罪的;可是,因为它们不可能避免去和别人交际,所以他们就发

---

　　① 伦奇尔:《巴拉圭的哺乳动物的自然史》(*Naturgeschichte der säugethiere von Paraguay*),1830 年,第 55 页。

明一种姿态语；这种姿态语大概就是根据反对原理而产生出来的。① 厄克塞忒聋哑研究所（Exeter Deaf and Dumb Institution）的斯各脱（W. R. Scott）博士写信给我说："在教育聋子和哑子方面，反对的姿态大有用处，因为聋子和哑子具有一种敏捷地理解这些姿态的能力"。

虽然这样，我却对于这个原理只具有少数证明的例子，而感到惊奇。这个原因，一部分就在于所有这些沿传的姿态普通具有某种自然的起源，而一部分则在于聋子和哑子以及未开化的人为了使动作迅速起见，就养成了把这些姿态尽量节缩的习惯。② 因此，这些姿态的自然来源或者起源，就时常使人难以知道，或者完全不明，正好像在有音节的语言方面所发生的情形一样。

除此以外，还有很多明显地彼此反对的姿态，好像双方都是具有一种有意义的起源。这种情形大概对于聋子和哑子所用来表明光明与黑暗、强壮和衰弱等的姿态方面是正确的。在后面的一章里，我将尽力来证明，肯定和否定的相反的姿态，就是点头和摇头的动作，大概是有自然的起源的。有些未开化的人使用的左右摇手的动作来作为否定的姿态；这种动作也可能是从模仿摇头动作方面被发明出来的；可是，相反的用手的动作，就是一种表示肯定而用的从面部作直线的挥手动作，是不是也由于对立法则或者某种完全不同的方法而产生出来，却还是一个疑问。

如果我们现在来考察那些天生的或者对于同一物种的所有个体都是共同的、而且是受到现在这个对立原理所支配的姿态，那么就会极其难以知道，在这些姿态当中，究竟哪一种最初被细心地发明和被有意识地进行。在人类方面，耸肩的姿态就可以作为最好的例子，去说明一种和其他动作直接相反的、而且在反对的心绪下自然地采取的姿态。遇到某种不可能做到的事情或者不可能避免的事情而无能为力或者道歉。有时这种姿态被有意识地或者随意地使用；可是，它极其不可能是最初被细心地发明和后来被习惯所固定下来，[23]因为不仅是年幼的小孩有时会在上面所说的心绪下耸起双眉来，而且正像在后面的一章里要证明的那样，这种动作是和各种不同的附属的动作同时发生的；甚至在一千人当中，也不会有一个人能够看出这些附属的动作，除非是有人特别去注意这个问题才能够看出它们来。

狗有时在走近一只陌生狗的时候，可能认为，用自己的动作来表明出它们是友好而不想要打架这件事是有用的。[24]当两只年幼的狗在互相嬉戏，作出咆哮声并且彼此互相去咬对方的面部和四肢的时候，大家就很明显地知道，它们都互相明白对方的姿态和举动。实际上，小狗和小猫好像也具有某种程度的本能上的意识，认为它们在嬉戏的时候绝不可以太放肆地去使用自己的尖锐的小牙齿或者小脚爪，不过有时也会发生这种事件，因而就以一种尖叫声来作为结束，否则它们就一定会时常抓伤对方的眼

---

① 泰洛尔（Tylor）先生在他所著的《早期人类史》（*Early History of Mankind*，第二版，1870 年，第 40 页）里，讲到西妥教团的姿态语，并且对反对原理在姿态方面的应用作了一些说明。

② 关于这个问题，可以参看斯各脱博士所写的有趣味的著作《聋子和哑子》（*The Deaf and Dumb*），第二版，1870 年，第 12 页。他说道："在聋子和哑子当中，这种把自然的姿态精简成为那些比自然表情所要求的姿态更加简短得多的姿态的现象，是很普通的。这种简短的姿态往往被节缩得很厉害，以致几乎完全和自然的姿态不相同，但是它仍旧对于那些使用这种精简姿态的聋子和哑子方面具有原来的表情的力量"。

睛了。我的猄(小猎狗)在嬉戏地咬着我的手时候,往往同时发出咆哮声来;如果它咬得太厉害,而我喊着"gently, gently"(轻些,轻些!),那么它仍旧继续咬下去,但是用摇摆几次尾巴来作回答,好像是在说道:"别担心,我只不过是闹着玩的"。虽然狗作着这样的表情,而且可能是想要向其他的狗或者人表明说,它们具有一种友好的心情,但是很难使人相信,它们会有时去细心地考虑到要把自己的耳朵向后牵伸和压抑下去,而不把耳朵竖直不动,要放下自己的尾巴和把它摇摆起来,而不把它保持刚硬和直立等等举动,因为它们知道这些动作是和那些在相反的、凶残的心绪下所采取的动作直接相反的。

其次,如果有一只猫,或者更加确切地说是这种动物的古代祖先,由于发生恋情,最初略微弓起自己的背部,把尾巴向上直举,并且使耳朵变得尖削起来,那么我们是不是能够去相信,这只动物在有意识地想要这样来表明出自己的心绪是直接和另一种心绪相反的,就是和一种由于准备打架或者跳扑到猎物身上去而采取的蹲伏的姿态、向着左右屈曲尾巴和压抑双耳的动作所表示的心绪完全相反的呢?我甚至更加难以相信,上面所讲到的我的大狗会有意装出意气沮丧的姿态和"温室相貌"来;这种姿态是和以前的快乐的姿态和整个行为完全相反的。绝不能去推测说,它知道我会了解到它的失望表情,因此它会软化我的心而使我放弃那个走到温室去的想法。

因此,现在这一章里所讲到的各种动作的发展,并不受到意志和意识的支配,而是受到另一个原理的支配。显然这个原理就是:我们在一生当中所有意地进行过的各种动作,都要有一定的肌肉动作来参加;如果我们进行一种直接相反的动作,那么通常就有一组相反的肌肉也开始发生作用。例如,在我们的身体向左转或者向右转方面,在把一件东西推开或者拉近我们身边来方面,还有在举起或者放下重物方面,都是这样的。我们的意图和动作彼此非常密切地联合在一起,因此如果我们急切地想要把一件东西向任何一个方向移动,那么这时候我们就很难去阻止自己的身体也向这个方向移动,即使我们当时完全意识到这种动作是一些也没有效果的。[25]在前面的绪论里,我已经作了关于这种事实的良好说明,就是:有一个年青的热衷于打弹子的人,在监视着自己的弹子的滚动情形时候,就做出了一些奇形怪状的动作来。如果有一个大人或者小孩在发怒时候对任何一个人大声说话,要他离开,那么他通常会把自己的手臂挥动,好像要把那个人推走开来似的;虽然那个冒犯他的人并不站立在他的身旁,而且他可以不用作出一种姿态去表明说话的意义,但是他仍旧会这样做。从另一方面看来,如果我们急切地想要使某一个人走近自己的身边时候,那么我们就会做出一种动作,好像要把那个人拉近过来;还有无数其他的例子里也是这样的。

因为这种在反对的意志冲动下进行普通的反对性质的动作的情形,对于我们和比较低等的动物方面已经变成习惯,所以如果有某一种动作密切地和任何一种感觉或者情绪联合起来,那么自然可以认为,在直接相反的感觉或者情绪的影响下,由于习惯和联合作用,这些具有一种直接相反的性质的动作,即使没有用处,也一定会无意识地被完成。据我看来,只有根据这个原理,方才可以去理解这些属于现在这一章的对立种类的姿态和表情是怎样发生出来的。这些姿态和表情如果的确是可以作为无音节的叫喊声或者语言的辅助,而对人类或者任何其他动物有用,那么也就会被有意地使用下去,因此这种习惯也将加强起来。可是,不管它们作为交际手段是不是有用,如果允许我们根据类推方法来作判断,那么无论如何这种要在反对的感觉或者情绪下去进行反对动作的倾向,就会由于这些动作的长期运用而成为遗传的;因此就不用怀疑,有些根据对立原理的表情动作是可以遗传下去的。

# 第 3 章

# 表情的一般原理（续完）

## • General Principles of Expression (Continued) •

> 　　现在我们就来考察第三个原理，就是：有些动作，被我们认为是一定的精神状态的表情动作；它们是直接由于神经系统的构造而被引起的，起初就不依存于意志，而且也显著地不依存于习惯。

兴奋的神经系统不依存于意志和一部分习惯而对身体起有直接作用原理——毛发的颜色变化——肌肉的颤动——各种分泌作用的变化——出汗——极端苦痛的表情——大怒、大乐和恐怖的表情——引起和不引起表情动作来的两类情绪之间的对照——兴奋和抑制的精神状态——总结

现在我们就来考察第三个原理，就是：有些动作，被我们认为是一定的精神状态的表情动作；它们是直接由于神经系统的构造而被引起的，起初就不依存于意志，而且也显著地不依存于习惯。当感觉中枢受到强烈的激奋时候，神经力量就过多地发生出来，依照着神经细胞的相互联系情形，而朝着一定的方向传布开来；因为它和肌肉系统有关，所以也依照那些已经被习惯地运用的动作的本性，而朝着一定的方向传布开来。或者是像我们所看出的，神经力量的供应可以发生中断。当然，我们所做出的各种动作，都是被神经系统的构造所决定；可是，在这里将尽可能把那些在我们的意志支配之下或者由于习惯、或者依照对立原理而进行的动作除去不谈。现在我们所研究的问题是非常模糊不清的，但是因为它很重要，所以必须对它作比较详细的讨论；去查明白我们所不知道的情形，时常是有用的。

可以举出一种最显著的情形，来证明神经系统在受到强烈的刺激时候对于身体的直接影响；不过这是一种稀有的反常现象，就是毛发的颜色褪失；有时在一个人发生极度的恐怖和悲哀以后，就可以观察到这种现象。有一个可靠的事例的记载，讲到在印度，曾经有一个犯人在被押送去处死刑的时候，就发生这种情形；当时他的毛发的颜色变化得非常迅速，因此可以被大家的眼睛看出来。①

还有一个良好的例子，就是肌肉颤动的现象；通常在人类方面和在很多或者大多数比较低等的动物方面，都可以看到这种现象。肌肉颤动是没有用处的，往往有很大的害处；它不可能起初由于意志的帮助而获得，而且此后又会去和任何一种情绪联合而成为习惯的动作。有一位卓越的权威家向我肯定说，年幼的孩子不会发生颤动，但是在那些会引起成年人发生剧烈颤动的情况下，却会发生痉挛。各种不同的个人由于极不相同的原因，而发生出各种程度很不相同的颤动来：在热病发作以前，虽然病人的体温在常温以上，他也会由于皮肤表面受寒而颤动起来；在患血毒、狂吠症和其他疾病时候，也会发生颤动；在极度疲倦而体力衰竭时候，也发生颤动；在受到重伤的时候，例如在被灼伤的时

---

◀ 杜庆博士把电流通到一个老年人的面部的某些肌肉上去，引起他的各种不同表情，同时还将这些表情拍摄成照片。达尔文得到这些照片并拿给不同人看，几乎所有人都能辨认出照片上的表情，但大家似乎都不能用真正相同的语言来说明这些表情。

---

① 参看普舍（M. G. Pouchet）所收集的有趣的事例，载在《两个世界评论》杂志（*Revue des Deux Mondes*）里，1872 年 1 月 1 日，第 79 页。在几年以前，伯尔发斯特（Belfast）的不列颠协会（British Association）也发表过一个事例。[朗格（Lange，"Uber Gemüthsbewegungen"，库拉拉从丹麦文译成德文，莱比锡，1887 年，第 85 页）从孟特加查的著作里引用一个关于驯狮人的记事；这个驯狮人在兽笼里作了拼死的决斗以后，在一夜里就落尽了自己的头发。还引用了一个关于女郎的相似的例子；这个女郎在房屋倒坍时候受到极大恐怖，在此后不多几天里，她的全身毛发都脱落，甚至眼睫毛也脱落去了。]

候，就发生局部的颤动；还有在插入导尿管的时候，会发生某种方式的颤动。大家都知道，在一切情绪当中，最容易引起颤动的情绪就是恐惧；可是，有时在大怒和大乐之下，也会发生颤动。我记得，有一次看到一个男孩，在他生平第一次射中了一只在飞行的沙锥（田鹬）的时候，他的双手由于狂喜而颤抖得非常厉害，因此他暂时就无法把子弹装进自己的猎枪里去；①我曾经从一个借给我猎枪的未开化的澳大利亚土人那里，听到一个完全相似的情形。美妙的音乐，会激发起听者一种模糊的情绪，因而使有些人发生一股沿着脊柱从上而下的战栗。在上面所讲到的几种说明颤动方面的身体原因和情绪当中，好像是极少共通的；彼哲特（J. Paget）爵士曾经告诉我说，这个问题是非常模糊不清的；我很感谢他告诉我几个在上面所举出的记述。有时在还没有达到精疲力竭以前，很早就曾由于大怒而发生颤动；有时则由于大乐而同时发生颤动；因此，从这两方面可以认为，神经系统的任何一种强烈的兴奋情形，就会阻止神经力量稳定流到肌肉方面去。②[26]

强烈的情绪对于消化道和某些腺（例如肝脏、肾脏或者乳腺）的分泌发生影响的情况，也是一个卓越的例子，去说明感觉中枢对这些器官发生直接的作用，而并不和意志有关，或者也不和任何有用的联合性习惯有关。无论在那些受到影响的器官方面，或者在它们所受到的影响程度方面，都可以在各种不同的人当中发生出极不相同的事情来[27]。

心脏日日夜夜在以多么惊人的本领不断地跳动着，而且对于外界的刺激极其敏感。卓越的生理学家克劳德·伯尔那德（Claude Bernard）③曾经表明一根敏感神经的极微小的兴奋怎样会对心脏发生作用；甚至在很轻微地触动这根神经，而被试验的动物还不可能因此感觉到痛苦的时候，心脏也曾受到影响。因此，我就可以预料到，在精神非常兴奋的时候，它立刻就会对心脏发生影响；大家都知道这种情形，并且感到它确实是这样的。克劳德·伯尔那德还多次着重指出说（这种说法也值得大家特别注意），心脏在受到影响时候，它就对脑子发生作用；而脑子的状况又会通过迷走神经而对心脏再发生作用；因此，在发生任何一种兴奋的时候，就会在这两种最重要的身体器官之间发生很多次相互作用和反应。④

---

① ［这里所讲到的男孩就是达尔文自己。参看《查理士·达尔文的生平和书信集》（*Life and Letters of Charles Darwin*），第一卷，第 34 页。］

② 米勒指出说（《生理学基础》英文译本，第 2 卷，第 934 页），当感情十分强烈的时候。"所有一切脊髓神经都受到这种强烈的影响，以致达到不完全的麻痹状态，或者发生全身剧烈颤动"。

③ 克劳德·伯尔那德：《关于活体组织的特性的讲义》（*Leçons sur proprièritées des Tissus vivants*）1866 年，第 457—466 页。

④ ［关于情绪对于脑子里的血液循环的影响方面，可以看看莫索的著作（Mosso：《论恐惧》，*La Peur*，第 46 页）。他在这本书里，对于那些在头盖骨受伤时候可以被观察到的脑子里发生脉动的情形，作了有趣的叙述。在莫索的同一个著作里，有很多关于情绪对血液循环的影响的有趣的观察资料。他曾经用自己的血量计来演示情绪在引起手臂等的血量减少方面的影响；他又用自己的天平去表明血液在极小的刺激下流向脑子去的情形；例如，在病人所睡的房间里，如果作出一种轻微的声音，而这种声音还不足够去惊醒病人，那么这种情形也会发生。莫索认为，情绪对于血管运动系统的作用好像是适应的作用。他以为，心脏在恐怖时候的剧烈跳动，对于准备身体去作一般的重大努力方面是有用的。他也同样对恐怖时脸色发青的情形作了说明如下（同上书，第 73 页）："Quand nous sommes menacés d'un péril, quand nous ressentons une frayeur, une émotion, et quel'organisme doit rassembler ses forces, une contraction des vaisseaux sanguins se produit automatiquement, et cette contraction rend plus actif le mouvement du sang vers les centres nerveux."（"我们在遇到某种危险的威胁时候，在感受到恐惧的时候，就进入兴奋状态，同时身体就应该去集中自己的一切力量，所以血管系统就自动地收缩起来，而血液则更加迅速地流到神经中枢去。"）］

感觉中枢直接对于那个调节小动脉内径的血管运动神经系统发生作用；例如我们可以看到，一个人由于羞惭而会脸红耳赤；不过，我以为，在这个脸红的例子里，却可以用那种由于习惯而发生的特殊状态，来部分地说明神经力量向面部血管的传送受到阻碍的情形。我们也能够去对毛发在恐怖和大怒的情绪下不随意地竖直的原因，作出一些说明来，不过这种说明是很少的。眼泪的分泌作用，显然无疑是要依靠一定的神经细胞之间的相互联系来决定；可是在这里，我们也再能够探寻出不多几个阶段来；神经力量的主流就在某些情绪之下，通过这些阶段而沿着所需的路线转变成为习惯的行动。

如果来把某些比较强烈的感觉和情绪的外表特征作简略的考察，那么这件事情就会最良好地向我们表明(不过还有些模糊不清)，这里所研讨的关于兴奋的神经系统对于身体的直接作用的原理，在多么复杂地和前面关于习惯上联合的有用动作的原理互相配合着。

动物在受到一种难以忍受的苦痛时候，通常就以一种可怕的抽筋动作来表达它们的苦恼；而那些习惯上使用声音的动物，则同时发出尖锐的叫声和呻吟声来。身体上的差不多每条肌肉都被激发起来，而发生强烈的作用。在一个人遇到这种情形时候，他的嘴有时就会紧紧地压缩起来，或者更加常见的是嘴唇向后退缩，同时咬紧牙齿或者磨动牙齿。据说，在地狱里可以听闻到"咬牙切齿"的声音；我曾经也清楚地听到一头患着很厉害的肠炎的母牛在磨动着臼齿的声音。动物园里的雌河马，在产子时候发生很大痛苦，它就不断地走来走去，或者把身子横下打滚，把双颚不断张开和闭紧，并且把牙齿互相磨动得发出格格声来。[①] 在人类方面，当一个人受到这种痛苦时候，他就会把眼睛张大，像在可怕的吃惊时候凝视着的情形那样，或者双眉紧锁起来。同时全身出汗，面孔上汗流如雨。血液循环[②]和呼吸作用[③]都受到严重影响。因此，鼻孔通常就扩大起来，往往发生颤动；有时呼吸会发生阻碍，以致血液在发紫的面部上停滞起来。如果这种苦恼情形非常严重而且延长很久，那么所有这些特征都会发生变化；接着就是体力完全丧失，同时昏厥过去或者发生痉挛。

感觉神经在受到刺激时候，就把一些兴奋传送给那个原来发生出它来的神经细胞，而神经细胞则又把自己的兴奋起初传送给身体的相反一侧的相应的神经细胞，此后则沿着脑脊髓系统向上和向下传送给其他的神经细胞，根据兴奋的强度而以或大或小的程度

---

① 巴尔特莱特：《一匹河马的诞生情形记》(*Notes on the Birth of a Hippopotamus*)，动物学会通报(*Proc. Zoolog. Soc.*)，1871 年，第 255 页。

② ［根据孟特加查的著作("*Azione del Dolore sulla Calorificazione*"，米兰，1866 年)，在家兔受到轻微而暂时的痛苦时候，它的脉搏也曾因此上升；可是，他认为，这种脉搏上升的原因，与其说是由于苦痛本身，倒不如说是由于那种随着苦痛同时发生的肌肉收缩所造成。剧烈的长期苦痛，会引起脉搏速度大减，而且这种脉搏缓慢情形会延长到相当长的时间。］

③ ［根据孟特加查的著作，在高等动物的情形方面，苦痛会引起呼吸变得急促而不规则，此后就使呼吸缓慢下去。参看他的文章，载在意大利伦巴底《医学杂志》(*Gazetta medica Italiana Lombardia*)上，第 5 卷，米兰，1866 年。］

传送开来;结果全部神经系统都会兴奋起来。[①] 在进行这种不随意的传送神经力量的时候,也会发生意识,但是有时也不发生意识。现在还不能知道,为什么神经细胞的刺激会发生或者放出神经力量来;[28]可是,所有最卓越的生理学家,例如米勒、微耳和、伯尔那德等,[②]好像都作出结论说,这种发生或者放出神经力量的情形是确实这样的。 正像赫伯特·斯宾塞先生所指出,可以使人认为,"有一个不可争论的真理,就是:在任何时刻,那种放出的神经力量的现存数量,就是那种会用不明白的方法在我们身体里引起一种被我们叫做感情(feeling)的状态的神经力量,应该向某一个方向传送过去而消耗掉,应当在某一个部位上产生出一种力的当量的表现来";因此,在脑脊髓系统发生很强烈的兴奋和过多地放出神经力量来的时候,这种力量就可以被耗用在强烈的感觉、活跃的思考、狂热的行动或者腺的加强活动方面。[③] 斯宾塞先生还进一步肯定说,一种"不受到任何动机所支配的神经力量的溢流,将明显地选取最惯熟的通行路线;如果这些通行路线不够,那么它接着会流进到那些较不惯熟的通行路线上去"。 因此,那些最经常被使用的面部肌肉和呼吸器官的肌肉,就时常容易被最早推动起来;其次是上肢的肌肉,再其次是下肢的肌肉,[④]而最后则是全身肌肉被推动。[⑤]

一种情绪无论达到怎样很强烈的程度,但是它如果通常不去为了减轻或者满足自己而引起有意的动作来,那么也就不会具有一种要诱发任何一类行动的倾向;可是,如果这些行动被情绪激发起来,那么它们的性质在很大程度上,是被那些在同样情绪下为了一定目的而时常有意地进行下去的行动来决定的。 剧烈的痛苦使现在的一切动物,而且也使过去无数世代的动物,都去作最激烈的各种不同的努力,以便逃避开这种受苦的原因。我们时常可以看到,动物即使在它的一只脚或者身体的其他个别部分受到伤害的时候,也具有一种要摆脱开受伤部分的倾向,好像是要摆脱开受伤的原因似的,可是显然这是办不到的事情。因此,有一种习惯已经被建立起来,就是每次在受到极大苦痛的时候,就以最大的努力去运用全部肌肉。因为大家在习惯上最常使用胸部和发声器官的肌肉,所以这些肌肉就特别容易在这时候被推动起来,这样就发出了尖锐的叫声和高喊声。可是,大概这种由于高喊声而产生出来的利益,也在这里起有相当重要的作用,因为大多数幼小的动物,在遇到灾难或者危险的时候,就大声呼喊自己的父母来救助,也好像同一团体里的会员彼此互相寻求帮助的情形一样。

还有一个原理,就是:一种对于神经系统的力量或者能力具有限度的内部意识,在受

---

① 关于这个问题,可以参看克劳德·伯尔那德所著的《关于活体组织的特性的讲义》,1866 年,第 316、337 和 358 页。微耳和在论脊髓(Ueber des Rückenmark,Sammlung wissenschaft,Vorträge,第 28 页)这篇文章里,也作了差不多完全相同的说明。

② 米勒(《生理学基础》,英文译本,第 2 卷,第 932 页)在讲述到神经的时候说道:"无论哪 一种条件在发生任何突然的变化时候,就会使神经中枢行动起来"。可以参看克劳德·伯尔那德和微耳和两先生在上面一个附注里所提到的两个著作里所讲到的关于这样的问题的文字。

③ 斯宾塞:《科学、政治等论文集》(Essays,Scientific Political etc.),第二集,1863 年,第 109 页和第 111 页。

④ [亨列提出了一个有些相似的见解,《人种学讲义》(Anthropologische Vorträge),1876 年,第一册,第 66 页。]

⑤ 霍伦德爵士在讲到一种叫做手忙脚乱(fidgets)的有趣的身体状态时候(《医学摘记和评论》,Medica Notes and Reflexions,1839 年,第 328 页),指出说,这种状态好像是由于"某种刺激的原因蓄积而发生;这种原因要求肌肉动作,来减轻自己的蓄积"。

到极大苦痛时候,会去加强那种要做剧烈动作的倾向,不过这种程度是属于次要的。一个人不能够一面深思熟虑而同时又使用出自己的极大的肌肉力量来。正像希坡克拉特(Hippocrates,约公元前460—359年)很早就已经观察到的那样,如果同时有两种痛苦被感觉到,那么最强烈的一种就会使另一种痛苦减轻。可以看到,殉教者们在深陷于宗教狂热的时候,大概时常对于最可怕的毒刑会毫无感觉。那些去听受鞭打处罚的水手,有时就把一块铅含在嘴里,准备用尽全力去咬紧它,以便把这种痛苦熬受过去。产妇为了要减轻自己的痛苦,就事先准备去竭力使用她们的肌肉。

因此,我们可以知道,在受到很强烈的苦痛时候,出现一种要去作最激烈的、差不多痉挛的动作的倾向;而这种倾向大概是同时由三个方面来引起的:第一是那种从最初被激奋起来的神经细胞里发生的神经力量的没有一定方向的放射;第二是那种企图挣扎而逃避开受苦的原因的长期不断的习惯;第三是那种要使随意的肌肉活动去解除苦痛的意识;正像大家所公认的,这些最激烈的动作,包括发声器官的动作在内,是最能够表达出受苦状况来的动作。

因为单单触动感觉神经就会直接对心脏发生作用,所以剧烈的苦痛也显然会对心脏发生同样的作用,但是这种作用要更加强烈得多。甚至在这种情形下,我们也不应该忽略习惯对心脏的间接影响这方面;例如,后面我们在考察到大怒的特征时候,就会相信这一点。

在一个人受到疼痛的苦恼的时候,时常有汗珠从他的面部上滴落下来;有一个兽医向我肯定说,他曾经多次看到,在马和牛受到这种苦恼时候,汗水就从马的腹部滴落下来和从它的两条大腿的内侧流下去;而牛则全身都有汗水滴落下来。这个兽医是在马和牛并没有用力挣扎而可以造成出汗的情形时候,观察到这种现象的。前面曾经讲到的雌河马,在生下小河马的时候,满身冒出了红色的汗水来。在极度恐惧的时候,也曾出汗;上面所说的兽医时常观察到,马由于这种原因出汗;巴尔特莱特先生也看到,犀牛由于恐惧而出汗;而人由于恐惧而出汗则是大家都知道的一种征候。在这些情形下,出汗的原因是完全不明白的;可是,有些生理学家却认为,这种出汗现象和毛细管里的血液循环的能力减弱有联系的;[29]我们也知道,那个调整毛细管里的血液循环的血管运动神经系统,会受到精神方面的强烈影响。至于说到面部的某些肌肉在受到很大苦恼时以及由于其他情绪而发生的动作,那么我们最好还是在后面讲到人类和比较低等动物的特殊表情时候,再来仔细考察它们。

现在我们来讲到大怒的特殊的征候。在这种极其强烈的情绪的影响下,心脏的动作大大加速起来,[①]或者它可以被扰乱得很厉害。这时候由于血液的回流受到阻碍,面部变红,甚至发紫,或者会转变成为像死人般的苍白色。呼吸变得困难起来,胸部感到发胀,而张大的鼻孔则颤动起来。时常全身发抖。声音也受到影响而发生变化。牙齿咬紧,或者互相磨动;同时肌肉系统时常受到刺激而发生猛烈的、几乎是狂乱的动作。可是,一个人在这种状态下所表现的姿态,通常是和一个受到疼痛的苦恼的人的无目的的抽筋和挣

---

① 我对加罗德(A. H. Garrod)先生非常感谢,因为他告诉我洛伦(Lorain)先生关于脉搏的著作;在这个著作里,提供出一个妇女在大怒时候的脉搏线图来;它表明出,同一妇女在大怒时候和在平常状态时候的脉搏速度和其他特征极不相同。

扎情形不同的,因为这些姿态多少总是明显地表现出一种要去打击敌人或者去和敌人打架的动作来。

所有这些大怒的特征,大概都是显著的由于兴奋的感觉中枢的直接作用而出现;当中有几种特征则显然是完全由于这种作用而出现。可是,所有各种动物,还有它们过去的祖先,在受到敌人攻击或者威胁的时候,都曾经在斗争方面和在防卫自身方面使用过自己的全身的极大力量。如果动物还没有采取这种行动,或者还没有这种企图,或者至少是还没有这种欲望,那么就绝不能正当地说,它在大怒发作了。因此,一种对于肌肉用力的遗传性习惯,就可以在这种和大怒联合情形下被获得,而这种状况将直接或者间接对各种器官发生影响,差不多也像身体上所受到的重大苦痛对这些器官发生影响的情形一样。

心脏也确实无疑地会因此受到直接的影响;可是,它极可能也是由于习惯而受到影响的,更用不到说它并不受到意志的支配了。我们知道,我们有意去作出的任何的重大努力,都会由于机械的原理或其他的原理的支配,而对自己的心脏发生影响;在这里用不到再来考察这些原理了。在第一章里已经指明,神经力量容易沿着惯熟的通行路线流动,就是沿着那些进行有意行动或者无意行动的运动神经流动,并且沿着感觉神经流动。因此,甚至是中等程度的努力,也会具有一种对心脏发生作用的倾向。我们已经举出了这么多的例子来证明联合性原理;根据这个原理,我们可以差不多确实地认为,任何一种感觉或者情绪,也像上面所说的习惯上引起剧烈的肌肉动作的苦痛或者大怒一样,将会立刻影响神经力量向心脏的流动情形,不过当时可能不表现出任何的肌肉用力的现象来。

正像我在前面已经讲到的,心脏因为不受到意志的支配,就会很容易由于习惯的联合而受到影响。一个人如果有些发怒,或者甚至大怒发作,那么还可以去控制自己身体的动作,但是他却不能够去阻止心脏的急跳。他的胸部大概会感到有几次发胀,而他的鼻孔也同时颤动起来,因为呼吸的动作只不过一部分是有意的行动。面部的那些不大服从于意志的肌肉,也有时会同样地只透露出一种轻微的很快消失的情绪来。腺类也完全和意志没有关系,所以一个人在受到悲哀的痛苦时候,虽然还可以控制面部的表情,但是时常不能够阻止眼泪从自己的眼睛里淌出来。如果把一种有诱惑力的食物放置在一个饥饿的人面前,那么他虽然还可以不作出任何的外表姿态来表明自己饿火中烧的情形,但是却不能去阻止唾液的分泌。

在快乐到极点或者十分生动的愉快的时候,就会出现一种要去作出各种无目的的动作和发出各种不同的声音来的强烈倾向。我们从下面的例子里就可以知道这一点:我们的年幼的小孩在快乐的时候,就会发出高声大笑、拍手和跳跃;一只狗在跟随主人出外散步时候,就会乱跳和乱叫;一匹马在被带到一片空旷的田野上的时候,就会作着戏跃。①快乐会使血液循环加速,因此也就刺激了脑子,而脑子又再反过来对全身发生作用。[30]可以认为,上面所说的这些目的的动作和加强的心脏的活动,主要是由于感觉中枢的兴奋

---

① [培恩先生在下面一篇文章里对这段文字作了批评:论达尔文的《人类和动物的表情》(*Review of Darwin on Expression*);这是感觉和智力这本书里的附录文章,1873 年,第 699 页。]

状态①和这种状态所引起的神经力量没有一定方向的溢流而产生的,正像赫伯特·斯宾塞所主张的情形一样。应当注意到,在这里主要是由于预料到愉快的情形,而引起身体作无目的的放肆动作和发出各种不同的声音来,却不是由于真正享受到这份愉快而这样做的。我们从自己的小孩和狗方面就可以知道这一点;小孩在盼望任何一种很大的愉快事情和款待的时候,就会这样做;狗在望见一盆食物时候,就欢跃起来,可是当它们一得到食物的时候,却反而不再用任何的外表特征来表示自己的高兴,甚至连自己的尾巴也不摇摆了。所有各种动物,在获取自己的差不多一切愉快事情时候,除了获取温暖和休息的愉快以外,都同时发生活跃的动作,而且长时间发生这些动作,也好像在猎取或者找寻食物方面和在追求雌性配偶方面的情形一样。不但这样,一个人在长期休息和幽居一处以后,即使单单去作一次肌肉的努力,也会感到自己的身心愉快,正像我们亲自所感觉到的和从幼年动物的嬉戏方面所看到的情形一样。因此,我们单单根据后面这一个原理,大概也就可以预料到,生动的愉快就会很容易在肌肉动作方面表现出来。

一切走兽,或者差不多一切走兽,甚至是鸟类,都会由于恐怖而引起身体颤动来。这时候皮肤变成苍白色,身上冒出汗来,而毛发则直竖起来。消化道和肾脏的分泌物也增加起来,并且由于括约肌松弛而被不随意地排泄出身体外去;②例如在人类方面,大家都知道有这种情形;还有在牛、狗、猫和猿类方面,我也看到过这种情形。这时候呼吸急促起来。心脏跳动得迅速、狂乱和剧烈;可是,心脏是不是用更大的压力把血液推动到全身去这一点,还有可能使人怀疑,因为看上去身体表面好像没有血色,而肌肉的紧张力量也很快就消失了。例如,曾经有一匹受惊的马,坐在它的鞍背上,很清楚地感觉到它的心脏跳动,甚至我可以计数出心跳的次数来。精神能力因此受到很大摧残。接着立刻就全身无力而倒下,甚至昏厥过去。我曾经看到,一只受惊的金丝雀(canary-bird)不仅全身颤动和嘴的周围皮肤转变成白色,而且昏厥过去;③还有一次,我在房间里捕捉到一只知更鸟(robin);它有一段时间完全昏厥过去,因此我当时以为它真的被吓死了。

大概这些征候大多数和习惯无关,而是感觉中枢受到扰乱的状态的直接结果;可是,究竟是不是应当全部用这个原因来说明它们,这还是疑问。一只动物在受到惊吓时候,

---

① 在稀有的精神的陶醉(Psychical Intoxication)里,最良好地表明出,非常强烈的快乐对脑子起有多么大的兴奋作用,而脑子又对身体起有多么大的影响。克拉伊顿·勃朗博士(医鉴,Medical Mirror,1865 年)记录一个有强烈的神经质的青年;在他接到电报而知道有一份遗产已经遗赠给自己以后,起初他的脸色变得苍白,接着就非常快活,而且立刻精神振作起来,但是他的脸色发红,并且显得十分焦躁不安。此后,他便和自己的朋友去散步,以便使自己的心神镇定下来,但是在回返时候,他的脚步不稳,身子摇摆不定,大声乱笑起来,具有容易激动的脾气,接连不断地讲着话,并且在大街上高声歌唱。虽然大家都以为他已经喝醉了酒,但是的确已经有人肯定,他对任何的酒类都没有接触到过。在过了一段时间以后,他就呕吐起来;当时曾经把他吐出的胃里的半消化的内含物加以检查,却并没有发现酒的气味。后来,他就熟睡起来;在他睡醒以后,身体恢复健康,只不过感到有些头痛、作呕和全身无力罢了。

② [哥本哈根(Copenhagen)的医学教授朗格博士说道,这种现象并不是由于括约肌松弛而发生,却是由于大肠痉挛(Spassm of the viscera)而发生。参看他所著的《论感情》(Über Gemüthsbewegungen),库拉拉(Kuralla)从丹麦文译成德文,来比锡,1887 年,第 85 页;在这一页上,举出他以前所写的关于这个问题的著作。莫索也采取同样的见解;参看他所著的论恐惧,第 137 页;在这一页上,他引用了自己和彼拉卡尼(Pellacani)所写的文章《论膀胱的机能》,Sur les Fonctions de la vessie(Archives Italiennes de Biologie,1882 年)。还可以参看秋克的著作《精神对身体的影响》,第 273 页。]

③ 达尔文博士:《动物生理学》,1794 年,第 1 卷,第 148 页。

差不多常常暂时坚站不动,以便集中自己的感觉,[31] 去确定危险的来源,而有时则是为了避免对方的注意。可是,接着它就立刻急匆匆地飞跳起来,也像在斗争时候一样,不惜使用一切力量,一直奔跑到精力完全耗光为止,同时呼吸和血液循环衰退,全身肌肉颤抖,满身是汗,以至于再也不能向前跑一步了。因此,在这里好像用联合性习惯原理,不可能去部分地说明上面所举出的极度恐惧的特殊的征候当中的几个征候,或者至少是不可能去论证这些征候。

我以为,我们可以从下面两点来作结论说,联合性习惯原理对于引起上面几种强烈的情绪和感觉的表情动作方面,起有主要因素的作用;这两点就是:第一是考察另外几种通常不需要任何随意运动来减轻或者满足自己的强烈情绪;第二是所谓精神的兴奋状态和抑郁状态双方在性质上的相反情形。再也没有什么情绪会比母爱更加强烈的了;可是,一个母亲虽然对自己的孤立无援的婴孩可以感到最深刻的爱情,却还是没有用任何外表的特征来表明它;或者是她只不过用轻微的爱抚动作连同微笑和温柔的眼光来表明它。可是,只要有人故意伤害她的婴孩,那么就可以看到,情形发生了多么大的变化!这时候她就用多么可怕的样子急跳起来,她的眼睛是多么闪闪发光,面孔是多么发红,胸部是多么发胀,鼻孔扩大而且心脏急跳;这是因为愤怒而在习惯上引起了这些剧烈的动作来,却已经不是母爱了。雌雄两性之间的爱情,则和母爱大不相同;我们知道,当一对恋爱的人相遇的时候,他们俩的心脏迅速跳动,呼吸急促,脸孔闪现红色,因为这种爱情是积极的,和母亲对自己的婴孩的爱情并不相同。

一个人有时会怀有一种充满最恶毒的憎恨或者猜疑的心情,或者受到妒忌或嫉妒的腐蚀;可是,因为这些感情并不立刻引起动作,又因为它们通常要延续到相当时候,所以它们也没有用任何外表的特征来表明,只不过一个陷于这种状态的人确实显得不快活或者容易动怒。如果这些感情真的爆发出来,并且转变成为公开的行动,那么它们就转变成为大怒,并且明显地暴露出来。画家们如果得不到那些讲述关于猜疑、嫉妒、羡慕等方面的故事的辅助的资料的帮助,那就极难去描绘出这些感情来;诗人们也同样要使用那些像"绿眼的嫉妒"(green-eyed jealously)这类模糊不清的幻想的说法。斯宾塞把嫉妒描写成"卑劣、丑恶而且可怕,在他的眉毛下面还斜眼睛看人"等;莎士比亚讲到妒忌"使她的丑恶的外衣里面有着歪脸形相";他又在另一处说道,"绝不能用恶毒的妒忌来筑造我的坟墓";还有一处说道,"苍白色的妒忌的威胁是不可以达到的"。

情绪和感觉往往被划分成为兴奋的和压抑的两类。[32] 如果人或者动物的一切肉体的和精神的器官——随意和不随意的运动器官,知觉,感觉、思想等器官——都比平常更加旺盛而且迅速地执行自己的机能,那么我们就可以说,这个人或者动物被兴奋起来;如果在相反的情形下,那么就可以说,这个人或者动物被压抑下去。愤怒和快乐起初是兴奋的情绪,而且它们,特别是愤怒,自然而然地引起强有力的行动来;这些行动就对心脏起作用,而心脏则再对脑子起作用。有一个医生曾经向我举出一个关于愤怒的兴奋性质的证据来道,一个人在极度疲倦的时候,如果去故意想到一些假想的受气的事情,并且发起怒来,那么就会无意识地恢复自己的精力;我自从听到他的说法以后,就有时也认为它是十分正确的。

　　还有几种精神状态,起初显出是兴奋的,但是很快就转变成为极大程度的压抑状态。如果一个母亲突然丧失了自己的孩子,那么她有时就会由于悲哀而发狂;应该认为,这时候她处在兴奋状态里;她就来回乱跑,撕散头发或者衣服,把双手绞扭起来。后面这一种动作,大概是受到对立原理的支配,因为它表明出孤立无援的内部感觉和无法可想的意识。可以认为,还有一些杂乱的剧烈的动作的发生原因,一部分是要靠了肌肉的努力来减轻这种兴奋,另一部分则是神经力量从兴奋的感觉中枢向外作没有一定方向的溢流。[33]可是,在一个人突然丧失自己所爱的人时候,他当时所发生的最初而且最普遍的一个想法,就是要尽可能设法去做到一件救助这个丧失的人的事情。有一个卓越的观察家,①在记述一个突然听到父亲死亡的女郎的行动时候说道,她"绕着家屋乱走,同时绞纽着双手,②好像是疯子一样,并且说道,'这是我的过失';'我应当永久不离开他的';'我为什么不在夜里守坐在他的身旁呢'"等等。这一类想法如果在我们的心头活跃地出现,那么按照联合性习惯原理,就会引起一种要去作出某种强有力的动作来的最坚强的倾向。

　　当一个受到这些苦难的人完全意识到事情已经到了无法可想的地步时候,他就马上会发生失望或者深深的悲叹,去代替以前的狂乱的悲哀。这个受难人就呆坐不动,或者把身子略微前后摇动;血液循环变得缓慢;呼叹的声音差不多不能听到,③并且发出深深的叹息声来。所有这些动作都对脑子发生作用,而且接着全身无力倒下,同时肌肉痉挛和双眼发黑。因为这时候联合性习惯已经再不激起受难人的行动,所以他的朋友们就必须使他去作一些随意的努力,而不要让他陷于静默而不动的悲哀当中。这种随意的努力使心脏激奋起来,而心脏又去对脑子发生作用,因而帮助精神去承受自己的严重的悲哀的负担。

　　如果苦痛是严重的,那么它立刻会引起极度的压抑状态④和全身无力倒下的现象;可是,它最初也是一种刺激物,起有兴奋作用,因而引起行动来;例如,我们在鞭打一匹马的时候,就看到这种情形;还有在有些外国地方,对拖车的阉牛施以可怕的折磨,以便使它们恢复精力,这也是一个例子。在一切情绪当中,恐惧是最压抑的情绪;它很快引起完全

―――――――――――――――――――

　　①　参看奥里芬特夫人(Mrs. Oliphant)在她所著的长篇小说《马约利班克丝小姐》(*Miss Majoribancs*)里的描写,第 362 页。

　　②　[有一个通信者写道:这句普通用语究竟是什么意义? 我昨天去询问了三个人。

　　第一个人(A)说:这是用右手握住左手,并且使右手绕着左手转变。

　　第二个人(B)说:这是两只手相合,使手指互相插在一起,接着用力夹紧。

　　第三个人(C)说:不知道这是什么意义。

　　我说,我懂得这是从手腕那里开始的双手的急速摇动,但是我还从来没有看见过这种动作;当时 B 就说道,他曾经多次看到一个妇女在做这种动作。]

　　③　[亨列在他所著的《人种学讲义》(*Anthropologishe Vortäge*,1876 年,第 1 卷,第 43 页)里写到关于"叹息的自然史"(Natural History of Sighing)。他把情绪分成压抑的(depressing)和兴奋的(exciting)两类。压抑的情绪,例如厌恶、恐惧或者大惊,引起平滑肌收缩;而兴奋的感情,例如快乐或者愤怒,则使平滑肌麻痹。因此,这就可以知道,压抑的精神状态,例如忧虑或者神经过敏,由于小支气管收缩,引起胸部一种不愉快的感觉,好像有一种障碍物抑制了自由呼吸似的。由于横膈膜所进行的呼吸不足够,这就促使我们加以注意,因而去召请呼吸作用的随意肌来帮助,于是我们作出一次深呼吸或者叹息来。]

　　④　《孟特加查》(*Azione del Dolore sulla Calorificazione*,《意大利伦巴底医学杂志》,第 5 卷,米兰,1866 年)指明说,苦痛引起一种"延续下去的严重的"降低体温现象。可以很有兴趣地去注意到,在有些动物方面,恐惧也产生类似的效果来。

无助的全身倒下，正好像是在那些要逃避危险而作的最激烈的长久企图的结果方面，或者是在和这些企图的联想方面所观察到的情形，不过这些企图实际上并没有实现。虽然这样，甚至是极度的恐惧，最初却也时常像一种强烈的刺激物那样发生作用。一个人或者动物在发生恐怖而被迫拼命的时候，就曾获得惊人的力量，而成为大家知道的极其危险的东西。

总之，我们可以得出结论说，这个关于感觉中枢由于神经系统的构造并且起初就不依存于意志而对身体起有直接作用的原理，在决定很多表情上具有极大的影响。下面这些现象就可以作为这个原理的良好例子，就是：在各种不同的情绪和感觉之下，肌肉发生颤动，皮肤出汗，消化道和腺类的分泌量发生变化。可是，这一类动作时常和另一些受到我们的第一个原理支配的动作配合在一起；第一个原理就是：有一些动作，在已知的精神状态下，为了满足或者减轻一定的感觉、欲望等而曾经时常具有直接或者间接的用处；而现在这些动作在类似的情况下，单单由于习惯，即使是没有用处，也仍旧在发生出来。我们已经从下面几点里得出这类配合情形的例子，至少也是部分地得出了这些情形，就是：从大怒时候的发狂的姿态方面，从极度苦痛时候的痉挛方面，还有大概是从心脏和呼吸器官加强活动方面。即使是在这些和另一些情绪或者感觉极其微弱地发生出来的时候，也会由于长期联合的习惯的力量，而仍旧出现一种要进行相似动作的倾向，而且正是这些极少受到有意的支配的动作，通常会被最长久地保存下去。我们的第二个原理——对立原理——有时也起有一定的作用。

最后，我以为，读者们在依次阅读这本书的时候可以看出，根据现在我们已经讨论过的三个原理，就能够去说明这么多的表情动作，因此以后就可以有希望去找出一切表情动作的说明来，或者也可能根据另一些极其相似的原理来找出它们的说明来。可是，在各种特殊情形里，时常不可能去决定说，在这三个原理当中，究竟哪一个原理应当起有多么大的作用；而且在表情的理论里，仍旧还有很多的要点没有搞明白。

# 第 4 章

# 动物的表情方法

## • Means of Expression in Animals •

　　各种极不相同的声音在不同的情绪和感觉之下发生出来的原因，是非常模糊不明的。不能认为，这个在声音方面存在着任何显著差异的法则，是普遍适用的。有时恐怕不可能去提供出各种在不同的精神状态下所发出的特殊声音的原因和来源的详细说明来。我们知道，有些动物在被驯养以后，就获得一种习惯，就是会发出它们原来所没有的声音来。

声音的发出——有声的音——另一种方法所发出的声音——皮肤的附属物，毛发、羽毛等在愤怒和恐怖的情绪下的竖直现象——双耳向后牵伸是作战的准备，也是愤怒的表现——双耳竖直和头部抬起，是注意的特征

在这一章和下面一章里，我将单单采用那些满足于说明我的问题方面的详细情节，来叙述大家知道的不多几种动物在不同的精神状态下的表情动作。可是，依照正常的次序在考察这些表情动作以前，先讨论大多数这些动物所共有的几种表情方法，以避免很多无用的重复叙述。

声音的发出——在很多种类的动物（连人类也包括在内）方面，作为表情手段的发声器官起有极其重要的作用。在前面一章里，我们已经知道，在感觉中枢受到强烈的激奋时候，身体的肌肉就普遍被投入到激烈的活动状态里去；结果，这只动物就发出高大的声音来，不管它通常是不发出声音的，而且这些声音并没有多大用处，也是这样。例如，我以为，野兔[①]和家兔除了受到极大苦痛，从来不使用它们的发声器官；例如只有在猎人把受伤的野兔杀死的时候，或者在一只白鼬（stoat）捕捉住一只小家兔的时候，它们才会发出声音来。牛和马时常静默无声地忍受很大的苦痛；可是，如果苦痛太过分，尤其是再和恐怖联合在一起，那么它们就会发出可怕的声音来。我以前在巴姆巴斯草原（南美草原）里，时常辨认出，远处在猎人用套索（lasso）捕牛和割断它的腿筋时候，就传来了它的苦恼的垂死的吼叫声。据说，在狼群进攻马的时候，马就发出高大的特殊的悲鸣声来[②]。

胸部和喉部的肌肉由于上述情形而被激发起来的那些无意的和无目的的收缩，可以最初引起声带的音发出来[34]。可是，这种声音现在就被很多动物广泛使用在各种不同的目的方面；大概在其他情况下，习惯在声音的使用方面起有重大的作用。自然科学家们已经指出说，而且我也确实地相信，社会性动物因为习惯上把自己的发声器官使用作为互相交际的手段，所以在其他情形里也就比其他的动物更加自由地使用这些器官。可是，这个法则显然也有例外的情形，例如家兔就是这样。还有，那个具有广泛影响范围的联合原理，也在这里起有相当的作用。因此，我们可以知道，因为声音在那些引起愉快、苦痛、大怒等情绪的一定的条件下习惯上被使用，作为有用的帮助，所以每当同样的感觉或者情绪在完全不同的情况下，或者在程度较微弱的时候，声音也就通常被使用了。

◀ 天鹅（swan，鹄）在发怒的时候，也张开双翼和翘起尾羽，并且使羽毛直竖起来。它们张开了嘴，用双脚划水，并且向前作迅速的小跃进，去对抗任何一个向水边走得太近的人。

---

　　① ［勃朗德尔·腾巴尔（J. Brander Dunbar）先生在写给查理士·达尔文的信里说，野兔会呼唤它们的小野兔；如果把小野兔从它的母野兔所放置它的地点取走，那么这就会引起呼唤声。据说，这种呼唤声是和被猎取到的野兔的尖叫声完全不同的。］

　　② ［有一个妇女对马的尖声绝叫作了下面的一段叙述："在伦敦的热闹地点，有一匹马失足跌倒，并且被马车的轮子所碾压；这种尖声绝叫是我们从来没有听到过的最苦恼的表现，所以在以后几天里，这种声音总是在我的耳朵里盘旋着"。］

有很多动物的雌雄两性,在发情期间里彼此不断地互相呼唤;有不少的例子,表明出雄性动物就用这种呼唤方法来企图使雌性受到诱惑和兴奋。实际上,正像我在自己所著的《人类的起源及性选择》(*Descent of Man Selection in Relation to Sex*)这本书里所打算表明的,大概这就是声音的原始使用和发展方法[35])。因此,发声器官的使用,大概就会去和动物所能够感觉到的最强烈的愉快的预料互相联合起来。那些过着社会性的群居生活的动物,在离开自己的集团以后,时常彼此相呼,而在重逢的时候显然就感到十分快乐;例如,我们可以看到,一匹马在回返到另一匹在嘶鸣着找它的同伴身边时候,就发生这种情形。母亲时常不断地呼唤着自己的失踪的幼儿,例如母牛呼唤着它的小牛;而很多幼小的动物则呼唤着它们的母亲。在羊群分散开来的时候,母羊就不断咩咩地叫寻着自己的小羊;当母子两羊相会的时候,它们互相的愉快情状是明显可见的。如果有人去作弄巨大凶猛的四足兽的幼儿,而这些四足兽听到了幼儿的悲痛叫号,那么这个人就会有大祸临身。大怒引起全身一切肌肉连发声的肌肉在内,都非常紧张起来;有些动物在大怒发作的时候,就尽量用自己的威力和残暴的样子去使敌方感到恐怖;例如,狮子发出吼叫声来;猎狗发出怒嗥声来。我可以断定说,它们的目的是要使对方感到恐怖,因为狮子在咆哮时候还同时把自己的鬣毛竖直起来,而猎狗则在怒嗥时候也把自己背部的毛竖直起来,因此它们在尽量设法要使自己变得好像又大又可怕的样子。雌性的相斗的动物,就企图用自己的叫声来助威和互相挑战,结果也就引起了决死的斗争。因此,声音的使用大概就这样和愤怒的情绪联合起来了,而且它总是会被愤怒所引起的。还有,我们也看到,剧烈的苦痛,也好像大怒一样,会引起猛烈的大声叫喊来,而且在尖声绝叫时候用尽全力来使自己的苦痛减轻一些;因此,声音的使用大概就和任何一种受苦情形联合起来了。

各种极不相同的声音在不同的情绪和感觉之下发生出来的原因,是非常模糊不明的。不能认为,这个在声音方面存在着任何显著差异的法则,是普遍适用的。例如,在狗的方面,它们在愤怒时候的吠叫声和在快乐时候的吠叫声并没有多大差异,不过还能够被辨别出来。有时恐怕不可能去提供出各种在不同的精神状态下所发出的特殊声音的原因和来源的详细说明来。我们知道,有些动物在被驯养以后,就获得一种习惯,就是会发出它们原来所没有的声音来。① 例如,家狗,甚至是驯养的胡狼,也学会了一种猎猎的大叫声,而这种声音对狗属的任何一种说来都不是固有的;据说,只有北美洲的一个种北美郊狼(Canis latrans)才是例外,它会作出这种吠叫声来。在家鸽当中,也有几个品种学习到了发出一种新的完全特殊的咕咕声来。

赫伯特·斯宾塞先生②在他的关于音乐方面的有趣的论文里,曾经讨论到人的声音特征和各种情绪对声音的影响。他清楚地指明说,在不同的条件下,声音的响度和性质,就是它的共鸣(resonance)、音色(timbre)、音调(pitch)和音程(interval),会发生很大的变化。任何一个人只要去倾听一下雄辩的演说家或者说教者的声音,或者去倾听一个人在愤怒地斥责另一个人的声音,或者去倾听一个吃惊的人的声音,那么就会惊奇地相信

---

① 关于这里的证明,可以参看我的著作《动物和植物在家养下的变异》,第 1 卷,第 27 页。关于鸽的叫声,也可以参看这本书,第 1 卷,第 154、155 页。

② 斯宾塞:《科学、政治和推理的论文集》(*Essays, Scientific, Political and Speculative*),1858 年,这篇论文的名称是音乐的起源和作用(*The Origina and Function of Music*),第 359 页。

斯宾塞先生的意见确实不错。使人感到很有趣味的是：在人的一生当中，声音的转调（modulation）是多么早地转变成为富于表情。在我的小孩当中，有一个年纪还不到 2 岁的小孩；我已经清楚地辨认出，他的表示同意的"嗯姆"（humph）的声音由于略微有些转调而具有很强烈的表情性质；还有一种表示否定而发出特殊的哭声表示出了他的顽强的决断力来。斯宾塞先生接着又表明说，富于表情的说话，从上面所有各点看来，是和声乐（vocal music）有密切关系的，因此也是和器乐（instrumental music）有密切关系的；同时他打算要用生理学上的论据，就是要用"感情是一种对肌肉动作的刺激物这个普遍的法则"，去说明声乐和器乐双方的特殊的特征。可以承认说，声音也受到这个法则的支配；可是，我以为，这种说明未免太普遍，而且也不太明确，因此也很难使人明白普通的说话和富于表情的说话（或者唱歌）之间的各种差异来，但是当中只有响度的差异则是例外。

无论是我们相信声音的各种不同的性质起源于强烈感情的兴奋下的说话活动方面，因而这些性质后来就被转移到声乐方面去；或者是我们也像我所主张的说法，去相信这种发出乐声来的习惯起初在人类的最早的祖先时代作为求爱的手段而被发展起来，因此以后这习惯就开始去和人类祖先所能达到的最强烈的情绪（就是热烈的爱情、竞争和胜利）联合起来——这两方面都可以用斯宾塞先生的意见来获得良好的说明。[36]大家都知道，动物发出律音（musical notes）来，例如我们每天可以从鸟类的鸣唱方面听到这些律音。有一个更加显著的事实，就是有一种猿（ape），是长臂猿属（gibbons）的一种，能够精确地发出律音的八音度（octave）来，而且会作每隔半音的升降音阶；因此，这种猿"被大家认为是所有野性的哺乳类动物当中的唯一能够歌唱的动物"。① 从这个事实里和从其他动物的类似情形里，我们就可以得出结论说，人类的祖先大概在获得一种音节分明的说话能力以前，已经会发出乐音；因此，当声音在任何强烈的情绪下被使用的时候，按照联合原理，它就有一种倾向，要去采取一种音乐的性质。我们可以明显地看出，在有几种比较低等的动物当中，雄性动物发出自己的声音来，使雌性动物感到愉快；它们本身也对自己所发出的声音感到愉快；可是，为什么要发出特殊的声音来，而且为什么这些声音会使它们感到愉快，这个问题现在还不能得到说明。

音调的高低对于一定的感情状态具有某种关系；这一点是相当使人明白的。一个人在温和地诉说虐待情形或者轻微的受苦情形时候，差不多时常用高音调的声音来说话。狗在有些不耐烦的时候，时常发生一种通过鼻腔的像管乐的高律音来；这种声音像悲哀声一样，立刻打动了我们的心；②可是，如果要去知道究竟这种声音是不是真正的悲哀声，或者在这种特殊情形里，只是因为我们已经从经验上学习到它所表示的意义，而想来是这样的罢了，那么这就会有多么的困难呀！伦奇尔肯定说，③他在巴拉圭（Paraguay）地方

----

① 《人类起源》，1870 年，第 2 卷，第 332 页。这里所引用的话，是从欧文（Owen）教授的著作里取来的。最近有人发表意见说，有些比猿类在生物阶梯上更加低得多的四足兽，就是啮齿目动物，也能够发出正确的乐音来；参看洛克武德（S. Lockwood）牧师所写的关于一只会唱歌的黄昏鼠（Hesperomys）的记述，载在《美国自然科学家》（American Naturalist）杂志，第 5 卷，1871 年 12 月，第 761 页。

② 泰洛尔（Tylor）先生（《古代文化》，Primitive Culture，1871 年，第 1 卷，第 166 页）在他对于这个问题的讨论里，谈到狗的悲哀声。

③ 伦奇尔：《巴拉圭的哺乳动物的自然史》，1830 年，第 43 页。

捕捉到一些猿（就是阿柴拉卷尾猿，*Cebus azarae*）；这些猿发出一种嘈声，它一半是管乐音，另一半是半咆哮声，表明出吃惊来；又用比较低沉的猪叫声重覆发出咻——咻（huhu）的音，表达出愤怒或者不耐烦来；并且还用尖锐的绝叫声表明出惊恐和苦痛来。另一方面，就是关于人类方面，他的低沉的呻吟声和非常刺耳的高声尖叫，同样表达出一种极度的苦痛来。人的哭声可以有高有低；因此，正像哈莱尔（Haller）很早就指出的，①成年的男人的笑声在声音性质上接近于元音 O 和 A（德文字母的发音）；而小孩和妇女的笑声则具有更加多的 E 和 I；好像黑尔姆霍兹所指出的，E 和 I 这两个元音自然要比 O 和 A 两个元音具有较高的音调；可是，这两种笑声都同样表达出快活或者喜悦来。

我们在考察到声音的发出所用来表达情绪方式的时候，就自然必须去研究那种在音乐上叫做"表现"（expression）的原因。李奇菲耳德（Litchfield）先生对音乐问题有长期的研究；他很亲切地向我提供了下面一些关于这种原因的意见："关于音乐的'表现'的本质究竟是什么这个问题，还包含着很多模糊不明的疑点；据我所能知道的，这些疑点直到现在还是没有解决的谜题。可是，如果任何一种法则可以正确适用于那种用简单的声音来作出的表情方面，那么它也应当在某种程度以内适用于更加发展的唱歌的表现方式；我们可以把唱歌看做是各种音乐的原型。唱歌的情绪效果，大部分都依据那种用来发生歌音的动作的性质来决定。例如，在那些表现出热情非常奋发的歌曲里，效果时常主要依据一段或两段需要用力加强发声的特征性乐节来决定；因此，时常可以注意到，如果不很努力地用特征性乐节所需要的一种具有足够的力量和音域的声音去歌唱，那么这一只具有这种性质的歌曲就会丧失它的原有的效果。显然无疑，这就是一只歌曲由于从一种曲调转变成另一种曲调而时常会丧失效果的秘密。因此，我们就可以知道，效果不单单是依据声音本身来决定，而且一部分也依据那种发出这些声音来的动作的性质来决定。的确，显然每次在我们感觉到一只歌曲的'表现力'根据节拍的加速或者减慢情形、音调变化的流畅、发声的响度等来决定的时候，我们实际上就采用我们在一般解释肌肉动作时候所用的方法，同样地去解释发声的肌肉动作。可是，这种方法还不能够去说明我们所称做歌曲的音乐上的表现的那种更加细微的和更加特殊的效果，就是不能够去说明那种被它的旋律（melody）所提供出来的欣喜，或者甚至是那种被各个构成旋律的分离的音所提供出来的欣喜。这是一种难以用文字来明确表达的效果；据我所能够知道的，决没有人曾经把它分析成功过；赫伯特·斯宾塞对于音乐的起源方面具有聪明的见解，但是也仍旧完全没有说明它。可以肯定说，这个原因就在于：一组声音的旋律上的效果，完全不是根据这些声音的响度或者柔度来决定，或者也不是根据它们的绝对的音调（absolute pitch）来决定。一只曲调，不管它被唱得响亮或者柔和，不管它被小孩或大人来唱，也不管它是用笛或者用喇叭来演奏，总是一般无二的。一个音的纯粹音乐上的效果，就根据它的那个在术语上叫做'音阶'（Scale）的地位来决定；因此，同一个音，就要看它在和哪一组音互相联系时候被我们听到的情形，而对我们的耳朵发生完全不同的效果来。

一切被总括在'音乐上的表现'这个成语里的主要的特征性的效果，都是根据这种把某些音作相对的联合的情形来决定的。可是，为什么某些音的一定的联合会具有如此这

---

① 这是在格拉希奥莱的著作里所举出来的，《人相学》，1865 年，第 115 页。

般的效果,这还是一个留待将来去解决的问题。这些效果,的确应该是和大家都知道的、在那些构成音阶的音的振动速率(rates of vibration)之间的算术上的关系,有着某一种相互的联系的。而且也有可能来说(这只不过是一种猜测罢了),人类的喉部通气道的振动机关在从一种振动状态转移到另一种振动状态时候所达到的或大或小的机械上的熟练程度,也就成为各种不同的音序(sequences of sounds)所发生的或大或小的愉快的最初原因"。

可是,如果我们把这些复杂的问题搁下不谈,而专门来考察比较简单的音,那么我们至少也能够去查明几个用来使一定种类的音去和一定的精神状态联合起来的原因。例如,幼小的动物或者社群当中的一分子为了呼喊求救而发出的尖叫声,自然是响亮、拖长而且高大的,这样才可以传播到远处去。要知道,黑尔姆霍兹曾经指出说,[①]由于人的耳朵的内腔形状和它所引起的共鸣能力,高音律就产生出特别强烈的印象来。在雄性动物为了取得雌性动物的欢喜而发出声音来的时候,它们自然要去采用那些对这种动物的耳朵发生愉快感觉的声音;看上去,同样的声音,时常会使极不相同的动物感到愉快;这个原因就在于它们的神经系统彼此相似;例如我们可以用下面的事实来使人相信这个说法:鸟类的鸣唱使我们发生愉快感觉,甚至某些雨蛙(tree-frog)的阁阁声也会使我们愉快。从另一方面看来,那些为了使敌方感到恐怖的威胁而发出的声音,自然就应该是粗嘎的或者不愉快的了。

究竟对立原理是不是也像我们大概可以预料到的情形那样,对声音的发出方面起作用,这还是一个疑问。人类和各种不同的猿在愉快时候所发出的断续的笑声或者嘻笑声,是和他们在遇到灾难时候所发出的拖长的尖叫声极其不同。猪在对自己的食料感到满意时候所发出的深长的喉声,也是和它在苦痛或恐怖时候所发出的粗嘎的尖叫声完全不同的。可是,正像刚才所指出的,狗在愤怒时候和在快乐时候的吠叫声,却绝不是彼此绝对相反的;还有一些其他的例子也是这样的。

还有一个关于这方面的疑问,就是:究竟是那些在各种不同的精神状态下所发出的声音在决定嘴的形状,或者是嘴的形状在被其他独立的原因所决定,而声音也因此发生了变化。幼小的婴孩在哭喊时候,就把他的小嘴张大;这种情形,显然是为了要发出充分的音量来而必须这样的;可是,这时候由于一种完全不同的原因,嘴就采取了近于四方形的形状;后面将要再说明这种情形;它是由于眼睑紧闭和上唇因此被提升起来而形成的。我不打算在这里谈到,究竟嘴的这种四方形使号泣声或者哭喊声变化到什么程度;可是,我们可以从黑尔姆霍兹和其他研究家的研究著作里知道,口腔和嘴唇的形状在决定着嘴里所发出的元音的性质和音调高低。

在后面有一章里,也将表明出,在轻蔑(contempt)或者厌恶(disgust)的感情之下,由于一些明显的原因,就发生一种要从嘴里或者鼻孔里吹出气来的倾向;这就产生出一些像是 pooh(普)和 pish(批)的声音来。在任何一个人受到惊吓或者突然吃惊的时候,立刻也由于一种明显的原因而发生一种倾向,就是要把嘴张大,作一次又深又快的吸气,以便准备去作长久的努力。此后,在接着作充分的呼气时候,嘴略微闭紧,同时双唇则由于那

---

① 黑尔姆霍兹:《音乐的生理学理论》(*Theorie Physiologique de la Musique*),巴黎,1868 年,第 146 页。在这个内容丰富的著作里,黑尔姆霍兹也充分讨论到了口腔形状和元音的发出之间的相互关系。

些将在下面讨论到的原因而略微向外伸出；据黑尔姆霍兹所说，这时候如果终究有声音被努力发出，那么这种形状的嘴就会发出元音 O（哦）的声音来。例如，可以听到，有一群人在亲眼看到某种使人吃惊的景象以后，的确就会全体发出一种又深又长的惊叹 Oh!（哦呀!）来。如果在发生惊奇的同时，还感到苦痛，那么就会出现一种倾向，要把全身连面部在内的所有肌肉收缩起来，于是双唇就会向后退缩；这种情形大概也就说明声音变得较高而且具有 Ah!（啊!）或者 Ach!（啊嘿!）的性质。因为恐惧引起全身的所有肌肉发生颤动，所以这时候的声音也就变成颤声；同时由于唾液腺停止分泌作用，使嘴里变得干燥，因此声音变得沙嘎。人类的笑和猿类的嘻笑，为什么总是发出一种迅速而反复的音来，这个问题还不能够得到说明。在这些音发出的时候，嘴角向后退缩和向上牵伸，因此嘴就被横向伸长起来；在后面有一章里，我们打算再来说明这个事实。可是，那些在不同的精神状态下发生出来的音彼此不同这个问题，整个还是非常模糊不清的，因此我也未必能够对它作出什么说明来；我已经提出的这些意见，只具有无关紧要的意义。

直到现在为止，一切已经提到过的声音，都是依靠呼吸器官而发出来的；可是，有些用完全不同的方法所产生出来的声音，也是具有表情的。家兔用力在地面上踏出脚步声来，这是一种传达给它们的同伴的信号；如果有人懂得怎样可以去确切地作出这种声音来，那么他就会在静寂的晚上，听闻到四周各处的家兔都在用踏步声回答他所发出的信号。这些动物，也像其他一些动物那样，在发怒的时候就在地面上踏脚步。豪猪（porcupine）在发怒时候，就使自己的刺毛发出沙沙的声音来，并且把尾巴不断摇摆起来；有一只豪猪，在看到一条活蛇被放进到自己的铁笼里来时候，就作出这种样子来。它的尾巴上的刺毛，是和身体上的刺毛很不相同的：它们是短的、中空的、而且薄得像鹅毛管，顶端被横截开来，所以是开口的；它们被又长又细而有弹性的内茎所支持着。当豪猪把尾巴急速摇摆的时候，这些中空的刺毛就彼此互相碰撞，因此发出一种特殊的连续的声音，正像我在巴尔特莱特先生面前所听到的情形那样。我以为，我们能够理解到，豪猪为什么靠了自己的保卫用的刺针的变异，而获得了这种特殊的发声器具的配备（参看图 11）。它们是夜行的动物；如果它们嗅出和听到一只暗中埋伏的食肉猛兽的动静，那么它们在黑暗里向敌方发出警告，来表明出自己是什么样的动物和具有可怕的刺针的配备这种举动，是对自己有利的。因此，它们就会避免受到攻击。我可以补充说，它们是多么充分意识到自己的武器的威力，所以在大怒发作的时候，它们就会把刺毛竖直，转过身子，而且使身体采取倾斜的位置，于是向敌方进攻。

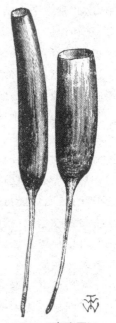

**图 11　豪猪尾巴上的发声的刺毛**

有很多鸟在它们求雌的期间里，就用特殊适应的羽毛来发出各种不同的声音。鹳（stork）在性欲兴奋的时候，就用嘴发出高大的格格声来。有些蛇发出轧砾声或者嘎嘎声来。很多昆虫用自己的坚硬的膜翅的特别变异部分互相摩擦，来发出唧唧声。这种唧唧声通常是作为一种性的诱惑力或者呼唤而被使用的；可是，它也被用来表明不同的情绪。① 每一个管理过蜜蜂的人，都知道它们在发怒的时候会把原来的嗡嗡声发生变化；这种怒声是作为一种提出要有刺螫的危险发生的警告而被使用的。我之所以要作出所有这些少数的意见来，就因为有几个著者偏爱过分去强调说，发声器官和呼吸器官好像是特别适应于表情方面的东西，因此我以为，在这里来表明一下那些用另一些方法所发出的声音也同样对于这个目的有良好的用处，也是一件适当的事情。

皮肤附属物的竖直——任何一种表情动作，恐怕都没有像毛发、羽毛和其他皮肤附属物的不随意的竖直这样普遍地存在的了，因为在脊椎动物的三大纲里面普遍都具有这种表情动作。② 这些皮肤附属物是在愤怒或者恐怖的兴奋影响下，被竖直起来的；在这两种情绪同时配合一起，或者彼此很快地相继发生的时候，这种现象就特别显著地发生出来。这种动作是为了使动物本身在它的敌方和竞争者们的眼睛里，显出更大而更可怕的样子来，而被使用的；[37]通常还同时发生各种不同的、也是适合于这个目的的有意动作来，并且发生凶暴的声音来。巴尔特莱特先生已经对各种不同的动物的研究方面具有最广泛的经验，也毫不怀疑地认为这是确实的情形；可是，皮肤附属物的这种竖直的能力究竟是不是最初就为了这个特殊目的而被获得的，这还是一个没有解决的问题。

首先我要来举出相当多的事实，来表明这种动作在哺乳类、鸟类和爬行类动物当中有多么的普遍；至于我要说的关于人类方面的话，那么我打算留到后面的一章里再谈。动物园里的聪明的饲养员塞登（Sutton）先生，替我细心观察了黑猩猩和猩猩；据他所说，在它们突然受到惊吓的时候（例如由于打雷而受惊），或者在它们被人激怒的时候（例如由于受到捉弄而发怒），它们的毛发就竖直起来。我曾经看到一只黑猩猩，它因为望见一个运煤的黑人而发生惊慌，同时它的全身的毛发都竖直起来；它向前作了几次小跃进，好像要去进攻这个人似的；据这个饲养员说，它并没有任何实际要去进攻对方的企图，只不过具有一种想要吓唬对方的希望罢了。福尔德（Ford）先生曾经记述道，③ 在大猩猩（gorilla）大怒的时候，它的头发毛"竖直而且向前突出，它的鼻孔扩张开来，下唇低垂，同时发出独特的呼喊声，看上去好像要把敌人吓退似的"。我曾经看到，在大狒狒（*Anubis baboon*）发怒的时候，它的毛沿着背部从头颈直到腰间都直竖起来，但是它的臀部和身体的其他部分上的毛则没有竖直。我曾经把一条剥制好的蛇放进猿的铁笼里，当时就有几种猿的毛发竖直起来；我特别注意到一种长尾猿（*Cercopithecus nictitans*），它的尾巴上的毛特别显著地竖直起来。勃烈姆（Brehm）④说道，有一种狮猴（*Mides aedipus*，属于美洲

① 我已经在自己的著作《人类起源》里，对这个问题作了一些详细说明，参看这本书的第二版，第 1 卷，第 343 页和第 468 页。

② ［牧师威特米（S. J. Whitmee，《动物学会记录》，*Proc. Zool. Soe*，1878 年，第一部分，第 132 页）记述到，有些鱼在愤怒和恐惧的时候，把背鳍和臀鳍直竖起来。他推测说，这些鳍刺的竖直是为了保护自身，防止被食肉鱼伤害。如果的确是这样的，那么也就不难去理解这类动作和这些情绪的联合情形。达伊（F. Day）先生（《动物学会记录》，1878 年，第一部分，第 219 页）批判了威特米先生的结论，但是威特米先生所记述的一种有鳍刺的，会刺痛大鱼的喉咙而使大鱼最后只好把它吐出去，这个事实显然可以去证明鳍刺是有用的。］

③ 这段话曾经被赫胥黎（Huxley）引用在他所著的《关于人类在自然界里的地位的证据》（*Evidence as to Man's Place in Nature*），1863 年，第 52 页。

④ 勃烈姆：*Illust. Thierleben*，1864 年，第一册，第 130 页。

区系的猿）在受到激奋时候，就把自己的鬣毛直竖起来；他还补充说，这是为了要尽量使自己变得更加可怕。

食肉动物的毛发直竖现象，大概是很普遍的，而且同时也发生威吓行动、牙齿外露和凶暴的咆哮。我曾经看到，獴（猫鼬，Herpestes）的全身毛发，连尾巴在内，几乎都直竖起来；鬣狗（Hyaena）和土狼（Proteles）把背脊毛非常显著地直竖起来。发怒的狮子把自己的鬣毛直竖起来。大家也都知道，狗的颈部和背部的毛会直竖起来，而猫的全身毛发，特别是尾巴毛，都会直竖起来。猫显然只有在恐惧的时候，才把毛发直竖起来；而狗则在愤怒和恐惧时候都会把毛发直竖起来；可是，据我所能够观察到的说来，当一只猎狗在预料要受到一个严厉的饲养者鞭打的时候，它的毛发却并不因为这种屈辱的恐惧而直竖起来。可是，如果狗表示要作反抗的斗争，像有时会发生的情形那样，那么它的毛发也会竖直起来。我曾经时常注意到，如果狗一半发怒和一半害怕，例如它在黑暗里辨别不清某种物体的时候，那么它的毛发就特别容易竖直起来。

有一个兽医向我肯定说，他时常看到，有些曾经被他医治过的马和牛，在再要受到他的医疗手术时候，就会把毛发直竖起来。[38] 当我把一条剥制好的蛇送给西貒（peccary）看的时候，它就以惊人的样子把自己的背部的毛直竖起来；野猪（boar）在大怒时候也是这样。美国有一种用角撞死人的麋（Elk）；据有人记述，它起初舞动双角，由于大怒而发出尖叫声，并且用脚踢地面，"最后，就看到它的毛发上升起来，并且竖直"；于是它就向前急冲，进攻对方。① 在山羊用角进攻敌人的时候，它的毛发也同样直竖起来；我听到勃里斯先生说，有些印度羚羊也是这样的。我曾经看到，多毛食蚁兽（hairy anteater）和啮齿目的一种动物刺鼠（agouti）把它们的毛发直竖起来。有一只被关在笼子里的雌蝙蝠，② 在哺育着它的小蝙蝠；当有人朝着笼子看望的时候，"它的背部上的软毛就直竖起来，并且恶狠地咬着外面伸进笼子里的手指"。

那些属于主要的目的鸟，在愤怒或者受惊的时候，就竖起自己的羽毛来。大家都已经看到过，两只雄鸡，即使还是十分幼小，也会竖直起颈部长羽，作着斗争的准备；这种羽毛在竖直的时候绝不能用来当做防御手段，因为斗鸡的爱好者们根据自己的经验来肯定说，把这些颈羽修剪去，反而有利。雄性的流苏鹬（ruff，学名 Machetes pugnax）* 在相斗时候，也把羽毛领子直竖起来。在一只狗走近一只带领着小鸡的普通母鸡时候，这只母鸡就会张开双翼，翘起尾羽，把全身羽毛都直竖起来，尽可能做出更加凶恶的样子来，向着冒犯者冲去。同时，它的尾羽并不经常正确保持在同样的位置上；有时它翘起得太过分，正像现在所附的图画上的情形（图12），因此使中央的尾羽几乎接触到背部了。天鹅（swan，鹄）在发怒的时候，也张开双翼和翘起尾羽，并且使羽毛直竖起来。它们张开了嘴，用双脚划水，并且向前作迅速的小跃进，去对抗任何一个向水边走得太近的人（图13）。据说热带鸟①在有人扰动它们的巢时候，并不飞逃，却"单单耸起自己的羽毛，并且

---

① 卡东（J. Caton）先生：《鄂大瓦自然科学研究所报告》（Ottawa Acad. of Nat. Sciences），1868年5月，第36页和第40页。关于山羊的一种 Capra Aegagrus（角羬），可以参看《土地和水》杂志（Land and Water），1867年，第37页。

② 《土地和水》杂志，1867年7月20日，第659页。

* 流苏鹬的现用学名是 Philomachus pugnaxo。——译者注

① 学名是 Phaeton rubuicauda，参看《彩鹬》杂志（Ibis），第3卷，1861年，第180页。

发出尖叫声来"。仓鸮（barn-owl）在有人接近它的时候，"立刻就把羽毛蓬松开来，张开双翼和尾羽，并且用嘴发出有力的迅速的呲呲声和喀喀声来"。① 鸮的其他的种也会做出这些动作来。根据勤纳·惠尔（Jenner Weir）先生告诉我的话，鹰（hawks）也曾在同样的情况下把羽毛直竖起来，并且张开它们的双翼和尾羽。有几种鹦鹉也会把羽毛直竖起来；还有，我曾经看到，鹤鸵（食火鸡，cassowary）在看见食蚁兽而发怒的时候也采取这种举动。鸟巢里的小杜鹃（布谷鸟），会把羽毛直竖起来，把嘴张开得很大，并且尽可能使自己的样子变得更加可怕。

**图 12　母鸡在把狗赶开自己的小鸡时候所采取的形状**（武德先生的写生画）

**图 13　天鹅在把侵犯者赶开的时候的形状**（武德先生的写生画）

我又听到惠尔先生说，有些身体小的鸟，例如雀科鸣禽（finches）、莺（颊白鸟，buntings）、鹟（warblers），在发怒时候也把全身羽毛直竖起来，或者只是把颈部的羽毛直竖起来；或者它们张开双翼和尾羽。当它们的羽毛达到这种状态的时候，它们就用张大的嘴和可怕的姿态，彼此相向冲奔。惠尔先生根据自己的广博经验来作结论说，羽毛的直竖现象，与其说是由于恐惧而发生，倒不如说大都是由于愤怒而发生，他举出一只极容易发怒的金翅雀（goldfinch）的变种为例；当一个仆人走得太接近它的时候，它立刻就使自己的身体变成一个有直立羽毛的圆球形。惠尔先生认为，鸟类在受惊时候，通常把全身羽毛紧贴在身上，因此它们的体积反而减小得时常使人吃惊。当它们从恐惧或者惊奇里面一恢复原状的时候，它们首先所做的事情，就是抖动自己的羽毛。惠尔先生曾经注意到，对于这种由于恐惧而把羽毛紧贴和使身体外表缩小的情形，可以用鹑（quail）和阿苏儿（长尾小绿鹦鹉，grass-parrakeet）②来作为最良好的例子。可以明白，这些鸟所以具有这

① 关于林鸮 *Strix flammea* 方面，参看奥裘蓬（Audubon）所著的《鸟类学记述》（*Ornithological Biography*），1864 年，第 2 卷，第 407 页。我曾经在动物园里观察到另外一些例子。

② 阿苏儿的学名是 *Melopsittacus undulatus*。参看古耳德（Gould）对于它的习性的叙述，《澳大利亚鸟类手册》（*Handbook of Birds of Australia*），1865 年，第 2 卷，第 82 页。

种习性，就在于它们已经惯常在遇到危险时候，或者蹲伏在地面上，或者静伏在树枝上不动，以避免敌方的注意。虽然在鸟类方面，愤怒可以成为使它们羽毛直竖的主要的最普通的原因，但是当有人向着鸟巢里的小杜鹃探望的时候，还有当狗走近一只带领着小鸡的母鸡那里的时候，小杜鹃和母鸡至少是怀着几分恐怖的。铁格特米尔（Tegetmeier）先生告诉我说，很早就认为，斗鸡在斗鸡场里把头部的羽毛直竖的现象，就是一种胆小的表征。

有几种蜥蜴的雄性，在它们的求雌期间里，会互相斗争起来，同时把喉囊或者漏斗体（襞状部，frill）胀大起来，而且把背脊向上弓起。[①] 可是，衮脱尔（Günther）博士以为，这些蜥蜴不会竖起自己的各种背棘或者鳞片来。

因此，我们可以看到，在脊椎动物的全部两个最高的纲（哺乳纲和鸟纲）里和在几种爬行动物方面，多么普遍地发生这种在愤怒和恐惧之下把皮肤附属物直竖起来的情形。正像我们从罕里喀尔（Kölliker）的有趣的发现方面所知道的，这种竖直行动是由于细小的、不随意的平滑肌收缩的影响而发生的；[②]这些肌肉时常被叫做立毛肌（Arrectores pili）；它们附着在各根毛发、羽毛等的毛囊里。例如，我们从狗的方面可以看到，由于这些肌肉的收缩，狗的毛发就能够立刻被直竖起来，同时还从毛囊里面略微向外伸出一些；后来，这些毛发就很快倒伏下去。在有毛的四足兽的全部身体上，都覆满着无数这些极小的肌肉，真使人感到惊奇。可是，在有些情形里，例如在人的头部方面，要靠了那些位在较深处的皮下肌层（Panniculus carnosus）的横纹的随意肌的帮助，才能使头发直竖起来。刺猬也是靠了这些肌肉来举起它的刺针的。从莱第格（Leydig）[③]等人的研究方面，也可以认为，横纹的肌肉纤维是从皮下肌层延长到有些较长的毛发处去的，例如延长到有些四足兽的口须那里去。立毛肌不仅在上述的情绪下收缩起来，而且也由于寒冷对皮肤表面的作用而收缩。我记得，以前我把骡子和狗从低下的温暖的地区携带到山上，在寒冷的安第斯山脉上面露宿一夜以后，它们好像受到了极厉害的恐怖，把全身的毛发都直竖起来。当我们在热病发作以前发生寒战的时候，我们的身上就出现鸡皮（goose-skin），因此我们也可以观察到毛发直竖的动作。李斯脱（Lister）先生也发现，[④]在毛发附近的皮肤上搔动，会引起这些毛发竖起和突出。

从上面这些事实里可以明显看出，皮肤附属物的直竖，就是一种不依存于意志的反射作用；当这种作用在愤怒或者恐惧的影响下发生出来的时候，我们就不应该把它看做是一种为了某种利益的缘故而获得的能力，而要把它看做是那种对感觉中枢所发生的而且至少具有显著的偶然性的影响的结果。因为这种结果是偶然的，所以就可以把它去和那种由于极度苦痛的恐怖而大量出汗情形作比拟。虽然这样，却有一个值得注意的事实，就是时常只要有极细微的兴奋，就足够去引起毛发直竖起来；例如，在两只狗假装着相斗的嬉戏时候，就可以观察到这种现象。在绝大多数的、属于极不相同的纲的动物方

---

① 例如，可以参看我曾经举出的关于蜥蜴的两个属 Anolis（南美树蜥属）和 Draco（飞蜥属）的记述（《人类起源》，第二版，第 2 卷，第 36 页）。

② 在他的著名的著作里，讲述到这些肌肉。因为他曾经写信告诉我关于这个问题的知识，所以我对他非常感激。

③ 莱第格：《人体组织学》（Lehrbuch der Histologie des Menschen），1857 年，第 82 页。我感谢吐尔纳（W. Turner）教授的盛意，而能够从这个著作里摘录一部分。

④ 李斯脱的文章，载在《显微科学季刊》（Quarterly Journal of Microscopical Science），1853 年，第 1 卷，第 262 页。

面,我们也可以看到,当它们的毛发或者羽毛直竖起来的时候,差不多经常也同时发生各种各样的随意动作:威吓的姿态;嘴张大,牙齿露出,鸟类的双翼和尾羽张开,并且发出尖叫声来;这些随意动作的目的是显明可知的。因此,如果以为,动物为了要使自己的敌人和竞争者们觉得它的身体更大和更加可怕而把皮肤附属物一齐直竖起来的现象,具有偶然的性质,并且也是感觉中枢的偶然而且无目的的刺激结果,那么这种说法恐怕是很难使人相信的。如果也认为,刺猬竖起刺毛,豪猪竖起刺针,或者很多雄鸟在求雌期间里竖起自己的装饰用的羽毛,都是无目的的动作,那么这恐怕也差不多是不可相信的。[39]

在这里,我们遇到了极大的困难。平滑的不随意的立毛肌的收缩行动,怎样去和各种不同的随意肌肉的收缩行动互相配合起来,而且达到同一的特殊目的呢?要是可以认为,立毛肌最初是随意的肌肉,后来丧失了它们的横纹结构,因此就变成了不随意的肌肉,那么这个问题就比较简单了。可是,我以为,绝不会有什么证据能够对这种见解有利,不过相反的转变过程却好像并没有多大的困难,因为高等动物的胎儿和甲壳纲的几种动物的幼虫的随意的肌肉,并没有横纹构造。不但这样,根据莱第格所说①,在成年的鸟的较深的皮层里,肌肉纤维网处在过渡的状态里,这些纤维只不过显示出横纹性的暗示来罢了。[40]

还有一种说明好像也是可能相信的。我们可以假定说,起初立毛肌在大怒和恐怖的影响下,直接由于神经系统的激动而受到了轻微的作用,例如在热病发作以前出现我们所叫做鸡皮的情形,显然无疑是这样的。动物在很多世代的期间里,多次重复受到大怒和恐怖的激奋;结果,被激动起来的神经系统对于皮肤附属物的直接作用,由于习惯,并且也由于神经力量容易沿着惯熟的路线传播开来的倾向,而几乎确实地增加起来。我们在后面的一章里,将发现这个对于习惯力量的见解具有显著的证据;那时候将表明出,疯人的毛发由于他们多次狂怒和恐怖的发作,而受到了特殊的影响。当动物的皮肤附属物的直竖能力能这样加强或者增加起来的时候,它们应该立刻时常看到,竞争的和发怒的雄性动物就把毛发或者羽毛直竖起来,而它们的身体的体积也因此增大起来。[41]在这种情形里,可以使人认为,它们大概很想使敌方把自己看做更大和更加可怖的东西,同时有意地采取威吓的姿势,并且发出尖锐的叫喊声来;经过了相当的时间以后,这些姿势和叫喊声,就由于习惯而变成为本能的行动了。因此,这些靠了随意的肌肉而完成的动作,就可能为了同一的特殊目的而去和那些被不随意的肌肉所影响的动作互相配合起来。甚至也可能发生这样的情形,就是:动物在受到激奋而模糊地意识到自己的毛发的状态发生某种变化的时候,就会靠了多次反复加强自己的注意力和意志的方法而对这种变化发生作用,因为我们有理由可以认为,意志能够用一种不明的方法,去对有些平滑的或者不随意的肌肉的行动发生影响,例如对肠的蠕动和膀胱的收缩发生影响。除此以外,我们也不应该忽略,变异和自然选择也起有一部分作用,因为如果有些雄性动物已经成功地使竞争者们或者其他敌人把自己看做是最可怕的,即使是它们不具有压倒的优势力量,那么它们也会比其他的雄性动物平均起来要留下更加多的、遗传到它们所特有的特性的

---

① 莱第格:《人体组织学》,1857 年,第 82 页。

后代;不管这些特性会是怎样的,或者是用什么方法被获得的,它们总是会最先被获得①。

身体胀大和其他使敌方发生恐惧的方法——有些两栖动物和爬行动物,既没有那些可以直竖起来的刺毛,也没有那些可以用来竖起皮肤附属物的肌肉,在受到惊吓和发怒的时候,就吸进空气,把自己的身体胀大起来。大家都清楚地知道,蟾蜍和蛙就是这样的。在伊索寓言里有一个寓言叫做公牛和蛙,讲到一只蛙由于虚荣和妒忌而把自己的肚子胀大而破裂。在很早的古代,应该可以看到这种情形,因为根据亨士莱·魏之武(Hensleigh Wedgwood)先生所说,②蟾蜍(toad)这个名字,在欧洲有几种语言里表示膨胀的习性。在动物园里,可以看到,外国来的几种蛙也有这种特性;衮脱尔博士认为,这是全部蛙类所共有的特性。根据类推方法来判断,它们最初的目的,大概是要尽可能把自己的身体胀大和使敌方看来更加可怕,因此也就说不定获得了另一种更加重要的利益。当蛙的主要敌害——蛇——把它捕捉住的时候,蛙就把自己的身体胀大到惊人的样子,因此据衮脱尔博士对我说,如果蛇的身体较小,那么它就吞不下这只蛙;这样蛙也就逃避了蛇的吞食。

避役(Chameleon)和几种其他蜥蜴,在发怒时候会把自己的身体胀大。例如,有一种生长在俄勒冈州(Oregon,在美国)的蜥蜴叫做杜格拉斯蜥蜴(*rapaya Douglasii*),它的动作缓慢,不会咬人,但是具有一种凶恶的外貌:"它在被激怒的时候,就做出最可怕的样子,朝着任何一种面对着它的东西猛扑,同时把嘴张得很大,发出一种可以听到的嘶嘶声来,此后则把身体胀大,并且表示出其他的愤怒特征来"。③

有几种蛇在被激怒的时候,也会把自己的身体胀大起来。非洲蝰蛇(puff-adder,学名 *Clotho arietans*)在身体胀大方面很显著;可是,我在仔细注意到这些动物以后,就认为,它们并不是为了要增大自己的外表体积而这样干的,却只不过是为了要吸进大量储备的空气,而可以发出惊人响亮的、尖锐的、长久的嘶嘶声罢了。眼镜蛇(cobras-de-capello)在被激怒的时候,则把自己身体略微胀大,因此发出中等程度的嘶嘶声来;可是,它们同时向上抬起头来,并且靠了伸长的前部的肋骨把头颈两侧的皮肤撑开成一个巨大而平滑的圆盘,就是叫做风帽(hood)。此后,它们把嘴张开得很大,装出一种可怖的样子来。这样所得出的利益,应当是相当大的,因而可以去补偿行动速度的有些减小(不过这种速度仍旧是大的);它们就在展开头颈皮肤的时候,能够采用这个速度去扑击对方或者掠取猎物;根据同样的原理,可以知道,一块宽大的薄木板,不能够像一根小圆棍那样迅速地在空中移动。有一种无毒的蛇,叫做热带大蟒蛇(*Tropidonotus macrophalmus*),是印度的居住者,也会在被激怒的时候把头颈皮肤张大开来;因此大家时常把它误认为它的同乡的毒蛇,就是会致人死命的眼镜蛇。④ 这种相似的张大颈部皮肤的情形,说不定对

---

① 〔克莱·莎惠(T. Chay Shawe)博士在《精神科学杂志》(*Journal of Mental Science*,1873 年,4 月)里,偏于怀疑毛发直竖现象是由于立毛肌所造成的说法,却认为这是由于皮下肌层所造成。可是,据马卡里斯脱尔教授告诉我,猫尾巴上的毛在愤怒或者恐惧时候也直竖起来,而这种效果在这里一定是由于立毛肌所造成的,因为在尾巴上没有皮下肌层。〕

② 亨士莱·魏之武:《英语语源学字典》(*Dictionary of English Etymology*),第 403 页。

③ 参看库彼尔(Cooper)博士关于这种动物的习性的叙述,它被摘录在《自然》杂志(*Nature*)里,1871 年,4 月 27 日,第 512 页。

④ 衮脱尔博士:《印度的爬行动物》(*Reptiles of British India*),第 262 页。

于热带大蟒蛇是用来作为某种防护的。还有一种无毒的蛇，就是南非洲的食蛋蛇（*Dasypeltis*），会把身体胀大，使颈部伸展开来，发出咝咝声，并且向侵犯者猛扑。① 还有很多其他的蛇，也在相似状况下发出咝咝声来。除此以外，它们还把自己的伸出嘴外的长舌迅速摇摆起来；这样更加可以帮助增强它们的可怖形象。

蛇除了发出咝咝声以外，还具有其他的发声方法。在很多年以前，我曾经在南美洲观察到，有一种毒蛇，三角头蛇（*Trigonocephalus*），在受到扰动时候，就急速把自己的尾端振动起来，因此当它碰击到干草和枯枝的时候，就发出嘎嘎声来，在离开它 6 英尺的远处可以清楚地听闻到这种声音。② 印度的致人死命的凶恶的蛇——砂蟒蛇（*Echis caria-tus*）——用极不相同的方法，发出"一种奇妙的拖长的近于咝咝的声音来"；这种方法就是："把自己的身体的屈曲部分的侧面彼此互相"搓擦，同时它的头部则差不多停留在同样的位置上。它的身体两侧的鳞片好像是装配得很强固的狭长的楔块，像锯子一样开有细齿，但其他部分的鳞片却不是这样的；当这种卷曲着的毒蛇把身体两侧互相摩擦的时候，这些楔形的鳞片就彼此相锉，而发出轧轧声来③。最后，我们来举出一个大家知道的关于响尾蛇的例子。一个单单把响尾蛇的尾部摇动发声的人，并不能够获得活响尾蛇所发出的声音的正确概念来。莎列尔（Shaler）教授说道，响尾蛇的声音不能够和当地所产的雄性大蝉（Cicada，同翅类昆虫的一种）所发出的声音区别开来④。在动物园里，当响尾蛇和非洲蟒蛇同时受到很大激奋的时候，我就对它们发出的声音相似这一点感到非常惊异；虽然响尾蛇所发出的声音要比非洲蟒蛇的咝咝声高大和尖锐些，但是当我站在几码以外去听这两种声音的时候，就很难把它们区分开来。我差不多确实无疑地相信，这种声音无论为了什么目的而被一个动物种所发出来，它也会在另一个动物种方面为了同样的目的而有用处；从很多蛇在同一时候所做出的威吓的姿态方面，我可以得出结论说，它们的咝咝声、响尾蛇和三角头蛇的尾部的嘎嘎声、砂蟒蛇的鳞片的互相摩擦声、眼镜蛇的风帽的张大动作，——所有这一切，都是为了要达到同一个目的，就是要使敌方看来自己是可怖的。⑤

---

① 参看孟谢尔·威尔先生的文章，载在《自然》杂志，1871 年 4 月 27 日，第 508 页。

② 《贝格尔舰航行期间的考察日记》（*Journal of Researches during the Voyage of the "Beagle"*），1845 年，第 96 页。我在这里把它所发出这种嘎嘎声去和响尾蛇的尾部振动声作了比较。［参看中译本：《一个自然科学家在贝格尔舰上的旅行记》，第 175—176 页，科学出版社，1957 年。——译者注］

③ 参看安德逊（Anderson）博士所作的叙述，《动物学会记录》，1871 年，第 196 页。

④ 莎列尔的文章，载在美国《自然科学家杂志》（*American Naturalist*），1872 年 1 月，第 32 页。我很抱歉，因为我不能够同意莎列尔教授的意见，去认为靠了自然选择的帮助，为了要去产生出一些音响去欺骗和引诱鸟类，因而使这些鸟类可以充当蛇的猎物，方才使这种响尾发达起来。可是，我并不想去怀疑这些音响可以偶然对这个目的有用方面。不过我以为，我已经得出的那个结论，就是发出嘎嘎声来，可以作为警告那些想要捕食蛇的动物的用处这个结论，大概近于真实情形的，因为这个结论可以适用于各种各样的事实的说明方面。如果这种蛇为了要吸引猎物，而已经获得这种响尾和发出嘎嘎声的习性，那么看上去它在被激怒或者受到打扰的时候，也很难经常不变地去使用自己的响尾器。莎列尔教授所采取的对于响尾的发达情况的看法，也和我的见解差不多相同；自从我观察到了南美洲的三角头蛇（*Frigonocephalus*）以后，我时常坚持着这个意见。

⑤ 关于南非洲的蛇类的习性方面，根据巴尔般（Barber）夫人最近所收集到的记述，载在《林奈学会会刊》（*Journal of the Linnean Society*）里；关于北美洲的响尾蛇的习性方面，则根据几个著者所发表的记述，例如劳松（Lawson）的记述，可以知道，蛇类的可怖的外貌和它们所发出的音响，好像也很可能靠了麻痹小动物的方法，或者正像有时所说的那种使小动物着迷的方法，而用来捕取到猎物。

粗粗看来,好像可以得出一个大概可信的结论来说,像上面所讲到的这一类毒蛇,已经有毒牙来作良好的防卫,绝不会遭到任何敌害方面的进攻,因此也就用不到再添加一些使敌方感到恐怖的动作了。可是,情形绝不是这样的,因为在世界各地有很多动物捕食大量的这些毒蛇。大家知道,在美国境内,有很多地方聚居着响尾蛇,居民就利用猪去扑杀这些蛇,很顺利地达到了这个任务。① 在英国境内,刺猬进攻和捕食蝮蛇(viper)。我听到裘登(Jerdon)博士说,在印度境内,有几种鹰,而且至少还有一种哺乳动物,就是獴属(*Herpestes*)的动物,会扑杀眼镜蛇和其他的毒蛇;② 在南非洲地方也有同样的情形。因此,这样的一种说法也绝不是不可相信的,就是:有毒的蛇种的任何能够用来立刻使敌方认为自己是危险的动物的音响或者表征,可以对自己比起对那种即使受到攻击也不至于会引起任何真正伤害的无毒的蛇种更加有用一些。

虽然对于蛇的方面已经说了这样多的话,但是我还打算补充说一些关于那些使响尾蛇的尾部可能被发展起来的方法的意见。各种各样的走兽,包括几种蜥蜴在内,在受到激奋的时候,有的卷起尾巴,有的摇动尾巴。很多种类的蛇也是这样的。③ 在动物园里,有一种无毒的蛇,叫做萨味蛇(*Coronella Sayi*),能把尾部摇摆得非常迅速,因而使它变得很难被人辨认出来。上面所讲到的三角头蛇(*Trigonocephalus*),也具有同样的习性;它的尾端略微增大,就是以一个小球棒作为终端。寿神蛇(*Lachesis*)和响尾蛇极其相似,所以林奈就把它归属于同一个属;它的尾端成为单独的一个巨大的枪形尖头,或者是一个鳞片。据莎列尔教授所说,有几种蛇的皮肤"在靠近尾巴的部位的,要比身体其他部分的皮肤,更加难以剥离开来"。在这里,如果我们假定说,有些古代美洲种蛇的尾端曾经增大起来,并且有单独的一块鳞片覆盖着它,那么在它们年年脱皮的时候,这种鳞片就很难被脱除去。在这种情况下,它就会长期留存在尾端,而且在每个生长周期里,随着蛇的身体一次次长大,就会在原来的鳞片下面,生出一块比它大些的新鳞片来,而它也会照样留存在尾端。这样也就替响尾的形成打下了基础;如果这种蛇,也像很多其他的蛇那样,在受到激奋的时候摇摆起尾巴来,那么它就会被习惯地使用下去。响尾后来专门被用来作为一种有效的发声器而发达起来;这种说法是未必可以使人再怀疑的,因为甚至是那些生长在尾端里面的椎骨也已经发生了形状的变化,而且互相结合在一起。可是,各种不同构造的器官,例如响尾蛇的响尾、砂蜓蛇的侧面鳞片、眼镜蛇的生有内肋骨的颈部和非洲蝰蛇的整个身体,为了要警告和吓走它们的敌人,而发生了变异;这种情形恐怕也和一种鸟方面所发生的情形,有不相上下的可能性;这种鸟就是使人惊奇的食蛇鹫(Secretary-hawk,学名 *Gypogeranus*),它为了要扑杀毒蛇而不受到伤害起见,已经使自己的整

---

① 参看勃隆(R. Brown)博士所作的报告,载在《动物学会记录》里,1871 年,第 39 页。他说道,一只猪在一望见一条蛇的时候,就马上向它冲奔过去;还有一条蛇在猪出现的时候,立刻逃走开来。

② 裘脱尔博士讲到(在《印度的爬行动物》这本书里,第 340 页)眼镜蛇被獴(或称猫鼬,ichneumon 或者 herpestes)所消灭;还有,眼镜蛇在幼小时候,被原鸡(jungle-fowl)所扑杀。大家都知道,孔雀也很爱好去扑杀蛇类。

③ 库普(Cope)教授在美国哲学学会(American Phil. Soc.)里作的报告"有机体类型的创造方法"(*Method of Creation of Organic Types*,载在这个学会的会刊里,1871 年 12 月 15 日,第 20 页),列举出很多的蛇种来。库普教授采取了那个和我相同的见解,去说明蛇类所作的姿态和音响的用处。在我所著的《物种起源》的最近一版里,我简略地谈到了这个问题。自从上述的这本书付印以后,我很高兴地发现,亨德生(Henderson)先生对响尾的用处也采取了同样的见解(《美国自然科学家》杂志,1872 年 5 月,第 260 页),就是:它被用来"预防一种已经准备好的攻击"。

个体格发生了变异。在根据前面已经看到的情形来判断的时候，就极可能去相信，这种鸟（食蛇鹫）在进攻一条蛇的时候，就会竖起羽毛来；也可以肯定说，獴在向前急冲，去进攻一条蛇的时候，会把全身毛发都直竖起来，特别是把尾毛直竖起来。[1] 我们也已经看到，有几种豪猪，在一看到蛇而被激怒或者发出警告的时候，就迅速地摆动尾巴，这样就由于尾部的中空的刺针互相撞击而发出一种特殊的声音来。因此，在这里，进攻者和被进攻者双方，都尽量要设法使对方认为自己是可怕的敌人，所以双方都为了要达到这个目的而拥有了特殊的方法；这些方法无论有多么的奇特，在有些情况下还是差不多相似的。最后，我们也能够看到，一方面如果这些个体的蛇最有办法吓走敌人，最会逃避开敌方的捕食；而另一方面如果那些进攻蛇的个体的敌害动物大量生存下来，而且最适合于去干扑杀和吞食毒蛇的危险任务；那么这两方面的情形也就相似，就是：有利的变异（假定我们所考察的这方面的特征在发生变异）通常会受到适者生存这个法则的支配而被保存下来。

　　双耳向后牵伸和贴紧头部——在很多兽类方面，耳朵的动作是极其富于表情的动作；可是在有些动物方面，例如在人类、高等的猿和很多反刍动物方面，耳朵却并不起有这种作用。双耳在位置上的微小变动，也就可以成为不同的心理状态的最明显的表现；例如，我们天天可以从狗方面看到这种情形；可是，在这里，我们将单单讨论到双耳向后牵伸和紧贴头部的动作。这种动作可以成为凶残心绪的表现，但是只有在那些用牙齿互咬相斗的动物方面才采取这种动作；它们为了要防止自己的耳朵被敌方咬住而引起了警觉，所以这就发生了耳朵的位置变动。因此，由于习惯和联合，这些动物每次在有些怒恨或者假装着怒恨的样子嬉闹的时候，就把双耳向后牵伸。我们可以从很多动物的相斗方法和它们的耳朵牵伸情形之间所存在的关系方面，推断出这种说明是正确的。

　　所有的食肉兽类都用犬齿来相咬作战；而且据我所能够知道的，它们在怒恨的时候，都要把双耳向后牵伸。可以经常看到，几只狗在真正相斗时候和几只小狗在作着相斗的游戏时候，就采取这种动作。在狗感到愉快的时候，或者在主人爱抚它的时候，它的耳朵下垂，而且也略微向后牵伸；但是这种情形是和上述的动作不同的。小猫在作相斗的游戏和大猫在真正怒恨的时候，像前面图 9（第 53 页）里所表明的情形那样，也把双耳向后牵伸。虽然它们的耳朵因为向后牵伸而得到很大的保障，但是老雄猫在互相激战时候仍旧时常会把耳朵撕破。老虎、豹等猛兽在兽栏里对它的食物发出咆哮声的时候，也很显著地把耳朵向后牵伸。猞猁（lynx）的耳朵特别长；当有人走近一只在兽笼里的猞猁时候，它的耳朵就很显著地向后牵伸，显出极强烈的怒恨癖性的表现来。甚至是海狗科动物（eared seals）的一种弱海狗（*Otaria pussilla*），虽然生有极小的耳朵，但是它在向饲养员的双腿作怒恨的奔冲时候，也会把双耳向后牵伸。

　　马在相斗的时候，就用门齿互咬，并且它们用前脚互撞的次数，要比用后脚向后互踢的次数更多。在公马挣脱了缰绳和互相斗争的时候，就可以观察到这种情形；还有从它们彼此所造成的伤痕性质方面，也可以得出这个结论来。大家都辨认得出一匹马的野性不驯的样子，这就是它的双耳向后牵伸所表现出来的。这种动作是和它在倾听背后的声

---

[1]　伐爱克斯（Vaewx）先生的文章，载在《动物学会记录》，1871 年，第 3 页。

音时候把双耳后伸的动作不同的。如果有一匹恶劣情绪的马在畜栏里想要向后踢人的时候，那么即使它并没有咬人的意图或者本领，也曾由于习惯而把双耳向后牵伸。可是，一匹马在把一对后脚作着同时向上跃起的游戏时候，例如在跑进一块空旷的田野里的时候，或者是在受到马鞭的轻拍时候，通常并不把双耳紧贴起来，因为它并不抱有恶意。羊驼（guanaco）也用牙齿相咬作恶斗；因为我以前在巴塔哥尼亚（Patagonia）地方射死几只羊驼，并且发现它们的毛皮上带有很深的牙齿咬伤的斑痕，所以它们一定是经常相咬的。骆驼在相斗时候也是这样；这两种动物在怒恨的时候，都把耳朵向后紧贴在头部上。我曾经注意到，羊驼在不打算咬人，而只是想要从远处向闯来者喷吐难闻的口水时候，就把双耳向后牵伸。甚至是河马，在张大自己的巨嘴威吓同伴的时候，也好像马一样，把一对小耳朵向后牵伸。

可是，牛、羊或者山羊在相斗的时候从来没有使用过牙齿，而且在大怒的时候也从来没有把双耳向后牵伸；这些动物和上面所说的动物之间有多么不同的对比呀！[①] 虽然羊和山羊在外表上是性情温和的动物，但是雄性的羊和山羊时常作着凶残的相斗。因为鹿是一个和它们在亲缘关系上很接近的科，而且我也没有听说它们曾经用牙齿相斗过，所以我在看到了罗斯·凯恩（Ross King）少校所讲的关于加拿大地方的麋（moose-deer）的叙述，感到非常惊奇。他说道，"在两头雄鹿偶然相遇的时候，它们的双耳向后牵伸，咬牙切齿，用骇人的狂怒互相对撞"。[②] 可是，巴尔特莱特先生告诉我说，有一种鹿用牙齿相咬作恶斗，因此麋把耳朵向后牵伸的情形，也符合于我们所说的法则。在动物园里养有几种袋鼠；它们在相斗时候，用前脚互相抓搔，并且用后脚蹴踢；可是，它们从来不相咬，而饲养员也从来没有看到它们在愤怒时候把双耳向后牵伸。家兔也是主要用蹴踢和抓搔方法来相斗，但是它们也会相咬；我曾经听说，有一只家兔咬断了敌兔的半条尾巴。它们在开始相斗的时候，把双耳向后牵伸，但是后来它们在互相跳跃和蹴踢对方的时候，仍旧把双耳竖直，或者常常摇动双耳。

巴尔特莱特先生观察了一只雄野猪在和它的雌野猪作比较凶猛的相斗时候的情形；当时它们的嘴都张大，并且把耳朵向后牵伸。[③] 可是，家猪在相斗的时候，大概不会经常采取这种动作。野猪用长牙向上挑刺的方法来相斗；巴尔特莱特先生怀疑它们后来是不是把双耳向后牵伸。象也同样用长牙相斗，但并不把双耳向后牵伸，但是在彼此互相冲击或者向敌人冲击的时候，却反而把双耳直竖起来。

动物园里的犀牛用鼻角互相撞斗；除了在互相嬉戏的时候，从来没有看到它们想要对咬相斗；饲养员确信说，它们在怒恨的时候，也不会像马和狗那样把双耳向后牵伸。因此，沙米尔·巴克尔（Samuel Barker）爵士[④]所讲的下面一段话，是很难使人明白的，就是，他在北非洲射死一头犀牛，它"已经没有耳朵；它的双耳是被另一头同种犀牛在相斗时候齐根咬去的；这种咬伤情形绝不是稀有的"。

---

① ［达尔文亲笔写了下面的一段笔记；这大概是从他的早年的笔记本里抄来的："长颈鹿用前脚蹴踢，用头背撞击，但是从来不把耳朵垂下。它和马是有明显的对照。]
② 罗斯·凯恩：《加拿大的猎人和自然科学家》(*The Sportsman and Naturalist in Canada*)，1866 年，第 53 页。
③ ［李克斯（H. Reeks）先生（1873 年 3 月 8 日的来信）也作了一次相似的观察。]
④ 巴克尔：《埃塞俄比亚的黑人》(*The Nile Tributaries of Abyssinia*)1867，第 443 页。

最后，我们来谈到猿类。有几种生有能动的耳朵和用牙齿互相咬斗的猿，例如赤长尾猴（*Cercopithecus ruber*），在被激怒时候，正也像狗一样，把双耳向后牵伸，于是就显出极其恶狠的样子来。另有几种猿，例如北非洲无尾猿（*Inuus ecaudatus*），则显然没有这种动作。还有一些猿，在和多数其他动物比较看来，是异常不同的，它们在受到爱抚而高兴的时候，却反而把双耳向后牵伸，露出牙齿，并且作喃喃声。我观察到，猕猴属（*Macacus*）的两三个种和黑狒狒（*Cynopithecus niger*）也有这种情形。我们如果只是熟知狗的表情，而对猿的表情不知道，那么也就无法去认清这是快乐或者愉快的表情了。

双耳竖直——这种动作简直不必再需要什么说明。一切能够把耳朵移动的动物，在受到惊吓的时候，或者在仔细察看任何东西的时候，就会直接把自己的耳朵转向它们所观望的那一面，以便倾听这方面的任何音响。同时，它们通常就抬起头来，因为所有的感觉器官都集中在头部，而有些身体小的动物还把后脚站立起来。甚至是那些向地面伏下和马上转身飞奔而逃避危险的动物，大部分也暂时采取这种动作，以便确定危险的来源和性质。头部抬起，再加上竖直的耳朵和向前望的眼睛，就使任何动物具有一种绝无错失的集中注意的表情。[42]

猩猩的表情

# 第 5 章

# 动物的特殊表情

## • *Special Expressions of Animals* •

现在我们已经充分举出了各种不同的动物的表情方面的事实。我不能同意贝尔爵士的说法，就是他说道："动物的面部好像主要是能够表达出大怒和恐惧来"；他还说道，动物的一切表情"都可以或多或少明显地被归属于意志的动作或者必要的本能的动作方面去"。

狗、猫、马、反刍动物和猿类的各种表情动作及其快乐和恋情、苦痛、愤怒、吃惊和恐怖的表情

狗——前面我已经讲到(图 5 和图 7),一只抱着敌对企图的狗在走近另一只狗的时候的外貌,就是:它具有竖起的双耳,向前注视的眼睛,颈部和背部的直竖的毛,显著坚定的步态和向上竖起的刚硬的尾巴。我们对这种外貌已经很熟悉,因此有时在谈到一个发怒的人的时候,就说,他好像"背部弓起来了"＊,在上面这些特征当中,只有坚定的步态和向上竖起的尾巴两种,需要再作进一步的讨论。贝尔爵士指出说,在一只老虎或者狼受到饲养员的敲打而突然被惹起凶暴性情来的时候,它的"每块肌肉都紧张起来,而四肢就采取紧张状态,作好扑跃的准备"。[①]可以采用联合性习惯原理,来说明肌肉的紧张力量和因此而引起的坚定的步态,因为愤怒在经常不断地引起凶恶的格斗,所以结果也就引起了全身一切肌肉异常紧张起来。还有一个理由可以推测说,肌肉系统在被引起强烈的动作以前,还需要作某种短期的准备或者某种程度的神经支配[43]。我自身的感觉使我得出了这个结论来;可是,我却还不能认为这也是生理学家们所承认的结论。可是,彼哲特爵士告诉我说,在突然用极大的力量把肌肉收缩起来而毫无准备的时候,这些肌肉就容易断裂,例如一个人在突然滑跌的时候,就会发生这种情形;可是,如果他有意去进行一种动作,不管它怎样激烈,那么也就很少会发生这种情形。

至于说到尾巴向上直竖的位置,那么它大概是要根据(我还不知道情形是不是真的这样)那些比降肌(depressors)更加有力的提肌(elevator muscles),因此在身体的后面部分的一切肌肉都进入紧张状态时候,尾巴也就向上举起来了。当一只狗兴高采烈,在主人面前用高大的、有弹性的脚步奔驰的时候,通常它的尾巴也向上举起,但是并没有像它在被激怒时候的尾巴那样几乎坚定不动。当一匹马起初走进空旷的田野里去的时候,也可以看到,它马上用高大的、有弹性的脚步向前奔驰,头部和尾巴都向上高举起来。甚至是牛,在由于愉快而跳跃的时候,也以滑稽状态把尾巴向上甩起。动物园里的各种动物也都是这样的。可是,在有些情形下,尾巴的位置要由特殊的情况来决定;例如,马在转入到最迅速的急驰时候,常常把尾巴下垂,以便尽可能减小空气的阻力。[②]

狗在准备朝向敌人跳扑的时候,就发出一种怒恨的咆哮声来;它的双耳向背后紧贴,上唇(图 14)退缩,把牙齿显露出来,特别是把犬齿显露出来。在两狗相对咆哮的时候,或者在小狗作着咆哮游戏时候,有一只狗真的怒恨起来,那么它的表情也就会立刻发生变

---

◀ 在两只小猫在一起游戏的时候,时常有一只小猫采取这种方法去吓退对方。

---

＊　原文是,to have his back up,意指狗背的毛直竖起来,或怒发冲冠,通常作"激怒"或"毛发直竖"解。——译者注

[①]　贝尔:《表情的解剖学》,1844 年,第 190 页。

[②]　[华莱士先生提出了一个不同的说明如下《科学季刊》,*Quarterly Journal of Science*,1873 年 1 月,第 116 页。"因为全部可以利用的神经力量都被耗在移动方面,所以一切特殊的肌肉的收缩,都不能够促进这种运动,而停止下来了"。]

化。不过这种变化只是由于用了更加大的力量把嘴唇和耳朵向后牵伸而造成的。如果一只狗单单向另一只狗咆哮，那么它的嘴唇通常只有一侧向后缩，就是对它的敌方的一侧嘴唇后缩。

在前面第二章里，已经讲述到狗在向它的主人表示恋情时候的动作（图6和图8）。这些动作就是：头部和全身低降，开始作屈曲动作，同时尾巴外伸而且左右摆动。它的双耳下垂，略微向后牵伸，因此就使眼睑伸长，而且面部的整个外貌发生变化。它的嘴唇宽松地下垂，而毛发则仍旧变得平

图14　正在咆哮的狗的头部（武德先生的写生画）

滑起来。我以为，所有这些动作或者姿态，都是可以使人明白的；这就是因为它们是和怒恨的狗在直接相反的精神状态下所自然地采取的那些动作完全对立的。[44]当一个人单单叫唤自己的狗，或者只是注视它一下的时候，我们只能看到这些动作的痕迹，就是把尾巴略微摇摆一下，而没有其他的身体动作出现，甚至也没有双耳下降的动作。狗还打算去挨擦自己的主人身体、希望受到主人的抚摸和轻拍，因而表明出自己的恋情来。

格拉希奥莱对于上述的恋情的姿态作了下面的说明；读者可以来判断一下，这种说明是不是可以认为满意。他在讲到一般的动物（连狗也包括在内）的时候说道："C'est toujours la partie la plus sensible de leurs corps qui recherche les caresses ou les donne. Lorsque route la longueur des flancs et du corps est sensible, l'animal serpente et rampe sous les caresses; et ces ondulations se propageant le long des muscles analogues des segments jusqu'aux extrémités de la colonne vertébrale, la queue se ploie et s'agite."。[①]*　再下去，他补充说，狗在发生恋情时候，把双耳下垂，以便排除一切音响，这样它们的全身注意力就可以集中到主人的爱抚方面去！

狗还有一种表明自己恋情的显著的方法，就是用舌头去舔主人的手和面孔。它们有时也去舔其他的狗，而这时候所舔的部分则是嘴脸。我还曾经看到，狗去舔那些和它们结成朋友的猫。这些习性的来源，大概就在于母狗仔细地舔自己的小狗（它们最溺爱的对象），以便拭干净小狗的身体。母狗也时常在离开自己的小狗不久而回来以后，显然是由于恋情而对小狗身体作不多几次的舔拭。因此，这种习惯就和爱情联合起来了。无论如何它后来可以被爱情所引起。[45]现在这种习惯就被多么坚强地遗传下去或者成为天生的，因此雌雄两性都同样地遗传到了这种习惯。我所养的一只雌性的㹴（terrier，猎狗的一种）最近丧失了它的全部小狗；虽然它经常是一只具有很深的恋情的动物，但是它企图

---

①　格拉希奥莱：《人相学》（*De la Physionomie*），1865年，第187页，第218页。

*　"动物时常用自己身体的最敏感的部分，去找寻爱抚，或者自己去表示恋情。因为身体侧面和身体全长是敏感的，所以动物在受到爱抚的时候，就把身体屈曲和俯伏下去；这些屈曲动作就沿着相应的背部肌肉范围传布开来，一直到脊椎的末端为止；同时，尾巴也随着屈曲，并且左右摇摆起来"。——译者注

把自己的本能的母爱扩展到我的身上来,借此来达到自己在这方面的满足;因此,它舔我的手的欲望就上升到一种难以满足的激情了。①

大概也可以用同样的原理,去说明狗在发生恋情时候,为什么喜欢去挨擦主人的身体,并且也喜欢主人来擦摸或者轻拍它们;这就是因为它们由于保育小狗而和心爱的对象发生接触,这种接触就在它们的头脑里和爱情牢固地联合起来了。

狗对主人的恋情,是和一种相似于恐惧的强烈的服从感觉结合起来的。因此,狗在走近主人的时候,不仅把身体降下和略微靠近地面,而且有时投身到地上,把腹部翻转朝上。这种动作是和无论哪一种可能的抵抗表示完全对立的。我以前养有一只大狗;它毫不害怕地去和其他的狗相斗;可是,有一只邻近地方的像狼的形状的牧羊狗,虽然它并不凶恶,也没有我这只狗那样有力,但是对我的狗却有奇怪的影响。当这两只狗在路上相遇的时候,我的狗时常跑过去迎接这只牧羊狗,把尾巴半夹在两腿之间,而且也不竖起毛来;接着它就投身到地上,把腹部翻转朝上。它好像用这个动作来比起说话更加明显地表示说:"瞧吧,我是你的奴隶"。

有些狗用一种很特殊的方法,就是用露齿的方法,来表明出一种和恋情联合在一起的愉快而且兴奋的精神状态。② 很早以前,索满维尔(Somerville)就已经注意到这一点;他写道:

> 而这只摇尾乞怜的猎狗,带着求媚的露齿状态,
> 伏地向你致敬;它把张大开来的鼻子
> 向上翻起,而把一对乌黑发亮的核桃般的大眼睛
> 溶解在温柔的殷勤和卑贱的快乐里面。

　　　　　　　　　　　　　　　　——《打猎集》(The Chase),第 1 册

斯各特爵士所饲养的著名苏格兰灵猩(Scotch greyhound,锐眼快足的猎狗),叫做美达(Maida),就具有这种习惯;狓(小猎狗)普遍具有这种习惯。我还看到,斯比兹种猎狗＊和一种牧羊狗也有这种习惯。利威尔先生曾经特别注意到这种表情;他告诉我说,这种表情很少被完全表现出来,但是轻度的表现则很普遍。在露齿动作出现时候,上唇向后退缩,也像咆哮时候的情形一样,因此犬齿向外露出,双耳向后牵伸;可是,当时这只动物的一般面貌仍旧清楚地表明出没有发怒的想法。贝尔爵士指出说,"狗在作着亲爱的表情时候,把双唇向外翻转,并且在欢跃的时候,露齿和用鼻嗅物,因此这个样子好像是在发笑"。③ 有些人就把露齿称做是微笑;可是,如果这算是微笑的话,那么在狗发出快乐

---

① ［波德莱(Baudry)先生在一封来信里指出《罗摩衍那》(印度古代史诗,Rāmāyana,讲述北印度的阿逾陀国王太子罗摩的伟大功绩——译者)里的一段话,讲到一个母亲在发现儿子的尸体时候的情形说:"lèche avec sa langue le visage du mort en gemissant comme une vache privée de son veau"(用舌头舔着死儿,呻吟叹息,像母牛丧失了自己的小牛一样)。］

② ［东印度公司的电报局里的一位电讯员说道(1875 年 2 月 14 日的来信),牛的露齿是和性欲的本能有联系的。他写道:"我正购买到一头公牛,并且想要察看它的牙齿,但是它无论怎样都不让我看;土人们建议说,应当牵一头母牛来才行";在把母牛牵来的时候,"公牛立刻伸长头颈,张开双唇,因此就把牙齿露出来了"。他还讲道,在印度地方,这种牵一头母牛来使公牛露出牙齿的举动,是一件普通的事情。］

＊ 斯比兹种猎狗(Spitz)产在波兰,毛长而有丝光,尾巴蓬松,嘴、鼻和耳朵部尖锐。——译者注

③ 《表情的解剖学》,1844 年,第 140 页。

的吠叫声的时候，我们同时也就会看到一种相似的、而且更加显著的双唇和双耳的动作；可是情形却不是这样，不过快乐的吠叫声时常随着露齿而发出。另一方面，狗在和友好的狗或者和主人嬉戏的时候，时常假装要互相咬着玩；这时候，它们就把双唇和双耳向后牵伸，不过牵伸得不太厉害。因此，据我推测，有一些狗具有一种倾向，就是：当它们一感觉到那种和恋情相结合的热烈的愉快时候，那么由于习惯和联合，它们就想要去使一些肌肉行动起来，这些肌肉正就是它们在彼此互咬着玩或者戏咬着主人时候所使用的。

在第二章里，我已经讲述到狗在兴高采烈时候的步态和外貌，还有它在沮丧和失望时候所表现的头、双耳、身体、尾巴和嘴脸低垂而且双眼无光这种显著的对立情形。狗在盼望着任何一种很大的愉快情形时候，就采取放荡的行为，在周围绕着乱跑和乱跳，作着快乐的吠叫。这种精神状况下的吠叫倾向，是天生的，或者是有遗传性的；灵猩很少吠叫，而斯比兹种猎狗则在和主人动身去散步的时候，老是不断地吠叫，使人感到厌烦。

狗差不多也像很多其他的动物一样，采用相同的方法，就是号叫，四肢扭搦和全身痉挛，来表现出自己的极度苦痛。

狗在注意时的表情动作，就是：头部抬起，双耳竖直，双眼正对着那个所要观察的物体或者方向凝视。如果这是一种声音，而它辨别不清声源的方向，那么它的头部就要时常极富有表情地向左右倾侧着转动，大概借此可以更加确切地去断定声音所发出的地点。可是，我曾经看到一只狗，在对一种新的噜声发生很大惊奇的时候，虽然已经清楚地觉察到了声源，但是仍旧由于习惯而把自己的头部转向侧面去，正像前面所指出的，如果狗的注意力被任何方法所激发起来，那么它不论在注意某种物体或者注意某种声音的时候，就时常要向上提起一只前脚来（图 4），使它保持弯曲状态，好像是一种缓慢的偷偷走近过去的样子。[46]

一只狗在极度恐怖时候，就把身体伏在地上，发出号叫声，并且排出粪便来；可是，我以为，除非是它在感到有些愤怒的时候，它的毛发绝不会直竖起来。我曾经看到一只狗，对于一个正在屋外高声演奏的乐队发生极大的恐怖，因此全身肌肉都颤抖起来，心脏跳动得非常急速，简直使人计数不清它的跳动次数，同时张大了嘴喘息起来，也好像一个受到恐怖的人所采取的样子。可是这只狗并没有因此采取剧烈的行动；它只是在房间里慢慢地继续不断地打圈子，而这一天的天气寒冷。

狗甚至是在极轻度的恐惧时候，也总是不变地表现出一种把尾巴①夹在双腿之间的情形来。② 这种夹尾巴情形是和双耳向后牵伸同时发生的；可是，这时候双耳并不像在咆哮时候那样紧贴在头部上，也不像在它愉快或者发生恋情时候那样下垂。当两只小狗在作着互相追逐的游戏时候，那只在前面逃的小狗时常把尾巴夹起来。一只狗在精神非常

---

① ［大概夹尾的情形不一定是在于要保护尾巴这个企图，而是在于要尽量减小暴露的表面这个一般企图的一部分（可以和下面所讲到的猎狗跪在地上的情形对照）。有一个通讯者把夹尾情形去和一种抛球游戏（fives）里的玩者的蹲伏情形作比拟；玩者在被同伴用球击中的时候，就被迫退出，而作这种蹲伏姿态。如果波德莱先生把耸肩和努力缩头两种动作联系起来方面是正确的（参看第十一章，第 285 页，中译本第 165 页），那么耸肩的情形也因此是和夹尾情形类似的了。］

② ［在大约 5000 年以前的一种叙述大洪水事情的楔形文字的碑文里，讲到天神们对飓风发生恐怖的情形。有一句写道："这些天神像夹尾巴的狗一样，蹲伏在地上"。这个附注是从报纸上剪取来的，由查理士·达尔文所保存，但是没有加写日期和标题。］

奋发的时候，也做着同样的动作，像发疯的动物似的，不断地绕着主人打圈子，或者打着 8 字形的圈子。当时它所做的动作，也好像是在被另一只狗追逐时候所做的动作。这种奇怪的游戏，对于每个曾经注意到狗的习性的人应该是熟识的；在狗略微惊起或者受到惊吓的时候，例如由于主人突然在黑暗里向它跳跃过来而发生这种情形时候，这种游戏就特别容易被激发起来。这时候也像两只小狗互相追逐着玩的情形一样，好像那只逃跑的狗在恐防后面的狗抓住它的尾巴似的；可是，据我所能发现的说来，狗很少能互相用这种方法来抓住对方。我曾经去询问一位一生饲养狐䗺（foxhound，猎狐狗）的绅士，而他又去转询其他有经验的猎人：他们究竟有没有看到猎狗使用这种方法抓住狐狸；可是，他们从来都没有看到这种情形。大概在狗被追逐的时候，或者在恐防背后来的打击或者有任何东西落到它身上来的时候，它在所有这些情况下，就企图赶快把自己的身体的后半部分尽量收缩起来，因此由于肌肉之间的某种交感或者联系，而使尾巴也随着向内夹紧起来。

在鬣狗（Hyaena）方面，也可以观察到它的身体后半部分和尾巴之间的相似的联系动作。巴尔特莱特先生告诉我说，在两只鬣狗互相打架的时候，它们互相意识到对方的双颚具有惊人的力量，因此特别小心谨慎。它们清楚知道，要是自己的腿被对方的双颚咬住，那么脚骨就马上会被咬成粉碎；因此，它们就采取双膝跪下的方式，彼此相对前进，尽量把自己的腿转向内侧，而且把全身弓起，使身体的任何重要部分都不致暴露出来；同时还把尾巴紧夹在双腿之间。它们就用这种姿势从侧面互相接近，或者一部分用后背前进。鹿的相斗情形也是这样，有几种鹿在怒恨和相斗的时候，就把尾巴夹紧。当田野的马打算要去咬另一匹马的后部作游戏的时候，或者当一个粗暴的男孩从后面鞭打驴的时候，马或者驴的后部就会退缩，而尾巴则夹紧；即使看上去好像这种举动并不会单单因此而使尾巴避免受伤，也仍旧会发生这种情形。我们也看到过一种和上述动作相反的情形，就是：当一只动物用有弹性的高大步子奔驰的时候，它的尾巴就几乎时常向上举起。

以前我已经讲到，在狗被追逐而逃跑的时候，它使双耳经常向后直伸，但仍旧是张开的；显然这是为了要倾听追逐者的脚步声而这样做的。甚至在明显地知道危险处在前方的时候，它的双耳由于习惯而仍旧保持在这个同样的部位，并且夹紧尾巴。我已经多次从我的胆小的㹴方面注意到，当它害怕前面的某种东西时候，虽然它已经完全知道这种东西的性质，而且也用不到再去辨认它，但是它仍旧有一长段时间把自己的双耳和尾巴保持在这种部位，望着这个使它烦恼的想象物。不带有任何恐惧的烦恼，也是被相似地表达出来；例如，有一天正巧在这只狗知道就要有人送午餐给它吃的时候，我要出门去。我没有呼唤它，但是它很想伴随我一起去，同时它也很想吃午餐；于是它站立着，起初向一方面看，接着又向另一方面看，把自己的尾巴夹紧，耳朵向后牵伸，表现出一种左右为难的烦恼的明显外貌来。

上面所讲到的一切表情动作，除了快乐的露齿情形以外，差不多都是天生的或者本能的动作，因为所有各品种的一切个体，不论年幼的或者年老的，都能够做出这些动作来。狗的始祖，就是狼和胡狼也普遍能够做出大多数这些动作来，同一类群的其他的种也能够做出它们当中的几种动作来。① 驯顺的狼和胡狼在受到主人的抚爱时候,由于快乐而在四周欢跃着,摇摆尾巴,垂下双耳,舔着主人的手,蹲伏在地上,甚至还全身投在地面上,把腹部翻转向上。② 我曾经看到一只很像狐狸的非洲胡狼,它产在加蓬(Gaboon,法属赤道非洲的南部一个地区),在受到主人爱抚时候,它的双耳紧贴在头上。狼和胡狼在受惊时候,的确夹紧尾巴;曾经有人记述过,有一只驯顺的胡狼,也像狗一样,把尾巴夹在两腿之间,绕着主人打圈子,并且打着8字形的圈子。

有人肯定说,狐狸无论怎样驯顺,也绝不会产生出上面所说的表情动作当中的任何一种来;③可是,这种说法并不是完全正确的。在很多年以前,我在动物园里观察并且同时记录了这样一个事实,就是:有一种很驯顺的英国狐,在受到饲养员的爱抚时候,就摇摆起尾巴来,把双耳紧贴在头上,接着又把身体投在地上,使腹部翻转朝上。北美洲的黑狐也会把双耳略微贴在头上。可是,我以为,狐狸绝不会去舔主人的手;④还有人向我肯定说,狐狸在受惊的时候,绝不夹起尾巴来。如果我提出的关于狗的恋情表现的说明得到大家同意,那么也就可以认为,那些从来没有被驯养过的动物,就是狼、胡狼、甚至是狐,却已经由于对立原理的支配而获得了某些表情姿态,因为这些被关在兽笼里的动物未必可能去模仿狗而获得这些动作。

猫——我在前面已经叙述一只猫(图9)在怒恨而并不感到恐怖时候的动作。这时候它采取蹲伏的姿态,有时伸出前脚,露出脚爪,准备进攻。它的尾巴向后伸出,同时弯曲或者左右甩劲。它的毛发并不竖直起来,至少是在我观察过的几次里没有这种毛发竖直情形。它的双耳紧紧地向后牵伸,牙齿露出。同时发出低沉的怒恨的咆哮声来。我们可以明白,一只猫在准备和另一只猫作战或者被任何方法激起大怒来的时候所采取的姿态,为什么和一只狗在走近另一只怀有敌对意图的狗时候所采取姿态有这样的极大不同;这是因为猫使用前脚去进攻,所以蹲伏地上的姿态,对它是方便的或者是必须的。还有,猫在埋伏和突然跳扑到猎物身上去方面,要比狗更加惯熟得多。为什么这时候猫的尾巴左右甩动和屈曲,对于这一点还不能作出肯定的说明来。很多其他的野兽,例如美洲狮(puma),在准备进扑时候也普遍具有这种习惯;⑤可是,狗和狐狸则并不普遍具有这种习惯,例如我从圣·约翰(St. John)先生所讲到的一只狐狸埋伏和捕捉野兔的情形方面就作出了这个结论来。我们已经看到,有几种蜥蜴和各种不同的蛇在受到激奋时候,

---

① [阿塞·尼古尔斯(Arthur Nicols)先生在《乡野杂志》(The Country,1874年12月31日,第588页)里讲述道,差不多在两年里面,他具有了关于纯种澳洲野狗(dingo)的"详尽知识"(这只狗是从野狗窝里的小狗当中被他取来饲养的);在这个期间里,他从来没有看到这只狗在走近陌生狗时候把尾巴摇摆或者竖起的情形。]

② [格耳顿斯塔特(Gueldenstädt)在 Nov. Comm. Acad. Sc. Imp. Petrop. (1775年,第20卷,第449页)里,在叙述到胡狼方面时候提供了很多详细情节。还可以参看《土地和水》杂志(Land and Water,1869年10月)里关于这种动物的习性和游戏情形的卓越叙述。海军上尉安尼斯莱(Annesley,E. A.)也告诉我一些关于胡狼的详细情节。我曾经到动物园里去作了多次关于狼和胡狼的询问,并且亲自观察过它们。]

③ 《土地和水》杂志,1869年11月6日。

④ [北明翰(Birmingham)的鲁意德(R. M. Lloyd)先生讲述到(1881年1月14日的来信)一只驯顺的狐狸舔主人的手和脸。]

⑤ 阿柴拉:《巴拉圭的四足兽》(Quadrupèdes du Paraguay),1801年,第1卷,第136页。

就把尾巴尖端急速地振动起来。看上去,好像在强烈的兴奋之下,由于神经力量从兴奋起来的感觉中枢里被自由地释放出来,所以就出现了一种对于某种动作难以控制的欲望;又因为尾巴处在自由状态里,而它的动作并不破坏身体的整个位置,所以它就作屈曲或者甩动的动作。

当猫发生恋情的时候,它的一切动作就和刚才所叙述的动作完全对立起来。这时候它就直立起来,背部略微弓起,尾巴向上笔直竖起,双耳也直竖起来,同时它把双颊和身体侧面部分去挨擦男主人或者女主人。猫在这种精神状态下所发生的这种要去挨擦某种东西的欲望,十分强烈,因此时常可以看到,它们把身体去挨擦椅子脚或者桌子脚,或者去挨擦门柱。这种表现恋情的方法,大概也像狗的情形一样,按照联合原理,起源于母猫保育和溺爱小猫,说不定也起源于小猫彼此相爱和共同作游戏。前面曾经讲到过另外一种在愉快时候表现出来的姿态,就是:小猫,甚至是老猫,在愉快的时候,轮流伸出自己的分开的足趾的前脚,作出奇怪的样子,好像是要去挤压母猫的乳房和吃奶似的。[47]这种习惯和挨擦某种东西的习惯极其相似,因此这两种习惯显然是从它们在哺育期里所采用的动作方面产生出来的。我不能够来说明为什么虽然狗很高兴挨近主人的身体,但是猫反比狗更加经常地用挨擦方法来表示恋情;还有为什么猫只不过偶然有时去舔它的朋友的手,而狗则常常这样做。猫要比狗更加经常有规则地用舔自己身上的毛的方法来清洁身体。从另一方面看来,猫的舌头好像比狗的较长而较易屈曲的舌头要难以适合于这项舔毛的工作。

猫在感到恐怖的时候,全身直立,而且以大家知道的可笑样子把背部弓起。同时它们喷吐口水,发出咝咝声或者咆哮声来。它的全身毛发,特别是尾巴上的毛,开始直竖起来。从我观察到的一些例子看来,尾巴的基部保持向上直竖的状态,而它的端部则甩向一旁;可是,有时它的尾巴(参看图 15)只是略微举起,并且差不多从基部起就弯曲而偏向一旁。它的双耳向后牵伸,牙齿露出。在两只小猫在一起游戏的时候,时常有一只小猫采取这种方法去吓退对方。从我们在前面几章里所看到的情形看来,所有上面这些表情动作,除了猫背极度弓起的动作以外,都可以使人理解。我偏爱相信下面的见解,就是:很多鸟在把羽毛直竖起来的时候,还把双翼和尾羽伸展开来,使自己身体的外表看上去尽量变大;猫也采取同样的方法,全身充分挺直站立,把背部弓起,时常举起尾巴的基部,并且使毛发直竖起来,以便达到同样的目的。据说,猞猁(lynx)在受到攻击时候,也把背部弓起;勃烈姆曾经描绘过这种姿态的猞猁。可是,动物园里的饲养员们从来没有看到过较大的猫科动物(例如虎、狮等)也具有这种动作的倾向;这些动物几乎没有要对任何其他动物发生畏惧的原因。

**图 15  一只在吓狗的猫**(武德先生写生画)

猫时常使用叫声来作为表情的手段；它们在各种不同的情绪和欲望之下，发出至少有 6～7 种不同的声音来。当中最奇妙的一种声音，就是表示满足的鼻音喃喃声（purr）；在吸气和呼气两种情形下，都能够发出这种声音来。美洲狮、印度豹（cheetah）、豹猫（O-celot，墨西哥产）也能够发出同样的喃喃声来；可是，虎在愉快的时候，则"发出一种特殊的短促的鼻音，同时还把眼睑闭住。① 据说，狮、美洲虎（jaguar）和豹并不发出喃喃声来。

马——马在怒恨时候，把双耳紧紧地向后牵伸，头部伸长，门齿一部分向外露出，准备要咬对方。它们在要向后蹴踢时候，通常由于习惯而把双耳向后牵伸，并且以特殊的样子把双眼向后转动。② 在它们愉快的时候，例如在有人把某种很合意的食料送到马厩里给它们吃的时候，它们就把头部举起和伸长，耸起双耳，并且凝视着自己的朋友，时常发出嘶叫声来。同时用蹄踢地面，表示出焦躁不安来。

马在极度惊起时候的动作极其富于表情。有一天，我的马由于望见一架被放置在旷野里而蒙上油布的条播机，而发生了极大的惊吓。当时它就高举起头来，以致它的头颈几乎笔直向上竖起；这是由于习惯而造成的，因为这架条播机位在斜坡下面，所以马用举起头部的方法也未必会更加清楚地看到它；而且要是有任何声音从它那里传播过来，那么马也绝不会因此更清楚地听到这种声音。它的双眼和双耳正对着前方不动，同时我从马鞍上也能够感觉到它的心脏急跳。它用着发红的扩大的鼻孔发出激烈的哼鼻声来，转起圈子来；要是我不阻止它的话，那么它一定会用尽全力飞速逃跑。鼻孔的扩大，并不是为了要去嗅探出危险的来源，因为马在仔细嗅闻任何东西而并不发生惊慌的时候，却不把鼻孔扩大开来。由于马的喉都有瓣膜，所以它在喘息时候，不能够用张开的嘴来呼吸，只会用鼻孔来呼吸，因此鼻孔就获得了很大的扩张能力。鼻孔的这种扩大情形，还有哼鼻声和心脏急跳，都是在一连很多世代里长期和恐怖情绪牢固地联合起来的动作，因为恐怖使马在习惯上作出极其激烈的努力，要用尽全力飞速逃跑开危险的原因。[48]

反刍动物——牛和羊除了受到极度苦痛以外，很微弱地表现出自己的情绪或者感觉来；它们因此而受到大家的注意。公牛在被激怒的时候，只是采取低头而且带着扩大的鼻孔的样子并且发出吼叫声，来表示自己的大怒。它时常也用蹄子蹴踢地面；不过这种蹴踢动作好像完全和焦躁不安的马的蹴踢情形不同，因为如果地面的泥土松软，公牛就会使地面扬起一阵阵灰尘来。我以为，公牛在被蝇类所激怒的时候，为了要驱除它们起见，也采用这种方法。羊的比较野性的品种和高山羚羊（chamois）在惊起的时候，就用脚踢地，并且用鼻子吹出尖锐声来；这种举动是用来作为一种警告同伴的危险信号的。北极地区的麝香牛（muskox）在遭到袭击时候，也是用脚踢地。③ 我不能够猜测到这种踢地动作是怎样发生的，因为根据我已经做过的一些调查，可以认为，在这些动物当中，任

---

① 《土地和水》杂志，1867 年，第 657 页。还可以参看阿柴拉在上面所举出的著作里关于美洲狮的叙述。

② 贝尔爵士：《表情的解剖学》，第三版，第 123 页。还可以参看第 126 页，关于马不用嘴进行呼吸的叙述，同时也提到它们的扩大的鼻孔。

③ 《土地和水》杂志，1869 年，第 152 页。

何一种好像都不会用前脚来格斗。①

有一种鹿在发怒的时候，要比牛、羊或者山羊作出更加多的表情动作来，因为它们也像上面所讲过的情形那样，会得把双耳向后牵伸，咬牙切齿，使毛发直竖起来，发出尖锐的嘶叫声，用脚踢地，并且舞动双角。有一天，在动物园里，有一头中国台湾鹿（Formosan deer，学名 *Cervus pseudaxis*）作着一种有趣的姿态，把嘴高举起来，因此使双角向后紧压在自己的颈背上，而头部则已经有些歪斜，就这样走近到我身边来。从它的眼睛的表情看来，我确信这头鹿在怒恨着我了；它慢慢地走近过来，而当它一走近铁栅边的时候，虽然没有低下头来向我正面撞击，但是突然把头向里面扭转，用巨大的力量把角猛撞在栏杆上。巴尔特莱特先生告诉我说，另外有一种鹿，在大怒发作时候也采取同样的姿态去猛撞对方。

猿类——猿类的不同的种和属，采取多种不同的方法来表达自己的感情；这种事实是很有趣味的，因为这对于是不是应当把所谓人种（races of man）看做是独立的种或者变种这个问题，有几分关系；因为我们从下面几章里可以知道，全世界各地的不同人种都用显著的同一方式来表达出他们的情绪和感觉，所以就会有这个问题发生出来。[49] 猿类的表情动作当中的几种，从另一方面看来，就是从它们极其相似于人类的表情动作方面看来，是很有趣味的。因为我不曾有机会在所有各种情况下去观察猿类的任何一种，所以最好是把我的拉杂的记述依照它们和各种不同的精神状态的联系特性而分配开来。

愉快、快乐、恋情②——如果要把愉快或者快乐去和恋情双方的表情区分开来，那么至少非具备比我所有的经验更加丰富的经验不可。幼年的黑猩猩（chimpanzee）在看到自己所依恋的任何一个人回来而感到愉快时候，就发出一种吠叫似的嘈声来。饲养员把这种嘈声叫做笑；在发出这种声音时候，它们的双唇向外伸出；可是，他们在发生其他各种不同的情绪时候，也做出这动作来。不过，我可以辨认出，在它们愉快的时候，它们的双肩伸出形状，是和它们在发怒时候所采取的形状略有不同的。如果一只幼年的黑猩猩被搔痒（也像人类的小孩一样，对于腋窝处的搔痒特别敏感），那么它就发出一种更加明确的咯咯笑声或者普通笑声来，不过有时也会发出无声的笑。这时候嘴角向后伸长；这种动作有时也引起下眼睑略微皱缩。可是，在其他有几种猿方面，可以更加明显地观察到这种很成为人类的笑的特敏的眼睑皱缩情形。黑猩猩在发出笑声的时候，并不露出上颚的牙齿来；这一点是它们和人类不同的地方。可是，根据特别对它们的表情有研究的马丁（W. L. Martin）先生所说③，这时候它们的双眼闪闪发光，变得更加明亮。

幼年的猩猩（orang）在被搔痒时候，也露出牙齿来，发出咯咯声来；据马丁先生说，它

---

① ［哈尔格林（Hall Green）地方的虎克汉（G. Hookham）先生在来信里肯定说，他曾经看到有些羊"用前脚恶意地蹴踢小狗"。可是，根据虎克汉先生所提出的意见，好像会使人怀疑，这种动作是不是能够成为一头发怒的羊用脚踢地的起源。

是不是可能认为，脚踢地面单单是一种信号，而且因为这种声音和一头惊起的羊惊恐地急逃时候所发出的声音相似，所以能够被羊所理解到？］

② ［关于这个问题，可以参看《人类起源》，从《自然》杂志（Nature，1876 年 11 月 2 日，第 18 页）里转载过来的补充的短文。指猿类的性选择（Sexual Selection in relation to Monkeys）。——译者注］

③ 马丁：《哺乳动物的自然史》（*Natural History of Mammalia*），1841 年，第 1 卷，第 383 页和第 410 页。

们的眼睛变得更加明亮。当它们的笑声一停止的时候,就可以觉察出,它们的面部现出一种表情来;据华莱士(Wallace)先生对我所说,可以把这种表情叫做微笑。我曾经从黑猩猩方面注意到有一些相同的表情。杜庆博士(我再也举不出一个在这方面比他更加高明的权威来了)告诉我说,他在自己家里饲养一只很驯顺的猿已经有一年;他在吃饭时候如果递给它一种特别好吃的东西,那么可以观察到,这只猿的嘴角略微向上升起;因此,可以明显地看出,这种动物也具有 一种满足的表情,这种表情在性质上极相似于一种初现的微笑,而且时常可以从人的面部上看到。

阿柴拉卷尾猴(*Cebus azarae*)①在再见到它所爱好的人而感到快乐时候,就发出一种特殊的嘻嘻笑声(吃吃笑声)。它又用嘴角向后牵伸而不发出任何声音的动作来表达出愉快的感觉。伦奇尔就把这种动作叫做笑,但是好像应该把它叫做微笑要比较适当些。嘴的形状在这时候,是和在表现苦痛或者恐怖的情绪并且发出高大的尖叫声时候不相同的。在动物园里,还有一种卷尾猴(*Gebus hypoleucus*),在愉快时候就发出一种反复的尖叫声来,并且也把嘴角向后牵伸,这显然也是由于那些和人类相同的肌肉收缩而产生的。巴巴利(Barbary)产的北非洲无尾猿(*Inuus ecaudatus*)的嘴角向后牵伸得特别显著;我曾经从这种猿身上观察到,这时候它的下眼睑的皮肤皱缩得更加厉害。同时,它还迅速地颤动下颚或者双唇,显出痉挛的样子,而牙齿则向外露出;可是,它所发出的声音,却只能够略微和我们有时所称做的默笑(silent laughter)区分开来。有两个饲养员肯定说,这种轻微的声音也就是动物的笑;当我对这种说法发生一些疑问的时候(当时我还完全没有经验),他们就教唆这只无尾猿,去进攻或者更加确切的说是威吓一只住在同笼里的可恨的长尾须猴(*Presbutis entellus*,产于印度东部,龄属猴)。[50]于是这只无尾猿的全部面目表情立刻发生变化,它的嘴张开得更加大,犬齿更加充分地露出,并且发出一种沙嘎的吠叫似的嘈声来。

饲养员曾经起初把阿努比斯狒狒(*Cynocephalus anubis*)侮辱一番,因此使它发生极大的狂怒,好像这是它容易发生出来的表情那样;此后,又和它和好成为朋友,互相握起手来。在双方和好的时候,狒狒因此就使双颚和双唇迅速地上下颤动起来,并且显出愉快的样子。在我们作着衷心的喜笑时候,也可以或多或少清楚地观察到双颚发生相似的动作,或者颤抖起来;可是,在人类方面主要是胸部肌肉发生动作,而在这种狒狒和其他几种猿方面,则是受到痉挛影响的双颚和双唇的肌肉发生动作。

我曾经有机会提出过两三种猕猴(Macacus)和黑长尾猴(*Cynopithecus niger*)在受到爱抚而愉快的时候,把双耳向后牵伸和发出一种轻微的喃喃声来的奇怪样子。关于长尾猴方面(图16和17),它的嘴角同时向后和向上牵伸,所以牙齿就显露出来。因此,一个不懂得这方面的情形的人,就绝不会把这种表情认做是愉快的表现。前额上的一簇长发被压抑下去,看上去好像整块头皮在向后牵伸。因此,尾巴也略微扬起,而双眼则采取凝视的样子。除此以外,下眼睑也略微皱缩起来,但是因为在它的面部上生有永久性的横纹,所以这种皱缩情形就不显著了。

---

① 伦奇尔(《巴拉圭的哺乳动物的自然史》,1830年,第46页)曾经把这些猿关在它们的本乡巴拉圭地方的兽笼里7年。

图 16　黑长尾猴,在平静状态时候　　图 17　同图 16 的黑长尾猴,在受到爱抚
（沃耳夫先生的写生画）　　　而愉快的时候（沃耳夫先生的写生画）

苦痛的情绪和感觉——在猿类方面,轻微的苦痛的表现,或者任何苦痛情绪的表现,例如悲哀、烦闷、嫉妒等情绪的表现,很不容易和微怒的表情区分开来;这些精神状态也容易而且迅速轮流出现。可是,有几种猿的确也用哭泣来表明悲哀。有一个妇女把一只猿出售给动物学会（Zoological Society）,认为它是从婆罗洲（Borneo,现名加里曼丹）那里运来的（学名是 *Macacus maurus* 或者 *M. inornatus of Gra*——黑猕猴）;她说道,这只猿时常哭叫;巴尔特莱特先生,还有饲养员塞登（Suttcon）先生,曾经多次看到,它在悲哀时候或者甚至是在发生很大的哀怜时候,哭泣得很厉害,因此眼泪就从它的脸颊上滚落下来。可是,这种情形也有一些奇特,因为后来在动物园饲养两只猿,而且都被认为是和它相同的种;虽然饲养员和我都对它们作了仔细的观察,但是从来没有看到它们在非常悲痛和发出高声尖叫时候流出眼泪来。伦奇尔说道,在有人阻止阿柴拉卷尾猴取得极想要的一种东西时候,或者在它受到很大惊吓时候,它的眼睛里就充满着眼泪,但是还不至于流出来。[①] 洪保德也肯定说,南美短尾猴（*Callithrix sciureus*）的眼睛"在它发生恐惧时候就立刻满含着眼泪";可是,在动物园里,这种可爱的小猴即使被人惹恼,以致高声大叫,也不会流出眼泪来。可是,我并不打算对洪保德的叙述的正确性方面发生丝毫的怀疑。[51]

幼年的猩猩和黑猩猩在身体患病时候的沮丧神色,也像人类的小孩在这种情形时候那样哀哭,并且几乎相同的凄切动人。它们在这时候的精神和身体的状态,就表现在:无精打采的动作,凹陷的面部,无光的眼睛,还有发生变化的容貌。

愤怒——有很多种猿时常表现出这种情绪来;根据马丁先生所说,[②]它们用很多不同的方法来表明愤怒。"有几种猿在发怒时候撅起嘴巴,用固定不动的怒恨的眼光凝视着敌人,并且做着几次小惊跳,好像要向前跳扑似的,同时还发出含糊的喉音。很多种猿就用突然向前奔冲,作着不连贯的突跳,同时张开了嘴,把双唇皱缩,因此把牙齿掩藏起来,

① 伦奇尔:《巴拉圭的哺乳动物的自然史》,1830 年,第 46 页。洪保德（Humboldt）:《旅行记》（*Personal Narrative*）,英文译本,第 4 卷,第 527 页。

② 马丁:《哺乳动物的自然史》,1841 年,第 351 页。

而眼睛则大胆地凝视着敌人，好像在作着怒恨的挑战似的。还有几种猿，主要是长尾猿（Guenon，产于非洲东部的莫三鼻给地区），在愤怒时候露出牙齿来，而且还作出恶狠的张牙和发出一种尖锐、断续而且多次反复的喊叫声来"。塞登先生证实说，有几种猿在大怒时候露出牙齿来，而另一些猿则由于撅起双唇而掩藏去了牙齿；还有几种猿把双耳向后牵伸。前面曾经讲到的黑狒狒（Cynopithecus niger），也做出这种样子来，同时把前额上的一簇长发压抑下去，并且露出牙齿来，因此这些由于愤怒而发生的面部动作，差不多也和那些由于愉快而发生的面部动作相同；只有那些熟悉这种猿的人，方才能够辨别得出这两种表情来。[52]

狒狒时常用很奇特的样子，就是大张开嘴，好像在打呵欠的样子，来表明出自己的激情和威吓敌人。巴尔特莱特先生时常看到两只狒狒，在最初被关进同一只兽笼里的时候，它们彼此相对坐下，并且轮流张开嘴来；大概这种张嘴的动作时常以真正的打呵欠来作为收尾。巴尔特莱特先生以为，这两只动物都想要彼此显示出自己配备有一套可怕的牙齿，而且这是千真万确的情形。① 因为我很难相信这种打呵欠姿态是真实的情形，所以巴尔特莱特就去侮辱一只老狒狒，使它发生狂怒的激情来，因此它差不多立刻做出这种打呵欠的动作来。有几种猕猴（Macacus）和长尾猿②也采取同样的举动。勃烈姆曾经在埃塞俄比亚境内饲养狒狒，据他对这些狒狒所作的观察可以知道，它们还用另一种方式来表示愤怒，就是用一只手敲击地面，"好像一个发怒的人用拳头敲击桌面"。我曾经在动物园里看到狒狒作出这种动作来；可是我以为，有时好像这种动作比较确切地表明出要去从它们的草褥下面找寻出一块石头或者其他东西的情形。

塞登先生时常观察到，恒河猕猴（Macacus rhesus）在大怒发作的时候，满脸发红。当他正在告诉我这种情形的时候，就有另一只猿向恒河猕猴攻击，因此我就看到后者的面部发红起来，也像一个人在狂怒发作时候满脸涨红的情形一样显明。在双方作战以后，经过了不多几分钟，这只猕猴才恢复本来的脸色。在它的脸色变红的同时，身体后面经常是红色的部分，好像也变得更加红些，但是我还不能够真正肯定说，情形正是这样的。据说，在西非大狒狒（山魈，Mandrill）受到任何的激奋时候，它的颜色鲜明的裸出的皮肤部分，总是变得更加鲜艳。

有几种狒狒的前额的弧突，在眼睛上面向外突出得很厉害，并且有不多几根长毛分布在它的面上，相当于人类的眉毛。这些狒狒时常向身子周围看望；可是为了要向上瞧看，它们就要把眉毛向上扬起。因此，显然可以知道，它们就这样获得了经常移动眉毛的习性。无论怎样，有很多种猿，特别是狒狒，在发怒或者受到任何的激奋时候，总是要把眉毛作着迅速不断的上下移动，而且连同前额上的生发的皮肤一起移动。③ 因为我们已经把人类方面的眉毛上扬和下降的移动去和一定的精神状态联合起来，所以猿的这种眉

---

① ［狒狒在张口作威吓状态时候，好像在进行有意识的行动…，因为巴尔特莱特先生曾经饲养几只被截去犬齿的狒狒，它们从来没有作过这种行动，因为它们恐怕不愿把自己变成无能力的情形显示给同伴们看"。'达尔文的笔记'，在1873年11月14日记写信。］

② 勃烈姆：Thierleben，1864年，第1册，第84页。关于狒狒用手敲击地面的情形，参看同书第61页。

③ 勃烈姆指出说（Thierleben，第63页），北非洲无尾猿（Inuus ecaudatus）在发怒的时候，时常把眉毛上下移动。

毛几乎不断地移动的情形，就使人觉得它们在作着一种愚蠢的表情。有一次我观察到一个男人，他也有一种在毫无相应的情绪下把眉毛不断上扬的性癖，所以这就使他显出一种愚蠢的外貌来；同样也可以观察到有些人经常把嘴角向后和向上牵伸，好像在发出初起的微笑似的，其实他们当时并不感到可笑和愉快。

幼年的猩猩在看到饲养员照料另一只猿而发生嫉妒的时候，就略微露出牙齿来，并且发出一种"替什-希斯特"（tish-shist）的愠怒的声音来，于是转身把背部向着饲养员。无论猩猩或者黑猩猩，在略为强烈地发怒时候，都要把双唇很显著地向外伸出，并且发出一种尖锐的吠叫似的嘈声来。幼年雌黑猩猩在发生狂怒的激情时候，表现出一种和人类的小孩在同样状态下的情形特别相似的行动来。它把嘴大张开来，高声尖叫，双唇向后退缩，因此牙齿就完全显露出来。它把双臂乱挥，有时抱住头部。它在地上打起滚来，有时朝天，有时朝地，并且把各种可以被抓到的东西乱咬。有人曾经叙述道，幼年的长臂猿（gibbon，学名 *Hylobates syndactylus*）在激怒时候差不多也表现出完全相同的举动来。[①]

幼年的猩猩和黑猩猩的双唇，在各种不同的情况下都要向外伸出，有时达到惊人的程度。它们不仅在略微发怒、不快活或者失望的时候把双唇伸出，而且在对任何事情发生惊慌的时候，例如有一次看到一只乌龟的时候，[②]也做出这种动作来；还有在愉快的时候，也这样做。可是，我以为，在所有这些情况下，无论双唇伸出的程度，或者嘴的形状，绝不会是完全相同的；还有当时它们所发出的声音也是不同的。这里所附印出的一张图（图 18），表明出一只黑猩猩由于有人要给它一只甜橙，但接着又取走了它，因而发生不快活的神色来。[52a]在不快活的小孩方面，也可以看到，他的双唇作着相似的伸出或者撅起的动作，不过要比黑猩猩的双唇伸出程度轻微得多。

**图 18　一只失望的而且不快活的黑猩猩**（武德的写生画）

---

①　本耐特（G. Bennett）：《新南威尔士的漫游记》（*Wanderings in New South Wales*）等，第 2 卷，1834 年，第 153 页。

②　马丁：《哺乳动物的自然史》，1841 年，第 405 页。

很多年以前,在动物园里,我把一面镜子放在两只幼年的猩猩面前的地板上;据大家所知道,它们从来没有看到过镜子。起初,它们以经常不断的惊奇向镜子里的自己的像凝视着,接着就时常变更自己的视线角度去看它。此后,它们走近镜子,向自己的像伸出双唇,好像要和它接吻似的;这种行动,完全像是这两只猩猩在几天以前被初放在同一房间里时候彼此相对作出的动作一样。再后,它们扮起各种各样的怪相来,并且还在镜子面前表演各种不同的姿态;它们去按住和擦拭镜面,把双手搁放在镜子后面的不同距离处,在镜子后面窥望,最后又好像发生了一些惊恐,略微惊跳,开始生气,从此就拒绝再去瞧它了。

我们在尝试要做一种有些困难而需要精确的动作时候,例如在用线穿针的时候,通常就把双唇紧闭起来;我以为,这是因为要使自己的呼吸不至于妨碍这些动作;[53]我注意到一只幼年的猩猩也有同样的动作。这只可怜的小动物正在生病,为了自取其乐,而打算用手指关节去揿死窗玻璃上的苍蝇;这件事情有相当困难,因为苍蝇在嗡嗡地飞旋着;当时猩猩在每次作着这种尝试的时候,就把双唇紧紧闭住,同时略微向外伸出。

虽然猩猩和黑猩猩的面貌,特别是姿态,在有些方面极其富于表情,但是我以为,整个说来,它们是不是也像其他几种猿的表情那样富于表情,这是可以怀疑的。可以认为,这种怀疑的起因,一部分就在于它们的双耳不能够移动,另一部分则在于双眉裸露缺毛,因此眉毛的移动情形就不显著。可是,当它们把双眉扬起的时候,也像人类的扬眉情形一样,在它们的前额上就出现横皱纹。在和人类的面部作比较的时候,它们的面部就显得没有表情;主要的原因就在于它们在任何的心情之下都不皱眉;据我所能观察到的情形,就是这样;我曾经仔细注意到这一点。在人类的一切表情当中,皱眉是最重要的表情之一;这种动作是由于皱眉肌(corrugators)的收缩而产生的;眉毛由于这种收缩而下降,相聚在一起,因此在前额上形成了一道垂直的沟纹。据说,①猩猩和黑猩猩也都具有这种肌肉,大概它们使用这种肌肉的次数极少,至少是使用得不显著[54]。我曾经把双手围成笼子形状,把一只鲜美的水果放在当中,然后让幼年的猩猩和黑猩猩来尝试用最大的力量夺取这只水果;可是,它们虽然显出很不快活的样子,却仍旧没有露出一丝皱眉的痕迹来。它们在大怒时候也不皱眉。曾经有两次,我把两只黑猩猩从比较黑暗的房间里突然携带到明亮的太阳光下去;这种太阳光确实会使我们人类皱起眉来;当时它们只把眼睛眯细着和霎动着,只有一次我才看到极其轻微地皱眉。还有一次,我用一根麦秆去搔划黑猩猩的鼻子,因此使它的面部皱缩起来,同时在双眉中间出现了一些轻微的垂直沟缝。我从来没有看到在猩猩的前额上有蹙额的情形。

已经有人叙述到,大猩猩(gorilla)在大怒的时候,表现出一簇头发向上直竖,下唇低降,鼻孔扩大,而且发出可怕的叫喊声来。沙凡奇(Savage)和华爱孟(Wyman)两先生②肯定说,大猩猩的头皮能够前后自由移动;当它被激奋起来的时候,它的头皮就强烈收缩

---

① 关于猩猩方面,参看欧文(Owen)教授的文章,《动物学会记录》,1830 年,第 28 页。关于黑猩猩方面,参看马卡斯脱尔教授的文章,《自然史记录杂志》(Annals and Mag. of Nat. Hist.),第 7 卷,1871 年,第 342 页;据他所说,皱眉肌(corrugator supercilii)是和眼轮匝肌(orbicularis palpebrarum)不可分离的。

② 沙凡奇和华爱孟的文章,载在波斯顿《自然史杂志》(Boston Journal of Nat. Hist.),1845—1847 年,第 5 卷,第 423 页。关于黑猩猩,也可以参看这个杂志,1843—1844 年,第 4 卷,第 365 页。

起来;可是,据我看来,他们所说的头皮收缩的表现,大概是指头皮向下降,因为他们也讲到幼年的黑猩猩在高叫时候有这种表现道:"双眉强烈收缩"。值得使人注意的是:大猩猩、很多狒佛和其他的猿的头皮的很大移动能力,是和有一些人由于返租现象(reversion)或者发育停滞(persistence)而具有的随意移动头皮的能力有关系的。①

吃惊,恐怖[55]——饲养员接受我的请求,把一只淡水产的活龟放进动物园的一只养有很多猿的兽笼里去;这时候,这些猿就表示出无限的吃惊来,同时也有几分恐惧。这种情形就表现在:它们站定不动,用大张的双眼专心凝视,双眉时常上下移动。它们的面部好像有些伸长。它们有时就用后脚站立起来,使自己的身体增高,以便作更加清楚地瞧看。它们有时向后退走几英尺,于是把头转过来,从一侧的肩头上回望,再专心凝视着这只乌龟。观察到下面的情形,使人感到有趣,就是:它们对于乌龟所表现的害怕程度,要比对于活蛇(我以前曾经把活蛇放进到它们的笼子里去过)所表现的害怕程度微小得多,②因为在过了不多几分钟以后,竟有几只猿大胆走近到乌龟那里去,并且摸触它。另一方面有几只较大的狒狒发生很大的恐怖,露出牙齿来,好像要尖叫起来似的。我曾经拿了一个穿衣的小傀偏去给黑狒狒(Cynopithecus niger)看;它看见了就站立不动,用着大张的眼睛专心凝视,并且把双耳略微向前移动去倾听。可是,在把乌龟放进到它的笼子里去的时候,这只黑狒狒还把双唇作着奇特的迅速的移动,好像在发生喃喃的声音;据饲养员说,这种举动的意义是要同乌龟和好,或者使乌龟感到愉快。

我从来没有成功地看出,吃惊的猿的眉毛会保持长久上扬的位置,不过它们时常把眉毛上下移动。人把眉毛略微上扬,来表现他在吃惊以前所作的注意。杜庆博士告诉我说,当他送给上面所提到的一只猿一种它从来没有吃到过的食物时,这只猿就略微把眉毛扬起,因此就显出一种细心注意的样子。此后,它用手指去取这种食物,并且使双眉下降或者成一直线,用指甲去抓搔食物,而且嗅闻和察看它;这是一种因此而表现出来的回想的表情。有时,它的头部略向后仰,又再突然扬起双眉,重新察看食物,最后就去尝食它。

任何的猿在吃惊的时候,从来都没有把嘴保持张开的位置。塞登先生代我观察了幼年的猩猩和黑猩猩有相当长的期间;据他说,它们无论吃惊到什么程度,或者在专心倾听某种奇怪的声音时候,总是不把嘴保持张开的位置。这种事实是使人惊奇的,因为在人类方面,对于吃惊的感受,未必再有此大张开嘴的动作更加普遍的表情了。根据我所能观察到的情形说来,猿类要比人类更加自由地用鼻孔来呼吸;这一点可以去说明它们在吃惊时候并不张开嘴来的原因,因为我们在后面有一章里可以看到,人类在惊奇的时候就作着外表相似的动作;最初为了要迅速作一次充分的吸气,随后则为了要尽可能进行平静的呼吸。

有很多种猿用发出尖锐叫喊声来表现出恐怖情绪;这时候双唇向后牵伸,所以牙齿就显露出来。它们的毛发开始直竖起来;如果它们同时还带有几分愤怒,那么毛发直竖的情形就特别显著。塞登先生曾经清楚地看到,恒河猕猴(Macacus rhesus)由于恐惧而

---

① 关于这个问题,参看《人类起源》,第二版,第 1 卷,第 18 页。[就是第一章的原注 27 处的正文。——译者注]
② 《人类起源》,第二版,第 1 卷,第 108 页。[就是第三章的原注 12 处的正文。——译者注]

脸色变得苍白。猿类也会由于恐惧而发抖；有时它们因此排出粪便来。我曾经看到，有一只猿在被捕捉住的时候，由于恐怖过度而几乎昏厥过去。

现在我们已经充分举出了各种不同的动物的表情方面的事实。我不能同意贝尔爵士的说法，就是他说道："动物的面部好像主要是能够表达出大怒和恐惧来"，他还说道，动物的一切表情"都可以或多或少明显地被归属于意志的动作或者必要的本能的动作方面去"。① 如果有人看到一只狗准备进攻另一只狗或者陌生人的情形，看到就是这只狗向主人表示亲爱的情形，或者去注视一只猿在受到侮辱时候的面貌和它在受到饲养员的爱抚时候的面貌，那么他会不得不承认说，这些动作的面容和姿态的动作，也差不多和人类的这些动作一样富于表情。虽然这些比较下等的动物的有些表情还不能得到说明，但是它们的大多数表情则可以依照前面第一章开头时候所举出的三个原理来获得说明。

---

① 贝尔爵士：《表情的解剖学》，第三版，1844 年，第 138 页和第 121 页。

第 6 章

# 人类的特殊表情——痛苦和哭泣

## • Special Expressions of Man: Suffering and Weeping •

我们必须把哭泣看做是一种偶然的结果，也像眼睛外侧受到打击而分泌眼泪或者视网膜受到明亮光线的作用而打喷嚏的情形一样是无目的的，但是我们仍旧可以毫无困难地理解到为什么眼泪的分泌是用来减轻苦恼的原因。如果哭泣愈是激烈或者愈是采取歇斯底里性质，那么它也就愈加能够减轻苦恼；这也是和全身痉挛、咬牙切齿和发出尖锐叫声的情形一样，都根据同一的原理，要在折磨的苦痛之下使它减轻。

婴孩的尖叫和哭泣——面部的形态——开始哭泣的年龄——习惯性抑制对哭泣的作用——啜泣——眼睛周围肌肉在尖叫时候收缩的原因——流泪的原因

在现在这一章和以后几章里，我将尽自己所有的能力，来叙述和表明人类在各种不同的精神状态下所发生的表情。我打算依照我以为最便利的次序，来布置自己的观察资料，以便使反对的情绪和感觉一般可以彼此相继地提出来。

身体和精神的痛苦：哭泣——在第三章里，我已经讲述到极端苦痛的表征，例如用尖叫或者呻吟、用全身痉挛和牙齿咬紧或者互相磨动来表示这种情绪。在这些表征出现的时候，或者在出现以后，还冒出大汗，脸色苍白，身体发抖，虚脱或者昏厥。再也没有比极度的恐惧和大惊所发生的痛苦更加强烈的痛苦了，但是在这种情形里却有一种十分特殊的情绪在发生作用，因此我们将在另一处地方再来考察它。长久连续的痛苦，尤其是精神上的这种痛苦，就会转变成为意气消沉、悲哀、沮丧和失望；这些情绪将作为下一章里所考察的主题。在现在这一章里，我打算差不多专门来考察哭泣（weeping）或者哭喊（crying），特别是更多地考察小孩方面的哭泣。

婴孩甚至在受到轻微的苦痛、平常的饥饿和感到不舒适的时候，就发出激烈的长久连续的尖叫来。在作出这样的尖叫来的时候，他们的眼睛就紧闭起来，因此眼睛周围的皮肤起有皱纹，而前额则皱缩起来。嘴张开得很大，而双唇则以奇特状态向后退缩，因此就形成一种近于四方的形状；牙龈或者牙齿多少显露出来。同时，呼吸差不多带有痉挛的性质。在婴孩尖叫的时候，去观察他们的表情，是一件容易的事情；可是，我发现，那些用极迅速的方法拍摄到的照片，就是最良好的观察资料，可以使人去进行更加精密的分析。我已经收集到 12 张照片；当中大多数照片是专门为了我的需要而摄制的，而且它们全都表示出同样的一般特征来。因此，我在它们当中选取了 6 张，[①] 用胶版术把它们复制出来（照相图版 I）。

眼睑紧闭和因此而发生的眼球受到压缩（这是各种不同的表情当中的最重要的部分），是为了保护眼睛以免过度充血而采取的动作；在下面就要来详细地说明它。至于说到几种肌肉在紧紧压缩眼睛时候的收缩次序，那么南安普敦（扫桑波顿，Southampton）的朗斯塔夫（Langstaff）博士曾经做过了几次观察，我应当向他表示感谢；后来我也重复做了几次核对观察。最良好的观察这种次序的方法，就是：使一个人先把双眉扬起，这样就使额上显出横皱纹来；此后，再尽可能用力使眼睛周围的一切肌肉极度缓慢地收缩起来。不懂得面部解剖学的读者，应当去参看图 1—3。显然皱眉肌（*corrugator supercilii*）是首先收缩的肌肉；这些肌肉把双眉向下和向鼻梁的内侧牵引，使眉心出现纵沟纹，也就是皱眉；同时，它们又使前额上的横皱纹消失。眼轮匝肌差不多和皱眉肌同时收缩，所以在双

◀ 杜庆虽然没有创立出任何关于表情的理论来，但是他首先利用电流刺激面部各种肌肉，人工复制出各种不同的表情来，达尔文认为这种方法是伟大的功绩。在本书中，达尔文多次引证了杜庆的研究照片。

---

①　在我收集的照片当中，要算伦敦维多利亚街的烈治朗德尔（Rejlander）先生和汉堡的金德尔曼（Kindermann）先生所拍摄的照片最精美。在现在所复制出来的照片当中，图 1、3、4 和 6 是烈治朗德尔先生所拍摄的；图 2 和 5 则是金德尔曼先生所拍摄的。图 6 表示一个年纪较大的儿童的平常的哭喊状态。

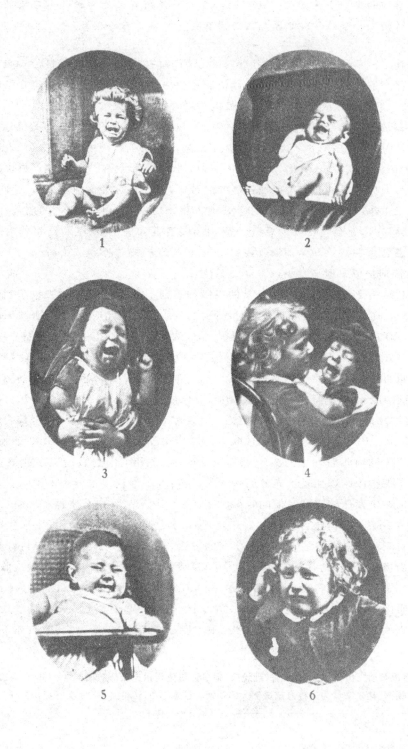

照相图版　I

眼周围都起皱纹；可是，在皱眉肌一给予眼轮匝肌某种支持力的时候，眼轮匝肌就显得更能够用巨大力量来收缩。最后，鼻三棱肌也收缩起来；这些肌肉就把双眉和前额的皮肤更加向下牵引，因此在鼻梁上就产生出短小的横皱纹来。① 为了叙述简便起见，我们以后就把这些肌肉通称为眼轮匝肌或者眼睛周围的肌肉。

在这些肌肉强烈收缩的时候，那些和上唇相联结的肌肉，②也收缩起来，并且把上唇提升起来。如果去注意到它们当中的甚至一种肌肉——颊肌（malaris）——和眼睛周围的肌肉的联系状况，那么也就应该预料到这一点。任何一个人在逐渐收缩自己双眼周围的肌肉时候，就会感觉到，当他增加收缩力的时候，上唇和鼻翼（它们部分地受到眼睛周围肌肉之一的作用）差不多时常被略微向上提升起来。如果在眼睛周围的肌肉收缩时候，把嘴紧闭起来，此后突然把双唇放松开来，那么他就会感觉到，双眼所受到的压力马上增大起来。还有，如果一个人在明亮的耀眼的白天里想要去瞧望远处的物体，但是又不得不把眼睑一部分闭起（眯起眼睛），那么差不多时常可以观察到，他的上唇有些向上升起。在有些不得不经常要眯起眼睛来的极其近视的人当中，他们的嘴就由于这种相同的原因而带着露齿而笑的表情。

上唇的上升动作，把双颊的上部的肉向上牵引，因此在各个面颊上都出现一条显著的皱襞，就是鼻唇沟（naso-labilii fold）；它从鼻孔两翼的附近处开始，通向嘴角和它们的下面。在这里所附的照相图版 I 里的各图上，都可以看到这种皱襞或者鼻唇沟；它也是一个哭喊的婴孩的很显著的特征；可是，在出声的笑和微笑的时候，也有差不多相似的皱襞出现。③[56]

因为在发生哭叫的动作时候，就像刚才所说明的状况那样，上唇向上提升得很厉害，所以口角降肌（参看前面绪论末的图 1 和图 2 里的肌肉 K）为了要使嘴大张开来而强烈收缩，因此也就可以把声音充分向外吐出。这些位在上下双方的相反的肌肉，就要去把嘴

---

① 亨列（《系统解剖学手册》，1858 年，第 1 卷，第 139 页）同意杜庆的说法，认为这是鼻三棱肌收缩的结果。

② 这些肌肉就是：鼻翼上唇提肌（levator labii superioris alaeque nasi），固有上唇提肌（levator labii proprius），颊肌（malaris）和小额肌（zygomaticus minor）。小额肌和大额肌互相平行，位在大额肌的上方，并且附着在上唇的外侧部分。在前面的图 2 里表出这种肌肉（就是肌肉 I），但在图 1 和图 3 里则没有表出它。杜庆博士第一个指明出（《人相的机制》，单行本，1862 年，第 30 页），这种肌肉的收缩对于面部在哭喊时候所采取的形态方面有重要的作用。亨列认为，上面所说的这些肌肉（除了颊肌以外）就是上唇方形肌（quadratus labii superiors）的各部分。

③ 虽然杜庆博士仔细研究了各种肌肉在哭喊时候的收缩情形和同时面部所发生的沟纹，但是他的记述好像有些不完全，不过我也说不出它的缺点是什么。他举出了一幅图（单行本，图 48），在这幅图里，他把电流通在相当的肌肉上，因此使面部的一半显出微笑来；同时也用这个方法使面部的另一半显出开始哭喊的样子。我曾经把这微笑的一半面部给人看；差不多所有看到它的人（就是在 21 个人当中有 19 个人），都立刻辨认出这种表情来。可是，在看到另一半面部的 21 个人当中，只有 6 个人才辨认出它来，就是说，我们还得把他们所回答的用语"悲哀"、"可怜"、"烦恼"，也看做是正确的才行；而另外 15 个人则回答得错误可笑；有几个人竟说，这一半面部的表情是"开玩笑"、"满足"、"狡猾"、"厌恶"等。我们就可以从这一点来推断说，在这种表情方面总有一点错误存在。可是，在这 15 人当中，也可能有几个人因为没有预料到会看见老年人哭喊，而且也没有看到流泪的现象，所以发生了一部分的错误。杜庆博士另外又举出一幅图（单行本，图 49）；在这幅图里，他把电流通在面部一半部分的肌肉上，使同一侧的眉毛发生相当于悲惨情绪的特征的倾斜，来表明出一个人开始哭喊的情形；大部分的人都能够辨认出这种表情来。在 23 个人当中，有 14 个人作了正确的回答，就是："悲叹"、"悲痛"、"悲哀"、"正要哭喊"、"苦痛的忍耐"等。另一方面，在其余 9 个人当中，有的回答不出什么来，有的则完全错误地回答成："狡猾的斜视"、"开玩笑"、"在瞧看强烈的光线"、"在瞧望远处的物体"等。

形成长椭圆形、近于长方形的轮廓，正像所附的照片上的嘴的形状。有一个卓越的观察者，[①]在叙述到一个正在被喂食而发生哭喊的婴孩时候写道，"他把自己的嘴张开成长方形，并且让被喂进去的乳粥从它的所有四角里淌流出来"。我以为，口角降肌要比它们的邻近的肌肉较少受到意志的独立支配，但是我们将在后面的一章里再谈到这个问题；因此，如果一个幼年的婴孩在刚才有些想要哭喊的时候，通常就会先把口角降肌收缩起来，并且在哭喊以后也是最后才停止它的收缩动作。年纪较大的小孩在开始哭喊的时候，时常先把那些和上唇联系的肌肉收缩起来；可以认为，这种情形大概是由于年纪较大的小孩并没有像婴孩那样强烈地发出大声尖叫来，因此也没有把嘴大张开来的倾向，所以上面所说的口角降肌也没有发生这样强烈的作用。

在我的一个婴孩出生以后第八天和以后有一段时间里，我时常从他那里观察到，当看到他的一阵哭叫在逐渐发生出来的时候，它的最初的表征就是略微皱眉；这是由于皱眉肌的收缩而发生的，同时裸出的头部和面部的微血管因为充血而变成红色。当这一阵尖叫真正开始发出的时候，眼睛周围的所有肌肉就强烈收缩起来，而嘴就像上面所讲过的状况那样大张开来；因此，这种初期的面貌变化也和年纪较大的婴孩的面貌变化相同。

皮德利特博士[②]认为，有几种把鼻子向下牵引和把鼻孔缩小的肌肉的收缩动作，是哭喊表情的显著的特征。口角降肌正像我们刚才已经看到的，通常也同时收缩起来；根据杜庆的说法，这些肌肉也同样地要去对鼻子起有间接的作用。在患重伤风的小孩方面，也可以观察到鼻子同样变得狭窄的外貌；朗斯塔夫博士曾经对我说，这种情形至少一部分是由于他们经常用鼻子吸气，因此外面的空气向鼻孔两侧发生压力。患重伤风的小孩或者哭喊的小孩把鼻孔缩小的目的，大概是要阻止鼻涕和眼泪向下流，并且防止它们流到上唇上面去。

在作了一阵长久的激烈的尖叫以后，由于激烈的用力呼气阻止了血液从头部回流，而使头皮、面部和双眼变成红色；可是，受到刺激的眼睛主要还是由于流泪太多而发红。面部的各种受到强烈收缩的肌肉，仍旧略微有些痉挛；上唇也略微被向上提起或者向外翻出，[③]同时嘴角仍旧略微被向下牵引。我亲自感觉到，而且还从其他的成年人方面观察到，如果在阅读一本悲惨小说的时候，难以去制止流泪，那么同时也差不多不能去阻止某些肌肉发生轻微的痉挛或者颤动；这些肌肉就是各种被幼年的小孩在尖叫发作时候所强烈推动的肌肉。

保姆和医生都清楚地知道，婴孩在幼小的时候不流泪，或者不哭泣。[④] 这种情况不单单是由于当时泪腺还不能够分泌出眼泪来。有一次，我在无意中偶然用自己的外套的袖口擦碰了我的婴孩（当时他的年龄是出生以后 77 天）的一只张开的眼睛，引起了这只眼

---

① 《加斯凯尔夫人》(*Mrs. Gaskell*)：马利·巴顿(Mary Barton)，新版本，第 84 页。

② 皮德利特：《表情和人相学》，1867 年，第 102 页。杜庆：《人相的机制》，单行本，第 34 页。

③ 杜庆博士在《人相的机制》一书的第 39 页里，提出这个意见。

④ ［根据马斐(Maffei)和烈希(Rösch)所著的书《矮呆子的诊断》(*Untersuchungen über die Cretismus*)，挨尔兰根，1844 年，第 2 卷，第 110 页；又被哈根(F. W. Hagen)引用在下面的书里：《心理学研究》(*Psychologische Untersuchungen*)，不伦瑞克，1847 年，第 16 页；就是：矮呆子(克汀病患者，cretins)从来不流眼泪，只不过有时在通常要发生哭泣的时候，发出咆哮声和尖叫声来。］

睛自由地流出泪水来,因此我就第一次注意到了这个事实;当时这个婴孩虽然激烈地尖叫起来,但是他的另一只眼睛仍旧是干燥无泪,或者只不过是略微被泪水湿润。当这个小孩年龄到 122 天的时候,即使他发出激烈的尖叫,他的眼泪也不会流出到眼睑上和从面颊上滚落下去。再过了 17 天,就是在出生以后 139 天,他方才第一次从眼睛里流出泪水来。有人替我观察了另外几个婴孩;结果知道,婴孩最初自由流出眼泪来的哭泣的年龄各有不同。有一个婴孩,在出生以后还只有 20 天,在他的眼睛已略微含有泪水;还有一个小孩,则在出生以后 62 天出现这种现象。再有两个小孩,在出生以后各 84 天和 110 天的时候,还没有眼泪从面部流下来;而另有一个小孩,则在出生以后 104 天就有眼泪流下来。我可以确实肯定说,有一个婴孩,在特别早的年龄——出生以后 42 天——就流出了眼泪来。① 各种不同的遗传传递的交感性动作和嗜好,在它们被固定下来和完善起来以前,需要有几分训练;因此,我以为,泪腺是和这些情形有些相似的,在它们容易受到刺激而分泌泪水以前,也需要在个人方面有几分训练。在哭泣这种习惯方面看来,这一点显得更加近于其实;哭泣一定是在人类从人属(Homo)和不会哭泣的类人猿的共同祖先方面分支出来以后,方才被人类所获得的。

使人值得注意的事实,就是:人在年纪很幼小的时候,即使受到苦痛和发生任何其他精神上的情绪,也不流泪;可是在年纪较大以后,哭泣反而成为最一般的表情,或者是最强烈而显著的表情。在婴孩一获得这种习性以后,如果再受到各种各样的痛苦,不论是身体上的苦痛,或者是精神上的痛苦,甚至是有其他的情绪(例如恐惧或者大怒)同时一起出现,那么他就会发出最明显的哭泣来。可是,根据我从自己的婴孩方面的观察,在很幼小的年龄时候,哭喊的性质就发生变化,就是:愤怒时候的哭喊和悲哀时候的哭喊不同。有一位太太告诉我说,她的一个有 9 足月的小孩,在发怒而高声尖叫的时候,却不哭泣;可是,在把她的小椅子转过去,使椅背对着桌子,用这种方法来处罚她的时候,她就会流出眼泪来。我们大概可以认为,这种差异就在于:第一,哭泣可以被抑制住,正像在下面马上就可以看到的在年龄较大的时候,除了悲哀以外,在很多情况下都可以抑制住哭泣;第二,这种抑制的本领是遗传而来的,所以它在最初被运用的时期以前更早的生活期间里就发生了影响。

在成年人方面,尤其是在成年的男人方面,哭泣不再由于身体上的苦痛而发生,或者成为这种痛苦的表情。可以说明这种情形如下:无论是在文明的民族里或者在未开化的民族里,男人总是认为,用任何外表的特征来表明身体上的苦痛,是一种软弱和无丈夫气概的表现。除了这方面以外,未开化的人会由于其他很微小的原因而痛哭流涕起来;柳波克爵士曾经收集到一些关于这方面的事实。② 在新西兰地方,有一个酋长,"因为水手们用面粉撒到他的心爱的斗篷上面,使它变得脏污,而像婴孩一样哭喊起来"。在火地岛上,我曾经看到一个土人;他最近丧失了自己的兄弟,因此他就有时发出歇斯底里式的乱哭乱喊,有时就对任何使他感到有趣的事情发出衷心的笑声。在欧洲的文

① [有一个评论家(《柳叶刀》杂志,(Lancet),1872 年 12 月 14 日,第 852 页)肯定说,一次,他看见一个婴孩在 1 足月的年龄时候自由地从面颊上流下眼泪来。]

② 柳波克:《文化的起源》(The Origin of Civilization),1870 年,第 355 页。

明的民族当中,发生哭泣的快慢程度也各有很大的差异。英国人除非受到极大的悲哀压迫,通常很少发出哭喊来;而欧洲大陆上的有几处的人则很容易自由地流出眼泪来。

　　大家都知道,精神病患者使自己的一切情绪尽量表现出来,极少去抑制它们,或者完全不去抑制它们;据克拉伊顿·勃郎博士告诉我说,单纯忧郁病的最显著的特征,就是在最细微的情况下,或者无缘无故,就会发生哭泣的倾向;甚至是患有这种病的男人也是这样。[57]这些病人在有任何的真正悲哀原因出现时候,也作出很不相称的哭泣来。有些病人哭泣所经历的时间,长久得使人吃惊;而他们所流出的眼泪也是多得使人吃惊。有一个患忧郁病的女郎曾经哭泣了一整天;后来勃郎博士发表说,她的哭泣原因,只是在于她回想到以前她有一次为了要加速眉毛的生长而剃去了眉毛的事情。在他的精神病院里,有很多病人时常长久坐着,把身子前后摇动;"如果有人去向他们说话,那么他们就会停止摇摆,眯起眼睛,让嘴角下垂,并且突然哭喊起来"。在这类情形当中,有几次对他们所说的话,或者是亲切的招呼问候,大概会引起他们发生某种幻想的悲伤的想象来;可是,也有几次,任何种类的努力都会引起哭泣,却和任何悲伤的观念毫无关系。剧烈的癫狂病患者,也会在错乱的谵语当中,发出一阵阵痛哭流涕或者泣诉来。可是,我们也不必过分强调精神病患者的大量流泪是由于缺乏一切抑制作用的结果;要知道,有些脑病,例如半身不遂、脑软化和歇斯底里衰弱症,也具有一种引起病人哭泣的特殊倾向。哭泣是精神病患者的普通表情;甚至他们在达到完全痴呆状态和丧失说话能力以后,也是这样。那些出生就是白痴的人,也曾哭泣;①可是,据说矮呆子(克汀病患者)却不是这样[参看前面第 99 页上的脚注]。

　　我们从小孩方面可以看到,大概哭泣是任何一种受苦(不论是一种接近于极度苦恼的身体上的苦痛或者是精神上的痛苦)的最初的自然表情。可是,以前的事实和普通的经验向我们表明,如果经常重复去努力抑制流泪,而且和一定的精神状态联合起来,那么这就可以大大阻止哭泣的习惯。另一方面,显然哭泣的能力能够由于习惯而增强起来;因此,曾经长期侨居在新西兰的牧师台洛尔就肯定说,②当地妇女能够随意流出大量的眼泪来;她们为了哭吊死者而集合在一起,并且由于会"用做作的姿态"来哭喊而自傲。

　　单单由于泪腺作一次抑制的努力,还是收效很少;实际上,时常好像反而会引起相反的结果来。有一个年老而有经验的医生告诉我说,他时常发现,在有些妇女来请他诊断并且想要抑制哭泣的时候,唯一的阻止她们突发的痛哭的方法,就是:他恳切地请求她们不要去抑制哭泣,同时要确信长时间的尽量哭喊反而会使她们的病情减轻*。

　　婴孩的尖叫,是由延长的呼气再加上短促、迅速而差不多痉挛的吸气所构成;在年纪稍大的时候,还伴随着啜泣(呜咽)。根据格拉希奥莱所说,在啜泣的时候,主要是声门

---

　　①　例如可以参看《哲学学报》(*Philosoph. Transact.*)1864 年,第 526 页,马夏耳(Mashall)关于一个白痴的叙述。关于矮呆子方面,可以参看皮德利特的著作,《表情和人相学》,1867 年,第 61 页。

　　②　台洛尔:《新西兰和当地居民》(*New Zealand and its Inhabitants*),1855 年,第 175 页。

　　*　达尔文在这里所提到的医生,就是自己的父亲罗勃特·达尔文医生。在他的自传里,他讲到罗勃特医生的这种"治疗"方法("关于我的智力和性格的发展的回忆"这一节)。参看《达尔文的生平和书信集》(*Life and Letters of C. Darwin*),第 1 卷,第 17 页。——俄译本编者注。

（喉口,glottis）受到影响而动作起来。"在吸气克服了声门的阻力和空气冲进胸部的时刻",①这种啜泣声就发生出来,而且可以被听闻到。可是,整个呼吸动作也是痉挛性的和激烈的。同时,双肩一般向上耸起,因为这种动作可以使呼吸变得更加容易些。在我的一个婴孩出生以后 17 天的时候,他的吸气很迅速和强烈,几乎达到啜泣性质的程度;在他到 138 天的时候,我第一次观察到他的明显的啜泣;此后,他每次在一阵激烈的哭喊以后就发出啜泣声来。呼吸动作,一部分是随意的,而另一部分则是不随意的;我以为,啜泣的发生原因,至少一部分是在于:小孩在经过婴孩时代的初期以后,具有几分控制自己的发声器官和抑制尖叫的能力;可是,他们还具有很少控制呼吸肌肉的能力,所以这些肌肉在发生了激烈动作以后,仍旧要有一段时间继续作不随意的或者痉挛的动作。大概啜泣是人类所特有的动作,因为动物园里的饲养员对我肯定说,他们从来没有听到任何一种猿发出啜泣声来,不过猿类在被追逐和捕捉住的时候,常常高声尖叫,此后则作着长时间的喘气。因此,我们可以看出,在啜泣和自己流泪之间具有很大的类似,因为人类的小孩的啜泣,并不是在婴孩时代的早期就开始发生,却是后来比较突然地出现,而在后来则随着每次激烈的哭喊而发生,一直到年龄更大而这种习惯被抑制为止。

眼睛周围肌肉在尖叫时候收缩的原因——我们已经看到,婴孩和幼年的小孩在尖叫的时候,总是靠了眼睛周围肌肉的收缩而把双眼紧闭起来,因此眼睛四周的皮肤都起皱。从年纪较大的小孩方面,甚至从成人方面,也可以观察到,当他们发生激烈的不停地哭喊时候,这些同样的肌肉也有收缩的倾向,不过他们也时常为了要不妨碍视觉活动,而抑制这种收缩动作。

贝尔爵士就用下面一段话来说明这种动作:"不论在衷心的笑声、在哭泣、在咳嗽或者在打喷嚏的时候,每次在激烈的呼吸动作里,眼轮匝肌就把眼球紧紧压缩起来;因此这就支持和保护了眼球内部的血管系统,防止那种使血液在这时候向静脉方面输送的逆向冲动。当我们在收缩胸部和排除空气的时候,颈部和头部的静脉里的血液流动受到阻止;如果排除空气的动作更加强烈,那么血液不仅把血管扩大起来,而且甚至要去充满最细的微血管。这时候,要是不适当地压缩眼睛,对血液的冲压不加以抵挡,那么眼睛内部的柔弱的组织就可能遭受到不可挽救的伤害"。②　其次,他又补充说:"如果我们把婴孩的眼睑扳开,去检查他的眼睛,使他由于激怒而哭喊和挣扎,那么因为他不再去对眼睛的血管系统作自然的维护,并且也不再去采取那些保护眼睛的方法,以便抵挡接着发生的血液奔冲情形,那么眼结膜就突然被血液所充满起来,而眼睑也因此向外翻转"。

根据贝尔爵士的断定,并且还根据我经常观察所得到的结果,不仅在尖叫、高声大笑、咳嗽和打喷嚏的时候,而且也在另外几种类似的动作时候,都会使眼睛周围的肌肉发生强烈收缩。一个人在激烈地擤出鼻涕的时候,就把这些肌肉收缩起来。我曾经叫自己的一个小孩尽量用力高声呼喊;每次当他开始呼喊的时候,他就坚强地收缩起眼轮匝肌来;我多次观察到这种现象;当我询问他为什么每次要紧闭眼睛的时候,我方才发现他完

---

① 格拉希奥莱:《人相学》,1865 年,第 126 页。

② 贝尔:《表情的解剖学》,1844 年,第 106 页。还可以参看他的文章;载在《哲学学报》,1822 年,第 284 页;又 1823 年,第 166 页和289 页。还可以参看他的著作《人体的神经系统》(*The Nervous System of the Human Body*),第三版,1836 年,第 175 页。

全不知道这种事实；原来他是本能地或者无意识地进行这种动作的"。①

为了使这些肌肉收缩起见，用不到真正要把空气从胸部呼出；只要在闭住声门而不让空气向外逸散的时候，用大力把胸部和腹部的肌肉收缩起来就足够了。在激烈的呕吐和干呕时候，因为空气充满胸部而使横膈膜下降；此后，它由于声门闭住，"还有由于它本身的纤维的收缩"，而保持着这种位置。② 接着腹部的肌肉强烈收缩起来，把胃脏压缩，使胃脏本身的肌肉也收缩起来，因此就把它的内含物呕吐出来。在每次作呕吐的努力时候，"头部大量充满血液，因此面部发红和胀大，并且面部和颞颥（太阳穴）的大静脉也显著地扩大起来"。同时，据我从观察方面所知，眼睛周围的肌肉就强烈收缩起来。同样也发生一种情形，就是：腹部肌肉用异常的力量向下压迫，使肠管里的内含物排除出去。

如果胸部的肌肉不发生强烈的动作，去排出和压缩肺部的空气，那么即使身体的肌肉作最大的用力，也不能够使眼睛周围的肌肉收缩。我曾经观察过自己的儿子们；虽然他们用大力做着体操，例如多次用双臂把身体吊升空中，并且把重物从地上举起，但是简直一些也看不出他们眼睛周围的肌肉收缩的痕迹。

正像我们以后将看到的，因为这些肌肉为了在激烈呼气时候保护眼睛而发生的收缩，间接上就成为我们的几种最重要的表情方面的一个基本要素，所以我非常急切地要去确定贝尔爵士的见解究竟可以被证实到怎样程度。大家知道，乌得勒支（Utrecht，荷兰的城市）的唐得尔斯教授，③是欧洲最著名的研究视觉和眼睛构造的权威之一；他使用了现代科学所发明的很多精巧的仪器，极其亲切地替我去进行这方面的研究，并且已经把研究的结果发表出来。④ 他证明说，在激烈呼气的时候，眼球的外部、内部和后面的血管，都能够由于两种情形而充血，就是由于动脉里的血液压力增加和由于静脉里的血液的回流被阻止。因此，在激烈的呼气时候，眼睛的动脉和静脉的确或多或少扩大起来。在唐得尔斯教授的宝贵的研究著作里，就可以发现这方面的详细的证据。我们可以看到，在一个人由于一半窒息而激烈咳呛的时候，他的头部的静脉突出，面部发紫；这就是激烈呼气对于静脉的影响。根据这位权威的著作，我们也可以提出说，在每次激烈呼气的时候，的确整个眼睛略微向前突出。这种情形是由于眼睛后面的血管扩大而发生的，并且也可

---

① ［绰塞（Chaucer）在描写雄鸡的啼叫声的时候写道：
"这只雄鸡把全身挺直着高站起来，
伸长了头颈，紧闭住双眼，
喔喔地高声啼叫，唤醒尼姑们"。

——绰塞，"*The Nonnes Priestes Tale*"
盖耳爵士（W. Gull）引起了著者对这一段诗句的注意力。］

② 参看勃林顿（Brinton）博士关于呕吐作用的报告，载在托德（Todd）所编的《解剖学和生理学百科辞典》（*Cyclop. of Anatomy and Physiology*），1859 年，第 5 卷，补编，第 318 页。

③ 我非常感谢巴乌孟（Bowman）先生[58]把我介绍给唐得尔斯教授[59]相识，并且由于巴乌孟先生的帮助而使这位大生理学家去进行现在这个问题的研究。巴乌孟先生还极其亲切地把这方面的很多要点告诉我，因此我对他更加感谢。

④ 这篇研究著作起初发表在 *Nederlandsch Archief voor Genees en Natuurkude*，第 5 卷，1870 年。穆尔（W. D. Moore）博士把它翻译成英文，题目是 *On the Action of the Eyelids in Determination of Blood from expiratory effort*（眼睑在呼气的努力而引起的血液涌集方面的作用），载在比耳（L. S. Beale）博士所编的《医学文摘》（*Archives of Medicine*），1870 年，第 5 卷，第 20 页。

以从眼睛和脑子的密切联系方面来预料到；[60]在把头盖骨的一部分取除去以后，我们就可以知道，脑子在随着每次呼吸而一升一降地运动着；在婴孩的头部的没有闭合的缝隙里，也可以看到同样的升降现象。我以为，被绞死的人的眼睛好像是从眼窝里跳出来的样子，这也是由于同样的理由而发生的。①

至于说到在激烈的呼气的努力时候用眼睑的压力来保护眼睛方面，那么唐得尔斯教授从他的各种观察方面得出结论说，这种动作的确限制或者完全消除了血管的扩大②。他还补充说，在这些情形下，我们时常可以看到，手会不随意地举起，放到眼睑上面，好像要更加良好地支持和保护眼睛似的。

可是，现在还不能提出很多证据，来证明眼睛的确由于在激烈呼气时候缺乏支持而受到伤害；不过也已经有了几个证据。有一个关于这方面的"事实，就是：在激烈的咳嗽或者呕吐的时候，特别是在打喷嚏的时候，加强的呼气的努力有时就会引起眼睛的（外部的）小血管破裂"。③　至于说到眼睛内部的血管，那么最近根宁（Gunning）博士记录到一个由于患百日咳而发生眼球突出的病例；根据他的意见，这种情形是由于眼球深处的血管破裂而发生的；还有一个类似的病例也被记录下来。可是，即使单单由于不舒适的感觉，恐怕也足够去引起这种用眼睛周围肌肉的收缩动作来保护眼球的联合性习惯。甚至是一种对于伤害的意料或者可能性，也足够诱发起眼睑不随意的霎动，正相似于一个物体在很接近眼睛处移动时候所发生的情形。因此我们可以从贝尔爵士的观察方面，特别是从唐得尔斯教授的更加细心的研究方面，来很有把握地做出结论说，小孩在尖叫时候的眼睑紧闭，是一种富于意义和实际用处的动作。

我们已经知道，眼轮匝肌的收缩动作，引起上唇向上提升；因此，如果嘴张开得很大，那么由于降肌的收缩而把嘴角向下牵引。由于上唇向上提升，双颊上的鼻唇沟也随着形成起来。因此，在哭喊时候，面部的一切主要的表情动作，显然都是由于眼睛周围的肌肉收缩而发生的。我们还可以看出，流泪也是由于同样这些肌肉收缩而发生的，或者至少也是和它们有相当的关系。

在有几个上面所讲到的情形里，特别是在打喷嚏和咳嗽的情形里，很可能眼轮匝肌的收缩，也可以作为一种保护眼睛以避免过分激烈的震荡或者振动的辅助手段。我也有

---

①　［费拉得尔菲亚（Philadelphia，美国城市）的克恩（Keen）博士（在没有署写日期的来信里）请我注意到他所写的关于这个问题的文章，载在《叛乱战争时期的医学和外科学历史（外科学部分）》（*Med. and Surg. History of the War of Rebellion，Surgical Part*），第 1 卷，第 206—207 页。里面讲到有一个病人因为受到枪伤而失去头盖骨的一部分，后来虽然被治愈，但是在他的头部表面出现一个凹陷部分；这个部分的头皮低降 1 英寸。在普通的呼吸时候，这个部分没有什么影响；可是在适应的咳嗽时候，就有小圆锥体向上隆起；而在剧烈的咳嗽时候，这个凹陷部分就转变成突起部分，升起在头部表面以上。］

②　唐得尔斯教授（在前一个附注里提出的医学文摘，第 28 页）指出说，"在眼睛受伤以后，在受到手术以后，还有在某些内部发炎的症状时候，我们认为闭住眼睑的均匀支持具有重大意义；在很多病例里，我们由于使用绷带而可以增加这种支持力。在这两种情形里，我们都谨慎地设法避免呼气时的巨大压力；大家都知道这种压力的害处"。巴乌孟先生告诉我说，在小孩方面有一种病，叫做腺病性眼炎症（Scrofulous ophthalmia）；在患这种病的时候，也同时发生过度怕光病，就是：由于光线非常强烈，使病孩在几星期或者几月里经常用强行闭住眼睑的方法来遮断光线。而在一张开眼睑的时候，他就会由于眼贫血而发生这种毛病；这不是一种不自然的贫血，但是并没有出现那种在表面有些发炎时候所能使人预料到的发红现象。巴乌孟先生爱好把这种贫血现象看做是由于强力闭住眼睑而引起的。

③　唐得尔斯：同上附注里的杂志，第 36 页。

这种想法,因为狗和猫在啃咬坚硬骨头的时候,时常把眼睑闭住;至少有时在打喷嚏的时候是这样的;不过狗在高声吠叫的时候却不发生这种现象。塞登先生曾经替我仔细观察了幼年的猩猩和黑猩猩;他看出,这两种猿在打喷嚏和咳嗽的时候,常常闭住眼睛,但是在激烈地尖叫的时候则不闭眼。我曾经把一小撮鼻烟给美洲产的一种猿,就是卷尾猿(Cebus);它在嗅闻以后,每打一次喷嚏,就把眼睑闭住;可是,在后来有一次高声呼叫的时候,却没有把眼睑闭住。

眼泪分泌的原因[①]——在任何一个关于精神受到影响而引起流泪的理论里,一定要考虑到一个重要的事实,就是:每次在眼睛周围的肌肉作强烈而不随意的收缩,以便压缩血管而因此保护眼睛的时候,就有眼泪分泌出来,时常因为分泌得很多而从面颊上滚落下来。在最相反的情绪之下,甚至在完全没有情绪的时候都会发生流泪的情形。在这些肌肉的不随意的强烈收缩和眼泪的分泌之间的关系的存在情形方面,有一个唯一的例外,而且也只不过是一部分的例外,就是幼年的婴孩没有这种情形;幼年的婴孩在紧闭眼睑而发出激烈的尖叫时候,通常不哭泣出泪来;他们要到 2 个月、3 个月或者 4 个月的年龄时候,方才会流泪。可是,他们在很早的时候也分泌眼泪,而使它充满在眼眶里。前面已经指出,显然可以认为,这时候泪腺由于缺少练习或者另一种原因,而不能在极幼小的年纪时候起有完善的机能活动。在年纪稍大的小孩方面,由于任何痛苦而发生的哭喊或者哭泣,总是经常和流泪同时出现,所以哭泣(weeping)和哭喊(crying)就成为同义词了。[②]

在相反的情绪即大乐或者喜悦的时候,如果同时发出的出声的笑是适度的,那么眼睛周围的肌肉就简直没有什么收缩,因此也不发生皱眉;可是,用急速而激烈的痉挛性呼气来发出一阵阵哈哈大笑的时候,眼泪就会流下到面部上来。我曾经多次注意到一个人在激烈的出声的笑发作以后的面部变化;我可以看出,眼轮匝肌和那些跟上唇相连的肌肉,当时仍旧有一部分收缩;它们和泪渍的面颊一起使面部的上半部分具有一种表情;这种表情却和小孩由于悲哀而还有泣诉的表情一般无二。我们在后面的一章里可以看到,在所有各人种当中,都普遍存在着这个激烈的出声的笑的时候流泪到面部上来的事实。

当一个人在激烈咳嗽时候,尤其是同时还一半窒息的时候,面部发紫,静脉扩大,眼轮匝肌强烈收缩,并且眼泪流下到面颊上来。差不多每个人甚至在发出一阵普通的咳嗽以后,也不得不拭去眼睛里的泪水。根据我自己的亲身体验和从其他人那里所观察到的

---

① [亨列在《人类学报告》(*Anthropologische Vortäge*,1876 年,第 1 册,第 66 页)里,讨论到情绪对于某些身体动作的影响,并且指出说,不管我们去考察肌肉的收缩,或者去考察血管的变化,或者腺的分泌情形,总是有一个普遍的倾向,就是情绪状态的征象都在头部附近开始出现,此后就向下面传布开来。他指出说,在恐怖的时候,汗水先在额角上分泌出来;并且把这种现象看做是一个适用于分泌方面的法则的例子。他还用同样的见解来说道,在发生强烈的情绪时候,最初出现的效果就是流泪,此后接着出现的就是流口水;如果发生更加激烈的精神状态,那么肝脏和腹部的其他内脏也要受到影响。亨列完全依据于解剖学方面的观察,因为他说道:"如果不幸那个使唾液腺兴奋的神经的起端,比引起流泪的神经更加接近于大脑两半球,那么诗人们一定会去赞颂流口水,而不去描写流泪了"。这一种概括的说法,还没有说明各种不同的情绪时候的特殊的动作,就是没有说明这样一个问题:为什么在悲哀的时候,而不是在恐怖的时候,我们却不流出汗来?]

② 亨士莱·魏之武先生(《英语字源学字典》,1859 年,第 1 卷,第 410 页)说道,"to weep(哭泣)这个动词,起源于盎格罗-萨克森语的 wop;而 wop 的最初意义,单单就是 outcry(喊叫)。

情形,在激烈呕吐或者干呕的时候,眼轮匝肌就强烈收缩起来,有时眼泪也大量流下到面颊上来。有人提出一个猜测给我说,这种情形可能是由于有刺激物质侵入鼻孔里而发生,并且由于反射作用而引起眼泪分泌。因此,我就请求我的一个做外科医生的通信者,去注意观察这种在胃里不吐出任何东西来的干呕现象的效果;由于奇怪的偶然巧合,就在第二天早晨,他自己正犯上了干呕的毛病,并且在以后三天里,他又观察了一个患同样毛病的妇女;他肯定说,在这些情形当中,一次也没有丝毫东西从胃里吐出来,但是眼轮匝肌却强烈收缩起来,而眼泪也自由分泌出来。我也可以确实有据地肯定说,在腹部肌肉用异常大的力量向下方压迫肠管的时候,眼睛周围的同样肌肉也强烈收缩起来,并且同时自由分泌出眼泪来。

打呵欠是从深吸气开始,接着就是一次又长又强烈的呼气;同时,差不多全身肌肉,连眼睛周围的肌肉在内,都强烈收缩起来。在这种动作发生的时候,常常有眼泪分泌出来;我曾经看到,甚至也有眼泪从面颊上滚落下来的情形。

我时常观察到,有些人在搔痒到一个不可忍耐的痒处时候,就用力紧闭住自己的眼睑;可是据我看来,他们起初并没有作深吸气,后来也没有用力排出空气来;而且我也从来没有观察到当时有眼泪充满在眼眶里;可是,我也不打算来肯定说,没有眼泪分泌出来,大概这种用力紧闭眼睑的情形,单单是全身的几乎一切肌肉同时采取刚硬状态时候所使用的一般动作的一部分罢了[61]。根据格拉希奥莱所提出的意见,[①]一个人在嗅闻到芬芳的香气,或者尝到鲜美的食品时,常常同时作轻度的闭眼;还有在想要消除去眼睛所看到的任何扰乱的印象时候,也发生这种情形;可是,这种情形是完全和上面所说的紧闭眼睑的情形不同的。

唐得尔斯教授写信告诉我下面的一种情形道:"我曾经观察了几个很有趣味的病例,就是:在眼睛受到轻微的擦伤(触碰)的时候,例如在它受到外套的衣角擦拭,而一些也没有伤痕和淤伤的时候,眼轮匝肌就会痉挛起来,同时流出大量眼泪来,大约有 1 小时的长久。有时在隔了几星期以后,同样的肌肉又再发生激烈的痉挛,同时也分泌出眼泪来,还有初次或者第二次的眼睛发红情形一起出现"。巴乌孟先生告诉我说,他有时也观察到类似的情形,不过有几次他没有看到眼睛同时发红或者发炎的情形。

我很想要去查明,在任何一种比较低等的动物方面,是不是也在激烈呼气时候,眼轮匝肌和眼泪分泌之间也存在着同样的关系;可是,只有极少的动物会长久收缩这些肌肉,或者会流出眼泪来。以前在动物园里曾经饲养马尔猕猴(*Macacus maurus*),它作过很强烈的哭泣,很可以充当良好的观察对象;可是,现在所饲养的两只猿,虽然也被认为是属于同一个种,却不哭泣。虽然这样,巴尔特莱特先生和我仍旧在它们高声尖叫的时候,去仔细观察它们,并且看出它们好像也把这些肌肉收缩,不过因为它们在兽笼里很迅速地跑来跑去,所以很难确切地去观察它们。根据我所能够确定的情形说来,其余的各种猿猴,在尖叫时候都不会收缩眼轮匝肌。

大家知道,印度象有时也哭泣。顿宁特(E. Tennent)爵士在描写他在锡兰岛上亲自看到的捕捉和捆缚象的情形时候说道,有几只象"躺卧在地上不动,除了眼泪充满眼睛和

---

① 格拉希奥莱:《人相学》,1865 年,第 217 页。

不断流出以外，没有作出任何其他的苦恼的表示来"。他还谈到另外一只象道，"在这只象被制服和被捆缚住的时候，它的悲哀极其动人；它的狂暴陷入到极度疲乏，于是它横卧在地面上，发出窒息程度的叫喊声，眼泪沿着它的双颊流下来"。① 在动物园里，印度象的饲养员肯定说，他有几次看到，年老的母象在有人夺去它的小象而发生悲痛时候，就流泪到面颊上来。因此，我极其想要去查明象在尖叫或者发出很响亮的喇叭声时，是不是收缩眼轮匝肌，而成为人类的眼轮匝肌收缩和流泪之间的关系的扩展情形。饲养员为了满足巴尔特莱特先生的希望，就命令老象一同发出喇叭声来；于是我们多次看到，在这两头象刚要发出喇叭声来的时候，它们的眼轮匝肌，特别是下眼轮匝肌，就明显地收缩起来。以后有一次，饲养员使老象发出特别高大的喇叭声来，它的上下两眼轮匝肌仍旧照常做着强烈的收缩，但是现在双方的收缩程度相等。可是，有一个奇怪的事实，就是非洲象却和印度象大不相同，因此它被自然科学家们列进另外一个亚属；在两次使非洲象发出高大的喇叭声时候，它的眼轮匝肌一些也没有显露出收缩的痕迹来。[62]

　　从前面所讲到的几个关于人类方面的例子里，我以为，在激烈呼气的时候，或者在用力压缩膨胀的胸部时候，显然无疑眼睛周围的肌肉收缩都和眼泪的分泌有相当密切的关系。这个说法对于极不相同的情绪方面都可以适用，而且和任何一种情绪毫无关系。当然我并不是想说，如果这些肌肉不收缩，那么眼泪就分泌不出来；显然大家知道，眼泪也时常在眼睑不闭合和眉毛不皱紧的情形下自由地流出来。这种使眼泪出现的肌肉收缩，一定要是不随意的和长久的（例如在窒息发作的时候），或者是强有力的（例如在打喷嚏的时候）。单单眼睑作不随意的眨动，即使时常重复进行，也不能使眼泪分泌到眼睛里来。如果把眼睛周围的几种肌肉作随意的长久的收缩，那么这也不足够去达到这一点。因此小孩的泪腺容易受到兴奋，所以我就请自己的小孩和另外几个年龄不同的小孩，用最大力量去多次收缩这些肌肉，并且尽可能长久地收缩它们，可是这简直没有发生出什么效果来。虽然有时在眼睛里出现少量水分，但是显然可以认为，这只不过是把泪腺里以前已经分泌出来的一些眼泪挤出来罢了。

　　现在还不能肯定地说出眼睛周围肌肉的不随意的强烈收缩和眼泪的分泌之间的关系性质来，不过也可以提出一个关于这方面的近于真实的见解来。眼泪连同某种黏液的分泌的首要机能，就是要使眼睛表面润滑；而它的次要机能，则根据有些人所说，是要保

①　顿宁特：《锡兰》(Ceylon)，第三版，1859 年，第 2 卷，第 364 页和第 376 页。我曾经请求锡兰岛上的斯瓦特斯(Thwaites)先生供给我更多关于象的哭泣的报道，因此后来就接到牧师格列尼(Glenie)先生的来信，他和其他的人亲切地替我观察了一群最近被捕捉到的象。他讲到，这些象在发怒时候，作着激烈的尖叫；可是值得使人注意的是：它们在发出这样的尖叫时候，却从来没有把眼睛周围的肌肉收缩。同时，它们也绝不流泪；当地的猎象者们肯定说，他们从来没有观察到象的哭泣情形。虽然这样，我以为，却不可能去怀疑顿宁特爵士关于它们哭泣的明确的说明，而且伦敦的动物园里的饲养员的肯定的断言也支持这种说法。的确，动物园里的两头象在开始发出高大的喇叭声时候，总是把眼轮匝肌收缩起来。我只能够用下面的假定来调和这些矛盾的说法，就是：最近在锡兰岛上所猎捕到的象，因为发生大怒或者惊恐，而希望去观看追捕它们的人，结果就不去收缩眼轮匝肌，而视觉也因此没有受到妨害。顿宁特爵士所看到的这些在哭泣的象，则是疲乏无力的，并且是失望而放弃战斗的。还有动物园里的两头听到命令声音而发出喇叭声来的象，当然是既没有受惊也没有发怒。

　　[戈尔顿·肯敏(Gordon Cumming，南非洲的猎狮者，The Lion Hunter of South Africa，1856 年，第 227 页)在描写到一头被来复枪的子弹严重伤害的非洲象的举动时候说道："大量的眼泪从它的眼睛里滴落下来；它缓慢地把眼睛一闭一张"。华耳克尔(W. G. Walker)先生曾经促使著者去注意这个事实。]

持鼻孔潮湿,而可以使吸进的空气含有水分,[①]并且也可以对嗅觉力增强方面有利。可是,眼泪还有一种机能,至少也和上述的机能同样重要,就是要把尘粒或者其他可以侵入眼睛里的微小物体冲洗去。在有些情形下,由于眼睛和眼睑不能活动,不能把尘粒除去,因此引起了角膜发炎而变得不透明;这一点也清楚地证明了这种机能是很重要的。[②] 任何外来物体侵入眼睛对它刺激而引起眼泪的分泌,是一种反射作用;就是说,这种物体刺激了末梢神经,而这条神经又把印象传递给一定的感觉神经细胞;后者又接着使其他的细胞受到影响,而这些细胞又再使泪腺受到影响。根据一个可以使人相信的良好理由说来,这种传达给泪腺的影响,引起小动脉的肌肉鞘(muscular coats)宽弛;因此,这就容许更多的血液侵入腺组织,引起眼泪大量分泌出来。如果面部的小动脉(连网膜的小动脉也包括在内)在极不相同的情况下,就是在极度的脸红时候,变得宽弛起来,那么有时泪腺也会受到同样的影响;因为双眼被泪水所充满的缘故。

要去提出一种推测来说明很多反射作用的起源,这是一种困难的事情;可是,在谈到这个关于眼睛表面所受的刺激对泪腺的影响的情形方面,也可以来恰当地指出一种情形,就是:在某种水栖动物类型刚才变成半陆栖习性的动物,并且尘粒容易侵入它的眼睛里去的时候,如果不把这些尘粒冲刷去,那么它们就会引起很大的刺激;根据神经力量向相邻各神经细胞的传布原理,泪腺就会受到刺激而分泌眼泪出来。因为这种情形时常会发生,又因为神经力量容易沿着惯熟的通路传布开来,所以轻微的刺激就已经很足够去引起眼泪自由分泌出来了。[63]

当这种性质的反射作用靠了这种方法或者其他一种方法被建立起来,并且变得容易发生出来的时候,如果有另一些刺激物,例如冷风、缓慢进行的炎冲过程或者有一种对眼睑的打击,来对眼睛表面发生作用,那么这就会引起眼泪大量分泌出来;我们都知道,这种情形是常有的。泪腺也由于受到相邻部分的刺激而动作起来。例如,在刺激性气体对鼻孔的黏膜发生刺激的时候,虽然可以把眼睑紧闭起来,但是眼泪仍旧会大量分泌出来;在把鼻子打一记的时候,例如在用拳击手套去打它的时候,也会发生这种情形。我曾经看到,在用一种有刺痛力量的软鞭抽打面部,也会发生同样的效果。在这些后面的情形里,眼泪分泌是偶然的结果,却没有直接的用处。因为面部的所有这些部分(包括泪腺在内)都连接着同一条神经——就是第五神经——的分支,所以我们可以相当地理解到,它的任何一条神经支的兴奋影响,应当会传布到其他各神经支的神经细胞或者基部去。

在一定的条件下,眼睛的内部也对泪腺起有反射方式的作用。巴乌孟先生亲切地告诉我下面一些情形;可是,这个问题极其复杂,因为眼睛的所有各部分都是互相有密切的联系,而且对于各种各样的刺激物都很敏感。如果视网膜在正常的状态下受到强烈光线的作用,那么这种光线还很少会引起眼泪分泌的倾向;可是,如果一个身体不健康的小孩患有角膜小慢性溃疡,那么他的视网膜对光线就有极度感应性,即使是普通的日光,也会引起他的眼睑用力的长久的紧闭,同时眼泪也大量流出来。如果有些人应当开始去戴凸

---

① 伯尔金(Bergeon)在自己的文章里引用过这种说法,《解剖学和生理学杂志》(*Journal of Anatomy and Physiology*),1871 年 11 月,第 235 页。

② 例如,可以参看查理士·贝尔爵士所提供的一个例子,《哲学学报》,1823 年,第 117 页。

面眼镜,而他们还惯常去紧张使用眼睛的薄弱的调节力量,那么眼泪就会常常过度分泌出来,而且视网膜也容易对光线过度敏感起来。总之,眼睛表面的病变和那些有关调节作用的睫状体(ciliary structures)的病变,都容易使眼泪过度分泌出来。如果眼球硬化,还没有达到发炎的程度,但是眼球内部血管所流出的液体和再被这些血管所吸收的液体之间的平衡状态已经遭到破坏,那么通常并不会同时发生眼泪的分泌情形。从另一方面看来,如果这种平衡状态并没有破坏,而眼球反而变得太柔软起来,那么就有眼泪分泌的很大倾向。最后,有很多种眼睛的病变状态和构造上的变化,甚至也有最严重的发炎情形,却也可能很少或者完全不引起眼泪的分泌情形。

还有一种情况值得使人注意,因为它对我们的这个问题有间接的关系;这就是:眼睛和它的相邻部分,除了那些和泪腺有关的方面以外,还受到反射运动、联合运动、感觉和各种动作的极多方面的影响。在明亮的光线单单刺激一只眼睛的网膜时候,它的瞳孔就收缩起来,但是另外一只眼睛的瞳孔却要在经过相当的一段时间以后才开始行动。在调节近视或者远视方面,还有在使双眼凑聚在一点上的时候,瞳孔也作同样的收缩行动。[①] 每个人都知道,在极强的明亮光线下面,双眉就以多么不可抗拒的力量向下降。如果把一件东西靠近一个人的眼睛面前移动,或者使他突然听到一种声音,那么他的眼睑也会作不随意的眨动。甚至还有一个更加有趣的事实,就是:大家都知道,明亮的光线也会使一些人打喷嚏;这是因为神经力量当时从一定的和视网膜有联系的神经细胞传布到鼻子的敏感的神经细胞方面,引起它们发痒;接着神经力量又从这些神经细胞再传布到那些支配各种呼吸肌肉(连眼轮匝肌也包括在内)的细胞,于是这些肌肉就用特殊的方法把空气排出,使它单单通过鼻孔而冲出去。

现在回头再来谈到我们的论题:为什么在尖叫发作或者其他激烈的呼气努力时候,有眼泪分泌出来?因为轻敲眼睑会引起眼泪大量分泌出来,所以至少也可能认为,用强烈压缩眼球的方法使眼睑痉挛收缩,也同样地会引起一些眼泪分泌出来。这种说法大概是可能成立的,不过同样的这些肌肉随意收缩却毫不发生这种效果。我们知道,一个人如果要使用一个相近于他在自动打喷嚏或者咳嗽方面所用的力量,去作故意的打喷嚏或者咳嗽,那么一定不能成功;在眼轮匝肌的收缩方面也有同样的情形:贝尔爵士曾经对这些情形作过实验,并且发现,如果在黑暗里面突然用力闭紧眼睑,那么就会看见火星,好像是用手指叩打眼睑而引起的火星;"可是,在打喷嚏的时候,这种对眼睑的压缩力更加迅速和更加猛烈,所以火星也出现得更加灿烂"。显然可知,这些火星是由于眼睑收缩而发生,因为如果眼睑"在打喷嚏的时候仍旧张开,那么也就体验不到光的感觉"。我们已经看到,在唐得尔斯教授和巴乌孟先生所提出的特殊情形里,在眼睛受到极其轻微的伤而过了几星期以后,仍旧可以发生眼睑痉挛收缩的情形,同时也流出大量眼泪来。在打呵欠的时候,眼泪出现的原因,显然单单是眼睛周围肌肉痉挛收缩所起。虽然有了这些后面的情形,似乎仍旧很难担保说,眼睑对于眼睛表面的压力,即使是用痉挛方式来发生,因此也是用一种比有意进行时候所能使用的压力更加大得多的力量来发生,也应当

---

① 关于这个问题方面,可以参看唐得尔斯教授的著作:《论眼睛的调节和折射的异常情形》(*On the Anomalies of Accommodation and Refraction of Eye*),1864 年,第 573 页。

在激烈的呼气努力时候使眼泪分泌出来的很多情形里,足够靠了反射作用来引起眼泪的分泌。

同时,可能还有一种原因也在这里起有作用。我们已经知道,眼睛的内部在某些条件下,用反射方式对泪腺起作用。我们知道,在激烈的呼气努力的时候,眼睛的血管里的动脉血的压力增大起来;同时静脉血的回流受到阻碍。因此,显然也可能认为,眼球血管的扩大在这样被引起以后,就会由于反射作用而对泪腺起作用;因此,也就增大了眼睑对眼睛表面的痉挛性压力所引起的效果。

我们在考虑到这种见解可靠到多少程度的时候,应当记住,婴孩的眼睛已经在无数世代里,每当他们尖叫的时候,就已经受到这双重的作用;还有,根据神经力量容易沿着惯熟的通路传布的原理可以知道,甚至是眼睛受到适度的压力和眼球血管发生适度的扩大,也一定会由于习惯而最后对泪腺起有作用。我们已经看到一种类似的情形,就是:甚至在轻度的哭喊发作时候,即使在眼睛里没有发生血管扩大和没有激起不舒适的感觉,眼轮匝肌也差不多常常要作轻度的收缩。

除此以外,如果复杂的动作或者运动以彼此密切的联合方式长期进行下去,并且它们由于任何一种原因而起初有意地被制止,而后来则被习惯地制止,那么以后在相当的兴奋条件发生的时候,其中最少受到意志的支配的动作或运动的任何部分,就将仍旧时常无意识地发生出来。腺的分泌作用显著地不受到意志的影响;因此,随着个人的年龄的增加,或者随着种族的文化的增长,哭喊和尖叫的习惯被抑制下去,因此也就不发生眼睛血管的扩大现象,但是仍旧可以清楚地看出眼泪还在分泌出来。正像前面所指出的,我们可以观察到,一个阅读悲哀小说的人的眼睛周围的肌肉,用着一种微弱得难以使人觉察到的程度来发生痉挛或者颤动。在这种情形里,既不发出尖叫,也不发生血管的扩大,但是一定的神经细胞由于习惯,而把微小的神经力量输送给那些支配眼睛周围肌肉的细胞;同时它们也把一些神经力量输送给那些支配泪腺的细胞,因为这时候正巧眼睛也常常被泪水所浸湿。如果我们完全防止了眼睛周围的肌肉痉挛收缩和眼泪分泌,那么仍旧可以差不多肯定说,一定还有几分要把神经力量向同样的这些方向输送的倾向;还有,因为泪腺显著地不受到意志的支配,所以它们仍旧极其容易发生作用,因此虽然没有其他外表征象出现,也就发泄了这些通过人的头脑的悲伤思想。[64]

为了进一步说明这里所提出的见解起见,我可以指出说,如果在所有各种习惯容易形成起来的幼年的早期,婴孩在愉快时候惯常发出一连串的大笑(同时他们的眼睛血管也扩大起来),而这种大笑也像他们在悲痛时候所产生的尖叫发作一样次数很多和连续不断,那么很可能在以后的一生里,无论在大笑时候或者在悲痛时候,都同样会大量和有规则地分泌出眼泪来。平和的出声的笑或者微笑,或者甚至是一种愉快的思想,也足够去引起眼泪适度的分泌。的确在这方面存在着一种明显的倾向;在后面的一章里,我们在谈到温情(tender feelings)这方面的时候,就将看到这一点。根据弗兰西涅(Freycinet)所说,①散得维齿群岛(就是夏威夷群岛)的土人的确把眼泪认为是幸福的表征;可是,我们还应当去求得比这个过路的航行者的说法更加可靠的关于这方面的证据来。其次,如

---

① 这个说法被引用在柳波克爵士的著作《史前时期》(*Prehistoric Times*,1865 年,第 458 页)里。

果我们的婴孩在很多世代里，而且他们各人又在几年里，都几乎是天天受到长久窒息发作的痛苦，而且同时眼睛的血管扩大和眼泪大量分泌出来，那么在以后的一生里，只要一想到窒息，而没有任何精神上的痛苦，也就足够会使他们的眼睛里涌现出泪水来；这是由于联合性习惯的力量而很可能发生的情形。

在作这一章的内容的总结时候可以说，哭泣大概就是下面这一连串事件的结果。小孩在想要吃东西的时候，或者在发生任何一种苦恼的时候，就要高叫哭喊，也像其他大多数动物的幼小者一样，一半是为了呼叫父母来援助，一半则是为了用各种巨大的努力来减轻自己的痛苦。长久的尖叫必然会引起眼睛血管充血；为了保护眼睛起见，这种情形就引起了眼睛周围肌肉收缩，最初是有意识的收缩，最后则成为习惯性的收缩。同时，这种对眼睛表面的痉挛性压缩，还有眼睛内部血管的扩大，显然在用不到发生任何有意识的感觉时候，就会由于反射作用而对泪腺发生作用。最后，由于三个原理的作用，就形成这样的一个过程，就是：苦恼在发生以后，用不到任何其他动作同时发生，也很容易引起眼泪分泌。这三个原理就是：第一是神经力量通过惯熟的通路传布原理；第二是广大扩展的自己影响范围的联合原理；第三是某些动作比其他动作更加容易受到意志支配原理。

虽然根据这种见解，我们必须把哭泣看做是一种偶然的结果，也像眼睛外侧受到打击而分泌眼泪或者视网膜受到明亮光线的作用而打喷嚏的情形一样是无目的的，但是我们仍旧可以毫无困难地理解到为什么眼泪的分泌是用来减轻苦恼的原因。如果哭泣愈是激烈或者愈是采取歇斯底里性质，那么它也就愈加能够减轻苦恼；这也是和全身痉挛、咬牙切齿和发出尖锐叫声的情形一样，都根据同一的原理，要在折磨的苦痛之下使它减轻。

## 第 7 章

# 人类的特殊表情——意气消沉、忧虑、悲哀、沮丧、失望

*• Low Spirits, Anxiety, Grief, Dejection, Despair •*

为什么在某种忧郁的思想每次从脑子里发生出来的时候，就出现一种略微可以辨认出的嘴角下降动作，或者双眉内端略微上升的动作，或者是这两种动作同时出现，而且立刻接着出现略微渗出眼泪的情形。可以认为，上面所说的这些动作，就是那些在婴孩期间里很经常而长久地出现的尖叫发作的退化的痕迹。

悲哀对于身体组织的一般影响——眉毛在苦恼时候的倾斜——眉毛倾斜的原因——嘴角下降

在我们的精神受到一阵真正的悲哀发作的袭击以后，如果它的原因仍旧继续存在，那么我们就会陷入意气消沉的状态；或者我们也曾完全失望和沮丧。长期的身体上的苦痛，即使还没有达到苦恼的程度，也通常会引起同样的精神状态来。如果我们预想要受到苦痛，那么我们就会发生忧虑；如果我们没有希望去减轻这种苦痛，那么我们就会失望起来。

有些发生过度悲哀的人，时常像前面的一章里所讲到的情形一样，用激烈而几乎发狂的动作来设法使悲哀减轻；可是，如果他们的苦恼有些减轻，但是仍旧延长下去，那么他们就不再打算采取行动，只是停留不动和成为被动状态，或者只是时时把身体前后摇摆。同时血液循环变得缓慢起来；脸色变得苍白；肌肉疲累无力；眼睑下垂；头部低垂到紧缩的胸部处；双唇、面颊和下颚都随着本身的重量而下垂。因此，整个面部轮廓就变得伸长起来；据说，一个听到了坏消息的人的面部就向下垂。以前有一队火地岛土人就用双手把自己的面颊向下拉引，尽量使面部变得更长，借此来竭力向我说明他们的朋友——猎捕海豹的船的船长——的精神沮丧情形。彭耐特先生告诉我说，澳大利亚的土人在精神沮丧的时候，显出下颚下垂的样子来。在受到长久的苦恼以后，双眼变得晦暗，缺乏表情，并且时常含有少量眼泪。眉毛也时常倾斜，这是由于眉毛的内端向上升起的缘故。因此，在前额上产生特殊形状的皱纹；这些皱纹是和单单皱眉所产生的皱纹很不相同的；不过在有些情形里，也可以单单出现皱眉来。同时嘴角向下牵引，因此大家通常就认为这是精神沮丧的表征，以致几乎就把它当做俗语了。

在这种情形下，呼吸变得缓慢而且微弱，时常还被深长的叹息所打断。格拉希奥莱指出说，每次当我们的注意力长久集中在任何一个问题上面的时候，我们就会忘记去进行呼吸动作，而此后则作一次深长的呼吸，来减轻自己；[1]可是，悲痛的人的叹息，则是由于呼吸缓慢和血液循环减慢而发生，所以也具有显著的特征。[2]因为一个处在这种状态下的人的悲哀，会时时再现出来，并且加强到发作性的程度，所以他发生的痉挛会影响呼吸肌肉，而使他以为在自己的喉咙里好像有一种东西在向上升起来；这种东西就是所谓歇斯底里症球（*globus hystericus*）。这种痉挛动作，显然是和小孩啜泣时候的痉挛情形相

---

◀ 达尔文的素描。分别为 Marion Collier（赫胥黎之女）和 Harry Furniss（1854—1925）所画。

---

① ［维克多尔·卡罗斯（Vitor Carus）教授请著者去注意到纳西（Nasse）的文章；这篇文章载在梅克耳（Meckel）所编的德国生理学论文集（*Deutches Archiv für Physiologie*，第1卷，1816年，第1页）里；在这页上叙述了这种特征性的叹息类型。］

② 上面所记述的说法，一部分是从我自己的观察方面得来，但是主要部分是从格拉希奥莱方面得来（《人相学》，第53页和第337页；关于叹息方面，第232页）；他已经细致研究了整个这方面的问题。还可以参看赫希克（Hushke）的著作：《表情和人相学》，《生理学片断》（*Mimices et Physiognomices，Fragmentum Physiologicum*），1821年，第21页。关于眼睛晦暗的情形方面，可以参看皮德利特的著作：《表情和人相学》，1867年，第65页。

似的，并且也是所谓一个人由于过废悲哀而窒息时候所发生的严重痉挛的残余。①

　　眉毛的倾斜——在上面的叙述里，只有两点要获得进一步的说明；这两点是极其奇怪的，就是：眉毛的内端向上升起和嘴角向下牵引。关于眉毛方面，有时就可以看到，在一个人发生严重的沮丧或者忧虑的时候，他的眉毛就采取倾斜的位置；例如，我曾经观察到，有一个母亲在向她的生病的儿子讲话的时候，她的双眉就倾斜起来；有时，那些引起真正的或者假装的悲痛的十分微小的或者极其短暂的原因，也曾激起眉毛倾斜。眉毛所以采取这种位置的原因，就在于：额肌的中央筋膜（central fasciae）的最有力的作用，把某些肌肉的收缩部分地抑制下去（这些肌肉就是眼轮匝肌，皱眉肌和鼻三棱肌，它们共同要把眉毛向下牵引和收缩）。这些中央筋膜由于本身收缩而单单把眉毛的内端向上拉起；因为皱眉肌同时把双眉拉扯在一起，所以眉毛的内端就挤缩成为皱襞或者肿块。这种皱襞就是眉毛在倾斜时候的外貌方面的最显著的特点；我们可以从照相图版Ⅱ的图2和图5里看到它。同时，眉毛由于各根小毛突出而有些竖起。克拉伊顿·勃郎博士也时常从忧郁病患者方面观察到，他们的眉毛长期保持倾斜的位置，因此"上眼睑特别显著地向上弓起"。在把照片（照相图Ⅱ，图2）上的青年的右侧和左侧的眼睑作比较以后，就可以看出这种形状的痕迹来，因为他不能够把两条眉毛作相同程度的动作。从他的前额上的沟纹左右不相等的情形看来，也可以证明这一点。我以为，眼睑所以显著弓起，就只是由于眉毛内端向上升起而形成的，因为眉毛被举起而成弓形的时候，上眼睑也要随着略微作同样的移动。

　　可是，上述的肌肉相反收缩的最显著的结果，就表现在前额上所形成的特殊的沟纹。这些肌肉，在这样做着共同的而且相反的动作时，就被大家简单地称做悲哀肌。如果一个人用收缩全部额肌的方法把自己的双眉扬起，那么横皱纹就通过前额的整个宽度部分；可是，在现在的情形里，只有中央筋膜收缩，因此只是在前额中部出现横沟纹。同时，位在双眉的外面部分上方的皮肤，由于眼轮匝肌外围部分收缩，而被向下牵引，因此变得平滑起来。双眉也由于皱眉肌的同时收缩而敛集在一起；②[65] 后面的这种收缩动作就产生纵沟；这些纵沟使前额皮肤的外下部分去和中央的上升部分隔离开来。这些纵沟和中

---

　　①　关于悲哀对于呼吸器管的作用方面，可以去特别仔细参看贝尔爵士的著作：《表情的解剖学》，第二版，1844年，第151页。

　　②　在上面所提出的关于使眉毛变得倾斜的方法的叙述里，我依从着那种显然成为所有解剖学家的一般意见的说法；我曾经为了写述上面所提出的几种肌肉的动作而查看过这些解剖学家的著作，或者曾经和他们谈论过。因此，在本书的所有各处，我就对于皱眉肌、眼轮匝肌、鼻三棱肌部额肌的动作都采取相似的见解。可是，杜庆博士认为（而他所提出的每个结论，都值得使人作郑重的考虑），皱眉肌——就是他所称做的 Sourcilier——把双眉的内角举起，并且在和眼轮匝肌的上侧与内侧部分作相反的行动，也在和鼻三棱肌作相反的行动（参看《人相的机制》，1862年，对折本，说明书的第5条和图19—29；八开本，1862年，说明书第43页）。可是，他承认说，皱眉肌把双眉挤集在一起，在鼻梁的上方引起纵沟纹，或者引起蹙额。其次，他又认为，皱眉肌和上眼轮匝肌共同对双眉的外侧三分之二部分起作用；这两种肌肉在这里就和额肌发生对抗行动。在根据亨列的面部肌肉图（木刻图，就是前面绪论里的图3）来作判断的时候，我就不能够理解，为什么皱眉肌会依照杜庆所叙述的方法起作用。还有，关于这个问题，也可以参看唐得尔斯教授提出的说法，载在《医学文摘》（Archives of Medicine），1870年，第5卷，第34页。武德先生是大家都知道的一位细致研究过人体肌肉的科学家；他曾经告诉我说，我所提出的关于皱眉肌的动作的说明是正确的。可是，这对于眉毛倾斜所引起的表情方面，绝不是什么重要的一点，而且对于它的起源的理论也并没有多大的重要关系。

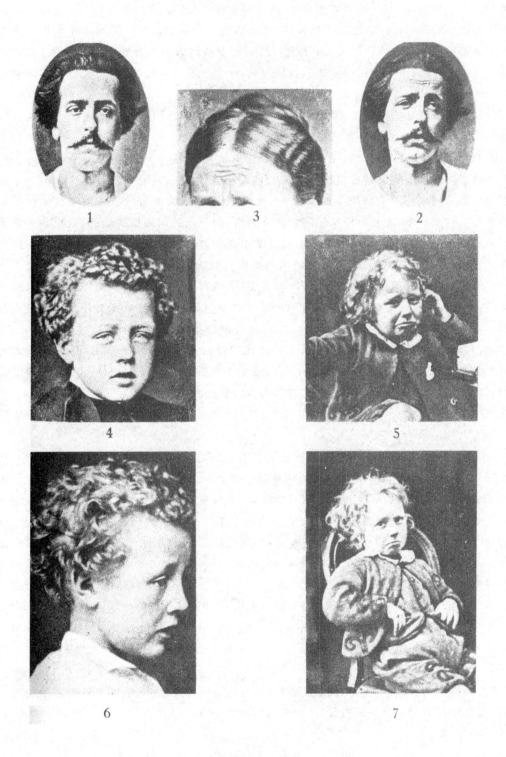

照相图版　Ⅱ

央的横沟纹结合在一起(参看照相图Ⅱ,图 2 和图 3),就在前额上形成一个可以和马蹄铁形状相比拟的印记;可是,更加严格地说来,这些沟纹形成四角形的三边。在成年人或者近于成年的人把双眉倾斜的时候,他们的前额上就时常显著地出现这些沟纹;可是在幼年的小孩方面,由于他们的皮肤不容易起皱,就很少看到这些沟纹,或者只能够辨别出它们的痕迹来。

在照相图版Ⅱ的图 3 里,最清楚地表明出,在一个年轻的妇女的前额上出现这些特殊的沟纹;这个妇女具有一种有意去对所需的肌肉起作用的异常大的能力。因为在拍摄这张照片的时候,这个妇女正在专心一致地作着这种皱眉的企图,所以她的表情绝不是悲哀的表情;因此,我也就单单把她的前额印制出来。同一图版的图 1 是从杜庆博士的著作里复制过来的;①它以缩小的尺寸表明出一个成为优秀演员的青年人在自然状态下的面部。在图 2 里,表明出他所扮演的悲哀表情,但是正像前面所讲到的,双眉并没有受到相等的作用。从下面的事实里就可以推断出这种表情是真实的:我曾经把原来的照片交给 15 个人观看,事先一些也没有向他们提出它所表明的意义,结果当中有 14 个人立刻回答说,他表明"绝望的悲痛"、"苦恼的忍受"、"忧郁"等等。图 5 的来历更加使人感到兴趣:我曾经望见一家店铺的橱窗里陈列着这张照片,于是为了要找出什么人拍摄它的起见,我就把它交给烈治朗德尔先生去看,并且向他指出这种表情是有多么大的悲伤。他就回答说,"是我拍摄它的;因为这个小孩在拍摄以前不多几分钟哭喊了一阵,所以它显然是悲伤的表情"。此后,他又取出一张这个小孩在安静状态时候被拍摄的照片给我看;现在我也把它复制,载在本书里(图 4)。在图 6 里,可以看出眉毛倾斜的痕迹来;可是,这个图也像图 7 一样,是为了表明嘴角下降情形而提出来的;下面就将谈到这种情形。

只有少数人没有事先的练习而就能够有意地使悲哀肌发生动作;可是,在作了几次练习以后,就会有相当多的人成功地达到这一点,不过也有一些人仍旧是失败的。各种人的眉毛的倾斜程度,各不相同;不论这种动作是有意的或者无意识的,都是这样。有一些人显然具有异常强大的鼻三棱肌;他们的额肌的中央筋膜即使可以收缩得很强烈,像前额上的四角形沟纹的出现情形一样,但是这种收缩仍旧不能够把双眉的内端提升起来,只不过防止了它们不太低降得像在没有收缩时候的程度罢了。根据我所能够观察到的情形说来,小孩和妇女要比成年男人更加经常去使用悲哀肌。至少是成年人,很少由于身体上的苦痛而去使用悲哀肌,但是差不多专门由于精神上的痛苦而使用它们的。有两个人,曾经在作了一些练习以后,就成功地使悲哀肌动作起来;他们在用镜子照看自己时候看出,他们在使眉毛倾斜的时候,也同时不随意地使嘴角下降;在自然发生悲哀表情时候,常常出现这种现象。[66]

这种自由使悲哀肌发生作用的能力,显然也差不多好像所有其他的人类的能力一样,是遗传而来的。有一个妇女,在她所出生的家族里已经产生很多著名的男女演员;她

---

① 我在这里向杜庆博士表示深切的感谢,因为他允许我从他的对折本的著作里用胶版印刷法复制了这两张照片(图版Ⅱ,图 1 和图 2)。在上面所提出的关于皮肤在双眉发生倾斜时候形成沟纹的说法当中,有很多就是从他关于这个问题的卓越论述方面借取来的。

自己能够"用惊人的精巧方法"来扮演悲哀的表情；她曾经告诉克拉伊顿·勃郎博士说，她的家族里的所有的人都显著地具有这种能力。勃郎博士也曾经对我说，这种表情的遗传倾向，据说曾经传递到华耳脱·斯各特（Walter Scott）爵士所写的小说《红手套》（*Red Gauntlet*）里所提出的家族的最后一代；可是，在这本小说里，描写到主人公在发生强烈情绪的时候，把前额收缩而出现马蹄铁形的印记。我曾经看到一个青年妇女，她的前额显然也差不多惯常作这样的收缩动作，而并不和她当时所发生的任何情绪有关。

悲哀并不太经常被使用，而且又因为这种动作时常是瞬时出现的，所以我们不容易观察到这种动作。虽然每个人在观察的时候普遍和立刻会辨认出这是悲哀或者忧虑的表情，但是在一千个从来没有研究过这个问题的个人当中，却找不出一个人能够详细地说明当时受苦者的脸上所发生的变化情形。因此，据我所已经注意到的情形说来，大概除了《红手套》这本小说和另外一本小说以外，在无论哪个文艺作品里，甚至都没有提出过这种表情的变化情形来；有人告诉我说，这另外一本小说的女作家，就是出于刚才讲到的那个著名的产生很多演员的家族里，所以可能她已经对这个问题特别注意到了。

古代希腊的雕刻家们很熟悉这种表情，例如从劳孔（Laocoon）和阿罗蒂诺（Arrotino）两个神像上就可以看到它；可是，杜庆博士指出说，这些雕像具有几条通过整个前额宽度的横沟纹，因此这就犯了解剖学上的重大错误；在近代的雕像方面，也有这种情形发生。可是，极其可能的是，这些惊人精确的观察者并没有犯什么错误，而是为了要表现出他们所雕刻的人像的美观起见，故意牺牲了真实，因为在大理石像的前额上刻出四角形沟纹来，恐怕也显不出壮丽的外貌来。根据我所能够发现的情形说来，即使是老画家，也显然是由于同样的原因，而不能够时常在图画上表达出这种表情的充分发展的状态来；可是，有一个对这种表情十分熟悉的妇女告诉我说，在佛罗伦萨（Florence）地方，有一幅"基督降架图"（*Descent from the Cross*）是弗拉·安日里科（Fra Angelico，就是 Fiesole，1387—1455）所绘；在这幅图的右手方面的人像当中，有一个人就明显地表现出这种表情来；我也可以举出其他少数例子来作为补充。

克拉伊顿·勃郎博士接受我的请求，去仔细观察了他所管理的西赖定精神病院（West Riding Asylum）里的很多精神病患者所发生的这种表情；而且他也熟知杜庆博士所举出的几张表明悲哀肌的动作的照片。他告诉我说，在忧郁病患者方面，特别是在疑心病患者方面，经常可以观察到他们的这些肌肉发生强烈动作；他还说道，这两类病人由于这些肌肉惯常收缩，而具有经常性的线纹或沟纹；这些沟纹就成为这些病人的面相的特征。勃郎博士在相当长的期间里，替我观察了三个疑心病患者的情形，他们的悲哀肌长期收缩。当中有一个患者是 51 岁的寡妇，她曾经幻想到自己的内脏全部丧失，好像全身变成了中空的躯体。于是她就显出极其悲痛的表情来，并且在几个小时里，把自己的一双半屈的手彼此互相作有节奏的拍击。悲哀肌永远收缩，而上眼睑则向上弓起。这种状态一直继续了几个月；后来她恢复过来，而她的相貌也就回复到自然的表情。第二个患者也差不多表现出同样的特征来，不过还有他的嘴角也下降。

帕特利克·尼古尔先生也亲切地替我观察了塞塞克斯疯人院（Sussex Lunatic Asylum）里的几个病人；并且还对其中三个病人的情形作了十分详细的叙述；可是，在这里用不着再把它们举出来。尼古尔先生从他对于忧郁病患者的观察方面得出结论说，双眉的内端差不多时常多少有些向上升起,前额上的皱纹多少有些清楚地显现出来。他观察到,当中有一个青年妇女,她的前额上的皱纹经常略微跳动或者移动。有几个病人的嘴角下降,但是下降的程度时常只是轻微的。差不多时常可以观察到,有几个忧郁病患者的表情各有相当程度的差异。眼睑通常下降;眼睑的外角附近和下面的皮肤起皱纹。在这些病人的面部上,时常清楚地出现鼻唇沟,从鼻翼通向嘴角边;鼻唇沟很显著地出现在大哭的小孩的面部上。[67]

虽然精神病患者的悲哀肌时常不断地起作用,但是他们在平常状态里有时也曾由于可笑的轻微原因,而无意识地发生瞬时的作用。有一个绅士用一件使人可笑的小礼物来报答一个青年妇女;她就假装发怒,并且当她向这个绅士斥责的时候,她的双眉就极度倾斜起来,而在前额上起有相当的皱纹。还有一个青年妇女和一个青年男子,双方都是精神非常奋发,正在一起极其迅速地热心交谈着;当时我就观察到,每次在这个妇女理屈而一时不能够迅速发言的时候,她的双眉就向上斜竖,同时在她的前额上形成长方形的沟纹。她就用这个方法每次发出受苦的信号来;在不多几分钟里,她一共发出了六次这种双眉倾斜动作。我当时丝毫没有把这种情形向他们提出来,但是在过了一段时间以后,我就请这个妇女设法把她的悲哀肌发动起来。当场还有一个能够随意发动悲哀肌的女郎就把我的意图向她表明。这个妇女就作了几次尝试,但是完全遭到失败;可是,像这种不能够相当迅速发言的轻微的受苦原因,竟足够去使她的悲哀肌再三地发生强有力的动作来。

绝不是只限于欧洲人具有这种悲哀肌收缩而发生的悲哀表情;显然一切人种都普遍具有这种表情。至少是在印度人、但加尔人(印度山区土人种族之一,因此也属于一个完全和印度人不同的民族)、马来人、黑人和澳大利亚人方面,我已经获得了确实可信的报道。关于澳大利亚人方面,有两个观察者对我的征询作了肯定的回答,但是并没有作出详细的说明。可是,塔普林先生在我的叙述文字后面,添写了几个字:"这是正确的"。至于说到黑人方面,那么上面所讲到的那个告诉我关于弗拉·安日里科的图画的妇女,曾经看见一个在尼罗河里划船的黑人;当这个黑人遭遇到障碍物的时候,她就观察到,他的悲哀肌起有强烈的动作,同时他的前额的中部明显地起皱。吉契先生观察了马来半岛上的一个马来人;在这个土人发生悲哀的时候,他的嘴角下降得很大,双眉倾斜,同时在前额上出现深刻的短沟纹。这种表情所继续的时间很短;吉契先生指出说,这"是一种奇特的表情,极像一个人受到某种巨大损失而打算要哭喊出来的样子"。

在印度方面,爱尔斯金先生发现,土人们都很熟悉这种表情;加尔各答植物园里的斯各特先生曾经亲切地寄给我一篇关于两个事例的详细叙述。有一次,他隐身在树丛里一段时间,观察一个很年轻的但加尔族妇女在看护她的将死的婴孩时候的情形;这个妇女从那格浦尔(Nagpore,或者 Nagpur 在中央省里)到加尔各答来,是植物园里的一个工人的妻子。斯各特先生当时清楚地看到她的双眉的内端上升,眼睑下垂,前额中部起皱,而嘴则略微张开,同时嘴角下降得很大。此后,斯各特先生从树木的屏障背后走出来,向这个可怜的妇女谈话,她忽然惊起,痛苦的眼泪奔涌地流出来,并且哀求斯各特先生医治她的婴孩。第二个事例是关于一个印度土人方面的;这个土人由于生病和穷困,不得不出售自己心爱的山羊。他在受到了价款以后,多次轮流瞧看自己手里的钱和已经出售的山羊,好像是犹疑不决,到底要不要退回这笔钱。他走到这头已经被系缚而正将被牵走的山羊身边,于是这头山羊就用后脚起立,并且舔起他的手来。当时这个人的双眼左右转动,他的"嘴有一部分闭合,而嘴角则极其显著地下降"。最后,这个可怜的人显然已经下定决心,认为他必须和自己的山羊分别;这时候斯各特先生就看到,他的双眉略微倾斜起来,在眉毛的内端显现出特征性的皱襞或者胀大部分来,但是在前额上没有出现皱纹。这个人就这样呆站了一分钟,于是长叹一声,眼泪涌出,举起双手来,向山羊祝福,接着转过身子,不再去看山羊而一直走开去了。

　　眉毛在苦恼时候的倾斜——在几年里面,我好像还没有遇见过一种有像现在我们所观察的表情这样十分复杂的表情了。为什么悲哀或者忧虑单单只引起额肌的中央筋膜连同眼睛周围的肌肉一起收缩呢? 在这里,我们好像遇见了一种以表现悲哀为唯一目的的复杂动作;可是,这种表情比较稀有,时常会被我们忽略过去。我以为,这种说明并不像最初所认为的那样困难。杜庆博士提供了一张以前讲到的青年的照片;这个青年在朝上向着一个发光强烈的表面瞧看的时候,就不随意地过分收缩自己的悲哀肌。我本来已经完全忘记了这张照片;后来在一个非常明朗的白天,当太阳光正从我的背后向前照射的时候,我骑马前进,遇到一个女郎;当她向我瞧看的时候,她的双眉就极度倾斜,并且在前额上出现相当的沟纹。以后还有几次,在相似的情况下,我也观察到同样的双眉倾斜的动作。我回家的时候,我就召集自己的三个小孩,不向他们提出任何有关于我的目的的说明,请他用尽可能长久的时间和尽可能大的注意力,去瞧望一棵高大树木的树顶,而这棵树正耸立在极其明亮的天空背景上。当时所有这三个小孩的眼轮匝肌和鼻三棱肌,都由于眼睛网膜的兴奋所发生的反射作用而强烈收缩起来,以便去保护双眼,而避免受到明亮光线的侵害。可是,他们仍旧尝试竭力向上瞧看;于是可以观察到,一面是额肌的全部或者只是中央部分,另一面是几种使眉毛下降和使眼睑闭合的肌肉——这两方面的肌肉在作有趣的斗争,同时发生痉挛的抖动。鼻三棱肌作着不随意的收缩,引起鼻梁上出现深刻的横皱纹。在这三个孩子当中,有一个孩子的全部眉毛,因为额肌眼睛周围的肌肉彼此轮流收缩,而发生瞬时间的一升一降的动作,所以整个前额的宽度部分也就轮流地起皱和恢复平滑。其余两个小孩的前额,只是中央部分起皱,因此产生出长方形沟纹来;他们的双眉倾斜起来,而同时双眉的内端起皱襞和胀起;当中一个小孩表现得轻微,而另一个小孩则表现得十分显著。这种在眉毛倾斜程度方面的差异情形,显然是由于它们的一般移动能力的差异而发生,也由于鼻三棱肌的强度差异而发生。在这两种情形里,双眉和前额在强烈光线的影响下所发生的各种特有的细节上的变化情形,正和在悲哀或者忧虑的影响下的情形十分相同。

　　杜庆博士肯定说,鼻三棱肌要比眼睛周围的其余肌肉较少受到意志的支配。他指出说,有一个青年男子,能够使自己的悲哀肌动作得很显著,而且也能够同样使其他的面部肌肉动作,但是却不能把鼻三棱肌收缩。[1] 可是,这种能力显然无疑是随着各人而不同的。鼻三棱肌是用来把眉心的前额皮肤连同双眉的内端一起向下牵引的。额肌的中央

---

　　[1]　杜庆:《人相的机制》,册页本,第 15 页。

筋膜是鼻三棱肌的对抗者；如果鼻三棱肌的动作受到特殊的阻止力量，那么这些中央筋膜就一定发生收缩。因此，在那些具有强大的鼻三棱肌的中央筋膜就一定会行动起来；同时它们的收缩如果有足够的强烈，而可以制服鼻三棱肌，那么在和皱眉肌和眼轮匝肌一同收缩的时候，就会像上面所讲到的状态那样，对眼睑和前额起有作用。①

我们已经知道，在小孩尖叫或者哭喊的时候，他们首先为了要把眼睛压缩，因而保护双眼而避免过分充血，其次是由于习惯，而把眼轮匝肌、皱眉肌和鼻三棱肌收缩起来。因此，我们就可以从小孩方面预料到，当他们想努力防止要发生的哭喊发作的时候，或者是在要制止哭喊的时候，他们就会抑制上面所讲到的肌肉的收缩，正像我们朝上瞧看明亮的光线时候的情形一样；因此可以知道，额肌的中央筋膜就会时常发生作用。因此，我开始亲自去观察小孩在这种情形时候的动作，并且还请求另一些人，包括几个医生在内，也去进行同样的观察。因为小孩的前额不像成年人那样容易起皱，它们这些肌肉所特有的对抗作用并不怎样明显可见，所以就必须仔细去观察它。可是，我立刻发现，悲哀肌在这些情形下极其经常发生明显的动作。如果把所有已经观察到的事例都列举出来，那就太啰嗦了；我现在只举出少数几个例子来谈谈。有一个年纪一岁半的女孩，受到其他几个小孩欺侮；在她流泪哭喊以前，她的双眉就明显地倾斜起来。还有一个年纪较大的女孩，也观察到她的双眉倾斜，同时双眉的内端明显地起皱，而且嘴角也同时向下牵引。当她一开始流泪哭泣的时候，面貌全部发生变化，而这种特殊的表情就消失了。还有一个幼小的男孩因为种牛痘而尖叫和激烈哭喊起来；在种好牛痘以后，外科医生就送给他一只预备作为观察他的表情用的甜橙，因此这就使他非常快活起来。当他停止哭喊的时候，就观察到一切特征性的动作，包括前额中央部分的长方形皱纹的形成在内。最后，我曾经在路上遇见一个三四岁的小女孩；她被狗所惊吓；当我询问她为什么要啜泣的时候，她就停止啜泣，于是她的双眉立刻变得极度倾斜起来。

因此在这里我深信不疑地认为，我们已经获得一个解决下面问题的钥匙，这个问题就是：为什么额肌的中央筋膜和眼睛周围的肌肉，在受到悲哀的影响时候会发生彼此相反的收缩，而且不论它们的收缩像忧郁病患者的情形那样长期继续发生，或者由于细微的悲痛原因而暂时发生，都是这样的呢？我们已经知道，我们全体都像婴孩一样，都会在尖叫时候为了保护自己的眼睛，而多次收缩眼轮匝肌、皱眉肌和鼻三棱肌；我们以前的祖先们在很多世代里也作过同样的动作；虽然随着年纪的长大，我们在感到痛苦的时候容易去阻止自己发出尖叫声来，但是我们由于长期的习惯，却时常不能够去阻止上面所说的肌肉轻度收缩；如果这种收缩情形轻微，那么实际上我们也绝不能从自己方面观察到它，也不能够去设法阻止它。可是，鼻三棱肌显然要比其他有关的肌肉更少受到意志的支配；如果它们非常发达，那么这就只能够靠了额肌的中央筋膜的对抗性收缩来阻止它们的收缩。如果这些筋膜收缩得很强烈，那么接着就必然会发生的结果，就是：双眉被牵引向上而倾斜，它们的内端起皱襞，而且在前额的中央部分形成长方形沟缝。因为小孩

①〔克恩博士曾经获得机会，去用电流对一个刚才受到绞刑而死的罪犯的肌肉起作用。他的实验已经肯定地得出结论，就是：鼻三棱肌是"后额肌(occipito-frontal)的中央部分的直接对抗者，而后者也是前者的直接对抗者"。参看克恩的文章，载在《费拉得尔菲亚医学院学报》(Transactions of the College of Phyicians of Philadelphia)，1875年，第104页。〕

和妇女要比男人更加容易哭喊,还有成年的男女除了精神上的痛苦以外极少哭泣,所以我认为,我们就可以理解到,为什么可以看到,小孩和妇女要比男人更加经常地使悲哀肌动作起来;还有成年男女单单由于精神痛苦而发生这种情形。在有几个前面所记述的事例里,例如在那个可怜的但加尔族妇女和印度土人的两个例子里,在悲哀肌的动作发生以后,就迅速接着出现苦痛的哭泣。在所有各种痛苦里,不论痛苦程度的大小,由于长期的习惯,我们的脑子就有倾向要发布一种使某些肌肉收缩的命令,好像我们仍旧还是一个正要尖叫起来的婴孩似的;可是,我们可以靠了意志的惊人力量和由于习惯,而部分地抗阻这种命令;还有,至于说到抗阻的方法方面,那么这是无意识地发生的。[68]

　　嘴角下降——这种动作是由于口角降肌(*depressores anguli oris*)牵引而发生的(参看绪论,图 1 和图 2 里的肌肉 K)。这种肌肉的纤维,向下方分散,而且和向上方的收敛端一同附着于嘴角周围和略近嘴角的下唇上。[①] 有些纤维显然是大颧肌的对抗者,还有一些纤维则是有几种连通到上唇外部的肌肉的对抗者。口角降肌在收缩时候,就把嘴角连上唇的外部一起向下和向外牵引,甚至也略微把鼻翼向下牵引。在把嘴闭紧而使这种肌肉收缩,那么上下两唇的接合线就形成一条具有向下弯曲的曲线,[②]同时双唇本身则通常略为突出,特别是下唇有这种情形。烈治朗德尔先生所拍摄的两张照片(照片照相图 Ⅱ,图 6 和图 7),就清楚地表明出这种状态的嘴形来。前图(图 6)的男孩在被另一个男孩打了一记耳光以后,才停止哭喊;正在这个适当的时机,就把他的表情拍摄了下来。

　　每一个对这个问题有过研究著述的人,都观察到,由于这种肌肉的收缩而显现出意气消沉、悲哀或者沮丧的表情来。把一个人说做是“嘴向下垂”,也就是和把他说做是意气沮丧的意义相同。根据前面已经讲到过的克拉伊顿·勃郎博士和尼古尔先生的权威意见,可以时常看到忧郁病患者的嘴角下降的情形;而在勃郎博士寄赠给我的几张有强烈的自杀倾向的病人的照片上,很清楚表现出这种情形来。从各种不同的种族的人方面,就是从印度人、印度的黑色皮肤的高山族人、马来人和牧师哈格纳乌尔先生向我所报道的澳洲土人方面,都曾经观察到这种情形。

　　在婴孩发出尖叫的时候,他们用力收缩眼睛周围的肌肉,因此也就把上唇向上提升;又因为他们不得不把嘴张大开来,所以那些连通到嘴角的降肌也起有强烈作用。这种情形就通常(但不是经常不变地)引起下唇两侧靠近嘴角处发生轻度的角形弯曲。在上下两唇受到这种作用以后,结果就使嘴的形状变成近于长方形。在婴孩还没有激烈地尖叫起来的时候,特别是在他们刚正开始尖叫或者停止尖叫的时候,就可以最清楚地看到这种降肌的收缩情形。根据我从自己的婴孩(年龄在 6 星期、2 个月或者 3 个月之间)方面所作的连续观察结果,当时他们的小小的面部具有一种极其可怜的表情。有时,当他们作着反对哭喊发作的挣扎时候,嘴的轮廓就弯曲得极其厉害,真好像是马蹄铁的形状了;同时,这种悲伤的表情就变成了滑稽可笑的漫画形象。

---

① 亨列:《人体解剖学手册》,1858 年,第 1 卷,第 148 页,图 68 和图 69。
② 关于这种肌肉的动作的说明方面,可以参看杜庆博士的著作:《人相的机制》,册页本,1882 年,Ⅷ,第 34 页。

口角降肌在意气消沉或者沮丧的影响下发生收缩的情形，显然也和眉毛倾斜的情形一样，可以用相同的一般原理来加以说明。杜庆博士告诉我说，他根据自己多年来的长期观察结果得出结论，认为它是最少受到意志支配的面部肌肉之一。实际上，从刚才所说的关于婴孩在犹疑不决地开始要哭喊或者努力要停止哭喊时候的表情方面，就可以推断出这个事实来，因为这时候他们通常支配面部的其他所有肌肉要比支配口角降肌更加有成效。有两个丝毫不知关于这个问题的理论的卓越的观察者（当中有一个人是外科医生），曾经替我仔细观察了几个年纪较大的孩子和妇女；在观察的时候，这些孩子和妇女带有几分反对的挣扎，极其缓慢地逐渐接近于流泪哭泣的状态；这两个观察者都确信说，口角降肌总是在任何其他的肌肉以前开始动作起来。正因为在很多世代的婴孩期间里，口角降肌曾经多次发生强烈的作用，所以每次在婴孩时代以后的一生期间里，一遇到甚至是轻微的痛苦，神经力量就根据长期联合性的习惯原理，具有一种流到这些肌肉方面去的倾向，也像流到其他各种面部肌肉去的情形一样。可是，因为口角降肌要比其他多数肌肉都略微较少受到意志的支配，所以我们就可能预料说，当其他的肌肉还处在被动状态的时候，口角降肌时常会作轻微的收缩。值得使人注意的是，口角多么微小的下降，就会使面貌具有意气消沉或者沮丧的表情；因此，口角降肌在作极其轻微的收缩时候，就已经足够流露出这种精神状态来。

在这里，我可以举出一个琐细的观察来，因为它可以用来总括我们现在所讨论的问题。曾经有一个老年妇女，在火车里和我几乎相对地坐着，带有一种舒适而且出神的表情。当我向她瞧看的时候，我看到她的口角降肌开始极其微弱地而且确实无疑地收缩起来；可是，因为她的面貌仍旧同以前一样平静，所以我就以为这种收缩多么毫无意义，而且多么会容易使人受骗。当这个想法正在我的头脑里浮现出来的时候，我就看到，突然泪水充满了她的双眼，几乎向外流出，同时整个面部下垂。这时候，虽然无疑在她的头脑里出现了一种苦痛的回忆，大概是她回想到了早已夭折的孩子。每次在她的感觉中枢受到这样的兴奋时候，就有一定的神经细胞，由于长期的习惯，而立刻把命令传达给所有呼吸方面的肌肉和嘴的周围的肌肉，使它们作哭喊发作的准备。可是，这道命令被意志所撤销了，或者更加确切地说来，是被后来所获得的习惯所撤销了，因此所有肌肉都服从于意志，但是只有口角降肌对它有轻度的违抗。嘴甚至也没有张开来；呼吸也并不急促；除了这种把嘴角向下牵引的肌肉以外，其他的肌肉都没有受到影响。我差不多可以肯定地说，每次在这个妇女的嘴开始从她的不随意地和无意识地采取这种相当于哭喊发作的形状时候，我们就可以差不多肯定说，应该有某种神经冲动沿着长期惯熟的通路，被传送到呼吸方面的各种肌肉、眼睛周围的肌肉和那个支配血液向泪腺输送的数量的血管运动中枢。实际上，这个妇女的眼睛里略微合泪的情形，就清楚地证明了神经冲动达到泪腺方面的事实；因为泪腺要比面部肌肉更少受到意志的支配，所以我们也能够理解到这一点。同时，毫无怀疑的是：眼睛周围的肌肉也有几分收缩的倾向，好像是为了要保护眼睛以免它们过分充血似的。但是这种收缩完全被压制下去，所以她的双眉仍旧平滑无皱。要是她的鼻三棱肌、皱眉肌和眼轮匝肌，也像很多人的这些肌肉一样，很少服从于意志的支配，那么这些肌肉恐怕也会略微受到一些作用；同时额肌的中央筋膜也恐怕会以反抗方式收缩起来，她的眉毛也会倾斜起来，而且在前额上就会形成长方形沟纹。这时候，她的面貌恐怕也会比原来的样子更加明显地表现出沮丧的状态来，或者甚至更加明显地表现出悲哀的状态来。

　　我们在认识了这样一些事实经过的阶段以后，就可以去理解到，为什么在某种忧郁的思想每次从脑子里发生出来的时候，就出现一种略微可以辨认出的嘴角下降动作，或者双眉内端略微上升的动作，或者是这两种动作同时出现，而且立刻接着出现略微渗出眼泪的情形。神经力量的动流，沿着几条惯熟的通路被传送出去，并且对于意志虽由于长期的习惯而仍旧起有很大的抑制力量的任何部位都会发生影响。可以认为，上面所说的这些动作，就是那些在婴孩期间里很经常而长久地出现的尖叫发作的退化的痕迹。在这种情形里，也像在很多其他情形里一样，这些把人类面貌上的各种各样表情形成起来的原因和结果互相联系起来的环节，的确是惊人的；而且这些环节还向我们表明出一定的动作的意义；每次在一定的情绪在我们的心头发生出来的时候，我们就会不随意地和无意识地去采取这些一定的动作。

今日达尔文在党豪思的别墅

## 第 8 章

# 人类的特殊表情——快乐、精神奋发、爱情、温情、崇拜

*• Joy, High Spirits, Love, Tender Feelings, Devotion •*

　　巴尔特莱特先生替我记述了两只黑猩猩在初次被携带到一处时候的举动；这两只黑猩猩的年纪要比那些通常被运到本国来的黑猩猩大些。当时它们就相对坐下，用它们的伸出得很厉害的双唇彼此接触；于是有一只黑猩猩就伸手搭放在另一只的肩头上。此后，它们就彼此用双臂怀抱起来。再后，它们站立起来，各用一只手臂钩搭在对方的肩头上，举起头部，张开嘴巴，并且欣喜得尖叫起来。

228

— led to comprehend true affinities. ☒ My theory
would give zest to recent & fossil Comparative Anatomy & it
would lead to study of instincts. heredity, & mind heredity,
whole metaphysics. — It would lead to closest examination
of hybridity & regeneration, causes of change in order to know what we
have come from & to what we tend. —
to what circumstances favour crossing & what prevents it
this & direct examination of direct passages of structure in
Species; & might lead to laws of change, which would then
be main object of study, to guide our past speculations

## 第 8 章　人类的特殊表情——快乐、精神奋发、爱情、温情、崇拜

笑是快乐的最初表情——可笑的观念——发笑时候的面部动作——发出的声音的性质——大笑时候的出泪——大笑到平和的微笑的阶段——精神奋发——爱情的表达——温情——崇拜

快乐在达到强烈程度的时候，就引起各种不同的无目的的动作来：舞蹈、拍掌、踏步等；同时也引起大笑来。大概笑只是快乐或者幸福的最初的表情。我们可以从一群在游戏的小孩方面清楚地看到这一点；这时候他们几乎连续不断地在发笑。至于那些已经过了童年时代的青年人，那么他们在精神奋发的时候，也时常会发出很多无意义的笑来。荷马（Homer）曾经描写天神们的笑："在他们每天的宴会以后，他们的天国的快乐就溢流开来"。一个人在街道上遇到老朋友的时候，就好像他在感到任何微小的愉快（例如嗅闻到一种愉快的香气）时候一样，发生微笑；而微笑，正像我们后面可以知道的，就逐步进展到发声的笑。[①]拉乌拉·勃烈奇孟（Laura Bridgman），由于她是瞎子兼聋子，不能够用模仿的办法来获得任何的表情；可是，当有人用姿态语（gesture-language）来把一个爱友的来信译解给她的时候，她就"发笑并且鼓掌，两颊泛红"。还有几次，有人看到她快乐得踏起脚步来。[②]

白痴和低能的人，也可以作为证据，来证明声笑或者微笑最初表现出单单幸福或者快乐来。克拉伊顿·勃郎博士在这里，也像在其他很多地方一样，由于把他的丰富的经验的成果供给我而使我非常感激；他告诉我说，在白痴方面，声笑是他们的一切表情当中的最普遍而且最经常出现的表情。很多白痴有恶劣脾气，容易发怒，躁急不安，处在苦痛的精神状态里，或者感觉完全迟钝；这些白痴就从来不发笑。还有一些白痴则经常作毫无意义的声笑。例如，有一个不会说话的白痴男孩，用做手势的方法向勃郎博士诉说道，精神病院里的另一个男孩打伤了他的一只眼睛；在诉说的时候，他同时发出"一阵阵笑声，而且他的脸上布满了微笑"。还有一群白痴，他们经常快乐和心情温和，并且总是发笑和微笑。[③]他们的面容时常显露出一种呆滞的微笑；每次在把食物放置到他们的面前的时候，或者在他们受到爱抚、看到鲜艳的颜色或者听到音乐的时候，他们的快乐程度就增加起来，同时他们作着露齿微笑，咯咯笑或者吃吃痴笑。在他们当中，有些白痴在散步时候，或者在尝试作任何肌肉的努力时候，就要比平时发出更多的笑来。据勃郎博士所说，大多数这些白痴，都不能够和任何明确的观念联合起来：他们单单感觉到愉快，并且就用声笑或者微笑来表达出它来。在智能比较高一些的低能的人方面，大概他们的最普通的声笑原因是个人的虚荣（自我满足），其次则是一种由于自己行为得到表扬而产生的愉快。

在成年人方面，他们的笑是被那些显著地和童年时代所能满足的原因不同的原因所

◀ **1837 年达尔文日记中的一页。**

① 赫伯特·斯宾塞：《科学论著集》（*Essays Scientific*）等，1858 年，第 360 页。
② 关于拉乌拉·勃烈奇孟的发音，李别尔（F. Lieber）的文章，载在《斯密生氏文稿录》（*Smithsonian Contributions*），1851 年，第 2 卷，第 6 页。
③ 还可以参看马夏耳（Marshall）先生在《哲学学报》（*Phil. Transact.*）里的文章，1864 年，第 526 页。

激起的;可是,这个说法很难适用到微笑方面去。在这方面,声笑就和哭泣相似;成年人的哭泣差不多只是由于精神痛苦而发生,但儿童的哭泣则是由于身体上的疼痛或者任何的受苦,还有由于恐惧或者大怒,而被激发起来的。已经有人写了很多关于成年人的声笑的原因方面的很有趣的研讨著作。这个问题是极其复杂的。大概声笑最普通的原因,就是某种不合适的或者不可解释的事情,而这种事情会激发起那个应该具有幸福的心境的笑者感到惊奇和某种优越感来。① 当时的周围情况应该不具有重大的作用:一个穷人在突然听到有人把一大笔财产遗赠给他的时候,就绝不会作声笑或者微笑。如果有人受到愉快感觉的强烈兴奋,还有如果有任何微小的偶然事件或者偶发的思想出现,那么正像赫伯特·斯宾塞先生所说,②"大量没有被容许把自身耗用到产生一种等量的新生的思想和情绪方面去的神经力量,就突然停止了流动。"……"这份过剩的神经力量必须使自己朝着另外一个方向排除出去,所以结果就发生了一种从运动神经而达到各类肌肉的急流,使肌肉发生半痉挛的动作,就是我们所称做的声笑"。[69]有一个通信者,在最近巴黎被包围的时候作了一次关于这方面的观察,就是:在德国兵由于经历极度危险而受到强烈兴奋以后,他们就特别容易由于极小的开玩笑而爆发出大笑来。还有,在幼小的儿童正将开始哭叫的时候,如果出现一件意外的事件,那么有时也就会突然把他们的哭叫转变成为发笑;显然这种笑也同哭叫一样,可以用来把他们的过多的神经力量消耗去。③

有时据说,可笑的思想会搔动想象力;这种所谓精神上的发痒,和身体上的发痒有着奇妙的相似。大家都知道,在儿童被搔痒的时候,他们就发出多么难以节制的笑声来,他们整个身体发生多么大的震动。我们已经知道,类人猿在被搔痒的时候,特别是在它们的腋窝处被搔痒的时候,也发出一种反复的声音来,这种声音就相当于我们的声笑。我曾经用一张纸片去触动我的一个初生只有 7 天的婴孩的脚踵,他的脚就突然缩开,而脚趾也因此拳曲起来,正像年纪较大的儿童在遇到这种情形时候所发生的动作。这些动作,也和被搔痒而发笑的情形相同,显然都是反射动作;这也是被细小的平滑肌肉纤维所表现出来的;这些肌肉纤维是用来竖起身体上的各根分离的毛发的,当时就在被搔痒的表面附近发生收缩。④ 可是,由于可笑的观念而发生的声笑,虽然是不随意的,但是也不能被称做是一种严格的反射动作。在这种情形里,还有在被搔痒而引起的声笑的情形里,笑者的精神应当是处在愉快的状态里;一个幼年的儿童如果被陌生人搔痒,那么反而会由于恐惧而尖叫起来。搔触应当轻微,而那种使人可笑的观念或者事件则应当是并不严重的;这样才可以使人发笑。身体上最容易被搔痒的部分,就是那些通常不大接触到的部位,例如腋窝处或者脚趾之间;或者是那些通常要以广大表面来作接触的部分,例如脚底;可是,我们坐下用的表面(臀部)却是这个规则的一个显著的例外情形。根据格拉

---

① 培恩先生(《情绪和意志》,*The Emotion and the Will*,1865 年,第 247 页)对于可笑的情形作了详细而且有趣的讨论。前面所举出的关于天神的笑的引用文句,就是从他的这个著作里摘取来的。还可以参看孟德维耳(Mandevill):《关于蜜蜂的寓言》(*The Fable of the Bees*),第 2 卷,第 168 页。

② 赫伯特·斯宾塞:《笑的生理学》(*The Physiology of Laughter*),论文集,第 2 集,1863 年,第 114 页。

③ [旧金山(San Francisco)地方的兴顿(C. Hinton)先生(1873 年 6 月 15 日的来信)叙述,他自己曾经在金门(Golden Gate)附近的悬崖上独自处在危险境地的时候,轮流发出求救的尖叫声和笑声来。]

④ 李斯脱(J. Lister)的文章,载在《显微科学季刊》,1853 年,第 1 卷,第 266 页。

希奥莱的意见，①有些神经对于搔痒的感应方面，要比其他的神经更加敏感得多。儿童很难搔痒自己，或者是使自己发痒的程度要比别人搔痒他的程度低得多；大概搔触的精确部位不应该使被搔者事先知道，才能达到效果；精神上的搔痒情形也是这样，某种意外发生的事情，一种新奇的或者不合适的观念，而能够把通常的思想线索打断的，显然就会成为可笑感觉当中的一个重要成分。②

笑声是由于一种深吸气而发生的；在进行这种深吸气的时候，紧接着发生胸部和特别是横膈膜的短促而断续的痉挛收缩。③ 因此，我们就听到"双手捧腹的大笑"。由于身体震动，笑者就点起头来。下颚时常上下颤动，正像几种狒狒在非常愉快时候所发生的情形一样。

在发笑的时候，嘴多少被宽阔地张开；嘴角向后牵伸得很厉害，同时也略微向上牵伸；上唇也略向上升。在适度的声笑时候，特别是在满脸的微笑的时候，可以最清楚地看到嘴角向后牵伸的情形来；后面这个形容微笑的词[满脸的，broad]表明出嘴怎样被宽张开来。在照相图版Ⅲ的图 1—3 里，摄制了不同程度的适度的声笑和微笑的照片。那个戴草帽的小女孩的照片，是由华里奇（Wallich）博士所拍摄的，她的表情是真实的；其余两张照片则是由烈治朗德尔（Rejlander）先生所摄的。杜庆博士多次坚持说，④在发生快乐情绪的时候，只有大颧肌（great zygomatic muscles）专门对嘴起作用；这种肌肉用来牵动嘴角向后和向上；可是，如果根据上颚牙齿时常在声笑和满脸微笑时候显露出来的情形，还有根据我自己的感觉，来作判断的话，那么我就毫不怀疑地认为，有些与上唇相连的肌肉也同时在起有适度的作用。同时，上下眼轮匝肌也多少在作着收缩动作；正像前面关于哭泣的一章（第六章）里所说明的，在眼轮匝肌（特别是下眼轮匝肌）和几种与上唇相连的肌肉之间，具有极其密切的联系。亨列在谈到这个问题时候指出说，⑤一个人在紧闭住一只眼睛的时候，就不可避免地要把这只眼睛同侧的嘴角向后退缩；相反的，如果任何人用手指按住下眼睑，接着就尽量设法把自己的上颚的门牙显露出来，那么他就会感觉到，因为上唇被强烈向上提起，所以下眼睑的肌肉就收缩起来了。在亨列的木刻图画里，就是在本书的图 2 里，可以看到，颊肌（*musculus malaris*，H）和上唇相连，它几乎构成了下眼睑匝肌的主要部分。

杜庆博士曾经提供出一个正处在平静状态下的老年人的大照片（本书的照相图版Ⅲ，图 4，是缩小复制的）；还有一张照片，表明出这个老年人正在作自然的微笑（图 5）。每个看到这第二张照片的人，都立刻会认出他的面容确实是十分自然的。杜庆还提供出另外一张同样的老年人的照片来（图 6），作为一个表明不自然的、假装的微笑的例子；由于大颧肌被电流通过，因此他的嘴角就强烈地向后退缩。这种表情显然是不自然的，因

① 格拉希奥莱:《人相学》，第 186 页。

② ［杜蒙特（L. Dumont，《感应性的科学理论》，*Théorie Scientifique de la Sensibilité*，第二版，1877 年，第 202 页）企图表明说，搔痒的感觉是由于接触的性质发生意外的变化而产生的；他还认为，正是这种意外情形构成了这种由于搔痒和可笑观念而发生的笑的一般原因。海克尔（Hecker，《笑的生理学和心理学》，*Physiologie und Psychologie des Lachens*，1872 年）把搔痒和可笑观念联系起来，作为笑的原因，但是采取了不同的观点来解释。］

③ 贝尔爵士:（《表情的解剖学》，第 147 页）提出了一些关于横膈膜在声笑时候的动作方面的意见。

④ 杜庆:《人相的机制》，册页本，说明文字Ⅵ。

⑤ 亨列:《人体系统解剖学手册》，1858 年，第 1 卷，第 144 页。参看本书前面的木刻图（就是图 2，H）。

照相图版　Ⅲ

为我曾经把这张照片给 24 个人看过，而在这些人当中，只有 3 个人完全不能够说明这是什么表情，而其余的人虽然认出这种表情具有微笑的性质，但是回答的用语则不相同，例如以为这是"一种恶意的戏嬉""试图发笑""露齿的笑""半吃惊的笑"等。杜庆博士以为，这种表情的虚伪，完全在于下眼睑的眼轮匝肌并没有充分收缩，因为他公正地断定下眼轮匝肌的收缩在快乐的表情里有重大意义。不必怀疑，在这种见解里含有很多真实情形，但是我以为它还不能算是完全真实的。正像我们已经知道的，在下眼轮匝肌收缩的时候，也要同时发生上唇向上提起的情形。要是在这图 6 的照片里，上唇在受到这种作用时候略微上升，那么它的弯曲程度就会比较柔和，鼻唇沟也将略微发生变化，因此据我看来，整个表情就会显得更加自然，而对于下眼睑的比较强烈的收缩所引起的更加显著的效果并无关系。不但这样，在图 6 的照片里，皱眉肌也收缩得太过分，引起了皱眉；除了在强烈表现的声笑和狂笑时候以外，这种肌肉在快乐影响之下绝不会作出这样的收缩动作来。

因为嘴角由于大颧肌收缩而向后和向上牵伸，还有因为上唇的升起，所以双颊也就被向上提起。因此，在双眼的下面形成皱纹；老年人的皱纹则位于双眼的外端；这些皱纹就是声笑和微笑的极其明显的特征。在平和的微笑增强而成为强烈的微笑或者声笑的时候，每个人如果去注意到自己的感觉，并且用镜子照看自己的面部，那么每个人都可以感觉到和看到，当上唇被提升起来和下眼轮匝肌收缩的时候，下眼睑上面的和眼睛下面的皱纹也变得更加显著或者数目增加起来。同时，据我多次所观察到的，眉毛也略微下降；这种现象表明出，上眼轮匝肌也像下眼轮匝肌一样，至少有几分收缩，不过单单从我们的感觉方面说来，这种收缩情形还是觉察不到的。如果我们来把这个老年人在通常的平静状态时候的面容的照片（图 4），去和他在自然的微笑时候的面容的照片（图 5）作一次比较，那么就可以看出，第二张照片里的眉毛略微低垂。我认为，这是因为上眼轮匝肌由于长期联合的习惯而被迫去和下眼轮匝肌一起，作出相当程度的行动来；而下眼轮匝肌本身，则由于和上唇的提升有联系而收缩起来。

勃郎博士告诉我一个关于患进行性麻痹（general paralysis of the insane）的精神病人的奇异事实；这就可以证明大颧肌在愉快情绪下发生收缩的倾向。[①] 他写道："在患这种病症的时候，差不多经常具有乐观主义，它表现在对财产、地位、伟大的幻想方面，也表现在不正常的欣喜、仁爱和浪费方面，而这种病症的最早期的身体上的症状则是嘴角和双眼的外角发生颤抖。这是一种公认的事实。下眼睑肌和大颧肌的经常性震颤激动，就是早期进行性麻痹的症状。面部显然现出一种愉快而仁爱的表情来。随着病症的进展，其他肌肉也受到侵害，但是一直到病人完全痴呆为止，他的主要表情总是微弱的仁爱的表情"。[70]

因为在声笑和满脸微笑时候，两颊和上唇被强烈提升起来，所以鼻子就显得缩短起来，鼻梁上的皮肤起有细小的横皱纹，而在它的两旁则出现斜纵皱纹。通常露出上门齿来。形成了显著的鼻唇沟；每条鼻唇沟从鼻翼边连通到嘴角处；老年人的鼻唇沟时常成

① 还可以参看克拉伊顿·勃郎博士关于这方面的同样效果的记述，载在《精神科学杂志》（*Journal of Mental Science*）1871 年 4 月，第 149 页。

双重皱襞。

明亮而且闪闪发光的眼睛，也像嘴角和上唇后缩而因此连带出现皱纹的情形一样，是愉快或者喜悦的精神状态的特征。甚至是那些已经退化到绝不会学习说话的小头症白痴的眼睛，在他们愉快的时候，也会略微发亮。[1] 在发出极度的声笑时候，眼睛由于眼泪分泌过多而难以发光；可是，泪腺在适度的声笑或者微笑时候渗出的湿润的水分，反而可以帮助眼睛获得光辉；不过这种分泌情形一定是属于完全次要的地位，因为在悲哀的时候，眼睛虽然也时常变得湿润，但是却反而显得黯淡无神。眼睛的明亮程度大概主要是依据它们的紧张程度来决定的，[2]而这种紧张程度则是由于眼轮匝肌的收缩和上提的双颊的压力而发生。可是，根据皮德利特博士这一位比其他任何著者更加充分地探讨过这个问题的专家所说，[3]这种紧张程度的起源，显著地是在于：愉快的兴奋引起血液循环加速，因此使眼球里面充满血液和其他液体而紧张起来。他讲述到一个具有迅速的血液循环的患痨瘵的病人的眼睛外貌和一个几乎全身液体都已排除完尽的患霍乱的病人的眼睛外貌的相反性质。任何使血液循环减慢的原因，都会引起眼睛黯淡无光。我记得，有一次曾经看到一个男人由于在极炎热的白天作了长久的艰苦的紧张劳动，而完全疲乏无力；当时有一个旁观者就把他的眼睛比拟做煮熟的鳕鱼眼睛。

现在回头来考察声笑时候所发生的声音。我们可以模糊地理解到，有几种声音的发出怎样会自然地和愉快的精神状态联合起来；这是因为动物界的大部分动物所发出的口声或者其他影响，都是用来作为异性间彼此呼唤或者诱惑的手段。此外，这些口声和音响，也用来作为双亲和子女之间和同一社会集团的亲近者们之间的互相联欢的手段。可是，我们还不能够知道，为什么人类在愉快时候所发出的声音，具有声笑所特有的反复特性。虽然这样，我们可以知道，这些声音自然是应当尽可能和悲痛时候的尖叫或者哭喊不相同；还有因为在发出尖叫或者哭喊的时候，呼气是延长而且连续的，同时吸气是短促而且中断的，所以我们大概也就可以预料到愉快时候所发出的声音的情形，就是：呼气一定是短促而且中断的，同时吸气是延长的；实际情形的确是这样的。

还有一个也是完全不明的问题，就是：为什么在普通的声笑时候，嘴角会向后退缩，而上唇则会向上提升。嘴同时也不应当张开到极大的部位，因为如果在过度大笑发生时候把嘴大张开来，那么任何的声音就难以发出来了，或者是它的音调就会发生变化，而且听上去好像是从喉咙的深处发出来似的。同时，呼吸所使用的肌肉，甚至是四肢的肌肉，也开始迅速震动起来。下颚也往往发生这种动作，大概因此也可以去阻止嘴大张开来。可是，因为要把声音充分向外吐出，所以嘴的孔口也必须宽大；因此，大概嘴角后缩和上唇提升，也就为了要达到这个目的。虽然我们还很难去说明嘴在声笑时候所采取的这种使双眼下面形成皱纹的形状，也不可能去说明这种特殊的反复的笑声和下颚的颤动，但是我们却可以断定说，所有这些现象的结果，都是由于某种共同的原因而发生，因为在各种不同的猿方面，这些动作也都是它们的愉快的精神状态的特征性的表情动作。

---

① 伏格特(C. Vogt)：《小头症的记述》(*Mémoire sur Microcéphales*)，1867 年，第 21 页。
② 贝尔爵士：《表情的解剖学》，第 133 页。
③ 皮德利特：《表情和人相学》，1867 年，第 63—67 页。

## 第8章　人类的特殊表情——快乐、精神奋发、爱情、温情、崇拜

　　我们可以探查出从激烈的声笑（大笑）到适度的声笑、到满脸微笑、到平和的微笑并且到单单高兴的表情这一系列逐步的阶段。在过度的声笑时候，全身往往要向后仰倒，并且震动，或者几乎痉挛；呼吸遭到显著破坏；头部和面部充满过多的血液，同时静脉管扩大；还有眼轮匝肌为了保护眼睛而痉挛地收缩起来。眼泪自由地流出来。因此，正像前面所说，很难指认出一个人在过度的声笑发作以后和痛哭的号叫以后两种泪渍脸的任何差异来。① 歇斯底里神经病患者轮流作着狂乱的哭喊和大笑，还有年幼的儿童有时会突然从一种精神状态转变成为另一种精神状态——这些情形大概是因为这些大不相同的情绪所引起的痉挛动作极其相似，而发生出来的。[71]斯文和（Swinhoe）先生告诉我说，他时常看到中国人在遭受到严重的悲哀时候，就爆发出一阵阵歇斯底里式的大笑来。

　　我急切想知道，在大多数的人种作着过度的声笑时候，是不是他们的眼泪都会自由地流出来，我从自己的通信者们那里听说，这种情形是时常发生的。从中国人方面观察到同样的流泪情形。马来半岛上的一种野蛮的马来人部落的妇女，有时在衷心地发笑的时候，就流出眼泪来，不过这种流泪情形是突然发生的。左婆罗洲的达雅克人（Dyaks）方面，一定经常发生这情形，至少是在妇女方面是这样，因为我从印度公爵勃鲁克方面知道，达雅克人有一种流行的说法，就是说："我们差不多笑得连眼泪也出来了"。澳大利亚的土人自由地表现出他们的情绪来；我的通信者叙述道，他们由于快乐而不停地跳跃和拍掌，还时常哈哈大笑。至少有四个观察者看到，在这些情况下，他们的眼睛都被泪水浸湿了；有一次，眼泪就从他们的面颊上滚流下来。维多利亚省的边远地方的传教士巴尔满（Bulmer）先生指出说："当地的土人对可笑情形方面具有一种敏锐的感觉；他们具有精彩的模仿本领；在他们当中，如果有人能够模仿部落里的某一个当时不在一起的土人的行为特征，那么就可以很通常地听到，全部集居的土人都笑得翻倒在地上"。在欧洲人方面，很难有任何事情会有模仿他人行动那样容易激起声笑来的了；而在这些构成世界上的特殊人种之一的澳大利亚的未开化的人方面，竟也出现同样的事实，这真是使人感到更加有趣的。

　　在南非洲的两个卡弗尔人部落方面，特别是在妇女方面，当他们发笑的时候，在他们的眼睛里常常充满着泪水。酋长桑第里的兄弟盖卡就用下面一句话来回答我关于这个问题的询问："是的，这是他们惯常发生的事情"。安德留·斯密斯爵士曾经看到一个霍顿托特族女人的涂粉的面部，在发了一阵大笑以后，就被泪水开成了沟纹。在北非洲的埃塞俄比亚人方面，眼泪也在同样的情况下被分泌出来。最后，在北美洲的一个显然是未开化的孤离的部落里，也曾经观察到同样的事实，不过主要是在妇女方面有这种情形；而在另一个部落里，只有在单独的一次情形里，才观察到这种情形。②

---

　　①　雷诺耳兹（J. Reynolds）爵士指出说（《论说杂志》，*Discourses* 第12卷，第100页）："可以使人很有趣味地观察到，同样的动作，只要加上极小的变动，就可以表达出相反的激情的极端情形来；这个事实是千真万确的"。他举出一个在巴克斯神祭时候狂欢纵酒的女人的狂喜和马利·马格大伦（Mary Magdalen，基督所赦罪的妇女）的悲哀来，作为例子。

　　②　［哈尔乔恩（B. F. Hartshorne）先生最确实有据地肯定说（《双周评论》，*Fortnightly Review*，1876年3月，第410页），锡兰的惠达族人（Weddas）从来不发笑。对他们用尽了一切可能使人发笑的计策，都没有效验。在询问他们以前有没有发笑过的时候，他们就回答说："没有，到底有什么事情是可以使人发笑的呢？"］

正像前面所指出的,过度的声笑逐渐转变成为适度的声笑。在适度的声笑时候,眼睛周围的肌肉收缩得很轻微,而皱眉也极小,或者全不发生。在平和的声笑和满脸微笑之间,简直没有什么分别,只不过在微笑时候没有发出反复的声音来,而且在微笑开始的时候,时常可以听闻到一种单独的比较强烈的呼气,或者轻微的嘈声,也就是声笑的萌芽。在适度微笑的面部上,仍旧能够恰正从眉毛略微下降的状态方面,来探查出上眼轮匝肌的收缩情形。下眼轮匝肌和眼睑肌的收缩情形更加明显得多,这可以从下眼睑上的皱纹和它们下面的皮肤上的皱纹连同上唇略微向上提升的情形方面来得到证明。我们就来用极细微的阶段,使最广大的微笑转移到最平和的微笑方面去。在最平和的微笑时候,面容只发生极其轻微的变动,而且也变动得更加缓慢得多,而且嘴保持着闭紧的状态。鼻唇沟的弯曲程度也和前两种情形略有不同。因此,我们可以知道,在最剧烈的声笑和很轻微的微笑时候所显出的双方面容的动作之间,不能够作出一条明确的分界线来。①

因此,可以把微笑称做声笑发展方面的第一阶段。可是,也可以提出一个不同的和更加近于真实的见解来,就是:这种由于愉快感觉而发出高大的反复声音来的习惯,起初引起嘴角和上唇退缩,并且引起眼轮匝肌收缩;于是同样这些肌肉由于联合和长期连续的习惯,每次当任何的原因使我们激发起一种感情来的时候,就起有轻微的作用,它的结果就是微笑;可是这种感情如果更加强烈,那么就会引起声笑。②

我们是不是要把声笑看做是微笑的充分发展,或者更加近于真实的是,把平和的微笑看做是很多世代里坚强地固定下来的一种使我们在每次快乐时候就发笑的习惯的最后痕迹;我们可以从自己的婴孩方面探查出来。微笑逐渐转移到声笑的过程来。那些保育过幼年的婴孩的人,就清楚地知道,要去肯定这些婴孩的嘴边的某些动作是不是真正的表情动作,就是他们是不是真正在微笑,这是一件困难的事情。因此,我就去仔细观察了自己的婴孩们。我的一个婴孩在出生到 45 天的时候,而且又同时处在幸福的心绪里时候,就发出微笑来,就是:嘴角向后退缩,同时双眼发出明显的光辉来。第二天,我也观察到同样的情形;可是到第三天,这个小孩的身子不十分健好,因此就看不到微笑痕迹来;这使我认为,大概以前两天的微笑是真实的。[72] 在以后的 8 天和更后的一星期里,当他每次微笑的时候,他的双眼就显著地发亮起来,同时他的鼻子也开始起有横皱纹。在这种动作出现的时候,还发出一种轻微的哼声,就带有一些略为不同的性质并且好像在啜泣时候的情形一样,变得更加分散或者断续;这的确是初期的声笑。当时我以为,音调的变化是和嘴在微笑变得更大的时候也向两侧伸长的情形有关的。

在我的第二个婴孩方面,大约也在同样的年龄,就是在出生到 45 天的时候,观察到他的初次真正的微笑;而在第三个婴孩方面,则初次微笑的年龄要略微早些。第二个婴孩在到 65 天时候所发出的微笑,要比第一个婴孩在同年龄时候所发出的微笑更加广大和显著;甚至在这种幼小的年龄也发出了极像声笑的嘈声来。我们可以认为,

① 皮德利特博士已经获得了同样的结论:《表情和人相学》,第 99 页。

② [根据著者的原稿本的附注,可以认为,他的最后意见大概是:不能完全把眼轮匝肌在平和的声笑和微笑时候的收缩情形解释成"大笑时候的收缩的痕迹,因为(在微笑时候)这就不可以去解释那种主要是下眼轮匝肌的收缩了"。]

婴孩对声笑习惯的逐渐获得的情形，也有几分和哭泣习惯的逐渐获得相似。因为在身体的普通动作方面，例如在走路方面，需要训练，所以在声笑和哭泣方面大概也需要训练。另一方面，尖叫的本领因为对婴孩有用，所以在出生以后的最早几天里就已经良好地发展起来了。

精神奋发，高兴——一个精神奋发的人即使不发出真正的微笑来，也通常会显露出一种要把自己的嘴角退缩的倾向来。由于愉快的激奋，血液循环就变得更加迅速起来；双眼发亮，面部颜色变得更加鲜艳。脑子因为受到血液加强流动的刺激，就对精神活动发生影响；在头脑里更加迅速地闪现出活跃的观念来，而恋情也因此热烈起来了。我听说，有一个年纪略小于 4 周岁的小孩，在听到人家问他"高兴"是什么意义的时候，就回答道："这就是说说笑笑和接吻"。要再提出一个比他的说法更加确实和更加实际的定义来，那恐怕是很难的了。一个处在这种精神状态的人，就使自己身体保持挺直，头部抬起，而且双眼张开。同时面容并不下沉，而眉毛也不皱缩。相反的，根据莫罗的观察[①]，额肌（frontal muscle）有着一种略微收缩的倾向；因此前额就显得平滑而凸出，所有皱纹的痕迹都随着消除，眉毛略微弓起，而眼睑则上升。因此，拉丁语 *exporrigere frontem*（舒展额上的皱纹）的意义就是高兴或者快活。一个高兴的人的全部表情，恰正和一个受到痛苦的人的表情完全对立。根据贝尔爵士所说，"在一切使人高兴的情绪下，眉毛、眼睑、鼻孔和嘴角都向上升起。可是，在低抑的激情下，则情形就相反"。在后者的影响下，双眉紧锁，眼睑、面颊、嘴和整个头部下垂；眼睛变得黯淡无光，面色苍白，呼吸也缓慢起来。在快乐的时候，面部加宽；而在悲哀时候，则面部就伸长。我不打算来说明，对立原理在这里究竟有没有对产生这些对立的表情方面起有作用，而使上面已经列举而且相当明白的直接原因得到进展。

一切人种的高兴的表情，显然是相同的，并且也容易被辨认出来。我的那些位在新旧两世界各地的通信者们，对于我所提出的这方面的询问都作了肯定的答复；他们对于印度人、马来人和新西兰人方面还提供了一些详细情况。澳大利亚人的眼睛的发亮程度，使四个观察者感到吃惊；在印度人、新西兰人和婆罗洲的达雅克人方面，也观察到同样的事实。

未开化的人有时不仅用微笑来表明他们的满足，而且也用那些由于饮食的愉快而产生的姿态来表明它。例如，魏之武（Wedgwood）先生引用彼脱利克（Petherick）的话道，[②]在他（彼脱利克）把自己的一串念珠取出给上尼罗河（Upper Nile）的黑人们看的时候，他们就搓擦起自己的腹部来；李黑哈特（Leichhardt）说道，澳大利亚人在望见自己的马和阉牛时候，特别是望见自己的猎袋鼠的狗时候，就作出咂唇和弹舌的声音来。格陵兰人"在愉快地肯定任何一件事情的时候，就吸进一口空气，同时发出一种特殊的声音来"；[③]大概

---

　　① 拉伐脱尔（G. Lavater）编著：《人相学文集》，1820 年出版，第 4 卷，第 224 页。还有对于下面的一段引用文字，可以参看贝尔爵士所著的《表情的解剖学》，第 172 页。

　　② 魏之武：《英语语源学字典》（*Dictionary of English Etymology*），第二版，1872 年，绪论，第 44 页。

　　③ 泰洛尔所引用的克朗兹（Crantz）的句子。泰洛尔：《原始文化》（*Primitive Culture*），1871 年，第 1 卷，第 169 页。

这是一种对咽下鲜美食物的动作的模仿。

声笑受到口轮匝肌的坚强收缩的抑制；这就阻止了大颧肌和其他肌肉把双唇向后和向上牵动。下唇有时也被牙齿所制动；这就使面部显出一种欺诈的表情来；例如，从瞎子兼聋子的拉乌拉·勃烈奇孟方面，就观察到这种表情。[1] 有时大颧肌的位置发生变更；我曾经看到，一个青年妇女为了抑制微笑而使自己的口角降肌（*depressores anguli oris*）发生强烈的动作；可是，由于他的眼睛出现光辉，这就无法使她的面容再具有忧愁的表情。

经常可以看到，声笑被强制地采用来隐藏或者伪装其他的精神状态，甚至是愤怒。我们时常看到，有些人为了隐藏他们的羞惭或者害羞而发笑。如果没有东西激发起微笑，或者没有东西阻止它自由出现，而有人紧缩起双唇，好像要防止尽可能的微笑似的，那么就会显现出一种不自然的、严肃的或者拘谨的表情来；可是在这里，不必再来谈到这一类复杂的表情。在嘲笑的情形里，一种真正的或者假装的微笑或者声笑，就时常和轻蔑所特有的表情混合在一起，而且这种情形可以转变成为愤怒的轻蔑或者侮慢。在这些情况下，声笑或者微笑的意义，就在于要向欺负者表示他只不过激起了别人的好笑罢了。

爱情，温情等——虽然爱的情绪（例如母亲对她的婴孩的爱情）是我们心头所能发生的最强烈的情绪之一，[73] 但是据说它很难具有任何固有的或者特有的表达方法；这一点也是可以明白的，因为爱情通常不引起任何特定的动作方式。不必怀疑，因为恋情是一种愉快的感觉，所以它通常就引起平和的微笑和使双眼有些发亮。通常我们感到一种想要去摸触所爱的人的强烈欲望；而爱情就靠了这种方法被表达出来，而且比靠了其他任何方法更加明显。[2] 因此，我们就渴望要把自己所钟爱的人怀抱起来。大概我们应当把这种欲望是由于遗传的习性而发生，这种习性是和我们保育和看护小孩互相联合的，也是和爱人彼此抚爱互相联合的。

在比较低等的动物当中，我们也可以看到，同样和爱情联合并且由于互相接触而产生出愉快来的原理。狗和猫在挨擦自己的男主人和女主人的时候，明显地获得愉快；还有在受到男女主人的抚摸或者轻拍的时候也是这样。动物园的饲养员们向我肯定说，很多种类的猿都喜爱彼此互相挨擦，并且去挨擦它们所亲近的人和被这些人抚摸。巴尔特莱特先生替我记述了两只黑猩猩在初次被携带到一处时候的举动；这两只黑猩猩的年纪要比那些通常被运到本国来的黑猩猩大些。当时它们就相对坐下，用它们的伸出得很厉害的双唇彼此接触；于是有一只黑猩猩就伸手搭放在另一只的肩头上。此后，它们就彼此用双臂怀抱起来。再后，它们站立起来，各用一只手臂钩搭在对方的肩头上，举起头部，张开嘴巴，并且欣喜得尖叫起来。

我们欧洲人把接吻作为恋情的表征，已经成为普遍的习惯，因此也可以使人认为这

---

① 李别尔的文章，载在《斯密生氏文稿录》，1851年，第2卷，第7页。

② 培恩先生指出说（《精神和道德的科学》，*Mental and Moral Science*，1868年，第239页）："温情是一种受到各种不同的刺激而发生的愉快情绪；这种情绪的企图就在于要吸引人们去互相拥抱"。

## 第 8 章　人类的特殊表情——快乐、精神奋发、爱情、温情、崇拜

是人类天生所具有的；可是，实际上并不是这样的。斯底耳（Steele）曾经说道："自然界是接吻的创立人，而接吻是从初次求爱开始的"；这种说法是错误的。火地岛土人琴米•白登（Jemmy Button）告诉我说，在他的本乡土地上，大家都不知道接吻的意义。新西兰人、木赫的岛人、帕普安人（Papuans，新几内亚的土人）①、澳大利亚人、非洲的索马利人（Somali）和爱斯基摩人②也同样地不知道这种习惯。可是，接吻是具有多么大的天生的或者自然的性质，因此它显然是依据那种和心爱的人密切接触而发生的愉快来决定的；在世界的各个不同的地区里，用其他的方式来代替接吻，就是：擦鼻子，例如新西兰人和拉伯兰人（Laplanders）；挨擦或者轻拍手臂、胸部或者腹部；或者是一个人用对方的手或脚来拍击自己的面部。大概一种作为恋情的表情的向对方的身体各部分吹气的动作，也可能是依据同样的原理而发生的③。

那些叫做温情（tender）的感情，很难加以分析；它们好像是和恋情、快乐、尤其是和同情复合而成的。这些感情本身具有愉快的性质，只除了在听到一个被虐待的人或者动物的喊声时候发生太深的怜悯或者引起恐怖的情形以外。从我们现在所感兴趣的观点看来，这些感情由于容易激起眼泪分泌而受人注意。有很多次，父亲和儿子在久别重逢的时候就流下泪来，尤其是在意外地相逢的时候就流下泪来。显然无疑，极度的快乐本身就具有一种对泪腺起作用的倾向；可是，在上面所举出的父子相逢这一类例子里，大概父子曾经有一种感到永不相逢的模糊不明的悲哀思想在心头闪现过；而悲哀就自然地引起眼泪分泌出来。因此，在俄底修斯（Ulysses）*回国的时候：

> ……忒勒马科斯
> 站起身来，带着眼泪贴近他的父亲的胸膛上。
> 郁积的悲哀笼罩着他们，因此就想大哭一场。
>
> ＊　＊　＊　＊　＊
>
> 他们就这样悲痛地号哭起来，无限伤心。
> 热泪横流，天日昏暗，
> 最后忒勒马科斯才想到寻话来问。
>
> 《奥德赛》，华斯莱（Worsley）的英译本，第 16 章，第 27 节

还有，当珀涅罗珀（Penelope）最后辨认出自己的丈夫来的时候：

> 于是，从她的眼睑上流下了滚滚的泪珠，
> 她站起身来扑向自己的丈夫，把双臂

---

①　［孟特加查（《人相学》，第 198 页）引用华特•吉耳（Wyatt Gill）的话；吉耳曾经在帕普安人当中看到过接吻。］

②　柳波克（J. Lubbock）爵士：《史前时期》（Prehistoric Times），第二版，1869 年，第 552 页。他在这里对这些说法提供了十分可靠的证明。我引用的斯底耳的话，就是从这本书里摘取来的。［文乌德•利德先生（1872 年 11 月 5 日的来信）说道，在西非洲全部地区里，大家都不知道接吻；"大概这是地球上最大的无接吻情形的地区了"。］

③　参看泰洛尔所提出的详细说明，有引证的事实。泰洛尔：《人类早期史研究》（*Researches into the Early of Mankind*），第二版，1870 年，第 51 页。

＊　俄底修斯是荷马（Homer）的中诗《奥德赛》（Odyssey）里的古代希腊大英雄。忒勒马科斯（Telemachus）是他的儿子；珀涅罗珀（Penelope）是他的妻子。——译者注

　　抱住了他的脖子，而且在他额上

　　作了温柔的接吻，同时就开言道……

同上书，第 23 章，第 27 节

　　当我们鲜明地回忆到自己的以前的家乡，或者逝去已经很久的幸福的日子时候，眼泪就会很容易涌现在自己的眼眶里；可是在这里，又再会自然地出现那种过去的日子一去不返的想法。在这些情况下，可以说，我们在把自己的过去状况取来作对比，而对现在状况里的自己发生同情。对别人的悲痛经历发生同情，甚至对爱情小说里的一位本来没有和我们有恋情关系的女主角的假想的悲痛发生同情，也很容易激发出眼泪来。还有在对别人的幸福发生同情的时候，例如在阅读到精彩的故事里的一个经过千辛万苦才最后达到成功的爱人的幸福时候，也会使人流出眼泪来。

　　大概同情会构成一种独立的或者与众不同的情绪；它特别能够去刺激泪腺。不论我们发生同情或者接受同情，都同样良好地适合于这种见解。每个人一定都注意到，在我们对那些受到某种小伤的儿童发生怜悯的时候，他们就很容易发出一阵哭喊来。克拉伊顿·勃郎博士告诉我说，对于忧郁的精神病患者，即使讲一句亲切的话，也会时常使他们陷于难以抑制的哭泣。每次当我们为了一个朋友的悲哀而表示自己的怜悯时候，眼泪就会时常涌现在自己的眼眶里。通常用一种假定来说明同情的感情，就是：当我们看到或者听到别人的受苦时候，受苦的观念就在自己的心头被非常鲜明地呼唤出来，因此好像自己在亲身受苦一般。可是，很难认为这种说明是充分的，因为它并没有考虑到同情和恋情之间的密切关系。显然无疑，我们对于自己心爱的人的同情，要比对于一个没有关系的人的同情更加深切得多；而且前一种同情也要比后一种同情使我们得到更多的安慰。可是，的确我们也能够对于那些我们没有恋情的人发生同情。

　　前面一章里已经讨论到，为什么我们亲身所经历到的苦痛会激发起哭泣来。至于说到快乐方面，那么它的自然而且普遍的表情就是声笑；在一切人种当中，大笑都会比任何其他原因（除了悲痛以外）使人更加自由地分泌出眼泪来。在大快乐的时候，显然无疑地发生双眼满含泪水的情形，不过没有声笑；我以为，大概也可以根据悲哀时候分泌眼泪的同样原理以习惯和联合来说明这种情形，不过在这时候没有尖叫声发出。可是，有一种很可以使人注意的情形，就是：对于别人的悲痛的同情，要比自己亲身受到的痛苦，更加容易激发出眼泪来；实际情形的确是这样的。很多人对于自己的苦恼连一滴眼泪也流不出自己的眼睛来，可是对于心爱的朋友的苦恼却大流起眼泪来。还有更加值得使人注意的情形：就是：我们对于自己所钟爱的人们的幸福和好运的同情，也应当引起同样的结果来；可是，我们亲身所遇到的同样的幸福，却反而使自己的眼睛干燥无泪。可是，我们应当记住，那种对身体疼痛能够用很大力量去阻止自由流泪的长期不断的抑制习惯，却不能够在阻止同情别人的受苦或者幸福时候适度出泪方面发生作用。

　　我曾经在其他地方作过尝试，[①]要去证明音乐具有一种惊人的能力，会以模糊不定的方式去唤起那些被远古时代的人类所感受到的强烈情绪；在这些远古时代里，很可能我们很早的祖先们就靠了口声的帮助来彼此求爱。因为有几种被我们感受到的情绪——

---

　　① 《人类起源》，第二版，第二卷，第 364 页。〔第 19 章，关于声音和音乐能力的一节。——译者注〕

悲哀、大快乐、爱情和同情——引起眼泪自由分泌，所以也用不到惊奇，当然音乐会引起我们的眼睛里充满起泪水来；尤其是在任何一种温情已经软化了我们的心时候，更加会发生这种情形。音乐时常会产生出另一种特殊的效果来。我们知道，每种强烈的感情、情绪或者兴奋——极度苦痛、大怒、恐怖或者热烈的爱情——所有这一切，都具有一种引起肌肉颤动的特定倾向；在很多人受到音乐的强烈感染时候，他们所发生的从背脊和四肢上部向下的颤动或者轻微发抖情形，大概对于上面所说的身体颤抖的关系，也像是音乐力量所引起的轻微出泪对于任何强烈的真正情绪所引起的哭泣的关系一样。[74]

崇拜——因为崇拜虽然主要由尊敬所构成，而且时常和恐怖结合起来，但是也和恋情有几分关系，所以我们也可以在这里把这种精神状态的表情提出来，简单地谈谈。在过去和现在的几种教派里，把宗教和爱情奇怪地结合在一起；无论这个事实有多么的可悲，但是它甚至已经被大家所肯定，就是：神圣的爱情的接吻，却也和男人给予妇女吻或者妇女给予男人吻没有多大分别。① 崇拜主要是用面部朝天仰起和眼球向上转动的状态来表明。贝尔爵士指出说，在将近睡眠、昏厥或者死去以前，瞳孔被牵动到上面和内侧去；他还认为，"当我们整个被崇拜的感情所笼罩着并且不再顾及到外部印象的时候，就有一种既不是学习到的也不是获得的动作来把双眼向上举起"；并且以为，这是根据那个和上面所说的情形里的同样原因而发生的。② 我曾经听到唐得尔斯教授所说，在睡眠时候，眼球的确是向上翻转的。婴孩在吮吸母亲的乳房时候，就发生眼球向上翻转的动作，这时常使他们显出一种失神欣喜的蠢相来；在这里，可以清楚地看出，婴孩正为了要反对睡眠时候所自然地采取的眼球位置而作一番挣扎。可是，根据我从唐得尔斯教授那里听到的情形看来，贝尔爵士对这种事实所作的说明是不正确的；他把这种事实奠定在一个以为某些肌肉比其他肌肉更加能够受到意志的支配的假定上面。因为祈祷的时候，虽然眼球也时常向上翻转，但是精神还没有像接近于睡眠的无意识程度那样被很多地吸收到沉思里去，所以这种动作大概是沿传的动作，是一种普通信仰的结果；这种信仰就是：我们所祷告的神力的泉源——苍天——正高临在我们的头顶上。

我们可以认为，一种双手上举合掌的卑贱的跪拜姿态，是由于长期的习惯而造成的一种很适合于崇拜方面的姿态，因此好像也可以认为它是天生的；可是，在欧洲人以外的各种人种方面，我还没有获得关于这种说法正确的证明。我从一个精通古典的专家那里听到，在罗马史的古典时期里，双手在祈祷时候这样相合一起的情形大概还没有出现。亨士莱·魏之武先生显然提出了一个正确的说明，③不过这种说明暗示出这种姿态是奴隶服从的姿态。他写道："在祈祷者跪下，把双手举起和合掌的时候，他就表明出自己是一个俘虏，在用伸出双手请胜利者捆绑的姿态来表示自己完全服从。这就是拉丁文 dare

①　毛兹莱博士在他所著的《肉体和精神》(*Body and Mind*，1870 年，第 85 页)里讨论到这种情形。

②　贝尔：《表情的解剖学》，第 103 页；还可以参看哲学学报(*Philosophical Transactions*)，1823 年，第 182 页。

③　魏之武：《语言的起源》(*The Origin of Language*)，1866 年，第 146 页。泰洛尔先生(《早期人类史》，第二版，1870 年，第 48 页)提出了双手在祈祷时候的位置方面的更加复杂的起源。

manus（给予双手）的形象表示，意义就是服从"。因此，在崇拜感情的影响下，眼球上转和双手合掌的动作都不可能是天生的，或者是真正表情动作；而且也未必可以预料到这种动作一定出现，因为这些要被我们现在归进到崇拜方面去的感情，究竟在过去时代的人类还处在未开化状态里的时候，有没有对他们的心情发生影响，—这还是一个很使人怀疑的问题。[75]

# 第 9 章

## 人类的特殊表情——回想、默想、恶劣情绪、愠怒、决心

• *Reflection, Meditation, Ill-temper, Sulkiness, Determination* •

我以为，上面所举出的一切原因，不论是综合的或者各个分离的，都以多少不同的程度在对各种情况起有作用；这绝不是不可能的。结果就应当形成一种牢固确立的、说不定现在已经成为遗传的习惯，就是：在开始和正在进行任何一种紧张的长期努力或者任何一种细致的操作时候，就把嘴紧紧闭住。根据联合原理，当我们的头脑一定要采取任何特定的动作或者任何行为的路线时候，甚至是在使用任何身体上的努力以前，或者在简直连这种努力也用不到的时候，也都会发生出一种朝向这同样的习惯的强烈倾向。因此，嘴的习惯性的紧紧闭住的动作，就应当成为表明性格上的决断的特征；而决断则又容易转变成为顽固。

皱眉动作——在努力时候或者在感受到某种困难事情或不愉快事情时候所发生的回想（考虑）——出神的默想——恶劣情绪——阴郁——顽固——愠怒和撅嘴巴——决心和决断——嘴的紧闭

皱眉肌由于本身收缩而使双眉下降，挤在一起，同时在前额上产生纵直的沟纹；这种情形就是皱眉（蹙额）。贝尔爵士错误地认为皱眉肌是人类所特有的肌肉，因此就把它看做是"人的面部的最显著的肌肉。它用强大力量把双眉皱紧在一起，这就无意识地而且不可抗拒地传达出心中所抱有的思想来"。还有，在另一处地方，他写道："在双眉被皱紧在一起的时候，精神力量就明显地出现，因此在这里，思想和情绪就会去和真正动物的野蛮的、残酷的大怒混合起来"。[①] 在这些说法里虽然合有很多真实情形，但是很难包括全部真理。杜庆博士曾经把皱眉肌叫做回想用的肌肉（muscle of reflection）；[②] 可是，这个名称如果不加以某些限制，那就不能被认为是十分正确的。

一个人可以陷进到最深刻的思索里去；而且在他的思考路线上还没有遇到一些障碍以前，或者在某种妨害还没有打断他的思索以前，他的双眉仍旧是平滑不皱的；但是到了这个时候，就出现皱眉，好像有一个阴影笼罩在他的眉毛上面。一个饿得半死的人会紧张地想着怎样去获得食物；可是，除非是他在思索方面或者行动方面遇到某种困难，或者在取得食物时候发现它是不能进口的，他就不至于会皱起眉来。我已经注意到，差不多每个人在一辨别出他所吃的东西的滋味奇特或者恶劣的时候，就立刻皱起眉来。我曾经在没有预先说明自己的目的时候，去请求几个人专心倾听一种很平和的叩击声，他们都已经对这种声音的性质和来源知道得十分清楚，因此在听到它以后一个人没有皱眉；可是，还有一个也参加到我们这里来，却没有理解到我们大家在十分静寂里干些什么事情，因此在请他倾听的时候，他就大皱起眉毛来，不过还没有发生恶劣情绪，并且说道，他至少是不能够理解到我们大家想要他干什么事情。皮德利特博士曾经发表过他对同样情形的意见，[③] 并且补充说：口吃的人通常在讲话的时候皱眉；一个人甚至在干一件细小的事情的时候，例如穿长筒皮靴而发现它太紧窄的时候，也要皱起眉来。有些人变成了

---

◀ 猩猩常玩的游戏：① 反复嚼面包屑；② 头上带上胶圈；③ 用牙咬住某些长条状的东西。

---

① 贝尔：《表情的解剖学》，第 137 页和第 139 页。不必惊奇，人类的皱眉肌确实要比类人猿的皱眉肌更加发达，因为人类在各种不同的情况下使皱眉肌发生连续不断的动作，而且由于使用上的遗传效果而使这些肌肉加强起来和发生变化。我们已经看到，这些肌肉在和眼轮匝肌联合一起的时候，对于保护眼睛以避免在激烈的呼气动作时候过度充血方面，起有多么重要的作用。当双眼为了避免受到拳击的伤害而尽可能急速地紧闭起来的时候，皱眉肌就收缩起来。在不戴帽子的未开化的人和其他人方面，他们的眉毛会不断下降和收缩，用来作为遮掩太强的光线的覆被物；皱眉肌也在这方面起有一部分的作用。自从人类的很早的祖先把头部竖直起来走路的时候开始，这种皱眉的动作一定对他们特别有用处。最后，唐得尔斯教授认为[《医学丛书》（Archives of Medicine），皮尔（L. Beale）出版，1870年，第 5 卷，第 34 页]，皱眉肌在引起眼球向前移动以便作近视时的调节方面，也起有作用。

② 杜庆：《人相的机制》，单行本，说明文字Ⅲ。

③ 皮德利特：《表情和人相学》，第 46 页。

习惯性的皱眉者,因此单单讲话用力,就差不多时常引起他们的双眉收缩起来。

一切种族的人在思想上发生任何疑难的时候,就会皱眉;这是我根据那些回答我寄给他们的询问信的人的话来断定的;可是,我的询问信写得不好,把出神的默想和困恼的回想这两种情绪混杂起来了。可是,澳大利亚人、马来人,印度人和南非洲的卡弗尔人在感到困恼的时候,确实是皱眉的。多勃利茨霍费尔(Dobritzhoffer)指出说,南美洲的瓜拉尼人(Guaranies)在同样情形下也把双眉皱紧。①

根据这些考察到的情形,我们可以得出结论说,皱眉这种表情,无论怎样深刻,也绝不是简单回想的表情,或者无论怎样细致,也绝不是注意的表情,而是一种在思考路线上或者在动作上遇到某种困难或者不愉快的事情时候出现的表情。可是,深刻的回想很难长久不发生什么困难而顺利进行下去,所以通常就同时有皱眉出现。因此,据贝尔爵士所说,皱眉通常使面容显出一种具有智慧能力的外表来。可是,为了要产生出这种效果来,就必须使双眼清楚地张开和凝视不动,或者也可以像深刻的思考时候所经常发生的情形那样,双眼向下。如果同时出现另一些情形,例如有恶劣情绪或者容易生气的人、带有黯淡的眼睛和下垂的下颚而显露出长期受苦的人、辨别出自己的食物的滋味恶劣的人、或者发现自己难以做到某种琐细动作(如用线穿针)的人,所发生的皱眉情形,那么这种在回想方面所发生的面容就会因此遭到破坏。在这些情形里,虽然时常可以看到皱眉,但是同时还出现另外的表情,因此这就使容貌显现不出一种具有智慧能力或者深刻思考的外表来。

现在我们可以来考察,为什么无论在思考方面或者在动作方面所发生的某种困难或者不愉快的事情在被感受到的时候,就会由皱眉表达出来。也像自然科学家们所认为的那样,这种考察方法同样适用于探查一种器官在胚胎学上的发育情形,以便充分理解到这种器官的构造,所以在表情动作的研究方面最好也尽可能遵从这同样的计划。我们在婴孩初生几天里所看到的最早的、几乎是唯一的表情(这种表情在以后的日子里也时常出现),就是他在发生尖叫动作时候的表情;在婴孩初生时候或者稍后的时候,由于各种悲痛的或者不愉快的感觉和情绪,就是由于饥饿、苦痛、愤怒、嫉妒,恐惧等,而刺激起尖叫来。在发生这一类感觉和情绪的时候,眼睛周围的肌肉强烈收缩;我以为,这也大体上说明了我们以后的生活时期里的皱眉动作时常发生的原因。我多次观察了自己的婴孩,从他们出生大约一星期时候观察到两三个月,并且发现,在一阵尖叫逐渐到来的时候,最初的征象就是皱眉肌的收缩,这就产生出轻微的皱眉来,接着很快发生眼睛周围的其他肌肉的收缩。根据我在自己的笔记本上的记录,在婴孩不舒服或者不健康的时候,可以看到有小皱眉不断像阴影似的通过他的面部;在这些小皱眉出现以后,通常迟早发生一阵哭喊,但并不是常常这样。例如,我曾经有一段时间观察过一个出生 7～8 个星期间的婴孩;他在吮吸到一些变冷的牛奶时候,就会因此不愉快,而且在整个时间里总是保持着固定的小皱眉。这种情形还绝不会发展到真正哭喊发作的地步,不过偶而也可以观察到各个很接近于它的阶段。

---

① 多勃利霍费尔,《阿皮坡恩人的历史》(*History of the Abipones*),英文译本,第 2 卷,第 59 页;参看柳波克的引用文字,《文化的起源》(*Origin of Civilization*),1870 年,第 355 页。

因为婴孩在无数世代里每当哭喊或者尖叫的发作要开始到来的时候，就已经有了皱眉的习惯，所以这种习惯已经开始和某种悲痛或者不愉快的事情的最初感觉牢固地联合起来。因此，在类似的情况下，皱眉的习惯在成年期间里仍旧时常会重现出来，不过绝不会再发展到哭喊发作的地步。尖叫或者哭泣在我们的生活初期就已经被有意识地抑制，而皱眉则在任何的年龄里都很难被抑制住。有一件大概也值得使人注意的事情，就是：对于很会哭泣的小孩，任何一件使他们心中烦恼的事情，或者任何一件只是会引起其他大多数小孩皱一下眉的事情，都容易使他们哭泣起来。同样地，对于有几类精神病患者，任何一种精神上的努力，不管怎样的轻微，甚至使一个习惯性皱眉的人也只不过略微皱一下眉，都会引起他们发生抑制不住的哭泣。眉毛在最初感受到某种悲痛事情而收缩的习惯，虽然在婴孩时期已经被获得，但是也一定会在我们的其余生活期间里保存下去；而很多其他在幼年时代获得的联合性习惯，也一定会被人类和比较低等的动物永远保存下去；所以前面这种情形并不比后面的情形更加使人惊奇。例如，成年的猫在感到温暖和舒适的时候，就会时常再现出那种轮流伸出自己的张开足趾的前腿的习惯来；它们在吮吸母猫的乳时候为了一定的目的而采取过这种习惯。

每次在心中专门想着任何一个问题而对它的解决方面发生某种困难的时候，大概会有另一种特殊的原因来加强皱眉的习惯。视觉是一切感觉当中最重要的一种；在人类的原始时代里，大家一定为了要猎取到猎物和逃避危险，而对着远处的物体作最专心的注意。我还记得，以前我在南美洲的那些有印第安人出来袭击的地区里旅行的时候，看到半野性的高乔人（Gaucho）多么经常不断地、而且看上去好像是无意识地精密侦察全部地平线处的动静的情形，就不觉大吃一惊。原来，如果任何一个人在自己头上没有加上覆盖物（以前的人类一定本来是在头上没有覆盖物的），并且在晴朗的白天里，尤其是在天空明亮的时候，用尽全力辨认远处的物体，那么他差不多就要经常不变地把双眉收缩起来，防止太多的光线射进眼睛里去；同时，下眼睑、双颊和上唇也被向上提升，而使眼睛的孔口缩小起来。我曾经为了这个目的，请几个青年人和老年人在上面所说的情况下去瞭望远处的物体，同时使他们相信，我只不过是想要试试他们的眼睛的视力；他们在瞭望的时候，全体都表现出刚才所说的动作来。除此以外，在他们当中，有几个人还把张开而摊平的手遮在眼睛上面，挡去过多的阳光。① 格拉希奥莱②在对近于相同的效果方面提出了一些意见以后，就说道："Ce sont là des attitudes de vision difficile"*。他得出结论说，眼睛周围的肌肉收缩的目的，一部分是为了要除去过多的光线（我以为这是最重要的目的），另一部分则是为了要防止一切不是直接从所要观看的物体身上发出的光线对眼睛的视网膜发生强烈影响。我曾经把这个问题去请教巴乌孟（Bowman）先生；他以为，眼睛

---

① ［亨利·李克斯先生(1873 年 3 月 3 日的来信)写道："我曾经看到黑熊(V. americanus)蹲坐在自己的后肢上面，并且在尝试瞭看远处的物体时候，就用一对前爪遮在眼睛上面；我听说，这是这种动物常有的习性"。]

② 格拉希奥莱：《人相学》，第 15 页、第 144 页和第 146 页。赫伯特·斯宾塞说明皱眉专门是眉毛在明亮的光线里作为眼睛的覆盖物而收缩的习惯。参看斯宾塞：《心理学原理》，第二版，1872 年，第 546 页。美国乌斯特大学(Worcester College)的校长、牧师勃莱尔(H. H. Blair)说道，生来的瞎子对于皱眉肌的支配力很微小，或者完全没有；因此，在叫他们皱眉的时候，他们就不能够办到，不过他们却能够作不随意的皱眉。可是，他们能够按照自己的意志来作微笑。

\* "这就是视力困难时候所特有的姿态"。——译者注

周围的肌肉收缩,除了这两个目的以外,还可以补充一点,就是:"一部分是为了使一对眼球在靠了自己肌肉的帮助而达到构成双目视野的部位时候,得到更加牢固的支持,所以去维持两眼的交感动作"。

因为在明亮的光线下仔细瞧望远处物体所需的努力,不仅困难,而且使人厌倦,还因为这种努力在无数世代里已经习惯地和双眉的收缩动作同时发生,所以这种皱眉的习惯就会变得更加强固,不过它起初是在婴孩时代由于完全不同的原因而发生出来;这个原因就是初步在尖叫时候要去保护自己的眼睛。实际上,根据精神状态方面说来,在细心瞧看远处物体和探查不明白的思考路线之间,或者在这种瞧看和实行某种细小的麻烦的机械工作之间,都存在着很大的类似地方。双眉收缩的习惯,在一些也用不到去挡去太多光线的时候,也会继续存在——这个说法,就可以从以前所讲到的情形方面获得证实,就是:这时候眉毛和眼睑在一定的状况下,即使没有任何用处也会发生动作,正是因为它们以前在类似的状况下由于有用的目的而曾经被相似地使用过。例如,我们在不想去看任何东西的时候,就可以随意闭紧自己的双眼;我们在反对一个建议的时候,也很容易闭起眼睛来,好像不能去或者不要去看到它似的;还有在我们想到某种可怕的情形时,也会发生闭眼的情形。我们在想要迅速看见自己周围的一切物体的时候,就会扬起眉毛来;还有在焦急地要回忆某种事情的时候,我们也时常做出同样的动作来;在做这种动作的时候,真好像我们要竭力去看到这种事情似的。[76]

出神、默想——如果一个人陷进到深思里去而心里忘记了周围的事物,或者正像有时大家所说,"他的精神恍惚",那么他并不会皱眉,不过他的双眼显得呆木无光。这时候,通常下眼睑向上提起,并且皱缩,正好像一个近视的人尝试去辨认远处物体的情形一样;同时,上眼轮匝肌略微收缩起来。在几种野蛮人方面,也已经观察到下眼睑在这些状况下起皱的情形;例如,但松·拉西(Dyson Lacy)先生在昆士兰省的澳大利亚人方面看到这种情形;吉契先生几次在马来半岛内地的马来人方面也看到这种情形。现在还不能够说明这种动作的意义或者原因是什么;可是,我们也可以把它作为例子,来说明眼睛周围的动作对于精神状态的关系。

眼睛呆木无光的表情是很特殊的;一个人在完全陷进到深思里去的时候,就立刻显现出这种表情来。唐得尔斯抱着通常的亲切态度,来替我研究了这个问题。他观察了很多人在这种状况下的表情,而且还请恩格耳曼(Engelmann)教授来对他自己的表情作观察。原来在这种情况下,双眼并不固定在任何物体上,因此正像我所想象到的,它们也不固定在远处的物体上。它们的视线甚至时常略微分散开来;如果头部保持竖直状态,那么这种分散和水平视野面所成的角度,最大达到 2°。这是用观察远处物体的交叉双重像的方法来确定的。时常可以观察到,深陷在思想里的人的头部由于肌肉普遍松弛而向前低垂;如果在这种情形下,视野平面仍旧是水平的,那么双眼就必须略微向上翻转,因此这时候视线的分散角度达到 3°或 3°5′。如果眼睛再向上翻转,那么分散角度就会达到 6°和 7°。唐得尔斯教授认为这种分散情形是由于眼睛的某些肌肉几乎完全松弛而发生的;

这种松弛情形则时常是由于精神全部集中的结果而发生的①。双眼肌肉的活动状态,也就是收敛的活动状态。唐得尔斯教授关于双眼在完全出神期间里的视线分散方面指出说,如果一只眼睛变成瞎眼,那么它差不多时常在过了很短时间以后要向外偏移,因为它的肌肉不再为了取得双眼视看而被用来把眼球向内移动了。

困恼的回想时常连同一定的动作或者姿态而出现。在这些状况里,我们通常就把手举起,靠在前额、嘴或者下颚上;可是,按照我所能看到的情形,当我们完全沉浸在默想里去,而且还没有遭遇到什么困难的时候,我们反而不会做出这样的动作来了。普罗塔斯(Plautus)在自己的一个剧本里,②描写到一个困惑的人时候说道:"瞧吧,他把下巴搁在自己的手上了"。甚至是像举手到脸上这种微小而且显然没有意义的姿态,也在几种野蛮人方面被观察到过。孟谢尔·威尔先生曾经在南非洲的卡弗尔人那里观察到这种姿态;而且土人的酋长盖卡还补充说,在这些情况下,男人们还"有时要扯拉自己的胡须"。华盛顿·马太先生曾经注意到美国西部地区的几个最野蛮的印第安人部落,并且指出说,他曾经看到,这些印第安人在集中自己的思想时候,就举起自己的"手,通常是用大拇指和食指,去按住面部的某一部分,普通是按住上唇"。我们可以理解到,为什么在深思使脑筋极其疲累的时候,要去揿压或者擦拭前额;可是,为什么要把手举起到嘴边或者面部——这个问题也绝不是使人明白的。

恶劣情绪——我们已经知道,皱眉是我们在思索或者行动方面遭遇到某种困难或者经受到某种不愉快的事情而发生的自然的表情;如果一个人的精神时常和容易受到这方面的影响,那么他就倾向于恶劣情绪,或者轻微的愤怒,或者急躁;通常也用皱眉来表明这种情绪。可是,有一种由于皱眉而发生的生气表情,可以被其他的动作来消除去;这些动作就是:嘴由于习惯而被牵引成为微笑状态,因此显得带有恋情的样子;双眼变得明亮而且愉快活泼。如果双眼明显而且坚定不动,那么也会发生这种情形,并且具有认真回想的外貌。如果在皱眉时候还出现嘴角有些下降这种悲哀的表征,那么这就使面部具有一种急躁的样子。如果婴孩在哭喊时候很会皱眉(参看照相图版Ⅳ,图2),③但是并没有像通常情形那样把眼轮匝肌强烈收缩,那么面部就会显现出一种很明显的愤怒或者大怒而且连同悲惨在一起的表情来。

如果全部皱缩的眉毛由于鼻三棱肌的收缩而被向下牵拉得太厉害,而鼻子基部出现横皱纹或者褶襞,那么面部就显出阴郁的表情来。杜庆以为,这种肌肉的收缩,如果没有任何皱眉现象发生,也会使面部显出极端的敌意的严厉来。④ 可是,我对于这是不是真正的或者自然的表情大有怀疑。我曾经把杜庆的一张摄有青年人因鼻三棱肌受到电流刺

---

① 格拉希奥莱(《人相学》,第 35 页)指出:"Quand l'attention est fixée sur quelque image intérieure, l'oeil regarde dans le vide et s'associe automatiquement à la contemplation de l'esprit"。[当注意力集中在某种内心的形象时候,眼睛就会朝向空中,并且自动参加到精神上的默想里去。]可是,这种见解恐怕还不值得被称做是一种说明。

② 普罗塔斯(Titus Maccius Ploutus,公元前 254—184 年,罗马的戏剧家);《光荣的道路》(Miles Glorio sus),第 2 幕,第 2 场。

③ 金德尔曼先生的原版照片,要比现在的复制品的皱眉动作更加富于表情,因为它要更加明显地表示出眉上的皱缩情形来。

④ 杜庆:《人相的机制》,单行本,说明文字Ⅳ,图 16—18。

1

2

照相图版　Ⅳ

激而强烈收缩的照片,交给 11 个人(当中有几个美术家)去看,但是在他们当中除了一个女郎能够正确回答"不高兴的沉默"以外,其余的人都不能够猜测到这张照片所表明的是什么意义。在我初次看到这张照片,而且知道它所表明的意义的时候,我就以为,在我所想象的表情里,要添上一件必需的东西,就是皱缩的眉毛;这样才使我认为这种表情是真正的和极其阴郁的。

　　紧闭的嘴,再加上低垂而皱缩的眉毛,就使面部显出决心的表情来,或者显出顽固和执拗的表情来。后面我们就要来讨论到,嘴的紧闭怎样会使面部显出决心的样子来这个问题。我的通信者们,曾经在澳大利亚的 6 个不同地区的土人方面,清楚地辨认出他们的执拗的顽固表情来。根据斯各特先生的讲述,印第安人的这种表情很显著。在马来人、中国人、卡弗尔人、埃塞俄比亚人方面,也已经观察到同样的表情;根据罗特罗克博士的讲述,北美洲的未开化的印第安人显著地具有这种表情;还有,根据福尔勃斯先生的讲述,南美洲的玻利维亚的爱马拉人(Aymaras)也是这样。我曾经从智利南部的阿拉乌康人(Araucanos)方面观察到这种表情。但松·拉西先生指出说,澳大利亚的土人在发生这种心绪时候,有时就把双臂交叉放在自己的胸口;在我们欧洲人方面,也可以看到这一种姿态。坚强的决心在达到顽固的时候,也时常用双肩耸起的姿态来表示;在后面的一章里,将另再说明这种姿态的意义。

　　年幼的儿童用撅嘴巴来表示愠怒;这种动作有时也被叫做"尖起嘴来"(making a snout)。[①] 在嘴角被下压得很厉害时候,下唇就略微翻出和突出;这种动作也被叫做撅嘴巴。可是,我们在这里所说的撅嘴巴,就是使双唇像管子形状一样尖起;如果鼻子较短,那么双唇一直可以突出到鼻端的部位。通常皱眉也随着撅嘴巴一起产生;有时还同时发出"布"(boo)和"唬"(whoo)的声音来。这种表情是引人注意的;而且根据我所知道的说来,它差不多是唯一在儿童时代表现得比在成年时代更加明显得多的表情。可是,一切人种的成年人在大怒的影响下都有几分突出双唇的倾向。有些小孩在害羞的时候,也撅起嘴巴来;在这时候,就很难再把它叫做愠怒了。

　　我曾经对几个大家庭进行了调查工作;根据这些调查可以知道,好像在欧洲的儿童当中,撅嘴巴的情形并不十分普遍;可是,这种表情流行在世界各地,而且也一定是在最不开化的种族里是普遍而非常显著的,因为它曾经引起很多观察者的注意力,在澳大利亚的 8 个不同地区里,曾经观察了这种表情;有一个通信者告诉我说,那里的小孩的双唇在这种情形下突出得很厉害。有两个观察者曾经看到印度小孩撅嘴巴;有三个观察者看到南美洲的卡弗尔人和芬哥人的小孩撅嘴巴;还有两个观察者看到北美洲的印第安人的小孩撅嘴巴。在中国人、埃塞俄比亚、马来半岛上的马来人、婆罗洲上的达雅克人方面也观察到这种表情;而在新西兰人方面,也时常可以观察到它。孟谢尔·威尔先生告诉我说,他曾经看到在卡弗尔人当中,不仅是小孩在愠怒时候把双唇突出得很厉害,而且成年的男女也是这样;斯塔克先生有几次观察到新西兰的男人也把双唇突出,而在当地妇女方面则时常可以看到这种表情。有时甚至从欧洲的成年人方面观察到这种表情的痕迹来。

---

① 亨士莱·魏之武:《语言的起源》,1866 年,第 78 页。

　　因此,我们可以知道,双唇突出,特别是在年幼的小孩方面,是世界的大部分地方的人的愠怒的特有表情。显然,这种动作是由于原始习惯被保存下来而发生的(主要是在幼年期里),或者是由于这种习惯偶然重现而发生的。在前面的一章里曾经叙述到,幼年的猩猩和黑猩猩在不满意的时候,有些发怒或者愠怒的时候,就特别厉害地突出双唇来;它们在惊奇、有些受惊、甚至略微愉快的时候,也会做出这种表情来。它们的嘴所以要突出的原因,显然就在于要发出各种不同的相当于这种精神状态的声音来;同时根据我从黑猩猩方面所观察到的说来,它们在发出愉快的叫声时候的嘴的形状,是和在发出愤怒的叫声时候的嘴的形状略微不同的。当这些动物一开始发怒的时候,嘴的形状就马上完全发生变化,并且牙齿向外露出。据说,成年的猩猩在受伤的时候,发出"一种奇特的叫声来;起初这种声音是高音,后来就拖长而转成低沉的咆哮声。它在发出高音的时候,把双唇突出成漏斗形状,但是在发出低音的时候,则把嘴大张开来"。① 至于在大猩猩方面,据说,它的下唇能够伸得很长。因此,如果我们的半人半兽的祖先在愠怒或者略微发怒时候,也像现存的类人猿那样会把双唇向外突出,那么我们的小孩在受到同样的影响时候,会显现出同样的表情的痕迹,还同时有发出声音的同样倾向来——这种事实虽然是有趣的,但也绝不是不合常理的。原来,这种情形在动物方面也绝不是不寻常的,就是:有一些特征,在动物很幼小的时期里,多少被完全保存着,而后来则丧失去了;这些特征原先是它们的祖先在成年时期所具有的,而且现在还被不同的种、它们的近亲所保存着。

　　还有一个也绝不是不合常理的事实,就是:野蛮人的小孩在愠怒时候,一定要比文明的欧洲人的小孩,表现出更加强烈的突出双唇的倾向来,因为野蛮状况的本质显然就在于原始状况的继续保存;这种说法甚至有时对身体的特征方面也很适用。② 可能有人来反驳这种关于撅嘴巴的起源的见解说,类人猿在吃惊的时候,甚至在略微愉快的时候,也把双唇向外突出,而在人类方面,则一般只有在发生愠怒的心绪时候,方才出现这种表情。可是,在后面的一章里,我们将会看到,从各种不同的种族的人方面看来,有时惊奇也会引起双唇略微突出,不过大惊奇或者吃惊则普通用大张开嘴的动作来表示。因为我们在微笑或者声笑的时候,要把嘴向后牵伸,所以如果我们的很早的祖先确实是用双唇突出来表示愉快的话,那么现在我们在愉快的时候,已经丧失了采取这种表情的任何倾向了。

　　在这里也可以来注意一下儿童在愠怒时候所做出的一种小姿态,就是他们的"耸一个冷肩"(showing a cold shoulder)。我以为,这种动作是和同时耸起双肩的动作的意义不相同的。有一个生气的小孩,坐在父亲(或者母亲)的膝上,先把靠父亲的一个肩膀耸起,于是又突然把它向下急牵,好像受到抚爱的样子,后来又用它向后一推,好像要推开触犯他的人似的。我曾经看到一个小孩,站立在离开任何人稍远的地点,就清楚地用耸起一个肩膀来表示这种感情,同时使肩膀略微向后移动,于是再把整个身体转过去。

---

　　① 米勒(Müller)的叙述,被赫胥黎(Huxley)引用在《人类在自然界的地位》(*Man's Place in Nature*,1863 年第38 页)里。

　　② 我已经在我所著的《人类起源》这本书的第 1 卷,第 2 章里,举出了几个例子来。

决断或者决心——嘴牢牢闭紧的动作，使面部显出一种决心或者决断的表情的倾向。大概有决心的人从来没有把嘴张大的习惯。因此，如果一个人的下颚又小又弱，好像在表明出他的嘴并不经常紧闭，那么这种情形也就通常会使人认为是性格软弱的特征。无论在身体或者精神方面，任何一种长期的努力都需要有事前的决心；如果可以证明说，在肌肉系统作着很大的连续的努力以前或者正在作着这种努力的期间里，嘴通常是牢牢地闭紧的，那么依照联合性习惯的原理，每当采取任何一种坚强的决定的时候，嘴差不多一定要随着闭紧。有几个观察者就曾经注意到，一个人在开始作出任何一种激烈的肌肉上的努力时候，总是先吸进空气使肺部扩大起来，于是靠了胸部肌肉的强烈收缩而压缩它；这就必须把嘴紧闭，才能达到这个效果。不但这样，当这个人不得不吸气的时候，他仍旧会马上把自己的胸部尽量扩大起来。

为了说明这一类动作，曾经提出了各种各样的原因来。贝尔爵士肯定说，[①]胸部被空气所扩大，并且在这些情形下，为了要那些附着在胸部的肌肉获得坚强的支持，所以仍旧保持着扩大状态。因此，据贝尔所说，在两个人要作决死的格斗时候，就有一种可怕的沉默笼罩着他们。而只有沉重的压抑的呼吸才在破坏着这种沉默。这种沉默的出现原因，就在于：在发出任何声音的时候，就要排出空气，因而会减弱双臂的肌肉的支持力。如果这种格斗在黑暗里进行，而我们听闻到一声叫喊，那么马上就可以知道，当中有一个人因为失望而投降了。

格拉希奥莱认为，[②]如果一个人不得不用尽全力去和另一个人进行格斗，或者不得不支持起很重的物体，或者必须长期保持同样紧张用力的姿态，那么他就必须先作出一次深长的吸气，然后再停止呼吸；可是，格拉希奥莱以为，贝尔爵士的说明是错误的。他肯定说，呼吸停止，会使血液循环受到阻碍；我以为，这种说法是确实无疑的；格拉希奥莱还举出几个从比较低等的动物的身体构造方面得来的有趣证据，来表明出：一方面，一种受到阻碍的血液循环对于延长的肌肉努力方面是必需的；另一方面，一种加速的血液循环则对于迅速的动作方面是必需的。[77]根据这个见解，我们在开始作任何一种很大的努力时候，就要把嘴闭住和停止呼吸，以便阻止血液循环。格拉希奥莱在总结自己关于这个问题的意见时候说道："C'est là la vraie théorie de l'effort continu"＊；可是，我不知道其他的生理学家对这个理论赞成到什么程度。

皮德利特博士根据下面的理论来说明嘴在紧张的肌肉努力时候的紧闭情形，[③]就是：在作任何一种特殊的努力时，除了那些必须采取行动的肌肉以外，其他的肌肉也会受到意志的影响；因此，呼吸方面的和嘴部的肌肉，由于习惯上经常被使用，自然也就应当特别容易受到这种影响。我以为，他的这个见解大概也有几分真实，因为我们在作极紧张的努力时候，时常会咬紧牙关；这时候虽然用不到去阻止呼气，但是胸部的肌肉则被强烈收缩起来。

最后，如果一个人不得不完成某种精细的困难的操作，而且不需要作任何的紧张用

---

① 贝尔：《表情的解剖学》，第 190 页。

② 格拉希奥莱：《人相学》，第 118—121 页。

＊ "这也是连续不断的努力的真正理论"——译者注

③ 皮德利特：《表情和人相学》，第 79 页。

力,那么他通常仍旧要把嘴闭紧,并且暂时停止一下呼吸;可是,他所以要采取这样的动作,就为了要使胸部的动作不至于来打扰双臂的行动。例如,可以看到,一个人在用线穿针的时候,就把双唇紧闭,而且有时停止呼吸,或者尽可能平静地呼吸。前面曾经讲到,当幼年的生病的黑猩猩在用手指关节捺死苍蝇的方法来自得其乐的时候,因为苍蝇在窗玻璃上面嗡嗡地飞着,所以它也屏息着呼吸去干这件事情。任何一种动作,即使它是细小的动作,如果是困难的话,那么也就需要作几分事先的决心。

我以为,上面所举出的一切原因,不论是综合的或者各个分离的,都以多少不同的程度在对各种情况起有作用;这绝不是不可能的。结果就应当形成一种牢固确立的、说不定现在已经成为遗传的习惯,就是:在开始和正在进行任何一种紧张的长期努力或者任何一种细致的操作时候,就把嘴紧紧闭住。根据联合原理,当我们的头脑一定要采取任何特定的动作或者任何行为的路线时候,甚至是在使用任何身体上的努力以前,或者在简直连这种努力也用不到的时候,也都会发生出一种朝向这同样的习惯的强烈倾向。因此,嘴的习惯性的紧紧闭住的动作,就应当成为表明性格上的决断的特征;而决断则又容易转变成为顽固。

◄ 贝尔爵士（Sir Charles Bell，1774—1842），著有《表情的解剖学和心理学》（*Anatomy and Physiology of Expression*）。达尔文在自传中写道："1840年夏季，我读到了贝尔爵士论表情的名著。这就大大提高了我对这个主题的兴趣。"

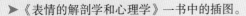

➤《表情的解剖学和心理学》一书中的插图。

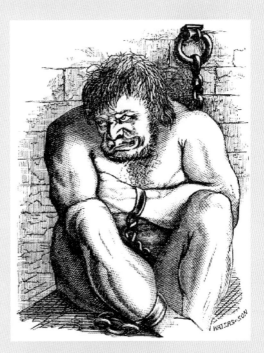

▲ 杜庆（Guillaume–Benjamin–Amand Duchenne，1806—1875），法国神经生物学家，著有《人相机制》一书，书中用电击法分析面部肌肉的动作，并且用很精美的照片来说明问题。达尔文在本书中大量引用杜庆的研究结果作为论据。

➤ 杜庆和他的助手正在把电流通到一个老年人的面部肌肉上。

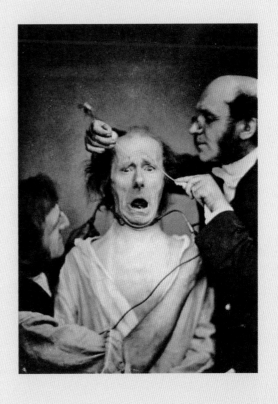

◀ 关于表情的研究，最先是起源于人相学方面的研究。达尔文认为这方面最著名的一部古书，是画家布朗（Le Brun，1619—1690）在1667年出版的《讲义》，达尔文在本书"绪论"中说该书"含有几个良好的意见"。

▼ 在达尔文之前，很多人认为面部表情问题是不能被说明的。例如，著名的生理学家米勒（Johannes Peter Müller，1801—1858）就这样说道，"面部的各种激情发生时候的完全不同的表情……我们完全不明白这种现象的原因"。又如贝尔爵士总是尽可能把人类和比较低等的动物之间的差别拉开得很远。

◀ 直到进化论的支持者斯宾塞（Herbert Spencer）在其著作《心理学原理》中，获得了一个可以说明表情的"一条普遍的法则"，这是一种发展理论。达尔文认为，这个法则对于理解人类表情具有重要意义。事实上，达尔文在本书"绪论"中已经明确提出："在我们还把人类和所有其余的动物看做是彼此无关的创作物的时候，我想要尽可能去研究表情的原因的天然愿望，就难以实现"。

◄ 达尔文第一个大胆采取有机界的历史发展学说的唯物主义立场来研究表情这个问题。这幅1872年刊登在*Fun*杂志上的讽刺漫画正是针对达尔文的新书《人类和动物的表情》，一个着装时尚的妇女对达尔文说："Darwin, say what you like about man; but I wish you would leave my emotions alone。"

▲ 1872年达尔文的代表作之一《人类和动物的表情》出版。图为该书英文版封面。

◄ 莫利一世（John Murray I，1745—1793）。莫利是著名的出版商，他成立的公司因为出版了许多著名人物的著作而名垂史册，例如简·奥斯丁、柯南·道尔爵士、莱伊尔、歌德、达尔文等。达尔文的《人类和动物的表情》也是由莫利出版。莫利曾预测本书"would poke a terrible hole in the profits"。果不其然，该书在出版后的第一天，就销售了5267本。

▶ 巴甫洛夫（Ivan Pavlov，1849—1936）的条件反射理论，将传统的生理学研究推向了心理学领域，并形成了以巴甫洛夫为代表的学派。达尔文对于那些伴随着不同情绪而出现的表情动作的本性方面的观点，正与巴甫洛夫的相吻合。当时的苏联科学家已有多人翻译了达尔文的《人类和动物的表情》，本中译本即根据格列尔斯坦的俄文译本翻译而来。《人类和动物的表情》是一部开创性的著作，从此，对人类情感和行为的研究便获得了不可缺少的进化论基础。

达尔文在《人类和动物的表情》"绪论"中说："人类的某些表情的来源，例如由于极度恐怖的影响而头发竖直的情形，或者由于发狂的大怒的影响而露出牙齿的情形，除了承认人类曾经在很低等的类似动物的状况下生活过以外，那就难以使人得到理解了。如果我们承认说，不同的、但也是有亲缘关系的物种起源于共同的老祖宗，那么它们的某些表情的共同性就比较容易使人理解了。例如，人类和各种不同的猿在发笑时候所发生的同样的面部肌肉的动作，就是这样的。一个人如果根据于一切动物的身体构造和习性都是逐渐进化而来这个普遍的原理，那么就会用一种新的具有趣味的看法，去考察这整个关于表情的问题了"。

▲ 正在表示友好的长颈鹿

◀ 警惕的袋鼠母子

在动物世界，雌性动物奇迹般担负着照顾幼崽、保护周围安全的责任。一些相距甚远的物种，却表现出相同的母性。达尔文视"本能"和"母爱"为同义词，他通过母亲保护弱者的本能表现，来突出母性行为模式的社会利他主义精神和道德情操。

◀ 猴子的"母爱"　　▲ 蜈蚣的"母爱"

◀烈治朗德尔（Oscar Gustave Rejlander, 1813—1875）是著名的摄影家，达尔文从他那里得到了很多有关小狗姿态的照片，比如本书正文第31页图4。

▶达尔文在本书中，对狗和猫的各种表情都做了细致的描写和比较。并以此展开，说明人类和比较低等的动物在表情和姿态方面的联系。图为一只受了委屈的小狗。

▶达尔文在本书中举例说明同一只狗的不同状态。图的上方：以完全攻击的姿态接近另一动物的一只狗。图的下方：表现的是一种亲善姿态。

◀达尔文在本书中总结了六种方法来研究人类和动物的表情：①观察婴孩，因为婴孩能表现出很多"具有特殊力量"的情绪来；②研究精神病患者；③对用电流刺激面部肌肉产生的表情的判断；④分析绘画和雕刻作品；⑤比较那些与欧洲民族很少来往的人种；⑥察看几种普通动物的表情，特别是驯养的狗。图为格勒兹（Jean-Baptiste Greuze）于1765年创作的油画，画中的小狗正作出一副讨好主人的姿态。

达尔文相信各种动物同样拥有感情和情绪，比如，他发现猴子也会欺骗，黑猩猩也会像失望的孩子一样闷闷不乐和撅嘴。他在伦敦动物园里一只猩猩身上看到了热情、怒火、郁闷以及绝望时的种种表现。所以达尔文声称："很明显，像人类一样，低等动物也能感受痛苦、欢乐和不幸。"

▲ 达尔文在本书第4章中提出，研究动物表情的方法，可以从"声音的发出、毛发的竖直、双耳的拉伸、头部的抬起"等方面进行分析。比如猿类在愤怒或恐怖的情形下，毛发会竖直起来。达尔文认为："猿类的表情动作中的几种，从它们极其相似于人类的表情动作方面看来，是很有趣味的……这对于是否应当把所谓人种看做是独立的种或变种这个问题，有几分关系。"

▲ 著名的动物生态学家珍妮·古道尔（Jane Goodall，1934— ），曾深入丛林实地观察黑猩猩长达38年，她说："黑猩猩的肢体语言的交流和人类非常相像。小别后重逢，它们会亲吻、拥抱，或者亲切地拍对方的后背。争斗时，它们也会采取吓唬、怒吼、拳击等手段……"

▲ 人和黑猩猩表现出来的悲伤、生气、高兴、焦虑等情绪。

达尔文在本书中根据表情特征把人类的情绪大致分为：痛苦、悲哀（忧虑）、快乐（爱情、崇拜）、不快（默想）、愤怒（憎恨）、厌恶（鄙视、轻蔑）、惊奇和害羞。越是思考自然界的苦难，达尔文就越发困惑，因为当时的神学理论把世间所有的苦难都归诸于上帝对于信徒的考验，但他却无论如何也想不通，一个真正仁慈全能的上帝，怎么可能会把秩序建立在一种无比沉重的痛苦之上。于是，在《自传》中，达尔文也试图确定在所有具有感觉能力的生命中，究竟是"悲惨更多，还是快乐更多"，"这一世界作为整体是善还是恶"。

▲ 达尔文从他的第一个孩子降生开始，就记录婴儿的各种表情变化。这也是达尔文在本书中认为最有用的研究方法中的一条，因为正像贝尔爵士所指出的，婴孩表现出很多"具有特殊力量"的情绪来，可是在以后的年龄里，人类有几种表情就"丧失了在婴孩时代所涌现出来的那种纯粹而单纯的泉源"。达尔文思考了婴儿微笑的起源问题，他通过观察自己孩子的成长过程，总结出了从微笑到大笑的逐渐过程。图为一幅广告作品中不同孩子的各种表情。

◀ 威廉·霍加斯（William Hogarth）于1742年创作的油画"格雷汉姆家的孩子们"。画家捕捉到了每个孩子活泼可爱的笑容，并且把它们描绘得各不相同。达尔文在深入思考了人类的情感之后得出结论："这些愉悦，它们持久反复地出现，以至我毫不怀疑，总体说来，它们给予大多数有感觉生物的快乐要超过悲惨，尽管许多个体偶尔也会经历更多的折磨。"就此而言，达尔文依然是一个常识意义上的乐观主义者。

▶ 人类的生活中尽管难以摆脱暴力的阴影，但人类的天性中同时还不乏对于和平的追求和向往。正如人类学家的观察，一个正在微笑的人是不会同时拿起武器杀生的。图为斯泰恩（Jan Steen 1626—1679）的油画，那个时代，很多画家都画过大方的微笑，都热情奔放、豁达开朗。

▲ 当代心理学家认为，人类的情绪分为基本情绪和次级情绪。基本情绪有五种：快乐、悲伤、愤怒、恐惧和厌恶，次级情绪是上述五种基本情绪的细微变体。值得注意的是，上述五种基本情绪中，除快乐之外，其余四种都是负面情绪。这一点意味深长。图为我国传统意义上的"喜怒哀乐"四种情绪。（王直华摄）

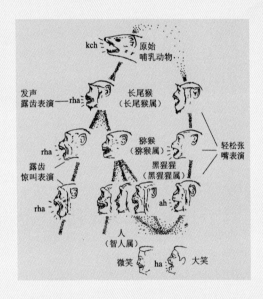

◀ 人类的微笑仍有其进化上的渊源。威尔逊（Edward O.Wilson，1929— ）在《社会生物学》一书中提到一个假说，认为微笑在进化上源于动物的"露齿表演"，而"露齿表演"在系统发育上是最原始的社会信号之一。当个体受到恶意刺激并具有逃跑倾向时，它们就会采用这一表演形式。逃跑受到阻挠时，还会强化这一表演。

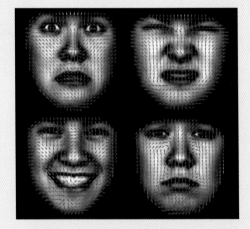

▶ 达尔文提出了面部表情是一种生存优势的理论，比如婴儿的微笑是为了取悦母亲，是婴儿的一种适应性状。达尔文还用吃惊时睁大双眼作为例子。他推测，这些带有情绪的面孔或许具有一定的生物学功能，例如，在敌人面前表现出一个更加强势的外表。100多年之后的今天，科学家利用新的技术研究证明，一张写满情绪的面孔并不是仅仅用来看的，例如恐怖的表情增加了外围的视觉、加速了眼球的运动以及推进了空气的流动，从而使得一个人能够更加快速地感知危险并对其作出响应。图为加拿大多伦多大学的认知神经科学家Adam Anderson研究小组用计算机绘制的恐惧、厌恶、悲伤和兴奋各表情中的肌肉运动。

　　达尔文被誉为是第一位认真研究情绪的科学家，他试图解决表情的起源问题，他认为人和动物表情流露的目的是为了在群居动物中加强社交纽带，他多次强调，不同物种之间的区别只是程度上而不是本质上的区别。经过上百年的发展，今天的很多研究结果也支持达尔文的观点。当今的社会生物学、神经生物学、心理学、人类学等领域都将《人类和动物的表情》一书视为最基本的参考文献，人们用一个多世纪才理解并开始认真开采达尔文在这部书中测绘出的丰富脉矿。

# 第 10 章

# 人类的特殊表情——憎恨和愤怒

## • Hatred and Anger •

这里所考察到的单侧犬齿露出的表情，不论它是在游戏性质的冷笑时候出现的，或者是在凶恶的咆哮时候出现的，总是人类方面所显现出来的有趣的表情之一。它显示出人类起源于动物，因为无论哪一个人，甚至在和敌人做拼死的格斗而在地面上滚翻的时候，如果尝试要去咬敌人，那么就会把犬齿使用得比其他牙齿有更多的次数。

## 第 10 章  人类的特殊表情——憎恨和愤怒

　　憎 恨——大 怒 和 它 对 身 体 组 织 的 影 响——露 出 牙 齿——精 神 病 患 者 的 大怒——愤 怒 和 愤 慨——各 种 不 同 的 人 种 表 达 这 些 情 绪 的 情 形——冷 笑 和 挑 战——面 部 一 侧 的 上 犬 齿 的 露 出

　　如果我们已经受到一个人的某种故意的伤害，或者预料会受到他的这类伤害，或者如果他对我们采取任何一种侵犯行为，那么我们就会讨厌他；而讨厌容易进展成为憎恨。这些感情如果被平和地感受到，那么也并不明显地被身体或者面部的任何动作所表示出来，大概只不过被某种举动上的庄重或者被几分恶劣情绪所表示出来。可是，只有少数人能够长期去回想到一个可恨的人，而毫不感觉到和表明出愤慨或者大怒的表征来。不过，如果侵犯我们的人是毫无意义的，那么我们只是对他抱着鄙视或者轻蔑。相反地，如果他是具有无限权力的，那么憎恨就会转变成为恐怖；例如，奴隶在想到残酷的主人时候，或者未开化的人在想到嗜血的凶神时候，就会发生恐怖。[①] 我们的大多数情绪和它们的表达有很密切的联系；因此，如果身体保持被动的状态，[78] 那么这些情绪就很难存在下去；表情的性质主要是依靠那些在特定的精神状态下惯常进行的动作的性质来决定的。例如，一个人可以知道，自己的生命处在极度危险的境地，并且可以强烈希望摆脱这种危险，同时说不定会高喊起来，也像路易十六（Louis ⅩⅥ）在受到一群凶暴的人包围时候高喊"难道我害怕吗？请来按我的脉搏吧"。同样地，一个人可以强烈憎恨另一个人，但是在他的身体组织还没有受到影响以前，我们还不能够说他已经大怒发作了。

　　大 怒——在前面第三章里，在讨论到兴奋的感觉中枢对于身体的直接影响和习惯性联合动作的影响的互相配合的时候，已经有机会讲述到这种情绪。大怒以最多种多样的方式表达出来。这时候心脏和血液循环时常受到影响；面部发红，或者变成紫色，前额和头颈上的静脉扩大。曾经有人观察到，在南美洲的赤铜色的印第安人大怒的时候，他们的皮肤发红；[②] 据说，甚至在黑人身上的旧伤所遗留下来的白色斑痕上面，也可以看到这种现象。[③] 猿类也由于激怒而面部变红。在我的一个婴孩生下未满 4 个月的时候，我多次观察到，他在将要发生激怒的最初表征，就是血液向他的光秃的头皮里奔流。另一方面，

---

◀ 黑猩猩的各种表情：恐惧或兴奋，其毛发都会竖起来。

---

　　① 参看培恩先生对这方面所提出的一些意见；培恩：《情绪和意志》(*The Emotions and the Will*)，第二版，1865年，第 127 页。
　　② 伦奇尔：《巴拉圭的哺乳动物的自然史》，1830 年，第 3 页。
　　[新几内亚（New Guinea）的咖啡色皮肤的帕布安人(*papuans*)是这样；参看米克鲁霍-马克莱（Miklucho-Maclay）的文章，载在 *Naturnrkundig Tijdschrift voor Nederlandsch Indie*，第 33 卷，1873 年。]
　　③ 贝尔爵士：《表情的解剖学》，第 96 页。另一方面，白尔格斯博士（《脸红的生理学》，1839 年，第 31 页）讲到黑人妇女的伤疤发红也具有脸红的性质。

强烈的大怒有时反而会破坏心脏的活动,因此使面部变成苍白色或者铁青色;①有不少患有心脏病的人就在这种强烈的情绪影响下突然死亡。

在大怒时候,呼吸也同样受到影响;胸部挺起,而扩大的鼻孔则发生颤动。② 藤尼孙(Tennyson)写道:"愤怒时急剧呼吸,使她的优美的鼻孔胀大起来。"因此,我们可以听到关于这方面的一些英语说法,例如:breathing out vengeance[用报仇来吐气]和 fuming with anger[愤怒得气死]。③

兴奋的脑子把力量传送给肌肉,同时又把能量传送给意志。身体通常保持竖直位置,准备紧急行动,但是有时也朝着侵犯的人向前弯曲,而四肢的肌肉则多少变得刚硬。嘴通常紧紧闭住,表明出坚强的决心,牙齿咬紧,或者互相磨动。通常可以看到举起手臂和握紧拳头这些好像要打击侵犯者的姿态。很少有人在发生强烈的激情并且叫侵犯者走开的时候,能够阻止自己去采取那些好像要想猛烈地打击或者推开对方的动作。实际上,这种要打击对方的欲望,时常变得很难忍耐的强烈,以至于会去打击无生命的物体,或者把它们砸碎在地上;可是,这些姿态时常会变成完全没有目的的或者疯狂的。幼年的小孩在发生狂怒的时候,就仰天或者伏地打滚,发出尖叫,乱踢地面,把身边的一切东西乱抓乱咬。我听到斯各特先生说,印度小孩也是这样的;我自己也曾经看到,幼年的类人猿也做出这些动作来。

可是,大怒时常对肌肉系统起有完全不同的影响,因为极度愤怒的结果往往就成为颤抖。同时,麻痹的双唇就拒绝听从意志的支配,"因此声音就胶住在喉咙里";④或者声音变成高大、尖锐或者杂乱不清。如果讲话讲得太多和太快,那么嘴里就喷出白沫来。有时头发直竖起来;可是,我打算把这个问题归入到后面我讲到大怒和恐怖的混合情绪方面的另一章里去再谈。在多数情形里,前额上出现很显著的皱纹,因为这种现象是由于发生任何一种不愉快的或者困难的事情的感觉而连同精神的集中一起产生出来的。可是,有时眉毛并不太收缩和低垂,却仍旧是平直的,而同时闪闪发光的双眼则大张开来。双眼时常是明亮的,或者也像荷马所描写的说法,可以像是熊熊发光的火堆。⑤ 有时双眼充满血液,而且据说,会从眼窝里向外突出;这显然无疑是头部过度充血的结果,并

---

① 莫罗和格拉希奥莱曾经讨论到面部在强烈的激情影响下的颜色变化;参看拉伐脱尔所编的《人相学文集》,1820 年的版本,第 4 卷,第 282 页和 300 页;又参看格拉希奥莱《人相学》,第 345 页。

② 贝尔爵士《表情的解剖学》,第 91 页,第 107 页曾经充分讨论到这个问题。莫罗指出(参看拉伐脱尔所编的《人相学文集》,第 1820 年的版本,第 4 卷,第 237 页)并且用坡尔塔尔(Portal)的叙述来作证明说,气喘病的患者由于鼻翼提肌的习惯性收缩,而获得永久性扩大的鼻孔。皮德利特博士所作的关于鼻孔扩大的说明《表情和人相学》,第 82 页),就是为了要在把嘴闭住和咬紧牙齿的时候容许自由呼吸;这个说法显然不及贝尔爵士的说法正确;贝尔爵士把鼻孔扩大的原因看做是呼吸方面的一切肌肉的交感作用(就是习惯性的合作)。可以看到,发怒的人的鼻孔扩大起来,不过他的嘴是张开来的。[根据杰克逊先生所说,荷马曾经注意到大怒对于鼻孔的影响情形。]

③ 魏之武先生:《语言的起源》,1866 年,第 76 页。他还观察到激烈呼吸的声音,"是用拼音字 puff,huff,whiff(普夫、赫夫、惠夫)来代表;因此 huff 就表示恶劣情绪的发作"。

④ 贝尔爵士《表情的解剖学》,第 95 页)曾经对大怒的表情提出一些卓越的意见。[关于大怒时候发生的一种暂时失语症的有趣情形,可以参看秋克的著作:《精神对于身体的影响》(*Influence of the Mind on the Body*),1872 年,第 223 页。]

⑤ 荷马:《伊里亚特》(*Iliad*),第 1 章,第 104 行。

且可以从静脉扩大的现象来得到证明。根据格拉希奥莱所说，[①]在大怒时候，瞳孔时常收缩；我还听到克拉伊顿·勃郎博士所说，患脑膜炎的人在乱说谵语的时候就发生这种情形；可是，虹彩在各种不同的情绪影响之下的变化情形，是一个非常模糊不清的问题。

莎士比亚曾经把大怒的主要特征总括如下：

> 在和平的时候，一个人显得多么的安分，
>
> 具有最适当的沉静和谦逊；
>
> 可是，当战争的呼号吹送到我们耳朵里来的时候，
>
> 马上就要扮起老虎般的动作来；
>
> 使肌肉变得刚强，使血液奔涌起来，
>
> 于是使双眼带有一种可怖的形相；
>
> 现在又再咬紧牙关，扩张鼻孔，
>
> 保持激烈的呼吸，而且像拉满的弓一样，
>
> 鼓足全部精力！最高贵的英国兵士，向前猛进。

——《亨利五世》，第 3 幕，第 1 场

在大怒的时候，双唇有时用一种特殊的方法向外突出；我以为，只有依据人类起源于某种类人猿形状的动物的说法，方才可以来说明这种动作的意义。不仅从欧洲人方面，而且也从澳大利亚人和印度人方面，都曾经观察到这种突出双唇的情形。可是，更加普遍的情形则是双唇后缩，因此磨动的或者咬紧的牙齿也就向外露出。凡是写过关于表情的著者，差不多已经都注意到这种情形。[②] 这时候的外貌，好像是准备要抓住和撕裂敌人而露出牙齿来的样子，不过也可能没有采取这种行动的意图。但松·拉西先生曾经看到澳大利亚人在吵架时候显出这种露齿的表情来；盖卡也从南非洲的卡弗尔人那里看到这种表情。[③] 狄更斯(Dickens)在讲到一个刚才被抓住、而且被暴怒的群众包围着的凶恶的杀人犯时候，描写道：[④]"这些人一个个接连地从后面向前跳出，露齿恨骂，好像野兽一样来对付他。"每个曾经多次照看过幼年的小孩的人，一定都看到他们在发生激情的时候多么自然地去咬人的情形。大概他们的这种动作也像幼年的鳄一样，是属于本能的；幼年的鳄在从卵中一孵出来的时候，就已经会伸出自己的小颚去咬东西。

露齿的表情有时好像和双唇突出同时发生。有一个精密的观察者说道，他曾经在东方各民族当中多次看到最强烈的憎恨表现(这种憎恨很难和一种多少被抑制的大怒区分开来)，而且有一次也看到一个年纪较大的英国妇女有这种表现。在所有这些情形里，都

---

① 格拉希奥莱：《人相学》，1865 年，第 346 页。

② 贝尔爵士：《表情的解剖学》，1865 年，第 177 页。格拉希奥莱说道(《人相学》，第 369 页)："les dents se découvrent, et imitent symboliquement l'action de déchirer et de mordre."［牙齿显露出来，并且象征地表明出咬啮和撕裂的行动来。］如果格拉希奥莱不采用"象征的"这个模糊不明的形容词，而这样说道，这种动作是我们的半人半兽的祖先像现在的大猩猩和猩猩那样在用牙齿互咬相斗的原始时代里所获得的一种习性的痕迹，那么他的叙述就会更加容易使人明白了。皮德利特博士(《表情和人相学》，第 82 页)也讲到上唇在大怒时候后缩的情形。在霍加尔特(Hogarth)的惊人的图画之一的版画上，就用张大的闪闪发光的眼睛、皱缩的前额和露出的咬紧的牙齿，来表明出激情。

③ ［孔利(Comrie)博士在自己的文章里(《人类学研究所报告》，*Journal of Anthropologcal Institute*，第 4 卷，第 108 页)在讲到新几内亚的土人时候写道，他们在发怒时候露出犬齿，并且吐口水。］

④ 狄更斯：《奥列佛·特惠斯特》(*Oliver Twist*)，第 3 卷，第 245 页。

有"露齿,但是面部没有怒色;双唇伸长,两颊下垂,双眼半闭,但是前额却仍旧十分平静"。①

如果注意到人们在交战时候很难使牙齿互咬,那么大怒发作时候把双唇后缩和牙齿露出这种好像要去咬侵犯者的样子,就显得很引人注意,因此我就去向克拉伊顿·勃郎博士请教说,这种习惯究竟在那些不能控制自己的激情的精神病患者当中,是不是普遍的。他告诉我说,他已经多次在精神病患者和白痴方面观察到这种习惯,并且提供给我下面的一些说明。

他在收到我的询问信以前不久,亲眼看到一个患精神病的妇女具有不能控制的愤怒发作和毫无意义的嫉妒。起初,她大骂丈夫;在大骂的时候,她的嘴里出现白沫。此后,她紧闭双唇,走到贴近丈夫的身边,并且作出恶意的皱眉来。接着,她把双唇向后牵伸,特别是把上唇的两端强烈后伸;同时还准备把丈夫痛打一下。第二个例子则是关于一个老年的兵士方面的。在医生要求这个兵士服从精神病院的规则时候,他就表示不满,结果发生狂怒。他通常开头就质问勃郎博士道,"为什么你用这样的方法来对待我,却不感到羞惭"。此后,他就大骂和诅咒,不断走来走去,把双臂乱挥,并且威胁任何在他近旁的人。最后,当他的愤怒达到顶点的时候,他就采取特殊的侧行动作。冲向勃郎博士,挥舞着紧握的拳头,并且作着要消灭对方的威吓。于是可以看到,他的上唇,特别是嘴角,向上升起,因此显露出大犬齿来。他从全部咬紧的牙齿里发出咝咝的咒骂声来,因此他的全部表情显出极其凶恶的样子。也可以把相似的叙述应用到另外一个人身上去,不过有几点是例外,就是这个人通常嘴里出现白沫,并且吐口水,用奇怪的迅速方法跳舞和左右跳跃,同时用尖锐的假声来叫骂。

勃郎博士还告诉我关于一个癫痫性白痴的情形。这个白痴不能独立行动,整天玩弄着几件玩具作为娱乐;可是,他的脾气阴郁,容易兴奋而狂怒起来。如果任何人触碰到他的玩具,那么他就把自己的头部从惯常的下垂位置慢慢向上抬起,用双眼紧紧盯住侵犯者,同时作着缓慢而且愤怒的皱脸。如果这种打扰的事情连续发生几次,那么他就把自己的厚唇向后牵伸,显露出一列向前突出的可怕牙齿来(他的大犬齿特别显著),此后他用自己的张开的手向侵犯的人作迅速而凶猛的抓握。据勃郎博士所说,如果考虑到他平常的行动缓慢,因此在受到任何一种声音的吸引时候,要耗费 15 分钟才能够把自己的头部从一侧转动到另一侧去,那么现在这种抓握的速度就显得是惊人的了。在用这种方法把他激怒以后,如果把一块手帕、一本书或者其他东西放到他的手里去,那么他就会把这件东西放进嘴里去,咬嚼它。尼古尔(Nicol)先生也替我记述了两个关于精神病患者的情形;这些精神病患者在大怒发作的时候也把双唇向后退缩。

毛兹莱博士在详细讲述了白痴方面的各种各样奇怪的动物般的特性以后,就提出问题来说,这些特性难道不是由于原始本能的重现而产生的;它们也就是"一种从遥远的过去时代传来的微弱的回声,它证明了人类已经差不多和这个时代脱离了亲缘关系"。他又补充说,每个人的脑子在本身的发育过程里,要通过那些和比较低等的脊椎动物的脑子发育情形一样的阶段;因为白痴的脑子处在被抑制的状态里,所以我们可以假定说,它

---

① 《观察家杂志》(*The Spectator*),1868 年 7 月 11 日,第 819 页。

"将表现出自己的最原始的机能,而没有表现出任何高级的机能来"。毛兹莱博士认为,也可以把这个同样的见解推广应用到几种精神病患者的退化状态的脑子方面去,并且提出问题道,否则,从什么地方会发生出"有些精神病患者所表现出来的怒恨的咆哮、破坏的本能、下流的语言、野性的叫号、讨厌的习性来呢? 如果不承认人类具有兽性,那么为什么一个人在丧失理智以后,也会变得像有些人所干出的行动那样具有野兽般的特性呢?"①看上去,也必须用肯定的语气来回答这个问题才好。[79]

愤怒、愤慨——这两种精神状态和大怒只是具有程度上的差异,而在外表特征上并没有显著的差别。在适度的愤怒时候,心脏的活动略微加强,脸色显得红润,而双眼变得明亮。同时,呼吸也略微加速;又因为一切为这种机能服务的肌肉进行联合动作,所以鼻孔两翼略微被提升起来。而可以自由吸进空气;这就是愤慨的最显著的外表特征。这时候嘴通常紧闭,而且在额上差不多时常有皱眉。愤慨的人并不采取极度大怒时候的狂暴姿态,而是无意识地突然采取一种准备要进攻或者打击敌方的姿态,大概他要用挑战方式来对敌方作从头到脚的打量。他使自己的头部竖直,胸部显著地扩大,并且使双腿坚强地挺立在地面上。他把双臂保持在各种不同的位置上,弯曲起一肘或者双肘,或者使双臂都刚硬地下垂在身体两侧。欧洲人在愤慨时候通常都握紧拳头。② 在照相图版Ⅵ里,图1和图2就很清楚地表明出那些发生愤慨的人的姿态。任何一个人都可以从镜子里看到,如果他鲜明地想象到自己已经受到侮辱,或者用愤怒的声调要求对方说明侮辱原因,那么他就会突然无意义地采取这种握拳的姿态。大怒,愤怒和愤慨,在全世界各地差不多以同样的方式表明出来。下面的叙述具有相当大的价值,可以作为这方面的证据,并且去说明几个以前所提出的意见。可是,在握拳方面却有一个例外;大概这种例外主要是只限于那些握拳相斗的人方面。在我的通信者当中只有一个人看到澳大利亚土人握紧拳头。所有的通信者都一致说,在这种情绪下,身体总是保持直立位置;而且除了两个通信者以外,大家都说,当时双眉皱缩得很厉害。有几个人提到,嘴紧紧闭住,鼻孔扩大,双眼闪闪发光。根据塔普林牧师的叙述,澳大利亚土人的大怒,是用双唇突出和双眼大张的形态来表示;而当地妇女的大怒则用环绕跳舞和向空中撒布灰尘的动作来表示。还有一个观察者讲到,土人在大怒时候,把双臂乱挥。

至于马来半岛的马来人、埃塞俄比亚人和南非洲的土人方面,我也获得了关于他们在大怒时候的情形的叙述,除了握拳一点以外,其余动作都相似。北美洲的达可塔族印第安人(Dakota indians)在大怒时候也有同样的动作;而且根据马太先生所说,他们当时挺直头部,皱眉,并且时常跨着大步走离开来。勃烈奇斯先生肯定说,火地岛土人在发怒的时候,时常用脚重踏地面,狂乱地走来走去,有时哭喊和面色变得苍白。斯塔克牧师曾经观察一对新西兰男人和女人吵嘴的情形,并且在自己的笔记本上写了下面一段记事:

① 毛兹莱的文章,载在《水和土地杂志》,1870年,第51—53页。
② 勒布朗在他的著名的著作《关于表情的讲义》(Conférence sur l'Expression,收编在拉伐脱尔所编的《人相学文集》,1820年的版本,第9卷,第268页)里指出说,愤怒用紧握双拳来表示。参看赫希克(Husheke)所作的同样的说法:《表情和人相学、生理学资料片断》(Mimices et Physiognomices,Fragmentum Physiologicum),1824年,第20页。还可以参看贝尔爵士所著的《表情的解剖学》,第219页。

"两眼扩大,身体激烈地前后摇动,头部向前倾斜,紧握双拳,有时把身体突然后仰,有时两人的面孔直接相对。"斯文和先生说道,我(本书著者)的叙述是和他从中国人方面看到的情形一致的,只不过发怒的中国人一般把身体向对方倾侧,并且用手指着对方的时候,发出一阵大骂来。

最后,至于说到印度的土人,那么斯各特先生已经寄给我一篇关于他们在大怒时候的姿态和表情的叙述。有两个属于下等阶层的孟加拉省土人(Bengalees),因为借钱事情而争吵起来。起初他们的态度还平静,但是很快变得疯狂起来,发出了一大阵最难听的对于双方亲属和过去很多代祖宗方面的恶骂来。这时候他们的姿态和欧洲人的姿态很不相同,因为虽然他们的胸部扩大和双肩耸起,但是双臂仍旧刚强地下垂,双肘向内弯曲,而双手则轮流握拳和张开。他们的双肩时常耸起得很高,接着又再下降。他们的双眼彼此在自己的低垂而强烈皱紧的眉毛下面恶狠地怒视着,而突出的双唇则紧紧地闭住。他们彼此相对走近,把头部和颈部向前伸出,于是互相推撞,乱抓和捕捉。头部和身体向前伸出的姿态,大概是大怒时候的普遍现象;我曾经观察到,有一个下流的英国妇女在街道上和人激烈争吵的时候,就采取这种姿态。在这类情形里,可以推想到,争吵的任何一方面都不能预料到是否会遭到对方的突然一击。①

有一个被雇用在植物园里的孟加拉人,因为偷窃了一株贵重的植物,而在斯各特先生面前受到土人监督的叱责。他静默地和轻侮地倾听着叱责;他的身体采取直立姿态,胸部扩大,嘴闭紧,双唇突出,两眼向前直视不动,眼光炯炯逼人。此后,他举起一双握拳的手,又把头部向前突出,双眼大张,眉毛上扬,用挑战的方式来表示自己没有犯罪。斯各特先生还观察到锡金(Sikhim)境内的两个美奇斯人(Mechis)为了分工钱而争吵起来的情形。当时他们忽然发生狂暴的激怒,于是双方的身体略微屈曲,头部向前突出;他们彼此扮起怪脸来;双肩向上耸起;两臂在肘部处刚硬地向内弯曲,而双手的五指则痉挛地屈曲,但是没有真正紧握成拳头。他们继续不断地互相走近,接着又互相退走;虽然时常举起手臂,好像要想打击对方似的,但是他们的手是张开的,所以并没有打过一拳。斯各特先生也观察到列普查人(Lepchas)有同样的动作;他时常看到这些人自相争吵;他注意到,他们在争吵时候保持双臂刚硬,而且几乎和身体平行;双手略微向后突出,有一部分屈曲,但也没有握成拳头[80]。

冷笑、挑战:露出一侧的犬齿——在这里,我想要考察的表情,虽然和上面所讲到的那种双唇后缩和牙齿露出的表情不同,但是相差很小。现在这种表情的不同地方,就在于单单上唇后缩,而且只是后缩到露出面部一侧的犬齿显露出来的状态;面部本身一般略微向上仰起,而且从触犯他的人方面一半反转过来。大怒的其他表征未必时常显现出来。可以偶然观察到,当一个人虽然没有真正发起怒来,而对另一个人作了冷笑或者挑

---

① ["激怒的人用头部和身体朝着侵犯者突出的姿态,难道不是过去用牙齿进攻对方的痕迹吗?"——达尔文所作的附注。

莫斯里(H. N. Moseley,《人类学研究所报告》,第 6 卷,1876—1877 年)提供了一个关于海军部岛土人(Admiralty Islander)在"狂怒"时候的情形的报告;他描写当时这个土人的头部"向下降低,朝对着自己的愤怒的对象猛冲,好像要用牙齿去进攻对方似的"。]

战的时候,就有这种表情出现;例如,如果任何一个人受到别人开玩笑的叱责,说他犯有某种罪行,那么他在回答说"我真瞧不起这种乱加罪名的行为"的时候,就会显露出这种表情来。这种表情并不是常见的;可是,我曾经看到,有一位太太因为受到另一个人嘲弄,就十分明显地表现出这种表情来。早在 1746 年,帕尔生斯(Parsons)已经描写了这种表情,他在一幅木刻画上表明出面部一侧露出犬齿的情形。① 烈治朗德尔先生在我还没有对这个问题提出任何暗示以前,就询问我道,我以前究竟有没有注意到这种表情,因为这种表情曾经使他十分吃惊。他曾经替我拍了一张贵妇人的照片(照相图版Ⅳ,图 1);这位贵妇人有时无意地露出一侧的犬齿来,并且也能够有意地做出这种非常明显的表情来。

这种半开玩笑的冷笑的表情,如果犬齿露出而同时双眉紧锁和眼睛发出凶光来,那么就会转变成为极其凶恶的表情。曾经有一个孟加拉省的小孩,在斯各特先生面前因为犯了某种过失受到叱责。这个有过失的小孩不敢用话来发泄自己的怒气,但是在他的面部上,明显地表现出这一点来,因为有时作着挑战式的皱眉,有时"作着完全像狗一样的咆哮"。当他作这种表情的时候,"他的靠近叱责者一侧的上唇角向上掀起,显露出巨大的突出的上犬齿来,同时在额上仍旧现出极显著的皱眉"。贝尔爵士肯定说,演员库克(Cooke)能够表演出最明确的憎恨的表情来,就是:"他用双眼斜视,把上唇的外侧部分向上提升,并且使一只锐角形的牙齿显露出来。"②

犬齿露出是双重动作的结果。这时候,嘴的一角或者一端略微向后牵伸,同时一条平行而且靠近鼻子的肌肉把上唇的外侧部提起,于是面部这一侧的犬齿就显露出来。这条肌肉的收缩,使同侧的面颊上出现一条明显的沟纹,而且在同侧的眼睛下面产生显著的皱纹,尤其在这只眼睛的内角处有最显著的皱纹。这种动作正好像是一只正在咆哮的狗的动作;一只狗在假装要相斗的时候,就把单侧的上唇,就是把朝对它的敌手方面的上唇,向上提起。我们的英文字 sneer(冷笑)实际上是和 snarl(咆哮)相同的;snarl 这个字起初就是 snar,而末尾的字母 l"单单是一个表明动作继续下去的语气词"。③

我以为,在所谓嘲笑或者讥笑的表情里,恐怕也含有同样的表情的痕迹,而可以被我们看出来。这时候,双唇保持相合在一起,或者近于相合,但是嘴的朝对着被嘲笑的人的一角向后退缩;这种嘴角向后牵伸的动作也就是真正的冷笑的一部分。虽然有些人在微笑时候的面部两侧表情也彼此有差异,但是仍旧很难使人理解,为什么在嘲笑的情形里,微笑即使是真实的,也是通常只限于面部的一侧。在这些情况里,我还注意到那条把上唇的外侧部分向上提起的肌肉发生轻微痉挛;如果这种动作充分进行下去,那么它就会使犬齿显露出来,而且发生真正的冷笑。

居住在吉普兰的边远地区的澳大利亚传教士巴尔满先生,在回答我所提出的关于面部一侧的犬齿露出情形的问题时候说道:"我看出,当地土人在彼此互相咆哮的时候,就磨动闭紧的牙齿,把上唇牵引向一侧,面部显出通常的愤怒表情来;可是,他们却朝着对

---

① 帕尔生斯:《哲学学会学报》(*Transact. Philosoph. Soc.*),附录,1746 年,第 65 页。

② 贝尔:《表情的解剖学》,第 136 页。贝尔爵士(在第 131 页上)把这些使犬齿显露出来的肌肉叫做咆哮肌(Snarling muscles)。

③ 亨士莱·魏之武:《英语语源学字典》,1865 年,第 3 卷,第 240 页,第 243 页。

方正面直视。"还有三位在澳大利亚的观察者、一位在埃塞俄比亚的观察者和一位在中国的观察者，也用肯定的说法来回答了我对这个问题的询问；可是，因为这种表情是稀见的，又因为这些观察者没有作详细的叙述，所以我就不敢绝对相信他们的回答。可是，也绝不可以说，这种动物般的表情在未开化的人方面不可能比在文明的种族方面更加普遍。[81] 吉契先生是一位可以使人完全相信的观察者；他有一次曾经在马来半岛的马来人方面观察到这种表情。格列尼牧师回答我的询问道，"我们已经在锡兰的土人方面观察到这种表情，但是并不时常出现。"最后，在北美洲，罗特罗克博士在有些未开化的印第安人方面也观察到这种表情，并且时常在一个邻近阿特那族（atnahs）的部落里看到这种表情。

虽然在对任何一个人冷笑或者挑战的时候，确实有时单单把上唇的一侧向上提起，但是我不知道是不是这种情形常常这样，因为通常面部有一半转了过去，而且这种表情时常是很快就消失的。这种限于一个侧面的动作，可能不是表情的主要部分，而且也可能依靠于那些只会采取单侧动作的相应的肌肉而产生。我曾经要求 4 个人努力去有意识地做出这种动作来；当中有两个人只能够把左侧的犬齿露出来，一个人只能够把右侧的犬齿露出来，而最后一个人则无法把任何一侧的犬齿露出来。虽然这样，我们却不能就此断定说。这 4 个人即使真正要对任何一个人进行挑战，也不会无意识地露出那朝向侵犯者一侧（不管是左侧或者右侧）的犬齿来。原来，我们已经知道，有些人不能够有意地把自己的眉毛倾斜起来，但是如果他受到任何一种悲痛的真正的、即使是最微小的原因的影响，那么他马上就会采取这种把眉毛倾斜起来的动作。因此，这种有意要把面部一侧的犬齿露出来的能力时常会完全丧失的情形，正指明出：这种表情动作是被使用得很稀少的，而且差不多已经成为痕迹的动作了。人类竟会具有这种能力，或者会显露出这种动作的倾向来；这确实是一个使人惊奇的事实，因为塞登先生在人类的最近亲缘动物方面，就是在动物园里的猿类方面，从来没有观察到它们有这种露出犬齿来咆哮的动作；他肯定说，狒狒虽然生有犬齿，但是从来没有做出这种动作，只会在感到怒恨或者准备进攻的时候，把全部牙齿一起显露出来。在成年的类人猿方面，雄性的犬齿要比雌性的犬齿大得多；究竟它们在准备交战的时候是不是会把犬齿露出，这还不知道。

这里所考察到的单侧犬齿露出的表情，不论它是在游戏性质的冷笑时候出现的，或者是在凶恶的咆哮时候出现的，总是人类方面所显现出来的有趣的表情之一。它显示出人类起源于动物，因为无论哪一个人，甚至在和敌人做拼死的格斗而在地面上滚翻的时候，如果尝试要去咬敌人，那么就会把犬齿使用得比其他牙齿有更多的次数。从人类对于类人猿的亲缘关系方面看来，我们就很容易推测说，我们人类的雄性的半人半兽的祖先具有大犬齿；甚至现在也有时会出生一些有特别大的犬齿的人，而且在这些犬齿的相对的颚上出现那些容纳它们的间隙。① 其次，我们虽然还没有获得类推方面的支持，但是也可以猜测说，我们的半人半兽的祖先在准备要进行斗争的时候，就会露出犬齿来，正好像我们在发生狂怒的时候所做出的动作一样，或者是在单单向人作冷笑或者挑战而并没有任何一种真正要用自己的牙齿去进攻的意图时候所做出的动作一样。

① 参看《人类起源》，第二版，第 1 卷，第 60 页。［就是这本书的第 2 章里的原注号 43 和 44 的一段。——译者注］

# 第 11 章

# 人类的特殊表情——鄙视、轻蔑、厌恶、自觉有罪、骄傲、孤立无援、忍耐、肯定和否定

• *Disdain, Contempt, Disgust, Guilt, Pride, Helplessness, Patience, Affirmation and Negation* •

在我的一个孩子的面部上，曾经有两次出现我从来没有见到过的最显著的厌恶表情；第一次是在他出生以后 5 个月的时候，因为倒了一些冷水到他的嘴里而发生的；第二次则在更后 1 个月的时候，因为把一块成熟的樱桃放进他的嘴里而发生的。他表示厌恶所用的方法，就是：双唇和整个嘴采取一种可以让嘴里所含有的东西迅速流出或者落下的形状；同时舌头也伸了出来。在发生这些动作的时候，还有轻微的颤抖出现。我怀疑这个婴孩是不是真的在发生厌恶，因为他的双眼和前额表现出很大的惊奇和考虑的样子，所以整个看来反而显得很滑稽可笑。

轻蔑、轻侮和鄙视，它们的各种不同的表现——嘲笑——表现出轻蔑、厌恶、自觉有罪、欺骗、骄傲等的姿态——孤立无援和软弱无力——忍耐——顽固——最多的人种所共有的耸肩动作——肯定和否定的表征

轻侮和鄙视，除了含有略微多一些的愤怒心绪以外，很难去和轻蔑区分开来。它们也不能去和上一章里在冷笑和挑战两主题下所讨论到的感情明显地区分开来。厌恶按照它的性质说来，是一种极其特殊的感觉；它是由于某种可厌的东西所引起；首先这就是味觉方面的可厌东西，不管它是实际上被我们所接受到的或者是被我们所鲜明地想象到的都是一样；其次则是嗅觉、触觉和甚至视觉方面的任何一种会引起相似感觉来的东西。虽然这样，极度的轻蔑，就是大家时常所称的近于厌恶的轻蔑（loathing contempt），却很难去和厌恶区分开来。因此，这几种精神状态彼此都有密切的关系；而且每种都可以用很多不同的方法表现出来。有几个著者坚持说，它们主要是一种表现方法；可是，还有几个著者则坚持着另一种表现方法。由于这种情况，列莫因先生就断定说，[1] 他们的记述都是不值得相信的。可是，我们马上就可以看到，我们在这里所考察到的感情，应当由各种不同的方法表现出来，因为根据联合原理，各种各样的习惯性动作可以同样良好地作为这些感情的表达手段。

轻侮和鄙视，也像冷笑和挑战一样，可以被面部一侧的犬齿略微露出的动作表示出来；显然这种动作会逐渐转变成为一种极其相似于微笑的表情。有时微笑或者声笑可能是真正的，但同时也是嘲笑的一种；在这种情形下，可以认为，侵犯者的行为太不足重视，因此他只不过激起了一种喜悦罢了；可是，这种喜悦通常是假装的。盖卡在亲自回答我的询问的信里指出说，轻蔑通常被他的同乡土人——卡弗尔人——用微笑来表明；印度公爵勃鲁克在婆罗洲的达雅克人方面也得到同样的观察资料。因为声笑发出是简单的快乐的表情，所以我以为，幼年的小孩在嘲笑时候就绝不会发出声笑来。

杜庆[2] 肯定说，眼睑一部分闭合，或者双眼转移开来，或者全身转动开来，也是鄙视的最显著的表情动作。大概这些动作在宣布说，对这个被鄙视的人，不值得使人一看，或者看了也是使人不愉快的。烈治朗德尔先生所拍摄的一张附在本书里的照片（照相图版Ⅴ，图 1），就表明出这种在鄙视时候的表情状态。这张照片所拍摄的是一位年青的小姐；

◀ 1849 年的达尔文（T. H. Maguire 画）。

---

① 列莫因：《面相和讲话》，1865 年，第 89 页。
② 杜庆：《人相的机制》，单行本，说明文字Ⅷ，第 35 页。格拉希奥莱也讲到（《人相学和表情动作》，1865 年，第 52 页）关于双眼和身体在这种情绪时候转移开来的情形。

1

2

3

照相图版　V

可以推想到，她这种表情是在撕碎了可鄙的爱人的照片时候显现出来的。①

表示轻蔑的最普通方法，就是使鼻孔附近或者嘴的周围的肌肉进行动作；可是，如果嘴的周围的动作进行得太强烈，那么这就会变成厌恶的表情。在轻蔑的时候，鼻孔可以略微向上翻起，显然这是随着上唇的翻起而发生的；有时这种动作也可以被简化成为单单的皱鼻子。时常鼻子略微收缩，因此鼻内的通道一部分被闭塞；②这时候通常发出轻微的嗤鼻声或者[鼻腔的]呼气声。所有这些动作，都十分像是我们在嗅闻到一种恶浊气味而想要把它隔离开或者排除去的时候所采取的喷鼻动作。根据皮德利特的意见，③在这种感情表现得极其强烈的情形里，我们就要把双唇突出和向上噘起，或者只是把上唇噘起，以便使自己成为好像活门一样去闭住鼻孔，因此鼻子也向上翻转。因此，我们好像在对可鄙的人说，他在发散出恶浊的气味来；④这种情形，也差不多像是我们用半闭眼睑或者转开面部的动作来表示出这个人不值得一看的情形。可是，也不应该去假定说，在我们表明出自己的轻蔑来的时候，这一类思想真的会在脑子里出现；不过因为我们每次在嗅闻到讨厌的气味或者看到讨厌的景象时候，曾经完成过这一类动作，所以它们就变成习惯的或者固定的动作，而且到现在即使在任何类似的精神状态下也被使用起来了。

还有各种各样的小姿态也表明出轻蔑来。例如，捻指发声的姿态就是这样。根据泰洛尔的意见，⑤这种姿态"并不像我们通常所看到的情形那样会使人非常明白；可是，如果我们去注意到，聋哑者们也做着同样的手势，不过这种手势十分温和，好像有一种微小物体在食指和大拇指之间滚动着似的，或者好像是一种用大拇指的指甲和食指把这种假想的物体弹飞开来的手势，并且他们就把这些手势当做那些表明出任何微小的、没有意义

---

①　[霍尔比奇（H. Holbeach）先生（《圣保罗杂志》，*St. Paul's Magazine*，1873 年 2 月，第 202 页）猜测说，如果"头部向上和向后仰起，为了要尽可能在鄙视者和被鄙视者之间产生一种身体高度方面的很大差异的印象出来，那么眼睑也要来参加这个总的行动，而双眼则就要被装扮成从上向下去看那个轻蔑的对象物的样子"。]

克列伦德（Cleland）教授在自己所著的《进化，表情和感觉》（*Evolution, Expression and Sensasion*，1881 年）里，也提出了一个相似的说明；他在这本书的第 54 页里写道："傲慢时候抬起头部的动作，是和略微向下瞧看的动作互相对立的；它表明出满脑子都以为自己高于一切，而把别人看得都低于自己的心情。"

克列伦德教授指出说（第 60 页），我这本书里的照相图版 V 的图 1 的小姐的轻蔑表情，主要依靠双眼的方向和头部的转动之间互相反对的情形所造成，就是这时候头部向上抬起，而双眼则反向下视。他介绍一个试验来证明这个说法（我发现这个试验是十分成功的），就是：用一片纸遮蔽去这个女人的颈部，而在这片纸上另外画出一个颈部，使头部好像要低垂下去样子；这样一来，轻蔑的表情就消除去，而被另一种表情来代替，就是变成"庄重和沉静"，而且还可以补充说，略微带有一些忧愁的样子。

关于这方面可以去和本书的骄傲这个主题下所讲到的情形作比较，第 275 页（本书第 174 页）。]

②　奥格耳博士在一篇关于嗅觉方面的有趣味的文章里（*Medico-Chirurgical Transactions*，第 53 卷，第 268 页）表明说，我们在想要作仔细的嗅闻时候，不是用鼻子去作一次深长的吸气，而是采取多次连续的迅速而短促的嗅吸方法来吸取空气。如果"在这种动作进行时候去观察鼻孔，那么就可以看出，鼻孔不仅不扩大，实际上反而在每次嗅闻时候收缩起来。这种动作并不包括鼻孔前部的孔口在内，只限于它的后面部分罢了"。接着他又说明这种动作的原因。另一方面，据我看来，当我们想要隔离开这种气味的时候，鼻孔的收缩只是限于它们的前面部分了。

③　皮德利特：《表情和人相学》，第 84、93 页。格拉希奥莱（《人相学和表情动作》，第 155 页）对于轻蔑和厌恶的表情方面的见解，差不多和皮德利特博士的见解相同[82]。

④　轻侮（Scorn）被认为是一种强烈程度的轻蔑（contempt）；依照魏之武先生的意见（《英语语源学字典》，第 3 卷，第 125 页），可以知道，"轻侮"——的字根之一的意义，就是"粪便"或者"污秽"。一个受到轻侮的人，就被看做像污秽一样。

⑤　泰洛尔：《早期人类史》，第二版，1870 年，第 45 页。

的、使人轻蔑的东西来的通常大家理解的姿态,那么大概就容易推想说,因为我们把这一种十分自然的动作过于夸大而成为沿传的手势语,所以就把它的原来的意义忘却了。有"一种被斯特拉波(Strabo)所提出的关于这种姿态的有趣叙述"。[①] 华盛顿·马太先生告诉我说,在北美洲的达可塔族的印第安人方面,他们的轻蔑情绪,不仅是用像上面所讲到的这一类面部动作来表达,而且也"用沿传下来的手势语来表达,就是:用一只握拳的手放近胸口,接着突然把前臂伸直,同时张开手掌,分开五指。如果这种手势所针对的那个人正在面前,那么做手势者就把手朝着他推去,而有时还把头部背着他转过去"。这种突然把手伸直和张开手掌的动作,大概就表示要把一件没有价值的东西推开或者抛去。

"厌恶"(disgust)这个名词的最简单的意义,就是对于一种相反于我们的口味的东西的感觉。使人感到有趣的是,这种感情多么容易被我们的食物的外表、气味和性质方面的任何一种不寻常的东西所激奋起来。以前在我旅行到火地岛上的时候,有一个土人用手指来触碰我在露营时候吃食的冷藏肉,并且显明表示他对这种肉的柔软性质产生厌恶;[*]同时,我对于一个赤身露体的未开化的人用手指来触碰我的食物这种事情,即使他的双手并不显得污秽,也是感到十分厌恶。在一个人的胡子上沾有一些羹汤,这就会使人看了对它发生厌恶,但是羹汤本身当然是没有什么可以使人厌恶的。我以为,这种厌恶所以会发生,就因为在我们的头脑里,已经牢固地建立起了食物的外貌不论在什么情况下和我们对于吃食它的概念之间的联合关系。

因为厌恶的感觉最初由于联系到吃食或者尝味的动作而发生,所以自然可知,这种表情应当主要是由嘴的周围肌肉的动作所构成。可是,厌恶也同时引起困扰的感觉,因此通常就有皱眉伴同出现,往往还有一种姿态出现,好像要把可厌的东西推开或者保卫自己身体防止它来侵犯的样子。烈治朗德尔先生在他拍摄的两张照片里(照相图版 V,图 2 和图 3),相当成功地传达出了这种表情来。至于说到面部方面,那么适度的厌恶可以用下面各种不同的方法来表现:把嘴大张开来,好像要把一口可厌的食物吐出去的样子;喷吐口水;用突出的双唇吹气;或者发出一种喉音,好像是咳出痰来的声音。这种喉音可以用英文字母拼写成 ach(阿赫)或者 ugh(乌赫);有时在发出这种声音时候,身体也颤抖起来;两臂靠在身体两侧,而双肩则也像受到恐怖时候所表现的情形一样向上耸起。[②] 极度的厌恶是用嘴的周围肌肉的动作来表现的;这些动作也和呕吐以前的准备动作相同。嘴张大,上唇后缩得很厉害,因此鼻子两侧起皱纹,而下唇则突出并且尽量向外

---

① [在《强赛·拉爱特书信集》(*Letters of Chauncey Wright*,非卖品,剑桥大学,马塞诸塞,1878 年,第 309 页)里,有一段关于这方面有趣报道;这是从现代希腊语的权威索福克尔斯(Sophocles)先生方面得来的;当时索福克尔斯是哈佛大学的希腊语教授。强赛·拉爱特写道:"有一种姿态,我从来没有看到他(指索福克尔斯)不假思索地使用它,但是据我后来所知道的,另有一些人也曾经看到他使用这种姿态;他曾经向我说明,这是东欧的一种相当于表示轻蔑的捻指发声的动作的姿态,被用来更加抽象地表示事情琐细的意义,而且还表示第二类意义——没有事情或者否定。这种姿态就是:把大拇指的指甲去和上门齿接触,接着把它向外指弹出,好像要把一片指甲抛走似的。"

在《罗密欧和朱丽叶》(*Romeo and Juliet*,第 1 幕,第 1 场)里,有一句话说道:"先生,您要向着我们咬您的大拇指吗?"这句话很可能是和一种类似的轻蔑的姿态有关的。]

* 参看达尔文著:《一个自然科学家在贝格尔舰上的环球旅行记》,中译本,科学出版社,1957 年,第 312 页。——译者注

② 关于这一点,也可以参看亨士莱·魏之武先生所编的《英语语源学字典》的绪言,第二版,1872 年,第 37 页。

翻转。下唇的这种动作，必须借助那些把嘴角向下牵引的肌肉收缩来进行。①

值得使人注意的是，有些人单单发生一种好像已经吃到了某种不寻常的食物（例如，他们通常不去吃食的一种食物）的观念，也会多么容易而且迅速地作起干呕（打恶心）或者真正的呕吐起来；甚至是在这种食物里并不含有丝毫使胃脏作呕的物质，也曾发生这种情形。当呕吐由于某种实际的原因（例如吃得太饱，或者吃了腐败的肉，或者服用了呕吐药）而作为反射作用发生出来的时候，它并不是一下子就发生的，却通常要过了相当的一段时间以后才发生。因此，为了要来说明这种单单由于观念而很迅速和容易被激发起来的干呕和真正的呕吐起见，我们就不得不去猜测说，②我们的祖先在古时候一定具有一种能力（也像反刍动物和几种其他的动物所具有的能力一样），能够有意地把那些不合于他们的口味的食物，或者那些被他们想象为不合口味的食物，从胃里呕吐出来；而现在，虽然这种能力从它依存于意志方面说来已经丧失，但是仍旧可以由于以前所牢固地建立起来的习惯的力量、在我们的头脑里每次对于已经吃食到任何一种食物的观念方面、或者对于任何一种厌恶的东西方面发生反感的时候，马上重现出来，成为不随意的动作。这个猜测已经从塞登先生向我确言的事实方面得到证实。这个事实就是：动物园里的猿往往在十分健康的时候发生呕吐。看上去，它们好像是有意在做着这种动作似的。我们可以知道，每个人恐怕已经很少有机会去使用有意呕吐出食物来的能力，因为都能够用语言来把各种应当忌食的东西的知识告诉自己的孩子和别人；因此，这种能力由于不再使用而有丧失的倾向。③[83]

因为嗅觉和味觉有极其密切的关系，所以不必惊奇，有些人在嗅闻到特别恶劣的气味时候，也像在想象到可厌的食物时候一样，十分容易发生干呕或者真正的呕吐；因此以后甚至一种适度的可厌气味，也会引起各种不同的厌恶的表情动作来。腐臭气味所激起的干呕的倾向，会由于某种程度的习惯立刻奇妙地被加强起来，不过也会由于我们长期习惯于恶臭的原因或者由于有意的抑制自己而很快丧失。例如，我曾经想去清洗一只鸟的骨骼；这只鸟还没有被药液完全浸透，因此它的臭气就使我的仆人和我自己（当时我们对于这类工作还没有多大经验）激烈地干呕来，以致我们两人不得不放弃这个工作。在那次的以前几天里，我曾经察看过几副其他的骨骼；它们略微有些臭气，但是一点也没有使我感到难受；可是在以后几天里，每次在我一拿起这些同样的骨骼时候，它们就会使我干呕起来。

从我的通信者们所寄回来的答复方面可以认为，在全世界的大部分地区里，普遍存在着上面所叙述到的这些作为表示轻蔑和厌恶用的各种不同的动作。例如，罗特罗克博

---

① 杜庆认为，在下唇翻出的时候，嘴角被口角降肌（*depressores anguli oris*）向下牵引。亨列（《人体解剖学手册》，1858 年，第 1 卷，第 151 页）得出结论说，这种动作是被颏方肌（*musculus quadratus menti*）所引起的。

② ［巴莱梅洪（Ballymahon）工厂的医生（1873 年 1 月 3 日的来信）讲述到一个白痴的情形；这个白痴叫做帕特利克·华耳希（Patrick Walsh），具有一种把胃里的食物呕吐出来的能力。

著者又接到一个显然可以相信的报告，讲述一个苏格兰青年有这种有意把胃里的食物回吐出来的能力；在做这种动作的时候，他并没有发生任何的痛苦或者不舒服。

库普耳斯（Cupples）先生肯定说，母狗时常在仔狗达到一定的年龄时候，把胃里的食物吐出来，给仔狗吃食。］

③ ［从著者（达尔文）在秋克博士的著作精神对身体的影响（第 88 页）的抄本里的铅笔附注方面看来，大概查理士·达尔文以为，把干呕看做是习惯的说法是错误的。虽然他已经相信，干呕可能单是由于想象的影响而发生的。］

士对于北美洲的某些野性的印第安人部落方面的观察，得出了绝对肯定的答复。克朗兹说道，格陵兰人在用轻蔑或者恐怖的情绪来否认任何事情的时候，就把鼻子向上翻起，并且从鼻子里发出一种轻微的声音来。[①] 斯各特先生曾经寄送给我一张印度青年的面部表情图解；这个图解表明出这个青年在看到那种经常强迫他服用的蓖麻子油时候的状态。斯各特先生也曾经看到，有些上流的印度人在十分接近某种污秽物体的时候，发生出同样的表情来。勃烈奇斯先生说道，"火地岛人用双唇向外突出[②]和发出他们所特有的嗞嗞声的方法，和用鼻子向上翻起的方法，来表示轻蔑"。在我的通信者们当中，有几个人或者观察到鼻子喷气的倾向，或者观察到发出一种用 ugh（乌赫）或 ach（阿赫）来表示的嘈声的倾向。

喷吐口水大概是轻蔑或者厌恶的一种几乎普遍的表征；这种动作显然表明要把任何一种可厌的东西吐出嘴外去。莎士比亚借剧中人诺尔福克（Norfolk）公爵的话说道："我向他喷吐口水；把他叫做造谣中伤的胆小鬼和流氓。"还有，他借法尔斯塔夫（Falstaff）的话来说道："哈尔，我告诉你一件事情；倘使我是说谎，那么你就向我面上吐口水好了。"李黑哈特指出说，澳大利亚人"用吐口水或发出一种像 pooh！ pooh！（普！ 普！）的嘈声，来打断自己的说话，显然这是他们的用来表示厌恶的动作"。舰长白尔顿（Burton）也讲到，有些黑人"带着厌恶的表情向地上吐口水"。[③] 陆军上校斯皮德告诉我说，埃塞俄比亚人也做出相同的姿态来。吉契先生说道，马来半岛的马来人的厌恶表情，就是"从嘴里吐出口水来"。又根据勃烈奇斯先生的叙述，火地岛人认为，"向人喷吐口水，就是表示极大的轻蔑"。

在我的一个孩子的面部上，曾经有两次出现我从来没有见到过的最显著的厌恶表情；第一次是在他出生以后 5 个月的时候，因为倒了一些冷水到他的嘴里而发生的；第二次则在更后 1 个月的时候，因为把一块成熟的樱桃放进他的嘴里而发生的。他表示厌恶所用的方法，就是：双唇和整个嘴采取一种可以让嘴里所含有的东西迅速流出或者落下的形状；同时舌头也伸了出来。在发生这些动作的时候，还有轻微的颤抖出现。我怀疑这个婴孩是不是真的在发生厌恶，因为他的双眼和前额表现出很大的惊奇和考虑的样子，所以整个看来反而显得很滑稽可笑。这种让可厌的物体从嘴里落出的伸舌动作，大概可以用来说明为什么伸舌普遍成为轻蔑和憎恨的表征。[④]

我们现在已经知道，可以用很多不同的方法，靠了面部的动作和各种不同的姿态，来表示出轻侮、鄙视和厌恶；在全世界各地，都同样有这些动作和姿态的表现。它们全部都是由那些表明要把某种使我们讨厌或者痛恨的实际物体吐出去或者排除去的动作所构成；不过，这种实际物体还不至于使我们发生某些更加强烈的情绪，例如大怒或者恐怖；

① 泰洛尔引用过这一句话：《原始文化》(*Primitive Culture*)，1871 年，第 1 卷，第 169 页。

② [孔利博士(《人类学研究所报告》，第 6 卷，第 108 页)说道，新几内亚的居民用噘嘴巴或者用一种模仿呕吐的样子来表示厌恶。]

③ 这两个引用的例子都是魏之武先生所提供出来的；《论语言的起源》(*On the Origin of Language*)，1866 年，第 75 页。

④ 这是泰洛尔所说的情形(《早期人类史》，第二版，1870 年，第 52 页)；他还补充说，"不明白为什么会发生出这种情形来"。

还有，每次在我们的头脑里发生任何一种类似的感觉时候，由于习惯的力量和联合，也会发生出相似的动作来。

　　嫉妒、妒忌、贪欲、报仇，猜疑、欺骗、狡猾、自觉有罪、虚荣、自夸、野心、骄傲、谦逊等——在上面所举出的这些复杂的精神状态当中，是不是大多数精神状态都可以用一种被十分明确地叙述或者描写出来的固定表情所显示出来，这还是一个疑问。莎士比亚把妒忌（envy）叫做形容消瘦，或者脸色发黑，或者苍白，而把嫉妒（jealousy）则叫做"绿眼怪物"（the green-eyed monster）；斯宾塞把猜疑（suspicion）描写做"污臭，丑陋和凶恶"；这两个人在作这些说明的时候，一定感到很难表达出这些精神状态的原意来。虽然这样，上面这些感情，至少是它们当中的多数，却可以用眼睛辨认出来，例如自夸的表情就容易被看出来；可是，与其说是我们受到这些外表特征的引导，倒不如说，往往非常出人意料地受到那些对于人和环境的先入观念的引导。

　　我的通信者差不多一致肯定地回答了我所提出来的一个问题，就是：在各种不同的人种当中，是不是能够辨认出自觉有罪和欺骗的表情来；[①]因为他们一般都否认可以这样去辨认出嫉妒来，所以我就认为他们的回答是可以去辨认出嫉妒来，所以我就认为他们的回答是可以确信的。他们在那些举出详细情节来的情形里，差不多时常提到眼睛的表情。据他们说，犯罪的人不敢去瞧望叱责他的人，或者只是偷瞧几回。他们把这时候的眼睛描写做"成为斜眼"，或者"向着左右两侧摆动"，或者"眼睑下垂和一部分闭住"。后面这种现象，是哈格纳乌尔先生从澳大利亚土人那里观察到的，也是盖卡从卡弗尔人那里观察到的。双眼不安定的移动，显然是由于犯罪的人忍受不住叱责者凝视他的目光而发生的；在后面讲到脸红的时候，将再来说明这一点。在这里我可以补充说，我曾经观察到，在我自己的小孩当中，有几个在极小年纪的时候，显现出一种自觉有罪的表情，但是并不带有恐惧的神色。当中有一个小孩在 2 岁零 7 个月的时候，确实明显地做出这种表情来，因此使人可以觉察出他犯了小罪。根据我当时在自己的笔记本上所作的记录，他的这种表情就是：眼睛发亮得很不自然，还有一种描写不出来的奇特的拘束的样子。

　　我以为，狡猾也主要是以眼睛周围的肌肉动作来表现，因为由于长期不断的习惯力量，这些动作要比身体的动作较少受到意志的支配。赫伯特·斯宾塞先生指出说，[②]"如果出于意料地发生一种要去瞧看视野的某一侧的物体的欲望，那么我们就有一种倾向，要阻止头部作显著的移动，并且用眼睛来作必要调整，所以双眼就被很厉害地牵引到一侧去。因此，如果我们的眼睛向一侧转动，而同时面部却不随着向同一侧转动过去，那么这就产生出了所谓狡猾的自然表现的姿态语"。[③]

---

　　① 〔根据亨利·梅纳（Henry Maine）爵士的叙述，印度的土人在提供证据的时候，很会控制自己的面部表情，而使人辨别不出他们所供认的话究竟是真是假；可是，他们却不能控制自己的脚趾的动作；因此，如果他们的脚趾屈曲起来，那么这就时常泄露出他们的证言是说谎这个事实来。〕

　　② 斯宾塞：《心理学原理》，第二版，1872 年，第 552 页。

　　③ 〔克列伦德教授《进化、表情和感觉》，1881 年，第 55 页）指出说，隐蔽或者欺骗的表情，就是面部朝向下面，而同时双眼则向上转动。他写道："一个用说谎来掩饰自己的罪犯……在自己的秘密上面把头下垂，同时他又偷偷地翻起眼睛向上，窥望他所担心的说谎的效果。"〕

在上面所举出的一切复杂情绪当中,大概要算骄傲表现得最明显。一个骄傲的人就用竖直自己的头部和身体的姿态,来表示自己比其他的人优越的感觉。他是高傲的(高尚的),或者高等的,并且想尽办法要使自己显出高大的样子来,因此大家就比喻地把他的样子叫做骄傲得全身肿胀起来或者被吹胀起来。有时大家就把孔雀或者吐绶鸡(火鸡)张开羽毛作昂首阔步的姿态,看做是骄傲的象征。① 傲慢的人就从上向下来瞧看别人,并且垂下眼睑,几乎是不屑去瞧看别人;有时他也会用轻微的动作,例如上面已经叙述到的鼻孔或者双唇附近的肌肉动作,来表示自己的轻蔑。因此,就有人把那条使下唇翻出的肌肉,叫做 *musculus superbus*(骄傲肌)。克拉伊顿·勃郎博士曾经寄赠一些高傲偏狂病患者的照片给我;当中有几张的患者头部和身体挺直,而同时嘴则紧闭。嘴紧闭的动作,也是决断的表情动作;我以为,这是由于骄傲的人对自己感到十分自信而发生的。整个骄傲表情是和谦逊表情直接对立的;因此,在这里也用不到再来谈到谦逊的精神状态了。

孤立无援,忍耐;耸肩② ——如果一个人想要表示自己不能够去干某种事情,或者不能够去阻止某种已经被人在干的事情,那么他时常会把双肩以急速动作向上耸起。同时,如果他把这个姿态完全做出来,那么他就会把双肘弯曲,向内贴紧,又把张开的双手举起,而且转向外方,同时五指分开。时常头部略微掉向一侧;双眉上扬,因此在前额上发生横皱纹。嘴通常张开。为了表明出怎样无意识地使面容受到这种影响起见,我可以来指出说,虽然我故意耸起双肩,以便观察自己的双臂这时候所处的位置,但是我完全觉察不出自己的双眉上扬和嘴张开的情形,只有后来在瞧看镜子里的自己的像时候,才看出这些动作来;从此以后,我就看出其他的人的面部在这种情形下也有同样的动作。在现在所附印出来的照相图版Ⅵ,图 3 和图 4 里,烈治朗德尔先生已经成功地拍摄出了耸肩的姿态来。

英国人比欧洲的多数其他民族的人更加不容易把自己的感情显露出来,因此他们也比法国人或者意大利人耸肩的次数少得多,而且耸得很不强烈。这种姿态有各种不同程度的差异,从刚才所讲到的复杂的动作,一直到只是一刹那的很难辨认出来的双肩上升的情形都有;或者例如我曾经注意到一个坐在安乐椅里的太太,她只是把一双五指分开的张开的手略微转向外面罢了。我从来没有看到年纪幼小的英国小孩耸肩,但是有一位医学教授兼精明的观察者,曾经仔细观察了下面的一个关于耸肩的事实,并且把它转告我。这位教授先生的父亲是巴黎人,母亲是苏格兰贵妇人。他的妻子是英国世系的父母所生;因此我的这位报告者不相信她在一生中曾经耸过双肩。他的孩子们在英格兰被抚育起来,而奶妈是纯粹英国血统的妇女;从来没有人看到她耸肩。可是,他的大女儿在出

---

① 格拉希奥莱(《人相学》,第 351 页)提出了这一点来,并且对于骄傲的表情作了一些卓越的观察。参看贝尔爵士(《表情的解剖学》,第 111 页)关于骄傲肌的动作的叙述。

② [布耳威尔(《肌肉病理学》,*Pathomyotomia*,1649 年,第 85 页)描写耸肩的动作如下:"有些人对于一件已经发生的事情抱有反对态度,但是除了忍耐以外没有其他补救办法;有些人发现自己的行动已经落在事实的后面,并且除了只有默认这个事实以外,已经无法来替自己作辩护;有些人奉承、惊叹、害臊、恐惧、怀疑、否认、或者心肠狭窄,或者想要道歉——这些人在上面所说的这些情况下,惯常会把头部和收缩的颈部下缩到两肩中间去。"]

1

2

3

4

照相图版　Ⅵ

生以后 16～18 个月的年龄时候,却被他观察到有耸肩的动作;她的母亲当时就喊叫起来道:"瞧吧,这个小法国女孩耸起双肩来了!"起初这个女孩时常做出这种动作来,有时还把头部略微向后仰起,或者向旁边偏斜;可是据他们所能观察到的情形说来,她并没有像通常的状态那样扬起眉毛和摊开双手来。这种习惯后来逐渐消失,而到现在,当她的年纪略微超过 4 周岁的时候,就不再看到她做这种动作了。她的父亲听到人家说,他有时也要耸肩,特别是在和任何一个人进行论争的时候会耸起双肩来,可是,他的大女儿会在这样幼小的年纪去模仿他的动作这件事,是极不可能的,因为据他所说,他的女儿绝不可能时常看到他做出这种姿态来。不但这样,如果这种习惯真的会从模仿他而获得,那么这个女孩,还有后面就要讲到的第二个女孩(她的妹妹),显然就不会这样很早就自发地消失去这种习惯;要知道她们仍旧和父亲居住在一起。还可以补充说一下,这个小女孩的面貌,和她的巴黎籍的祖父相似,简直相似到使人感到滑稽的程度。她还具有另一种和祖父相似的很有趣的动作,就是惯常做出一种奇特的手势。在她急不可耐地想要得到某种东西的时候,她就伸出自己的小手,迅速把大拇指去和食指和中指摩擦起来;现在她的祖父在同样情况下,也时常做出这种手势来。

这位教授先生的第二个女儿,也在 18 个月的年龄以前有耸肩的习惯,但是后来这种习惯就消失了。当然,她可能会去模仿大姐的动作;可是,在她的姐姐已经丧失耸肩的习惯以后,她仍旧继续做着这种动作。她起初在和姐姐相同年龄的时候,要比姐姐较少相似于她的巴黎籍的祖父,但是现在反而比姐姐更加相似于祖父了。她到现在也惯常在不耐烦的时候,做出同样的奇怪的习惯,就是把自己的大拇指和食指与中指一同摩擦起来。

在上面这个情形里,也好像前面的一章里所讲到的情形一样,我们可以看到一种手势或者姿态的遗传方面的良好实例,因为我以为,绝没有人会把祖父和他的两个从来没有看到过他的孙女所共有的这种多么奇特的习惯,单单看做是偶然相合的情形。

如果去考虑到一切有关这些女孩耸肩的情况,那么不管在她们的血管里只含有四分之一的法国人的血液,不管她们的祖父并不时常耸肩,总是很难使人怀疑,她们已经从法国祖先那里遗传到了这种习惯。这两个女孩在很早的幼年时代由于遗传而获得一种习惯,后来就丧失了;虽然这方面的事实是有趣的,但是也绝不是很奇特的,因为在很多种类的动物方面,也时常发生这类现象,就是:有些特征被它们在幼年时候保留过一个时期,但是后来就丧失了。

因为我曾经有一段时间以为,像耸肩这类复杂的姿态和同时一起出现的动作会是天生的这种事实极不可能出现,所以我就很急切地要确实知道,究竟那个不能用模仿办法来学得习惯的瞎子兼聋子的女郎拉乌拉·勃烈奇孟是不是也做着耸肩动作。我通过殷纳斯(Innes)博士的关系,从一个最近曾经看护她的妇女那里听说,她也像其他人一样,在同样的情况下耸起双肩,把双肘向内转动,并且扬起双眉来。我也曾经急切地要知道,各种不同的人种,尤其是那些从来没有和欧洲人有较多来往的种族,是不是也做出这种姿态来。我们就将知道,他们也同样会耸肩,不过好像这种姿态有时只限于双肩的上升或者耸起,而没有同时出现其他的动作。

斯各特先生时常看到,加尔各答植物园里所雇佣的孟加拉人和丹加尔人(Dhangars,这是一个和孟加拉人不同的种族)也有这种姿态;例如,他们在声明不能够去干某种工作

（例如举起重物）的时候，就会这样。他曾经命令一个孟加拉人去爬一棵高大的树；可是，这个人就耸起双肩，左右摇头，并且说他不会干。斯各特先生已经知道这个人是懒汉，认为他能够干这件事，因此就硬要他去爬树。于是，那个人的脸色变得苍白起来，两臂分垂身旁，嘴和双眼张开得很大，并且再去打量那棵树，此后又斜眼瞧望斯各特先生，耸起双肩，把双肘内转，伸出一双摊开的手，并且用急速摇头几次来声明自己没有本领。爱尔斯金先生也曾经看到印度的土人耸肩；虽然这些土人也同时把双肘向内转动，但是他从来没有看到转动得像我们那样很显著；他们在耸肩的时候，有时把双手按在胸口，但是并不交叉起来。①

吉契先生时常看到，马来半岛内地的马来人，还有布吉人（Bugis，是真正的马来人，但是双方所讲的语言不同），都做出这种姿态来。我以为，他的观察是完全的，因为吉契先生在回答我所询问的关于双肩、臂、手和面部的动作的叙述方面的问题时候指出说，"这种姿态表现得很优美"。我曾经遗失了一册记录有某一次科学研究的航行记的抄本；在这本书里，详细地记述了太平洋里的加罗林群岛（Caroline Archipelago）上的几个土人（密克罗尼西亚人，Micronesians）的耸肩情形。陆军上校斯皮德告诉我说，埃塞俄比亚人也耸肩；可是，他没有作详细说明。阿沙·格莱夫人在亚历山大里亚（Alexandria）地方，看到一个阿拉伯人翻译，也曾经完全像我的询问信上所讲述的情形那样做过这种姿态；当时他伴随着一个老年绅士，而这个绅士则不愿依照他所指点的正确的方向走路，所以他就耸起双肩来。

华盛顿·马太先生关于美国西部的野性的印第安人方面写道："我曾经有几次观察到这些人使用一种表示道歉的耸肩动作，但是还没有看到您在询问信里所讲述到的其他表现。"弗里兹·米勒告诉我说，他曾经看到巴西的黑人耸肩，②但是当然很可能他们由于模仿葡萄牙人而学会这种动作的。巴尔般夫人从来没有看到南非洲的卡弗尔人做过这种姿态；从盖卡对我所提出的这方面的问题的回答来判断，显然他连我的叙述的意义也没有理解清楚。斯文和先生也怀疑中国人是否会耸肩，③但是曾经看到，在那些会使我们欧洲人耸肩的情况下，中国人把右肘紧贴在右肋，扬起双眉，举起手来，把手掌向着对方的人，并且把它左右摇摆。最后，至于说到澳大利亚人，那么有我的四个通信者用简单的否定语气来回答我，而有一个通信者则用简单的肯定语气来回答我。彭耐特先生在观察维多利亚殖民地的边远地区方面具有绝好的机会，却也用"yes"（是的）来回答我，而且补充说，他们在做出这种姿态的时候，"要比文明的民族进行得更加温和而且不大明显些"。可以认为，这种情况就表明出我的四个报告者还没有注意到这种姿态。

所有这一切关于欧洲人、印度人、印度的山地部落、马来人、密克罗尼西亚人、埃塞俄比亚人、阿拉伯人、黑人、北美洲的印第安人以及显然还有澳大利亚人（在这些土人当中，

---

①　［在《加尔各答的英国人》（*Calcutta Englishman*，载在自然杂志，1873 年 3 月 6 日，第 351 页）这篇文章里，写到"一个孟加拉人"肯定说，他没有看到过朴实的孟加拉人耸肩；但是在那些已经学到英国思想和习惯的孟加拉人当中，则见到有这种姿态表现。］

②　［文乌德·利德先生也曾经在黑人方面看到这种姿态（1872 年 11 月 5 日的来信）。］

③　［在 1873 年 3 月 26 日的来信里，斯文和先生肯定说，他从来没有看到中国人耸肩；他们虽然摊开双手，但是双肘并不贴近两肋。］

很多土人都简直没有和欧洲人来往过）方面的资料，已经足够表明出，耸肩，在有些情形里还连带发生其他相当的动作——正就是人类所本来具有的姿态。

这种姿态所表明的意义，对我们本身方面说来，是指一种无意的或者不可避免的动作；或者是指我们所不能够完成的一种动作，或者是指我们无法阻止的、由另一个人所完成的动作。时常在做出这种姿态的时候，还发出下面一类说话："这不是我的过失"；"我不能够赠送这件心爱的东西"；"他硬要照他自己的想法干下去，我不能阻止他。"耸肩也表示出忍耐，或者缺乏任何反抗的意图。因此，有一个艺术家曾经对我说，这些使双肩上升的肌肉，有时也叫做"忍耐肌"（the patience muscles）。

戏剧里的犹太人显洛克（Shylock）说道：

> 安托尼奥先生，您曾经多次而且时常
> 为了我的借金和我的重利
> 而在里阿多耳交易所里辱骂我；
> 可是我总是用忍耐的耸肩来忍受了它。

——《威尼斯商人》，第1幕，第1场

贝尔爵士曾经提供出了[1]一个人的生动的画像；这个人由于遇到可怖的危险而向后退缩，并且由于激烈的恐怖而准备要发出尖叫来。这时候他的表现就是：他的双肩几乎高耸到耳朵边，并且立刻声明自己没有反抗的意图。

因为通常耸肩所表明的意义是"我干不了这件事情或者那件事情"，所以在作一下轻微的变化以后，它有时就表示"我不愿去干这件事情"。这个动作因此也就表示一种不肯行动的顽强决心。奥耳姆斯替德（Olmsted）叙述到塔州（Texas）的一个印第安人；[2]当有人告诉这个印第安人说，到来的一队人是德国人，而不是美国人的时候，他因此就把双肩耸得极高，表示他不愿去和这一队人发生任何关系。可以看到，愠怒而且顽固的小孩会把双肩耸得很高；不过这种动作并不和通常在真正耸肩时候一起发生的其他动作联合起来。有一位卓越的观察者，[3]在讲述到一个青年决心不愿服从父亲的希望时候写道："他把双手深插进自己的衣袋里，并且把双肩高耸到耳朵边；这种动作表示出一种明显的警告；不管是对是错，甚至是这座岩石连根被移走，我这个男子汉还是毫不让步，因此在这里一切对这方面的劝说都是毫无用处的。只要这个儿子的要求一获得满足，他马上会把自己的双肩恢复到原来的位置。"

有时就用张开的双手彼此重叠起来，放置在身体的下半部分处，来表明顺从（resignation）。要是奥格耳博士不向我指出，他有两三次在那些准备要受到氯仿的麻醉手术的病人方面观察到这种顺从的表情，那么我就会把它当做是一种不值得使人加以注意的姿态了。这些病人在这时候并不表现出很大的恐惧来，但是显然在用双手叠放的姿态来声明说，他们已经下定决心，并且对不可避免的情形表示顺从。

现在我们可以来探查一下，为什么全世界各地的人在感觉到（不管他们是不是愿意

① 贝尔：《表情的解剖学》，第166页。
② 奥耳姆斯替德：《塔州旅行记》（*Journey through Texas*），第352页。[塔州在美国西南部分。——译者注]
③ 奥丽芬特夫人（Mrs. Oliphant）：《勃郎鲁斯》（*The Brownlows*），第2卷，第206页。

表示出这种感情来)他们不能够或者不愿意去干某种事情,或者不愿意去反对另一个人已经干过的某种事情的时候,都会耸起双肩,同时还时常把双肘弯曲,摊开手掌,分开五指,往往把头部略微偏向一侧,扬起双眉,而且还张开嘴来。这些精神状态,有时单单是被动的,有时则表明一种不愿去干某种事情的决心。在上面所说的动作当中,没有一个动作是有丝毫用处的。我毫不怀疑地以为,这些动作只可以根据无意识的对立原理来获得说明。① 在这里,显然也像以前所讲到的狗的情形一样,受到这个原理的支配;狗在发生怒恨的时候,为了使敌方感到它的样子可怖,就采取了相当的姿态;可是,当它一发生恋情的时候,它马上就使全身转变成完全相反的姿态,即使这种姿态对它没有直接用处也会这样。

让我们现在来考察一下,一个发怒而且不愿受到某种损害的愤慨的人,怎样把自己的头部直竖,双肩挺起,并且使胸部扩大起来。这个人时常握紧拳头,把一臂或者双臂置放在适当的位置上,以便进攻或者自卫;同时他的四肢的肌肉变得刚硬。他皱着眉(就是他把双眉收缩和下垂),并且下定决心,把嘴紧闭。一个孤立无援的人的动作和姿态,在上述的任何一个方面,却恰恰和这个愤慨的人的动作和姿态完全相反。在照相图版Ⅵ里,我们可以想象到,左边的一个图中人像刚正在说,"你侮辱我有什么意义?"而右边的一个图中人则在回答道,"我实在没有办法可想呀!"孤立无援的人无意识地收缩前额上的一部分肌肉,这些肌肉的动作是和那些引起皱眉的肌肉的动作相反的,因此也就把双眉向上扬起;同时他还使嘴的周围肌肉松弛起来,因此下颚也就下垂。在这本书里所附的照相图版里,可以看到,在各种细节方面,不仅是在面部的表情动作方面,而且在四肢的位置和全身的姿态方面,都完全显露出这种对立情形来。因为孤立无援的人或者道歉的人时常想要表明出他的精神状态来,所以他就用显明可见的或者有实证性的方法来行动。

因为在一切人种方面,当他们感到愤慨并且准备要进攻敌人的时候,他们绝不是普遍都采取双肘向外转动和紧握拳头的姿态,所以根据这种事实也可以认为,在世界上的很多地方,孤立无援或者道歉的心绪单单就用耸肩来表现,而不同时把双肘向内转动和张开双手。大人或者小孩不论在顽固的时候,或者在对某种重大的不幸事件表示顺从的时候,都绝没有任何一种要采取积极方法来行动的观念,[84]因此他就单单用双肩向上升起的动作来表达这种精神状态,或者他有时也可能把双臂交叉叠放在胸口。

肯定或者赞成的姿态,否定或者不赞成的姿态;点头和摇头——我很有兴趣地要去确实查明,我们通常在肯定和否定方面所使用的姿态,在全世界各地究竟普遍到什么程

---

① [波德莱先生在来信(1872 年 12 月 4 日)里提出意见说,不能够用对立原理来说明耸肩;这是一个受到一下打击而不作抵抗的人的天生的姿态。可是,我以为,一个受到吃耳光的威吓的小学生的耸肩,是和道歉的耸肩不相同的。那种由于看不到的危险而发生耸肩的动作,是和防卫性的耸肩的性质相同的;例如有人把一个板球从背后抛来,而另外有人在喊叫道"当心脑袋!"那么就会发生这种情形。波德莱先生把这种动作叫做头部和颈部的缩进姿态(faire rentrer)。大家知道,还有一种略微相似的耸肩,就是由于患生感冒而发生的表情动作。这时候,患感冒的人为了节约体温,就把这种由于本能而采取的姿态,有意识地重现出来。波德莱先生还提出意见说,双手张开的动作表示不采取自卫行动,就是表明出做这种动作的人不再握有武器。]

度。实际上,这些姿态在一定程度上表现出了我们的感情,就是:我们在赞成自己的孩子的行为时候,就带着微笑向他们作着赞成的点头;而在不赞成他们的行为时候,则带着皱眉向他们摇头。婴孩表示否定的最初动作,就是拒绝食物;我曾经多次从自己的婴孩方面观察到,他们在拒绝吃奶时候,就把头部从母亲的胸口处横转开来,或者在拒绝任何一种喂给他们吃的东西时候,就从食匙处转过头去。在接受食物和用嘴吃食它的时候,他们把头向前倾斜。自从我作了这些观察以后,有人告诉我说,莎尔马(Charma)也有同样的见解。① 应当注意,他们在接受或者拿取食物的时候,只做着一种简单的前进动作;还有一种简单的点头动作表示肯定的意义。另一方面,小孩在拒绝食物的时候,特别是在被强迫接受食物的时候,就时常会把头部左右摇摆几次,也像我们在否定时候作着摇头的姿态。不但这样,在表示拒绝的时候,也有不少人把头部向后仰起,或者把嘴闭紧,因此这些动作大概也被用来作为否定的姿态。魏之武先生对这个问题指出说,②"在闭着牙齿或者双唇而用力发声的时候,就发出字母 n(恩)或者 m(姆)的音来。因此,我们就可以去说明语气词 ne[不]用来表示否定的意义,大概希腊语的 μή 也具有同样的意义"。

瞎子兼聋子的女郎拉乌拉·勃烈奇孟"经常说 yes(是)的时候也作着普遍表示肯定的点头动作,而在说 no(不是)的时候则也和我们一样作着否定的摇头动作";从这一点极可能使人认为,这些姿态是天生的或者本能的,至少安格鲁撒克逊人(英国人)是这样的。要是没有李别尔先生提出相反的说法,③那么我就一定会认为,她因为具有惊人的触觉和对别人的动作的理解力,所以会获得或者学到这些姿态。至于说到那些已经退化到永久不会去学习说话的小头症白痴,那么伏格特曾经叙述了他们当中的一个的情形:当有人问这个白痴是不是再想吃一些东西或者喝一些饮料的时候,他就用头部向前倾斜或者左右摇动来回答。④ 希马尔兹(Schmalz)在自己所著的关于聋哑者和那些智力比白痴略高一些的小孩的教育方面的著名论文里认为,他们能够时常做出并且理解到这些普通表示肯定和否定的姿态的意义。⑤

虽然这样,如果我们注意到各种不同的人种,那么就可以知道,这些姿态却不像我们所预料的那样被普遍使用;不过,如果把它们归进到完全沿传的姿态或者人造的姿态语方面去,那么这似乎又太一般了。我的通信者肯定说,马来人、锡兰的土人、中国人、西非洲的几内亚海岸的黑人都使用这两种姿态;还有,根据盖卡的说法,南非洲的卡弗尔人也是这样,不过巴尔般夫人则说,她从来没有看到卡弗尔人使用摇头的姿态来表示否定。至于说到澳大利亚人,那么有 7 个观察者都一致说,他们用点头来作为肯定的表示;有 5 个观察者一致说,他们用摇头来作为否定的表示,同时发出或者不发出否定的话来;可是,但松·拉西先生从来没有看到昆士兰那里的澳大利亚土人摇头表示否定;巴尔满先生说道,吉普兰地方的土人用把头部略微后仰和伸出舌头的姿态来表示否定。在澳大利

---

① 莎尔马:《语言学论文集》(*Essai sur le Langage*),第二版,1846 年。我很感谢魏之武小姐(Miss Wedgwood)告诉我这件事情,并且还从这个著作里摘录一段文字给我。

② 魏之武先生:《论语言的起源》,1866 年,第 91 页。

③ 李别尔:《关于拉乌拉·勃烈奇孟的发音方面》,载在《斯密生氏文稿录》,1851 年,第 2 卷,第 11 页。

④ 伏格特:《小头症的记述》,1867 年,第 27 页。

⑤ 从泰洛尔的下面的著作里引用来,《早期人类史》,第二版,1870 年,第 38 页。

亚北端,靠近托列斯海峡(Torres Straits)处,土人在发出否定的话时候,"并不同时摇头,但是举起右手来,把它旋转半周,又再回旋,这样旋转两三次"。① 据说,现代的希腊人和土耳其人采用一种把头后仰并且用舌头发出咯咯声的方法②来表示否定,而土耳其人还用一种好像我们摇头时候所做出的动作来表明"是的"③。陆军上校斯皮德告诉我说,埃塞俄比亚人在表示否定的时候,就把头部向右肩方面急投,同时发出轻微的咯咯声,而嘴则闭合;他们在表示肯定的时候,则把头部后仰,并且使眉毛急速上扬一次。阿多耳夫·梅伊尔博士告诉我说,菲律宾群岛的吕宋岛(Luson)上的土人塔加尔人(Tagals)在说"是的"时候,也把头部向后仰。④ 根据印度公爵勃鲁克的叙述,婆罗洲的达雅克人用双眉上扬的动作来表示肯定,并且用略微皱眉的动作来表示否定,同时还用双眼作着特殊的瞧看。阿沙·格莱教授和他的夫人从尼罗河边的阿拉伯人方面得出结论说,他们很少用点头来表示肯定,而从来没有用摇头来表示否定,甚至他们也不懂得这种动作的意义。爱斯基摩人用点头来表示"是的",而用霎眼来表示"不是"。⑤ 新西兰人用头部和下颚向上升起的动作,来代替肯定的点头。⑥

关于印度人方面,爱尔斯金先生根据有经验的欧洲人和受有教育的印度绅士所作的调查报告,得出结论说,印度人的肯定和否定的姿态有种种不同:有时也像我们欧洲人一样,使用点头和摇头的动作;可是,他们在表示否定的时候,更加普遍地把头部突然向后和略微向一侧投去,同时用舌头发出咯咯声来。在各种不同的种族里,可以观察到这种

---

① 裘克斯(J. B. Jukes)先生:《书信和文摘》(*Letters and Extract*)等,1871 年,第 248 页。

[根据莫斯里的意见(《人类学研究所报告》,第 6 卷,1876—1877 年),海军部岛的土人普遍用食指去击打鼻子一侧的动作来表示否定。]

② [维克多·卡罗斯(Victor Carus)教授在来信里说道,在意大利的那坡利人(Neapolitans)和西西利人(Sicilians)当中,这种动作是正常表示否定的姿态。]

③ 李别尔:《关于口声》(*On the Vocal Sounds*)等,第 11 页。又泰洛尔的叙述,参看同上的著作,第 53 页。

[这个问题有些模糊不明。强赛·拉爱特(参看他的《书信集》,泰耶尔(J. B. Thayer)出版,非卖品,剑桥大学,马塞诸塞,1878 年,第 310 页)引用索福克尔斯先生的意见说,土耳其人从来没有用摇头来表示肯定。索福克尔斯先生是希腊籍人,当时正在哈佛大学教授现代和古代希腊语言;他叙述道,土耳其人在倾听一只故事的时候,如果表示赞成和同意,就作着严肃的点头;如果他们不能同意故事里所讲到的任何一点,那么就把头部后仰。布耳威耳曾经在他的《肌肉病理解剖学》里引用维柴里(Vesalius)的话道,"你那里的大多数克里特人(Cretans,希腊的克里特岛上的土人)"用头向上仰来表示否定。

索福克尔斯曾经时常看到,土耳其人和其他东方民族在愤怒或者表示强烈的不赞成时候,就摇起头来。这种姿态也是我们所熟悉的;强赛·拉爱特举出了《圣经》里所讲到的几个关于这种姿态方面的例子。例如:《马太福音书》,第 27 章,第 39 页,"过路的人一面摇着头,一面辱骂耶稣";还有《诗篇》(*Psalms*),第 22 章,第 7 节和 109 章,第 25 节,也可以对照参看。

强赛·拉爱特引用了詹姆士·罗塞耳·洛威耳(James Russel Lowell)先生支持本书所说的话,因为他曾经在意大利境内注意到,当地的人在表示肯定的时候,作着摇头的姿态,好像我们所作的否定姿态。

强赛·拉爱特先生为了尝试调和肯定时候也摇头的矛盾证据起见,就作出了一个细致的理论来,这个理论的根据,就是:头部在思索的时候,采取特殊的倾斜的位置,起初从一侧倾斜,然后又向另一侧倾斜;例如艺术家在审看自己的作品时候,就采取这种姿态。他以为,从这种姿态方面,就可以产生出一种和考虑相结合的同意的表征,而这种表征又可以和我们所采取的否定姿态——头部朝着直立轴左右转动——互相混杂不清。]

④ [根据莫斯里(在前面曾经举出的著作里)的叙述,非支群岛的土人(fijians)和海军部岛的土人都用这种把头上仰的动作来表示肯定。]

⑤ 参看凯恩(King)的文章,载在《爱丁堡哲学学报》(*Edinburgh Phil. Journal*),1845 年,第 313 页。

⑥ 泰洛尔:《早期人类史》,第二版,1870 年,第 53 页。

用舌头发出的咯咯声；可是，我不能够想象到这种声音的意义是什么。有一个印度绅士肯定说，印度人在表示肯定的时候，时常把头部向左侧投去。我曾经请斯各特先生特别去注意观察这种动作；他在作了多次观察以后，就认为印度人在表示肯定的时候，通常并不使用点头的动作，而是最初把头部向左后方或者右后方仰起，然后再只做一次倾斜地向前方急投的动作。一个比较粗心的观察者大概就会把这种动作当做是摇头。斯各特先生还肯定说，印度人在表示否定的时候，通常差不多使头部保持竖直的位置，并且摇动几次。

勃列奇斯先生告诉我说，火地岛人在表示肯定的时候从上向下点头，而在表示否定的时候则左右摇头。关于北美洲的未开化的印第安人方面，根据华盛顿·马太先生的叙述，他们的点头和摇头的动作，是从欧洲人那里学来的，而不是自己本来所使用的。他们在表示肯定的时候，"用一只手（除了食指伸直以外，其余的手指都屈曲起来）从身体一边向下方和外方划一条曲线；而在表示否定的时候，则把张开的手向外移动，同时手掌则朝向内侧"。其他的观察者则说道，印度人表示肯定的姿态是把食指向上举起，接着又把它降下并直指地面；或者是把手从面部起直接向前方挥动；而他们表示否定的姿态则是把食指或者全手左右摇动。① 大概这种把食指和手左右摇动的姿态，在一切情况里都是代表左右摇头的姿态的。据说，意大利人也同样地把一只上举的手指从左向右移动来表示否定；实际上，我们英国人有时也是用这种动作来表示否定的。

总之，我们已经看出，肯定和否定的姿态，在各种不同的人种方面有相当大的差异。至于说到否定方面，如果我们承认，手指或者手左右摇动是摇头动作的象征，并且承认头部突然后仰表示幼年小孩在拒绝食物时候常常采取的动作之一，那么全世界在否定的姿态方面就有很显著的一致性，因此我们也可以看出它们起源是怎样的。阿拉伯人、爱斯基摩人、有些澳大利亚的土人部落和达雅克人在这方面的表情，则是最显著的例外。达雅克人把皱眉来作为否定的表征，而我们在皱眉的时候，则也要同时摇头。

至于说到肯定时候的点头方面，那么它的例外情形还要更加多得多；就是说，印度的一部分土人、土耳其人、埃塞俄比亚人、达雅克人、塔加尔人和新西兰人的肯定姿态都是例外。他们在肯定的时候，有时把双眉上扬；因为一个人在把自己的头部向前和向下屈曲的时候，自然而然地要把双眼向上抬起，朝着那个和他相谈的人瞧看，所以他就很容易把双眉扬起，因此这种姿态也可能作为一种简略的姿态语而产生出来。[85] 在新西兰人方面也有同样的情形，他们在肯定时候举起下颚和头部的姿态，大概也用简略的形式，来表明出头部在向前和向下点动以后的向上动作。

---

① 柳波克爵士：《文化的起源》，1870 年，第 277 页。泰洛尔：《早期人类史》，第 38 页。李别尔（《关于口声》，第 11 页）也提出意大利人的否定姿态。［李伊（H. P. Lee）先生讲述到（1873 年 1 月 17 日的来信）日本人用食指或者全手横摇的动作来作为否定的普通姿态。］

# 第 12 章

# 人类的特殊表情——惊奇、吃惊、恐惧、大惊

## • *Surprise, Astonishment, Fear, Horror* •

　　结论——现在我们已经努力把恐惧的各种程度不同的表情叙述出来，依次从单单的注意叙述到惊奇的惊起，再到极度恐怖和大惊。有些姿态，可以根据习惯、联合和遗传的原理，来获得说明；例如，嘴和双眼大张，连同双眉上升，是为了要尽可能迅速地看清楚我们四周的一切物体，听清楚任何一种达到我们耳朵里来的声音。这是因为我们通常靠了这些动作可以准备使自己去发现危险和应付危险。

惊奇、吃惊——双眉上升——嘴的张开——双唇突出——和惊奇同时发生的姿态——惊叹——恐惧——恐怖——毛发直竖——颈阔肌的收缩——瞳孔的扩大——大惊——结论

如果对一种物体突然和密切加以注意，那么这种注意就会逐渐转变成为惊奇；惊奇接着转变成为吃惊；而吃惊则又转变成为呆木状态的惊恐。[86] 后面的一种精神状态和恐怖极其相似。注意就表现在双眉略微向上升的动作方面；当这种状态加强而成为惊奇的时候，双眉就上升到更高的位置，同时双眼和嘴都张开很大。为了使双眼迅速而宽大地张开，就必须使双眉上升；这种动作就产生了横贯前额的横皱纹。双眼和嘴的张开程度，是和感到惊奇的程度相应的；可是，这两种动作应该互相协调，因为如果嘴张开得很大，而眉毛则只是略微上升，那么结果就会形成一种毫无意义的怪脸，正像杜庆博士在他的一张照片里所表明的情形一样。[1] 另一方面也可以看到，有人用单单扬起眉毛的动作来假装惊奇的样子。

杜庆博士曾经提供出一张老年人的相片；这个老年人的双眉由于电流通过额肌而显著地上升成为弓形，同时他的嘴则有意地张开来。这张相片很真实地表明出惊奇来。我曾经把这张相片交给 24 个人去瞧看，同时没有作任何的说明；结果只有一个人完全不明白这张相片表明什么意义。还有一个人回答说是恐怖；这个回答还不能算太错误；可是当中另有几个人则在他们所回答的"惊奇"或者"吃惊"的字前面，还添写了形容词"大惊的"、"忧伤的"、"苦痛的"或者"厌恶的"。

大家都公认，双眼和嘴大张开来的动作就是惊奇或者吃惊的表情之一。例如，莎士比亚说道："我曾经看到一个打铁工人张开了嘴呆立着，好像要吞下裁缝师傅的消息似的。"（《约翰王》，"King John"，第 4 幕，第 2 场）。他又写道："他们彼此互相凝视着，好像几乎要把自己的眼眶撕裂开来似的；在他们的沉默里含有着说话，在他们的姿态本身里含有语言；他们的样子好像表明出，他们已经听到了世界毁灭的警报。"（《冬天的故事》，"Winter's Tale"，第 5 幕，第 2 场）

关于各种不同的人种的惊奇表情方面，我的通信报告者们，都以显著的一致性来作了相同情形的回答；在发生上述的面部的动作时候，也同时出现一定的姿态和声音；现在就要来叙述它们。在澳大利亚的不同地区里，有 12 个观察者对这方面的看法都是一致的。文乌德·利德先生曾经在几内亚海岸（Guinea coast）地方，观察黑人的这种表情。关于南非洲的卡弗尔人方面，酋长盖卡和其他一些人则对我所询问的这种表情回答"是的"；还有关于埃塞俄比亚人、锡兰人、中国人、火地岛人、北美洲的各个土人部落和新西兰人方面，另一些报告者也作了很肯定的回答。例如关于新西兰人方面，斯塔克先生肯定说，某些个别土人要比其他土人更加明显地显露出这种表情来，不过他们大家都尽量

◀ 晚年的达尔文画像。

---

① 杜庆：《人相的机制》，册页本，1862 年，第 42 页。

设法隐藏住自己的感情。印度公爵勃鲁克说道,婆罗洲的达雅克人在吃惊的时候,把双眼大张开来,时常把头部前后摆动,并且用手敲打自己的胸部。斯各特先生告诉我说,加尔各答植物园里的工人是被严禁吸烟的,但是他们时常违反这条禁令;他们在吸烟时候如果突然发生惊奇,那么最初就是把双眼和嘴大张开来。此后他们也时常略微耸起双肩,因为他们理解到,他们的犯禁行为被发现是无法逃避的;或者由于烦恼而皱眉和蹬脚。不久他们就从惊奇当中恢复过来,于是全身肌肉宽弛而表现出强烈的恐惧来;他们的头部好像下陷到双肩中间去,而失神的双眼就向左右转动;最后他们就哀求饶恕。

著名的澳大利亚的探险家斯都尔特(Stuart)先生曾经提供出[1]一个惊人的报道说,有一个土人以前从来没有看见过骑马的人,因此在看到他骑马的情形而发生出呆木的惊恐和恐怖混合在一起的表情来。当时斯都尔特先生在这个土人没有看见他的时候走近过去,并且从很近的距离处向他呼喊。于是"他转过身子来看我。我不知道他在作怎样的想象;可是,我从来没有看到过这一幅恐惧和吃惊互相结合的卓越的图景。他四肢都不能动弹地站立着,好像被钉住在那里,嘴张开来,而且双眼凝视着⋯⋯他呆木不动,一直到我的黑人同伴走近到离开他不多几码路的时候,他突然抛去自己的战棒,尽量用力跳高而窜进灌木丛里去"。他不会说话,对我的黑人同伴的问话回答不出一个字来,只会全身从头到脚发抖,并且"摇手要求我们走开"。

我们可以从下面的事实方面来推断出双眉由于天生的或者本能的冲动而向上升起;这个事实就是:拉乌拉・勃烈奇孟在吃惊的时候,始终不变地做着这种动作,因为那个最近看护她的妇女是这样向我肯定地谈的。因为惊奇是被某种没有意料到的或者没有知道的事物所激发起来,所以我们在惊起的时候,就自然希望尽可能迅速地辨认出它的原因来;因此,我们就要把自己的眼睛充分张大,而可以扩大视界,并且使眼球容易向任何方向转动。可是,这还是很难去说明眉毛像在实际情形里那样上升很高和张开的双眼作野性的凝视情形。我以为,这种说明就在于:单单提升起上眼睑来,还不可能很迅速地张开眼睛。一定要用力把双眉向上举起,才能够达到这一点。如果任何一个人站在镜子面前,打算要尽可能迅速张开双眼,那么他就会看出自己必须做出这种动作来;在把双眉用力举起的时候,就让眼睛张开得很大,而使它们成为凝视状态;同时瞳孔周围的眼白也显露出来。不但这样,双眉上升对向上瞧看方面有利,因为眉毛在低降的时候,就阻碍着我们向上的视线。贝尔爵士提供出[2]一个关于双眉对眼睑张开的作用方面的有趣的小证据来。醉倒的人的一切肌肉都宽弛起来,因此眼睑下垂,好像是我们正将睡着的样子。喝醉的人就举起双眉来对抗这种倾向;因此,这就使他具有一种惶惑而愚蠢的样子,极像何甲斯*所绘的一幅图画里所良好地表现的形象。在双眉上升的习惯为了尽可能迅速地看清楚我们周围的一切事物起见而一度被我们获得以后,由于联合的力量,在每次出现任何一种原因,甚至是一种突然的声音或者一种观念,而使我们感到吃惊的时候,就会随着

---

① 斯都尔特:《多种文字的报道信》,墨尔本,1858 年 12 月,第 2 页。

② 贝尔:《表情的解剖学》,第 106 页。

\* 威廉・何甲斯(William Hogarth,1697—1764)是英国名画家和雕刻家。——译者注

采取这种动作。在成年人把双眉提升起来的时候，整个前额就起了很多横皱纹；可是，小孩的前额只是轻度起皱。皱纹的形状相符于那些和每条眉毛有同一圆心的弧线，而且有一部分在中央处合并起来。它们就是惊奇或者吃惊的表情的最显著特征。根据杜庆博士所说，每条眉毛在被提升起来的时候，也比原来时候有更加大的向上的弯度。①

嘴在吃惊时候张开的原因要更加复杂得多；显然有几个原因在同时引起这种动作。时常有人推测说，听觉在张开嘴来的时候变得更加敏锐；②可是，我曾经察看了一些人，当他们在仔细倾听一种轻微的嘈声，而且已经完全知道这种声音的性质和来源的时候，他们却并没张开嘴来。因此，有一个时候我就想象到，张开的嘴可能是要让声音经过耳咽管（欧氏管）进入耳朵里而获得另一条通路，借此帮助辨认声音的行进方向的。可是，奥格耳博士③曾经很亲切地替我探查最近发表的一些有关耳咽管的机能方面的权威著作；他告诉我说，现在已经差不多完全证明，除了在咽食东西的时候以外，耳咽管经常是闭塞不通的；有些人的耳咽管因发生变态而经常张开，但是就外来的声音方面说来，他们的听觉绝不是良好的；相反地，因为呼吸所发生的声音可以听得更加清楚，所以听觉反而受到障碍。如果把一只表放进嘴里，但是不让它接触到嘴的内壁，那么它的答声要比在嘴外时候更加不容易听清楚。有些人的耳咽管因为生病或者伤风而永久或者暂时闭塞，同时他的听觉也受到损害；可是，可以说明这种情形是由于管内有黏液积集，因此不能让空气通过。因此，我们可以推断说，在惊奇的感觉之下，嘴并不是为了要更加清楚地听闻声音而保持张开的状态；无论如何，多数聋子在这时候也总是把嘴张开来的。[87]

每一种突然发生的情绪，包括惊奇在内，都要使心脏的动作加速，因而连同呼吸的动作也加速起来。根据格拉希奥莱所说，④而且我也同样认为，我们在经过张开的嘴来呼吸的时候，要比经过鼻孔来呼吸时候能够更加呼吸得平静些。因此，如果我们想要去仔细听取任何一种声音，那么我们就要停止呼吸，或者用张开嘴来的办法，尽可能使呼吸平静些，同时还要使身体保持静止不动。有一次在夜里的一个会使人自然发生很大注意的环境下，我的一个儿子被一种噪音所惊醒；他在过了不多几分钟以后，觉察到自己的嘴张开得很大。于是他就意识到，他张开嘴的原因，就是为了要使呼吸尽可能平静下来。这个见解也可以根据狗类方面所发生的一个相反事例来得到证实。如果狗在紧张的行动以后或者在炎热的白天里发生喘息，那么它的呼吸声音很高；可是，如果它的注意力突然被唤起，那么它就立刻竖起双耳来倾听，同时反把嘴闭紧，使呼吸变得达到这个要求。

如果一个人长久专心一致地把注意力集中在任何一个物体或者问题上面，那么他就会把全身一切器官都忘却和忽略去；⑤同时因为每个人的神经力量在数量是有限的，所以除了当时在发生强盛活动的身体部分以外，就很少被传送到其余的身体部分去。因此，当时有多数肌肉就具有宽弛起来的倾向，同时下颚则由于本身的重量而下垂。这一点就

———————————————

① 杜庆：《人相的机制》，册页本，第 6 页。
② 例如可以参看皮德列特博士的著作（《表情和人相学》，第 88 页）；他对于惊奇的表情作了卓越的论说。
③ 缪利（Murie）博士曾经提供给我一个报道，而可以从这里面得出同样的结论来；这一部分是从比较解剖学方面推演出来的。
④ 格拉希奥莱：《人相学》，1865 年，第 234 页。
⑤ 关于这个问题，可以参看格拉希奥莱所著的《人相学》，第 254 页。

可以说明，一个人在惊恐而呆住的时候，或者也可能在发生较不强烈的情绪时候，为什么下颚下垂和嘴张开来。我发现在自己的笔记本里做过记录，就是：在年纪很小的孩子方面，当他们只会发生适度的惊奇时候，就显现出这种外貌来。

另外还有一种发生高度效果的原因，也会使我们在吃惊时候，或者特别是在突然惊起的时候，把嘴张大开来。这就是我们通过大张开来的嘴要比通过鼻孔能够更加容易作一次充分而深长的吸气。因此，当我们由于听到突然发生的声音或者看到突然出现的景象而惊起的时候，我们全身的几乎一切肌肉就会不随意地在瞬时间里投入强烈的行动，以便保护自己而反抗危险或者离开危险；我们习惯上已经把这种行动去和任何随意事情联合在一起。可是，正像前面曾经说明的情形，我们在要作任何一种重大的努力以前，就时常会无意识地先进行一次深长而充分的吸气来作好这种准备，因此我们也就把嘴张开来。如果并没有努力继续出现，而我们仍旧还处在吃惊的状态里面，那么我们就会使呼吸停止一段时间，或者尽可能平静地呼吸，以便可以清楚地听闻每种声音。还有，如果我们长久专心一致地继续集中自己的注意力，那么我们的一切肌肉就会宽弛起来，而起初突然张开的下颚则仍旧下垂着。因此，每次在发生惊奇、吃惊或者惊恐的时候，就有几种原因一起来引起这同样的动作。[①]

虽然在受到这种情绪的影响时候，我们的嘴通常张开来，但是双唇则时常略微突出。这种事实使我们想起，黑猩猩和猩猩在吃惊时候也发生同样的动作，不过它们的动作要更加显著得多。因为强烈的呼气随着深长的吸气而发生，而这种吸气则是和初次惊起的惊奇感觉同时发生，又因为双唇时常突出，所以显然从这一点就可以说明当时普通发出的各种不同的声音。可是，有时单单听闻到强烈的呼气声；例如拉乌拉·勃烈奇孟在发生惊恐的时候，就使双唇变成圆形和突出，把它们张开，并且作着强烈的呼吸。[②] 最普通的一个声音就是低沉的 oh（哦）；根据黑尔姆霍兹所作的说明，这个声音是由于嘴适度张开和双唇突出而自然地随着发生出来的。以前在我乘坐贝格尔舰作环球旅行的时候，有一天在平静的夜里，我们在火地岛的小港湾里，从贝格尔舰上施放火箭，来使土人们喜悦；每次在放出一支火箭的时候，大家都静寂无声，但是此后总是跟随发出低沉的叹息声 oh（哦）；这使海湾四周都发生出回音来。华盛顿·马太先生说道，北美洲的印第安人就用叹息声来表示吃惊；根据文乌德·利德先生的报道，非洲西海岸上的黑人在吃惊时候也突出双唇，并且发出一个声音，好像是 heigh，heigh（吓、吓）。如果嘴张开得不大，而双唇则同时突出得很显著，那么就发出一种吹气声、咝咝声或者口哨声来。勃罗·斯米特先生告诉我说，有一个从内地来的澳大利亚土人，被带进戏院里去观看一个杂技演员迅速翻筋斗的演技；"他当时非常吃惊，突出双唇，并且嘴里发出一种好像吹灭火柴的声

---

[①] ［华莱士先生推测说（《科学季刊》，*Quarterly Journal of Science*，1873 年 1 月，第 116 页）；在我们的未开化的祖先当中，时常会把那种对他们本身或者别人的危险去和惊恐的原因联合起来；嘴的张开动作可能是所谓惊慌的或者鼓励的喊叫的痕迹。

他说明双手的动作是"既能够保护观察者的面部或者身体、又能够准备去援助一个遇到危险的人"的适当的动作。他指出说，如果"我们向前冲奔，去援助一个遇到危险的人，而我们的双手准备要去抓住或者救出它"，那么这时候我们也采取差不多同样的手势。可是，应当注意，在这些情况下，并没有张开嘴来的倾向。］

[②] 李别尔：《关于拉乌拉·勃烈奇孟的发音》，载在《斯密氏文稿录》，1851 年，第 2 卷，第 7 页。

音"。根据巴尔满先生的报道,澳大利亚人在惊奇的时候,发出喊叫声 korki(科尔奇),"并且在发出这种声音的时候,把嘴伸出,好像正要打起口哨来似的"。我们欧洲人也时常以口哨声来作为惊奇的表征;因此,在最近的一部小说[1]里写到一段话道:"在这里有一个男人,正在用发出长口哨声来表示他的惊奇和责难。"[2]孟谢尔·威尔先生告诉我说,有一个卡弗尔族妇女,"在听到一件物品的价钱太贵时候,就把双眉上扬,并且完全像欧洲人的举动一样打起口哨来"。魏之武先生指出说,这些声音可以用文字表达成 whew(吁);它们也用来作为表示惊奇的感叹词。

根据另外三个观察者的报道,澳大利亚人时常用一种像母鸡叫的咯咯声来表示惊奇。欧洲人有时也用一种近于相同的轻微的咂舌声来表示轻度的惊奇。我们已经看到,在我们惊起的时候,我们的嘴就突然张开来;如果当时舌头正巧贴紧在上颚上,那么它在突然退缩时候,就会发出这种声音来,所以这种声音也就可能作为惊奇的表示。

现在再来讲述身体的姿态。发生惊奇的人,时常把张开的双手高举到头部以上,或者把双臂弯曲而只把双手举起到和面部相平的位置。[3] 平摊的双手朝对着那个引起这种感情的人,而伸直的五指则互相分开。烈治朗德尔先生在照相图版Ⅶ的图 1 里表明出这种姿态。在莱奥纳多·达·芬奇所绘的画图"最后的晚餐"里,有两个使徒把双手半举起来,明显地表现出他们的吃惊来。有一个可靠的观察者告诉我说,最近他在最意料不到的情景下遇见自己的妻子:"她忽然惊起,把嘴和双眼张开得很大,并且把双臂急速举到头顶上面。"几年以前,我因为看到自己的几个年幼的孩子一同在地面上热心地干着一件事情,但是他们离开我的距离太远,所以我不能够询问他们在干什么事情。因此,我急速把自己的张开的双手连同伸直的五指举起到头顶上;当我一做这个动作以后,我马上意识到这种动作的意义。于是我就等待着,不发一言,观看我的孩子是不是了解这种姿态;他们在跑到我这里来的时候,就叫喊道:"我们以为你对我们所干的事情吃惊了。"我不知道这种姿态究竟是不是各种人种所普遍具有的,因为我忘了把这个问题提出,去向各方面询问。拉乌拉·勃烈奇孟在惊恐的时候,把双臂张开,并且把双手连伸直的五指向上转动;因此,从这个事实可以推断说,这种姿态是天生的或者天然的[4];如果考虑到惊奇的感情通常是突然发生的,那么显然就可以知道,她未必会靠了自己的敏锐的触觉来学习到这种姿态。

赫希克(Huschke)叙述到一种姿态,[5]它和上面所讲的姿态有些不同,但是又相近似;据他所说,有些人在发生惊奇时候就表现出这种姿态来。他们在这时候保持身体直立,而面貌则像前面所说的样子,但是把伸直的双臂向背后伸去,而且伸直的五指各各分

---

① *Wenderholme*,第 2 卷,第 91 页。

② [有一个通信者指出说,惊奇时候的声音"吁"(whew),是用吸气的动作来发生的;而"延长的啸声"则是一种对"吁"音的有意的模仿;有些人时常发出这种啸声,这种动作变成了他们的癖好。]

③ [曾经观察到,1 岁又 9 个月的小孩也做出这种姿势来。著者曾经作过下面一段笔记:"有一个人把一只玩具匣带到自己的一个年纪 1 岁又 9 个月的小孙儿那里,并且当面把它打开来。这个小孩立刻就把一双小手向上举起,手掌朝向前方,而手指则伸出在面部的左右两侧,同时喊叫 oh!(哦!)或者 ah!(啊!)。"]

④ 李别尔:《关于拉乌拉·勃烈奇孟的发音》,载在《斯密生氏文稿录》,1851 年,第 2 卷,第 7 页。

⑤ 赫希克:《表情和人相学》,1821 年,第 18 页。格拉希奥莱(《人相学》,第 255 页)提供出一张采取这种姿态的人的相片;可是,我以为,它好像表现出恐惧和吃惊相结合的表情。勒布朗也提出(拉伐脱尔所编的《人相学文集》,第 9 卷,第 299 页),一个吃惊的人的双手张开。

1

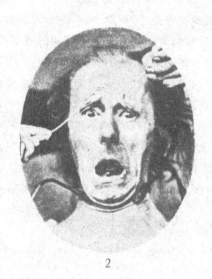

2

照相图版 Ⅶ

开。我从来没有亲眼看到这种姿态；可是，赫希克大概并没有看错，因为有一个朋友曾经向另一个人询问道，他应该怎样去表现非常吃惊的表情，于是他立刻就扮演出这种姿态来。

我以为，可以根据对立原理来说明这些姿态。我们已经看到，一个愤慨的人使自己的头部保持直竖状态，把双肩挺直，两肘向外转动，时常握紧拳头，皱眉和闭紧了嘴；可是，孤立无援的人的姿态的各个细节，就完全和上述的各个动作相反。其次，如果一个人处在平常的心绪下，不干什么事情和不去想任何特殊的事情，那么他通常就保持双臂软垂在身体两侧，双手略微屈曲，而且五指差不多贴近在一起。因此，一种姿态是把双臂突然举起（或者全部举起，或者只把前臂举起），把拳头平摊张开，并且把五指分开；另一种姿态是把双臂伸直，向背后伸去，并且也把五指分开；这些动作完全和漠不关心的情绪所特有的动作相对立的，因此它们也就被吃惊的人所无意识地采取。除此以外，我们还时常想要用显著的方式来表现惊奇，而上面这些姿势也就很适合于这个目的。可以提出一个问题来：为什么只有惊奇和其他少数精神状态要用那些和其他运动相对立的运动来表现？可是，这个原理却不能适用于像恐怖、大乐、苦恼或者大怒这些情绪方面，这些情绪自然地引起了一定的动作和对身体的一定影响，因为全身组织已经被这些情绪所占有，而这些情绪也已经极其明显地表现出来。

还有一种表示吃惊的小姿态；这是我无法说明的，就是用手搁放在嘴上，[1]或者搁放在头部的某一部位上。在很多人种方面，都已经观察到这种姿态，[2]因此它一定具有某种自然的起源。曾经有一个未开化的澳大利亚土人，被带到一个堆满文件的大房间里；这就使他非常惊奇起来，并且把手背挡住双唇，发出 cluck、cluck、cluck（克勒克……）的声音来。巴尔满先生说道，卡弗尔人和芬哥人在表示吃惊的时候，采取严肃的面貌，并且用手搁放在嘴上，发出 mawo（马哦）这个字音来，它的意义是"可惊"。据说，布希门人（bushmen，南非洲游牧民族）在表示吃惊的时候，[3]把右手搁放在自己的颈部，并且把头部向后仰起。文乌德·利德先生曾经观察到，非洲西海岸上的黑人在发生惊奇的时候，用手去拍击自己的嘴，同时还说道，"我的嘴把我粘住"，就是把我的手粘住的意思；他还听说，这是他们在这些情况下通常所采用的姿态。陆军上校斯皮德告诉我说，埃塞俄比亚人在吃惊时候，把右手搁放在前额上，而手掌则朝向外方。最后，华盛顿·马太先生肯定说，美国西部的未开化种族在吃惊时候所采取的沿传的姿态，"就是用半闭的手搁放在嘴上；在做这种动作的时候，头部时常向前弯，有时也发出言语或者低声的呻吟"。卡特林（Catlin）[4]也同样地指出说，印度的孟丹人和其他种族在吃惊的时候把手搁放在嘴上。

惊叹——对这种情绪只要说几句话就够了。显然惊叹是由惊奇和几分愉快与赞成

---

① ［维也纳城的戈姆潘斯（Gomperz）教授在 1873 年 8 月 25 日的来信里推测道，在未开化的人的生活里，往往在必须采取静默的情况下，例如在野兽突然出现或者发出声音来的时候，发生出惊奇来。因此，把手搁放在嘴上的动作，大概起初是一种要求别人遵守静默的手势，后来则变得和惊奇的感情联合起来，而且甚至在用不到静默的时候，或者在觉察者单独一个人的时候也发生出来。］

② ［约伯记（Cf. Job），第 21 章，第 5 节："如果向我瞧看而吃惊起来，那么就把你的手搁放在自己的嘴上"。——霍尔比奇先生的引用语，载在《圣保罗杂志》（*St. Paul's Magazine*），1873 年 2 月，第 211 页。］

③ 赫希克：《表情和人相学》，1821 年，第 18 页。

④ 卡特林：《北美洲的印第安人》，第二版，1842 年，第 1 卷，第 105 页。

感觉联合而成的。当我们鲜明地感到惊叹的时候，我们的双眼就张开来，双眉向上升起，同时眼睛变得明亮有神，而不像在单纯的吃惊时候那样毫无变化；嘴伸展而成为微笑状态，也不像在吃惊时候那样张大开来。

　　恐惧、恐怖——"恐惧"（fear）这个字，大概是发源于一种具有"突然"（sudden）和"危险"（dangerous）的意义的字[1]；恐怖（terror）这个字则是发源于发声器官和身体的颤抖这方面的。我把"恐怖"这个字来表示极度的恐惧；可是，有几个著作家认为，这个字应限于单单应用在那些使想象力起有特别重大意义的状况方面。恐惧时常在吃惊以前发生，而且这两种情绪又极其相似，都会使视觉和听觉立刻兴奋起来。在这两种情形里，双眼和嘴张开得很大，[2]同时双眉向上升起。受到惊吓的人，起初好像雕像一样呆住不动，也不呼吸，或者把身子向下屈曲，好像本能地逃避对方的观察似的。

　　这时候，心脏跳动得迅速而且强烈，因此它甚至摇动或者敲击肋骨；可是，使人感到怀疑的是，心脏在这时候是不是比平常时候要工作得更加有效，因而能够输送较大数量的血液到全身各个部分去，因为当时的皮肤反而立刻变成苍白色，好像是初步昏厥的样子[3]。可是，皮肤表面变成苍白色的现象，可能大部分或者专门是由于血管运动中枢受到

────────────

① 亨士莱·魏之武：《英语语源学字典》，第2卷，1862年，第35页。又看格拉希奥莱（《人相学》，第135页）关于"恐怖、大惊、惶恐、战栗"等这些字的来源的说明。

② ［门布（A. J. Munby）先生曾经在1872年12月9日的来信里写了一篇关于恐怖的写实的叙述如下：这件事情发生在拆细耳郡（Cheshire，英格兰西部）的塔布莱奥耳德哈尔（Tabley Old Hall）地方的一座中世纪风格的房屋里；这座房屋除了一个住宿在厨房里的管屋人以外，没有其余人居住；可是，在各个房间里都陈设着很多古风的家具，并且保存着这个家族里的主人们的肖像，好像是纪念馆或者博物馆似的。在这座房屋的大厅的一面，筑有高贵的满布武器的纹章的凸出窗；高临在大厅上的洋台，绕经它的另外三面；第一层房间的门就朝向这个洋台开启。我就住宿在一个房间里；这是一个古风的寝室。我站立在地板中央；在我的背后有这个房间的窗，而前面则是敞开的门口；我正在瞧看着门外的阳光穿过大厅而把自己的颜色抹在凸出窗上。当时我穿着丧服，就是穿着黑色衣服——打猎用的短外套、短裤和胫衣（覆鞋套）；头上戴着一只路易十四式黑色宽边软毡帽；这只帽子的本身形状正像是戏院里所扮演的靡非斯特（Mephistopheles，《浮士德》剧里的恶魔）所戴的帽子。因为窗子在我背后，所以在一个站在前面的人看来，当然我的全部形象就好像是黑色的；我正在专心监视着阳光在凸出窗上的行踪，所以完全静止不动地站立着。这时候有拖鞋声沿着洋台接近过来，有一个老年妇女出现在门外（我以为，她是管屋人的姊妹）。她见门户敞开而发生惊奇，于是停步，并且向房间里探望；她在向四处张望的时候，当然就瞧见了上面所说的我的站着的样子。立刻她好像触电似的，面部朝对着我，把自己的整个身体转动，而和我的身体相平行；此后不久，好像她已经认识了我的全部可怖表现，就把全身站得笔直（以前她的身子向前屈曲），真正踮起脚尖站立着，同时她突然伸开双臂，把上臂举起到和她的身子几乎成直角，所以前臂就变得向上直竖。她的双手张开得很大，手掌朝对着我，大拇指和其他各指变得僵直，并且各自分离开来。她的头部略微后仰，双眼张大而成圆形，同时嘴也大张开来。她戴有一只帽子，所以我不知道她的头发是不是有任何可见的直竖现象。她在张开的嘴里，发出一阵粗野的尖锐的叫喊声；在她踮起脚站着的时间里（大概是两三分钟），还有在以后的长时间里，都继续和不断地发出这种叫声来。因为这时候她有些清醒过来，所以她就转身飞跑起来，仍旧发出尖叫声。我已经忘记，她究竟把我当做恶魔还是鬼魂。你可以猜到，我多么鲜明地把她的举动的一切这些细节深印在自己的脑子里，因为我从来没有看到过这种极其奇特的情形；它真可说是空前绝后的了。当时在我这方面，我站着呆望她，也好像生了根似的不能动弹。因为以前平静的沉思心情所受到的反动力量十分突然，她的样子也十分奇怪，以致我一半幻想她是居住在一所十分古旧而孤独的屋子里的"可怖的"东西；同时我觉得自己的双眼扩大，嘴也张开；不过在她还没有逃走以前，我没有发出过声音来。此后，我就理解到这种情形奇怪，因此就追奔过去，以便让她再把我确认一次。］

③ 莫索（Mosso，《论恐惧》，La Peur，法文译本，1866年，第8页）叙述说，在家兔惊起的时候，它们的耳朵就一时显出苍白色来，接着则转变成为红色。

了那种也使皮肤小动脉起收缩的作用的影响。在强烈的恐惧感觉下,皮肤受到很大的影响;我们可以从那个使汗珠立刻从皮肤里冒出的惊人的不可解释的情况方面来看出这一点。这种出汗现象最值得使人注意,因为这时候皮肤表面仍旧是冰凉的,所以它也就被称做冷汗;可是,在皮肤表面受热的时候,汗腺才正常地受到刺激而起作用。除此以外,在恐惧时候,毛发在皮肤上直竖起来,而皮肤表面的肌肉也颤动起来。由于心脏活动失调,呼吸也随着变得急促起来。唾腺不能够充分起作用,因此嘴变得干燥,①而且时常张开和闭合。我还曾观察到,有人在轻度恐惧时候发生一种要打喷嚏的强烈倾向。恐惧的最显著的征象之一,就是全身肌肉颤抖;最初时常可以从双唇的颤动上看出这一点来。由于这个原因,还有由于嘴的干燥,讲话的声音就变得沙哑或者不清楚,或者会完全不能发出。[88]古时候有一段话道:"Obstupui,steteruntque comae,et vox faucibus haesit."*

在《约伯记》里,有下面一段话,是大家都知道的对于模糊不明的恐惧方面的卓越的叙述:"当人们在熟睡的时候,如果独自思索着夜间的景象,那么恐惧就会来侵犯我,使我发抖,因此又使我的全身骨骼摇动起来。于是就有精灵走过我的面前;我的身上的毛发直立起来;这个精灵仍旧站立不动,但是我辨认不出它的形状;在我的眼睛前面只有一个形象罢了;四周一切都静寂无声;于是我听到一个声音在说道:世间的凡人会比上帝更加正直吗?一个人会比他的创世主更加纯洁吗?"(《约伯记》,第 4 章,第 13 节)。

当恐惧增强而成为恐怖的苦恼时候,我们可以看到,它也像在一切激烈的情绪时候所发生的情形一样,产生出各种不同的结果来。这时候,心脏猛烈跳动,或者甚至会停止跳动,接着就是发生昏厥;同时脸色变得死人般苍白;呼吸困难;鼻翼扩大得很厉害;"双唇作着喘息而且痉挛的动作,凹陷的双颊发抖,喉咙梗塞和被扼住";②一对露出而且突出的眼球固定在恐怖的对象上;或者它们也会左右转动不停,huc illuc volvens oculos totumque pererrat。③ 据说,瞳孔也扩张得很大。全身一切肌肉会变得刚硬,或者会被引起痉挛动作。双手轮流握紧和张开,时常也带有痉挛动作。双臂向前伸出,好像要预防某种可怕的危险似的;或者急剧地举到头顶上面。哈格纳乌尔先生曾经看到,有一个发生恐怖的澳大利亚人就做着这种举臂到头顶上面的动作。还有一些人,在发生恐怖时候就具有一种要拼命奔逃的突发的不可抑制的倾向;这种倾向十分强烈,甚至最勇敢的兵士也会因此突然惊慌失措起来。

在一个人的恐惧增强到极点的时候,就可以听到他由于恐怖而发出的可怕的尖叫声。大颗汗珠在他的皮肤上冒出来。全身一切肌肉宽弛。接着立刻发生完全虚脱,同时精神力量衰落。肠子也受到影响。括约肌停止作用,而再也不能够去阻留住身体里面的内含物。④

---

① 培恩先生(《情绪和意志》,1865 年,第 54 页)写了下面一段话,来说明"印度地方有一种用含米在嘴里的方法来判决犯人"的习惯的起源。"法官命令被告人含一口米,并且在过了不久再吐出来。如果这口米仍旧完全干燥,那么就判决这个被告人是犯了罪;这是因为他自己的作恶的良心使唾液分泌器官麻痹住了"。

  * "我发呆起来,我的头发向上直竖,而且我的声音也在喉咙里哽住了"。——译者注

② 参看贝尔爵士的文章,载在《皇家哲学学会学报》,1822 年,第 308 页。还有他的著作:《表情的解剖学》,第 88 页和第 164—169 页。

③ 参看莫罗关于眼睛转动的文章,被编在拉伐脱尔的《人相学文集》,第 5 卷,第 268 页。还可以参看格拉希奥莱的著作:《人相学》,第 17 页。[这句法文的译意是:"眼睛转动着,向各处都望了一下。"——译者注]

④ 参看第三章的附注第 17 条[中译本第 64 页的原注 2]。

　　克拉伊顿·勃郎博士曾经提供给我一个非常动人的报道,这是关于一个 35 岁的精神病妇女发生极度恐惧的情形的叙述;虽然这个叙述使人看了发生苦痛,但是也不应该略去不谈。当恐怖发作向她袭击的时候,她尖叫起来道:"这是地狱!""有一个黑人妇女来了!""我不能走出去!"还有其他类似的呼喊声。在作出这样的尖叫时候,她的动作就是轮流出现的一阵紧张和一阵震颤。在一刹那间,她握紧拳头,把双臂伸出在自己面前,成僵硬的半屈曲的状态;接着突然把身体向前弯曲,迅速地前后摇摆起来,把手指插进头发里去,紧握住自己的颈部,还要撕破自己的衣服。胸锁乳头肌(sterno-cleido-mastoid muscles,是用来使头部向胸口弯曲的)向外突出得很显著,好像是肿胀似的;而这些肌肉的前面的皮肤则皱缩得很厉害。她的头发被剪短到头部背面,在她安静的时候是平滑的,但是现在就一根根直竖起来;前面部分的头发由于手的撩动而变得蓬乱起来。她的面貌表现出重大的精神苦恼来。面部和颈部和向下到锁骨处的皮肤,都显现出红色来,前额和颈部的静脉扩大,像粗绳一样露出。她的下唇向下垂,而且略微向外翻出。嘴保持着半张开的状态,而同时下颚则突出。双颊向内凹陷,并且从鼻翼到嘴角出现曲线形状的深沟纹。鼻孔本身上升并且扩大。双眼张开得很大,眼睛下面的皮肤显出肿胀的样子,而瞳孔则变大。在前额上出现很多横皱襞;在双眉的内端,由于皱眉肌的强力而永久的收缩,而产生出散射线形状的显著的沟纹。

　　贝尔先生也曾经叙述到[1]一种恐怖和失望的苦恼情形;这是他亲眼从一个被押送到吐林(Turin)去处死刑的杀人犯身上看到的。他写道:"在囚车的两侧,坐着穿法衣的牧师;在它的中央则坐着犯人。去对这个不幸的犯人的状态瞧望而不发生恐怖,是不可能的;可是,好像也有某种奇怪的诱引力在强迫着大家似的,同样也不可能不去瞧看这样凶暴而且充满恐怖的对象物。这个犯人的年纪大约 35 岁,体格巨大而且强壮;他的面貌显出坚强,而又凶残的样子;身体半裸,面孔苍白得像死人一样,发生恐怖的烦恼,四肢都由于苦恼而紧张起来,双手痉挛地紧握住拳头,在他的皱紧而收缩的眉毛上面的额上冒出汗珠;他不断地吻着一面悬挂在他前面的旗子上所画着的救世主的神像,但是仍旧带着一种凶暴和失望的苦恼;在舞台上绝不能表明出这种苦恼的最轻微的概念来。"

　　为了说明一个由于恐怖而完全虚脱的情形,我打算只是再提出一个事例来补充。有一个杀死两个人的凶残的杀人犯,因为被人误认已经服毒自杀而被送进医院去;第二天上午,当警察把手铐戴在他的手上而把他捕走的时候,奥格耳博士就细心察看了他的举动。当时他的脸色极其苍白,力量大大衰减,以致不能亲自穿衣服。在他的皮肤上冒出汗来;眼睑和头部下垂得很低,因此甚至要去瞧望一下他的双眼也不可能。他的下颚向下垂。面部的任何一种肌肉都不收缩;据奥格耳博士所说,他的头发并不直竖起来,这一点大概是确实的,因为他曾经迫近地观察犯人的头发;当时犯人为了要隐藏起来而染了头发。[2]

　　至于说到各种不同的人种所表现的恐惧情绪方面,那么我的报告者们都一致同意

---

　　① 贝尔:《关于意大利的观察资料》,1825 年,第 48 页;还有在《表情的解剖学》里,也引用过这一段。

　　② [杰克逊先生在引用史诗《奥德赛》(*Odyssey*)里的下面一段诗句时候指出说,荷马"故意把失望的表征和身体疲累的征象看做相等"。这一段诗句的情节就是:王子忒勒马科斯(《奥德赛》,第 18 章,第 235—242 行)向天神们祈祷说,他愿见到那些向他母亲求婚的人都被镇压下去,带着下垂的头和发软的膝盖,甚至是像伊洛斯(这个乞丐刚才被俄底修斯打成了重伤)一样,坐在地上低着头,好像醉汉般既不能站立起来,又不能走路,在他的身体下部带着发软的双膝。]

说，他们所观察到的土人都像欧洲人一样，都具有这种情绪的表征。印度人①和锡兰的土人的这些表征更加显著得多。吉契先生曾经看到，在马来人发生恐怖时候，他们的脸色变成苍白，并且身体颤动；勃罗·斯米特先生肯定说，有一个澳大利亚土人，"有一次发生很大的惊恐，他的脸色显示出一种近于所谓苍白的颜色，正像在一个皮肤极黑的人的情形方面所能够清楚辨别出来的那样"。② 但松·拉西先生曾经看到一个澳大利亚人发生极大恐惧的情形；当时这个人的双手双脚和双唇发生神经性挛缩，并且在皮肤上冒出汗来。很多未开化的人不能够像欧洲人那样抑制恐惧时候所作的姿态表征，并且他们的身体时常激烈地颤抖。盖卡用他的比较奇特的英语说道，在卡弗尔人发生恐惧的时候，他们的"身体发抖情形时常发生，而双眼则张开得很大"。在未开化的人方面，他们的括约肌时常宽弛，正好像从大受惊恐的狗方面可以观察到的情形一样；我曾经观察到，在猿类因被捕捉住而发生恐怖的时候，它们也发生这种情形。

毛发直竖——有几种恐怖的表征，值得使人对它们作略微进一步的考察。诗人时常讲到毛发直竖的现象。布卢特斯（Brutus，公元前 85—42 年）讲到恺撒大帝的阴魂道："你是谁……你使我的血液在血管里冰冻起来，并且使我的头发直竖起来。"红衣主教标福（死于 1447 年）在看到格洛西斯脱（Gloucester）被谋杀以后就喊道："把他的头发向下梳平；瞧吧，瞧吧，头发还直竖着哩！"我因为不敢确信，寓言作家们把他们时常从动物方面所观察到的情形搬用到人类方面来，是不是能够算是正确的事情，所以就去请求克拉伊顿·勃郎博士告诉我关于精神病患者方面的情形。他肯定说，他曾经多次看到，在精神病患者受到突然的极端恐怖的影响时候，他们的头发就直竖起来。例如，有一个患精神病的妇女，医生时常要对她施行吗啡的皮下注射；这种注射手术所引起的疼痛虽然极其轻微，但是使她非常害怕，因为她当做医生把毒药打进了她的身体里，她的骨头就要变软，而且身上的肉会因此变成灰尘。于是她的脸色变成死灰色，四肢发生一种破伤风性的强直疼挛，头部前面的一部分头发直竖起来。

其次，勃郎博士又指出说，精神病患者所时常发生的毛发直竖现象，却并不和恐怖联合在一起出现。③ 大概患慢性癫狂病的人（chronic maniacs）最经常发生这种情形；这些病人时常发出胡乱的谵语，并且具有破坏的冲动；可是，要在他们的狂乱发作时候，才可以最清楚地观察到头发直竖的现象。在大怒和恐惧的影响下，头发直竖的事实，是和前面我们从比较低等的动物方面所看到情形完全一致的。勃郎博士举出了几个事例来作为证明。例如，在精神病院里，现在有一个病人，每次在发生躁狂发作以前，"他

---

① ［根据斯登莱·海恩斯博士的叙述，在印度人发生恐惧的时候，他们的皮肤颜色也发生变化。］

② ［米克鲁霍-马克莱（N. von Miklucho-Maclay）肯定说（参看杂志 *Natuurkundig Tijdschrift voor Nederlandsch Indie*，第 33 卷，1873 年）：在新几内亚岛上的巴布安人发生惊恐或者发怒的时候，他们的脸色变成苍白。他讲到这些土人的正常的脸色是咖啡般的褐色。］

③ ［圣彼得堡的波兰绅士亨利·斯梯基（Henri Stecki）先生叙述（1874 年 3 月的来信）关于一个高加索妇女的事例；虽然这个妇女没有受到任何强烈的情绪的刺激，但是她的头发也会直竖起来。虽然他故意把快活的话题提出来和这个妇女相谈，但是她仍旧观察到，她的头发逐渐变得蓬乱起来。这个妇女自己声明道，当她受到强烈情绪的影响时候，她的头发就"好像是活的一样"发生蓬乱和向上竖立起来。当时这个妇女没有患精神病，但是斯梯基先生认为，她后来就要发疯了。］

的头发就从前额上面直竖起来，好像设得兰驹（Shetland pony）的鬣毛一样"。勃郎博士寄送给我两张妇女的相片，是在她们疯狂发作的时候拍摄的；他还补充讲到当中一个妇女的情形道："她的头发的状态，就是她的精神状态的一种确实的症状性的表征。"我已经把其中一张相片复制；如果站在稍远处瞧看这张复制的木刻图，那么它很能忠实地代表原来的照片，只不过她的头发显得比较太粗和太屈曲。神精病患者的头发所以有这种特殊的状态，不仅是在于它的直竖，而且也在于它的干燥和粗硬，这是因为皮下腺丧失作用而发生的。巴克尼尔（Bucknill）博士曾经说道，疯子"就是一个全身直到指尖都是疯狂的人"；[①]他大概还可以补充说：疯子而且还是直到每根个别的毛发的尖端都是疯狂的。

勃郎博士提出下面一个事例，来作为精神病患者的毛发状态和精神之间所存在的关系的实验上的证据，就是：有一个医生的妻子，在看护一个患有严重的忧郁病的妇女；这个妇女由于幻想自己本身、她的丈夫和孩子会死亡而发生强烈恐惧。勃郎博士在接到我的信的前一天，听到这个医生的妻子口头报告如下："我以为这位太太的病不久就会好转，因为她的头发正在变得光滑起来；我时常注意到，当我所看护的病人的头发不再粗硬和变得柔顺的时候，他们的病情就会好转。"（图 19）

勃郎博士认为，很多精神病患者的头发永远粗硬的状态，一部分是由于他们的精神时常有些错乱，还有一部分是由于习惯的影响，就是由于他们的毛发在他们的毛病多次重复发

图 19　一个患精神病的妇女；表明出她
的头发直竖起来的姿态

作时候经常坚强地直竖起来而造成的。如果精神病患者的毛发直竖程度达到极点，那么他们的病通常就会成为永久性的和致命的；可是，如果毛发直竖程度是中等的，那么当他们的精神恢复到健康状态的时候，他们的头发也马上会恢复它的平滑状态。

在前面的一章里，我们已经知道，动物的毛发，是由于那些连通各个分离的毛囊的微小、平滑而不随意的肌肉发生收缩，而直竖起来的。除了这个动作以外，据武德（J. Wood）先生告诉我说，他已经用实验来清楚地得到确证，就是：人类的头部前面的向前披下的头发，还有背面的向后披下的头发，会由于颅顶肌（occipito-frontalis or scalp muscle）收缩而向相反的方向升起。因此，这种肌肉显然在帮助人类头部上的毛发直竖起来，也同样像是有几种比较低等的动物的类似的皮下肌层（panniculus carnosus）帮助或者大部分参加它们背部的刺毛的直竖动作的情形一样。

---

　　①　毛兹莱博士在他的著作《身体和精神》（*Body and Mind*，1870 年，第 41 页）里引用了他的这句话。

颈阔肌的收缩——这种肌肉分布在颈部的两侧,向下伸展到锁骨(collar-bones)的稍下处,而向上则达到双颊的下面部分。它的一部分被称做笑肌(risorius);绪论里的木刻图的图 2(M)就表明出它来。这种肌肉在收缩时候,就把嘴角和双颊的下面部分向下和向后牵引。同时,在青年人方面,颈部两侧就产生出散射的长的显著皱襞来;而在面孔瘦削的老年人方面,则产生出微细的横皱纹来。有时据说这种肌肉不受到意志的支配;可是,如果请大家用很大的力量把自己的嘴角向后和向下牵引,那么差不多每个人都会使颈阔肌发生动作。可是,我曾经听说,有一个人只能够使颈部的一侧的颈阔肌作有意的动作。

贝尔爵士[1]和其他研究家们肯定说,这种肌肉在恐惧影响下强烈收缩;杜庆很坚决地主张这种情绪的表现是重要的,因此他就把这种肌肉叫做惊恐肌(muscle of fright)[2]。可是,他认为,在颈阔肌收缩的时候,如果双眼和嘴不同时大张开来,那么这就变得毫无表情。他曾经提供出一张和上面情形相同的老年人的相片[附印的木刻图(图 20)是它的复制的缩小的图];这个老年人的表情都是用通电方法所产生的:双眉强烈上升,嘴张开,颈阔肌收缩。我曾经把原来的相片送给 24 个人瞧看,并且分别去询问他们这种表情表现出什么情绪,同时并不向他们作任何的说明;结果有 20 个人立刻回答是"激烈的惊恐"或者"大惊";有 3 个人说是"苦痛",而最后一个人则说是"极度的烦恼"。杜庆博士曾经提供出相同的老年人的另一张相片,也是用通电的方法来使他的颈阔肌收缩,双眼和嘴张开,双眉倾斜。这种方

图 20　恐怖(依照杜庆所提供的相片复制)

法所产生的表情非常显著(参看照相图版Ⅶ,图 2);双眉倾斜增添了重大的精神痛苦的外貌。我曾经把原来的相片送给 15 个人瞧看;当中有 12 个人回答是"恐怖"或者"大惊";另外 3 个人则回答是"疼痛"或者"大苦恼"。如果根据这些事例来判断,并且去考察杜庆博士所提供的其他照片和他的意见,那么我认为毫无怀疑的是:颈阔肌的收缩显著地增强着恐惧的表情。可是,未必应当把这种肌肉叫做惊恐肌,因为它的收缩的确不是惊恐这种精神状态的必需的伴随动作。

一个人可以用下面的状态来表明出极端的恐怖,就是:脸色成为死人般的苍白色;在他的皮肤上有汗珠滴下来;完全疲乏无力,同时全身一切肌肉(连颈阔肌也包括在内)完

---

①　贝尔:《表情的解剖学》,第 168 页。
②　杜庆:《人相的机制》,册页本,说明文字 Ⅺ。

全宽弛。虽然勃郎博士时常看到精神病患者的这种肌肉发生颤抖和收缩,而且还仔细地注意到那些受到很大恐惧的病人,但是他还不能够把这种动作去和他们的任何情绪状态联系起来。从另一方面说来,尼古尔先生曾经观察了三个精神病患者的情形,他们的颈阔肌在忧郁病和剧烈恐怖的联合影响之下,显出多少是永久收缩的样子;可是,当中有一个精神病患者,他的颈部和头部的其他各种不同的肌肉,也受到影响而发生痉挛性收缩。

奥格耳博士在伦敦的一个医院里,替我观察了大约 20 个病人在刚要受到氯仿麻醉手术以前的表情变化。他看出,这些病人虽然显出略微有些发抖,但是并没有多大的恐怖。只有 4 个病人的颈阔肌发生可见的收缩;而这种收缩要到病人开始哭喊的时候方才发生。显然这种肌肉在每次深长的呼吸时候才起收缩,所以究竟这种收缩是不是完全依靠于恐惧的情绪,还是很使人怀疑的。在第五个事例里,有一个还没有受到氯仿麻醉手术的病人,却发生极大的恐怖,他的颈阔肌也就比其他病人收缩得更加有力而且长久。可是,甚至在这里也有使人可疑的地方,因为奥格耳博士看到,在手术结束以后,而在把这个人的头部搬移到枕上去的时候,这种显然是异常发达的肌肉又在发生收缩。[89]

我因为很不明白为什么在任何情形里颈部的表面肌肉特别会受到恐惧的影响,所以就去请求我的非常亲切的通讯者们,把这种肌肉在其他情况下的收缩情形告诉我。要在这里把我所收到的一切关于这方面的回答都发表出来,恐怕是太啰唆了。这些回答表明出,这种肌肉时常在很多不同的条件下,以各种各样的方式和程度来起作用。狂犬病(恐水病)患者的颈阔肌收缩得很激烈;咀嚼肌痉挛症(牙关紧闭症)患者的颈阔肌则收缩得略为轻微些;有时在病人受到氯仿麻醉而无感觉的时候,他们的颈阔肌也发生显著的收缩。奥格耳博士观察了两个病人,他们患呼吸困难的病症很严重,所以不得不施行切开气管的手术;这两个病人的颈阔肌在施行手术时候都强烈收缩。当中有一个病人,当时曾经偷听到几个围绕在他身边的外科医生的谈话,所以在以后能够说话的时候,就声明道,他在施行手术时候并不感到惊恐。还有几个患呼吸极度困难的病人,但是没有施行切开气管的手术,据奥格耳博士和朗斯塔夫博士的观察,他们的颈阔肌并不收缩。

武德先生曾经很细致地研究过人体的肌肉;根据他所发表的各种著作可以知道,他时常看到颈阔肌在呕吐、干呕和厌恶时候发生收缩;还有在小孩和成年人发生大怒时候,他们的颈阔肌发生收缩;例如,在爱尔兰妇女互相争吵喊叫而且作着发怒的姿势时候,她们的颈阔肌就发生收缩。这种情形大概是由于他们发出高大的愤怒声调而发生的,因为我知道,有一个妇女是卓越的音乐家,她在用一定的高音歌唱时候,就时常使自己的颈阔肌收缩。我曾经观察到,有一个青年在用笛吹奏出某些音来的时候,也使颈阔肌收缩。武德先生告诉我说,那些有粗颈和宽肩的人的颈阔肌最发达;在那些遗传着这些特征的家族里,颈阔肌的发达程度,通常就和那种很随意地支配类似的颅顶肌(使头皮移动的肌肉)的收缩动作的能力联合在一起。

在上面所讲到的事例当中,下面所提出的事例就不同了。前面曾经讲到一个只能够使颈部一侧的颈阔肌随意动作的绅士,他却肯定说,当他每次在惊起的时候,他的颈阔两侧的肌肉就会同时收缩。我们已经提出证据来证明说,在有些人因为生病而呼吸变得困难时候,还有在病人施行手术以前哭喊发作而作深吸气的时候,有时大概为了要把嘴大张开来,这种肌肉就发生收缩。还有,一个人在每次由于突然看到某种东西或者听到某种声音而惊起的时候,就立刻会作一次深呼吸;因此,颈阔肌的收缩大概也可能和恐惧的感觉联合起来。可是,我以为,还存在着一种更加有效的联系。恐惧的最初感觉,或者一种对于某种可怕情形的想象,通常会引起身子发抖。有一次我曾经想到一件苦痛的事情,这就使自己的身子发生略微不随意的颤抖;同时我清楚地觉察到,我的颈阔肌也在收缩;如果我故意使自己发抖,那么它也随着收缩起来。我曾经请其他的人作着同样的发抖动作,结果有几个人的颈阔肌就收缩起来,但是其余的人的颈阔肌则没有收缩。我的一个儿子在起身下床的时候,因为受寒而发抖;当时他偶然用手去摸自己的颈部,因此就明显地感觉到这种肌肉在强烈收缩。此后,他故意也像以前的情形那样发抖起来,但是他的颈阔肌却不再受到影响而收缩。武德先生也有几次观察到,在有些病人脱衣而听受检查的时候,他们的颈阔肌发生收缩;当时他们并不发生惊恐,只不过因为受寒而略微发抖罢了。可惜我还不能够去肯定说,在全身震颤的时候,例如在疟疾发作的寒战时候,颈阔肌是不是也发生收缩。可是,这种肌肉在身子发抖时候确实是时常收缩的;因为发抖或者战栗时常和恐惧的最初感觉同时产生,所以我认为,我们也就可以获得线索来解释它在恐惧时候的动作。① 可是,这种肌肉的收缩却不是经常要和恐怖同时产生的,因为大概在极度的虚脱性的恐怖影响下,它就不再会起作用了[90]。

瞳孔的扩大——格拉希奥莱多次坚持说,② 每次发生恐怖的时候,瞳孔就极度扩大。虽然我没有理由去怀疑这种说法的正确性,但是除了前面所举出的一个受到极大恐惧的精神病妇女的例子以外,我还没有获得确实的证据。③ 在寓言作家谈到双眼大张的时候,我以为,他们所指的是眼睑的大张。门罗(Munro)肯定说,④ 鹦鹉的眼睛虹膜受到激情的影响,而和光量的多少无关;这种说法显然和现在这个问题有关;可是,唐得尔斯教授告诉我说,他曾经时常看到这些鸟的瞳孔变化;他认为,这是和它们调节距离的能力有关,差不多也和我们的双眼由于观看近处物体而收敛时候所发生的瞳孔收缩情形相同。格拉希奥莱指出说,扩大的瞳孔真好像是它们在凝视深远的黑暗似的。一个人在黑暗里确实无疑会时常发生恐惧,但是在黑暗里也未必有这样经常或者专门地发生出这种情绪来,因而可以用它去说明一种固定的联合性习惯是这样产生的。如果我们假定格拉希奥莱的说法是正确的,那么显然可以更加认为正确的是:脑子直接受到强烈的恐惧情绪的影响,[91]因而再去对瞳孔发生影响;可是,唐得尔斯告诉我说,这是一个极其复杂的问题。

---

① 杜庆实际上坚守这个见解(《人相的机制》,第 45 页),因为他以为颈阔肌的收缩动作是由于恐惧的发抖(frisson de la peur)而发生的;可是,他在另一处地方,却把这种动作去和那些引起受惊的四足兽的毛发直竖的动作互相比拟;这一点是很难使人认为是十分正确的。

② 格拉希奥莱:《人相学》,第 51、256、346 页。

③ 〔南安普敦地方的克拉克(T. W. Clark)先生讲述到(1875 年 6 月 25 日和 9 月 16 日的两次来信)下面几种动物由于恐惧而发生瞳孔扩大情形:一种卷毛游泳猎狗(water-spaniel),一种波状长毛猎狗(retriever),一种猎狐小狗(fox-terrie)和一种猫。莫索(《论恐惧》,第 95 页)肯定说,根据斯奇夫(Schiff)的权威言论,苦痛会引起瞳孔扩大。〕

④ 华爱特(White)在他所著的《人类的等级》(Gradation in Man,第 57 页)里引用到这段话。

为了尽可能使这个问题获得一些解释的线索起见，我以为可以补充提出下面一些事实：涅特力医院（Netley Hospital）的费夫（Fyffe）医生观察到，有两个病人，在疟疾发作的恶寒期间里，他们的瞳孔显著地扩大。唐得尔斯教授也时常看到瞳孔在昏厥开始时候扩大的情形。

大惊（Horror）　　这个名词所表示的精神状态，含有恐怖的意义；在有些情形下，它差不多和恐怖的意义相同。在使人感恩的氯仿麻醉手术还没有被发明以前，很多人一想到一种就要受到的外科手术时候，就一定发生起严重的大惊来。如果一个对别人发生害怕和憎恨，那么他就会像密尔敦（Milton）所使用的说法，对人发生大惊。如果我们看到任何一个人，例如看到一个小孩，正在遇到某种紧急的严重危险，那么我们就会发生大惊。差不多每个人在亲眼看到一个人正在或者将要受到残酷刑罚的时候，就会感受到极度的大惊。在这些情形里，虽然这些景象对我们自身没有危险，但是由于想象和同情的力量，我们就好像把自己放置到了苦难者的地位上，并且发生出某种和恐惧类似的情绪来。

贝尔爵士指出说，"在大惊时候充满着精力；身体处在极度紧张状态，并不因为恐怖而减弱"。[①] 因此，在大惊的时候，通常就很可能同时发生双眉强烈收缩的现象；可是，因为恐惧也是它的要素之一，所以双眼和嘴应该张开，双眉上升，但只是达到皱眉肌的对抗作用对这种动作所能容许的范围。杜庆曾经提供出一张上面所讲到的同一老年人的照片[②]（图 21）；他的双眼有些凝视不动；双眉一部分上升，同时又强烈收缩，嘴张开，而颈阔肌也起作用；所有这一切，都是被电流所激发起来的。杜庆博士认为，这种方法所产生的表情，表明出一种带有可怖的苦痛或者剧痛的极度大惊。如果有一个受到酷刑的人，他的痛苦还容许他对于将来的酷刑再发生任何的畏惮，那么他很可能表现出极度的大惊来。我曾经把图 21 的原来的

**图 21　大惊和苦恼**(依照杜庆所提供的照片复制)

照片送给 23 个性别和年龄不同的人瞧看；当中有 13 个人立刻回答这种表情是"大惊"、"重大的苦痛"、"剧痛"或者"苦恼"；有 3 个人回答是"极度恐惧"；因此，这 16 个人的回答差不多相符于杜庆的见解。可是有 6 个人却回答是"愤怒"；显然无疑他们单凭了双眉强

---

① 贝尔：《表情的解剖学》，第 169 页。
② 杜庆：《人相的机制》，册页本，第 65 页，第 44、45 页。

烈收缩这方面,而忽略了嘴特殊地张开的情形。最后一个人则回答是"厌恶"。总的说来,他们的回答已经证明,这张照片相当忠实地表达出了大惊和苦恼来。以前曾经讲到的照片(照相图版Ⅶ,图 2)也表明大惊,不过这张照片里的双眉倾斜,显示出很大的精神痛苦,而没有显示出精力来。

在大惊的时候,通常还同时发生各种因人而不同的姿态来。从图画上面可以得到判断,时常整个身体由于大惊而转开或者发抖,或者双臂猛烈向前伸出,好像要推开某种可怕的东西似的。根据那些努力要表明出一种鲜明地想象到的大惊场面来的人的动作可以作出断定说,最经常表现的姿态,就是双肩耸起,双臂弯曲而紧靠在身体的两肋或者胸部。这些动作差不多和我们普通在感到非常寒冷时候所做的动作相同;[①]而且它们通常还和一阵发抖和一次深呼气或者深吸气同时发生;根据当时胸部情形,如果正在扩张,则作深呼气;如果正在收缩,则作深吸气。因此,可以用英文字 uh(呜)或者(呜嘿)来表示这两种声音。[②] 可是,我们还不能明白,为什么当时我们要把弯起的双臂贴紧身体,把双肩耸起,并且发抖。[③][92]

结论——现在我们已经努力把恐惧的各种程度不同的表情叙述出来,依次从单单的注意叙述到惊奇的惊起,再到极度恐怖和大惊。有些姿态,可以根据习惯、联合和遗传的原理,来获得说明;例如,嘴和双眼大张,[93]连同双眉上升,是为了要尽可能迅速地看清楚我们四周的一切物体,听清楚任何一种达到我们耳朵里来的声音。这是因为我们通常靠了这些动作可以准备使自己去发现危险和应付危险。在其他的恐惧方面的姿态动作当中,有几种也可以根据同样的原理来获得说明,至少是获得一部分的说明。人类在数世代里,曾经用急速飞奔或者激烈挣脱敌手的方法,去逃避开敌人或者危险;这些重大的努力就会引起心脏迅速跳动,呼吸急促,胸部挺起,而且鼻孔扩大。因为这些努力时常延长到最后关头,所以它的最后结果就是完全虚脱,脸色苍白,出汗,全身肌肉颤动或者完全宽弛。因此到现在,每次在发生强烈的恐惧情绪时候,即使它还不会引起任何的努力,却也能够由于遗传和联合的力量,而发生重现同样结果的倾向。

虽然这样,在上述的恐怖的征象当中,有很多或者多数征象,例如心脏跳动、肌肉颤抖、出冷汗等,很可能大部分直接由于下面情形而发生,就是:因为精神(脑子)受到恐怖的很强烈的影响,所以神经力量从脑脊髓神经系统向身体各部分的传送受到破坏或者中断。我们可以确信地认为,像肠子的分泌遭到破坏和有些腺的活动停止这些情形,就由于这种情形而发生,而和习惯与联合无关。至于说到毛发不随意竖直的现象,那么我们

---

①　[这种姿态不是人类所特有的。著者附写道:"猿类在受到寒冷时候,互相挤紧在一起,把颈部收缩,并且把双肩耸起。"]

②　关于这方面的意见,可以参看魏之武先生的著作:《英语语源学字典》,绪论,第二版,1872 年,第 37 页。

③　[维也纳城的戈姆潘斯教授在 1873 年 8 月 25 日的来信里提出说,把屈曲的双臂紧靠两肋的姿态,起初可能是和寒冷的感觉作着有用的联合。因此,这种姿态就去和寒冷所引起的发抖联合起来。所以在大惊的感情引起发抖的时候,上述的这种姿态就可能同时发生,这单单是因为它在经常重视的寒冷感觉时候已经变成了发抖的"附属品"。这个见解就必须放弃发抖原因的说明;可是,如果认为发抖是大惊的表情的一部分,那么这个见解就可以对于说明上述的这种姿态的出现方面有帮助了。不难使人去推测到为什么这种姿态要用双臂来和寒冷联合起来这个问题;这是因为在把双臂屈曲和紧贴在两肋处的时候,就可以减小外露的表面积。]

已经有了良好理由可以去认为：在动物的情形方面，这种动作不管它的起源究竟怎样，应该连同一定的有意的动作，用来使它们对敌方显出可怕的外貌来；又因为同样的不随意动作和随意动作，被那些和人类有相近亲缘关系的动物所进行，所以这就使我们去相信，人类已经由于遗传而获得了这些现在已经变成无用的动作的痕迹。有一个的确值得使人注意的事实，就是：在人类的几乎裸露的身体上稀疏地分布着毛发；这些毛发靠了细小的平滑肌的收缩而直竖起来，而这些肌肉竟一直保存到了现在；还有，在那些引起与人类同一目（order）的比较低等的动物的毛发直立的情绪（就是恐怖和大怒）之下，这些细小的平滑肌（立毛肌）到现在也仍旧在收缩着。

# 第 13 章

## 人类的特殊表情——自己注意、羞惭、害羞、谦虚：脸红

• *Self-attention, Shame, Shyness, Modesty: Blushing* •

在所有各种情况里，不管脸红由于害羞而发生，或者由于真正有罪的羞惭而发生，或者由于违背礼节规则的羞惭而发生，或者由于自卑的谦虚而发生，或者由于粗鲁的谦虚而发生，都是根据于同样的原理；这种原理就是对于别人的意见发生一种敏感的注意，尤其是对于别人的轻视有这种注意；这首先是有关我们自己的外貌，特别是我们自己的面部；其次则由于联合和习惯的力量，而且有关别人对我们的行为的意见。

## 第 13 章　人类的特殊表情——自己注意、羞惭、害羞、谦虚：脸红

脸红的性质——遗传——身体上的最易受到脸红影响的部分——各种人种的脸红情形——和脸红同时发生的姿态——精神困惑——脸红的原因——自己注意是脸红的基本要素——害羞——羞惭是由于违背了道德律和沿用礼节而发生的——谦虚——脸红的理论——摘要

脸红（blushing）是一切表情当中最特殊而且最具有人类性的表情。猿类由于激情而脸红；可是，要使我们相信任何动物都会脸红，那就需要大量证据才行。脸红所引起的面部变红，是由于小动脉的肌肉鞘宽弛，因此在微血管里就充满了血液；而这种宽弛情形又由于相当的血管运动中枢受到影响而发生。如果同时发生很大的精神兴奋，那么显然无疑一般的血液循环就会受到影响；可是，在羞惭的感觉下，那个布满在面部上的微血管网就开始充满过多的血液；这种情形并不是由于心脏的动作而发生。我们可以用搔痒皮肤的方法来引起笑声，用敲打的方法来引起哭泣和皱眉，并且由于恐惧和苦痛而发抖等等；可是，我们却不能够像白尔格斯博士所说，[1] 用任何物理方法，就是用任何对于身体的影响，来引起脸红。只有去对脑子（精神）起影响，方才能够达到这一点。脸红不仅是不随意的，而且如果想要去抑制它，那么这反而由于引起了自己注意而确实会加强脸红的倾向。

青年人要比老年人更加自由地发生脸红，但是在婴孩时期里则不这样；[2] 这种情形值得使人注意，因为我们知道，年龄极幼小的婴孩由于激情而脸红起来。我曾经获得一些确实的报道如下：有两个女孩，在 2～3 岁的年龄时候发生脸红；还有一个感觉敏锐的小孩，比这两个女孩的年纪大一岁，在犯了错误而受到责备时候发生脸红。很多年纪比他们稍大的小孩都显著地发生脸红。我以为，婴孩的精神能力，还没有发达到足够容许他们脸红的程度。因此，白痴也由于这个原因而很少发生脸红。克拉伊顿·勃郎博士替我观察了那些受到他管理的白痴；虽然他曾经看到，在把食物放置到这些白痴面前的时候，他们的面部显然由于快乐而闪现红色，而且有时也由于愤怒而发生这种情形，但是从来没有看到真正的脸红（忸怩）。可是，也有一些白痴在没有达到完全痴呆的程度时候，能够发生脸红。例如有一个小头症白痴，他的年纪是 13 岁；根据皮恩（Behn）博士的叙述，[3] 在这个白痴发生愉快或者喜悦的时候，他的双眼略微发亮；在把他的衣服脱下以便检查身体的时候，他就脸红而把自己身子转向一侧。

妇女比男人更加容易脸红。很少看到年老的男人脸红；可是在年老的妇女方面，却相反地发生脸红的次数并不少。瞎子也照样会发生脸红。拉乌拉·勃烈奇孟在生下来

---

◀ 杜庆博士在研究人类的表情。达尔文说："当我第一次观看杜庆博士的照片，同时阅读他的说明书，并且因此知道了他们所应该表明什么意义的时候，我就对大部分照片的真实性产生极大的困惑。"

---

① 白尔格斯博士：《脸红的生理或者机制》，1839 年，第 156 页。我在现在这一章里，将时常有机会来引用这个著作里的文字。

② 同上书，第 56 页。在第 33 页上，他也讲到妇女要比男人更加自由地发生脸红，正像下面所讲到的情形一样。

③ 这个事例被伏格特所引用在他的著作关于小头症的研究报告里，1867 年，第 20 页。白尔格斯博士（《脸红的生理或者机制》，第 56 页）怀疑白痴究竟有没有脸红过。

时候就是瞎子,而且也是聋子,但是她也会脸红。① 乌斯特大学(Worcester College)的校长勃莱尔牧师告诉我说,当时在盲哑院里的 7～8 个瞎子当中,有 3 个天生是瞎眼的小孩最容易发生脸红。瞎子起初并没有意识到他们在被人观察这件事;根据勃莱尔先生所告诉我的话可以知道,把这种知识深印到他们的头脑里去,这就是他们的教育的最重要部分;这样得到的印象,由于增强自己注意的习惯,而大大加强了脸红的倾向。

脸红的倾向是遗传而来的。白尔格斯博士举出了一个事例说,②有一家人家,是由父亲、母亲和十个孩子所组成;他们全体毫无例外地都具有脸红到极苦痛程度的倾向。后来孩子成长起来;"为了消除这种病态的敏感性起见,他们当中就有几个被派遣出去旅行,但是结果仍旧毫无成效"。甚至是脸红的特征也好像会被遗传下去。詹姆士·彼哲特爵士在检查一个女孩的脊椎时候,突然看到这个女孩发生脸红的奇特状态:最初在她的一个面颊上出现一个大红斑,此后又在她的面部和颈部上出现其他杂乱分布的红斑。后来,他就去询问这个女孩的母亲,是不是她的女儿时常这样奇特地脸红;她就回答说:"是的,她也像我一样。"当时彼哲特爵士看出,他已经由于询问这个问题而使女孩的母亲脸红起来,而她正也像她的女儿一样表现出同样的特征来。

在大多数的脸红情形里,只有面部、双耳和颈部发红;可是有很多人在发生激烈的脸红时候,就感觉到全身发热和刺痛;这就证明全身表面一定受到几分影响。据说,有时脸红是从前额上开始出现,但是更加普遍的是从双颊上开始出现,以后再扩展到双耳和颈部。③ 白尔格斯博士曾经研究过两个色素缺乏症(皮肤毛发变白症)的患者;这两个病人的脸红开始在双颊的耳下腺神经丛上面显现出一个有明显周界的小红斑,后来增大成为圆圈;在这个发红的圆圈和颈部的红色之间,显现出一条明显的境界来;不过它们双方都是同时产生出来的。色素缺乏症患者的眼睛网膜自然是红色的,但是在脸红的时候也经常不变地增加着它的红色程度。④ 每个人一定已经注意到,在面部上一次出现脸红以后,就接着有几次新的脸红彼此互相追逐地出现。在脸红以前,皮肤上具有一种特殊的感觉。根据白尔格斯博士的说法,通常皮肤在发红以后,接着就显出轻度的苍白色;这就表明出微血管在扩大以后发生收缩。也有一些稀有的情形,就是在那些会自然诱发脸红的条件下,反而会发生脸色苍白的情形,而不是脸红。例如,有一个青年妇女告诉我说,有一次在盛大而拥挤的宴会里,她的头发被牢牢地缠住在一个走过的仆人的衣服纽扣上,因此费了一些时间才把它解除开来;她从自己的感觉上以为,她的脸色一定已经涨得通红,但是据当场的一个朋友肯定说,她的脸色反而变得极度苍白。

我很想知道,在脸红时候,红色究竟可以向下扩展到身体的哪个部位;彼哲特爵士由于职务关系,经常有机会去观察这方面的情形,所以他就亲切地替我在两三年的期间里去注意这一点。他看出,有些妇女在脸红时候,面部、双耳和颈背上的皮肤激烈变红,但是她们的红色一般不再沿着身体向下扩展开来。他极少看到它向下扩展到锁骨和肩胛骨处;而且他从来一次也没有看到它会向下扩展到上胸部分以下。他还注意到,有时脸

① 李别尔:关于拉乌拉·勃烈奇孟的发音,载在《斯密生氏文稿录》,1851 年,第 2 卷,第 6 页。
② 白尔格斯博士:《脸红的生理或者机制》,第 182 页。
③ 莫罗的文章,载在拉伐脱尔所编的《人相学文集》,1820 年,第 4 卷,第 303 页。
④ 白尔格斯博士:《脸红的生理或者机制》,第 38 页。

红的红色从上向下消失,并不是逐渐地不可觉察地消失,却是变成不规则的红色斑点而消灭。朗斯塔夫博士也曾经替我观察了几个妇女;在她们脸红而使面部涨得通红的时候,她们的身体却一点也不发红。有些精神病患者显得特别容易发生脸红;克拉伊顿·勃郎博士曾经几次观察到,他们在脸红时候发生的红色向下扩展到锁骨处为止,而有两个病人的红色则扩展到胸部处。他提供出一个已婚的妇女的事例给我;这个妇女的年纪是 27 岁,她患生癫痫病(羊头疯)。在她到精神病院以后的第二天早晨,勃郎博士带领了他的助手们一同去诊视她;当时她正卧在病床上。正当勃郎博士走近到她那里的时候,她就脸红起来,双颊和太阳穴都涨得通红,接着这种红色迅速传布到双耳上去。她显得非常激奋和颤抖。当时勃郎博士为了检查她的肺部状态,而解开她的衬衫的纽扣;于是看到,鲜艳的红色扩展到了她的胸部,在每个乳房的上部三分之一处,形成一条弓形线,并且向下延长到双乳中间,差不多达到胸骨的剑状软骨为止。这个事例是很有趣味的,因为只有在病人注意到自己身体的这个部分而因此使脸红更加激烈起来的时候,它方才会向下扩展到这个范围。医生对她作进一步检查的时候,她就恢复平静状态,脸红也随着消失;不过以后还有几次,也观察到同样的现象。

前面所讲到的事实表明出,英国妇女的脸红,通常并不向下扩展到颈部以下和上胸部分。可是,彼哲特爵士告诉我说,他最近听到一个可以使他十分相信的事例,就是:有一个小女孩,由于看到一件事情而使她想象到一种不合礼貌的动作,因此激动得脸红起来,连腹部和双腿的上部全都发红。莫罗也根据一位著名画家的可靠消息而写道,[①]有一个女郎,不得已答允充当裸体画用的模特儿,当她的身上的衣服初次被解脱下来的时候,她的胸部、双肩、双臂和全身都发红起来。

使人感到很有趣味的问题,就是:为什么在大多数的脸红情况下,只有面部和邻近的皮肤部分经常裸露出来,受到空气、光线和气温变化的影响,因此小动脉不仅获得了一种容易扩大和收缩的习惯,而且也显然已经变得比身体的其余部分表面上的小动脉特别发达。[②]莫罗先生和白尔格斯博士在下面所说的情形,很可能也由于同样的原因而发生;就是:在各种不同的情况下,例如在热病发作、普通的炎热、激烈的努力、愤怒、轻微的敲打等情况下,面部就很容易发红;从另一方面看来,由于寒冷和恐惧,脸色容易变得苍白;还有在怀孕期间里,妇女的面部会变得没有血色。面部也特别容易受到皮肤病——痘疮、丹毒等——的影响。下面的事实也同样支持着这种见解,就是:有些种族的土人惯常差不多赤身裸体地走路,所以他们的双臂、胸部、甚至向下到腰部都时常会因为脸红而发红。有一个很容易脸红的妇女告诉克拉伊顿·勃郎博士说,当她感到羞惭的时候,或者激奋的时候,她的面部、颈部、手腕和手掌都会发红;[③]就是说,她的所有外露的皮肤部分都发红起来。虽然这样,还可以使人怀疑,面部和颈部皮肤经常裸露,这种情形在所有各

---

① 参看拉伐脱尔所编的《人相学文集》,1820 年版,第 4 卷,第 303 页。

② 白尔格斯博士:《脸红的生理或者机制》,第 114 页,第 122 页。还有莫罗的文章,参看拉伐脱尔所编的《人相学文集》,1820 年版,第 4 卷,第 293 页。

③ [一个青年妇女写道:"当我在弹奏钢琴的时候,如果有任何一个人走来并且瞧看我,那么我就恐怕他会来瞧看我的双手;虽然在他没有来到以前,我的双手没有发红,但是我因为非常恐怕它们会发红,所以反而引起它们发起红来。当我的女家庭教师谈说到我的双手很长或者能够张开,或者注意到我的双手时候,它们也发起红来。"]

种刺激物的影响下所引起的皮肤的反应力,究竟能不能去充分说明英国妇女的这些裸露的皮肤部分要比其他国家的妇女具有更加容易发红的倾向;要知道,在双手上也分布着很多神经和小血管,也像面部或者颈部一样经常暴露在空气里,可是双手却很少发红。我们马上就可以看到,显然这个事实的充分解释就是:我们的头脑朝向面部的注意,要比朝向身体的任何其他部分的注意,更加频繁,而且也更加集中。

各种人种的脸红情形——在差不多一切人种当中,甚至是在那些皮肤十分黯黑而不能使人觉察到它的颜色变化的人种当中,他们的面部的小血管,都会由于受到羞惭情绪的影响而被血液所充满。欧洲的所有亚利安派种族,还有印度的相当范围的种族,都显著地表现出脸红来。可是爱尔斯金先生却说,他从来没有看到印度人的颈部显著地发红起来。至于说到锡金的列普查人方面,那么斯各特先生时常观察到,他们的双颊、耳根和颈部两侧显出淡红色来,同时双眼向下和头部低垂。这种现象就发生在斯各特先生觉察到他们有欺骗行为或者责备他们忘恩负义的时候。因为这些人的面部颜色苍白而带有淡黄色,所以在脸红的时候,他们的面部就比印度的多数其他种族的土人的面部显现出更加显著的红色来。根据斯各特先生所说,在印度的这些其他种族的土人发生羞惭或者带有一部分恐惧的羞惭时候,无论他们的皮肤颜色发生怎样的变化,都远不及下面的动作那样明显,这就是:头部转开或者下垂,同时双眼向两侧转动或者斜视。

塞姆派种族因为和亚利安派种族有一般的类似,所以正像我们可能预料到的那样,也自由地发生脸红。例如关于其中的犹太人方面,在《耶利美亚书》(*Book of Jeremiah*,第 4 章,第 15 节)里讲说道:"不对,他们丝毫也感不到羞惭,甚至也不会脸红。"①阿沙·格莱夫人曾经看到,有一个阿拉伯人在尼罗河上划船,他的操纵技术很拙劣,因此他在受到同伴们的嘲笑时候,"他脸红起来,一直到颈背都发红"。达夫·戈登夫人指出说,有一个年青的阿拉伯人,在走到她的面前时候脸红起来。②

斯文和先生曾经看到中国人脸红,但是认为这是稀有的现象;③可是,中国人有一种"羞惭得脸红"的说法。吉契先生告诉我说,移住在马来半岛的中国人和这个半岛内地的马来土人都会脸红。在他们当中,有些人差不多赤身裸体地走路;吉契先生特别注意到,在这些人脸红的时候,红色就沿着身体向下扩展。除去单单看到面部发红的这些事例以外,吉契先生观察到,有一个年纪 24 岁的中国男子,在他由于羞惭而脸红的时候,他的面部、双臂和胸部都发红;还有一个中国人,在盘问他为什么不好好地干工作的时候,他的全身就同样地发红起来。他看到两个马来人的面部、颈部、胸部和双臂发红;④还有一个马来人(布基族人),脸红的颜色向下扩展到了他的腰间。

---

① [据罗勃逊·斯密斯教授所说,这句话的意义并不是指脸红。它很可能是表示脸色苍白的意义。可是,在《诗篇》(*Psalm*)第 34 章第 5 节里有 haphar 这一个字,它的意义大概就是脸红。]

② 参看《埃及来信集》(*Letters from Egypt*),1865 年,第 66 页。戈登夫人说道,马来人和黑白混血种人绝不脸红;这是错误的报道。

③ [李伊(H. P. Lee)先生曾经观察到(1873 年 1 月 17 日来信),有些中国人从少年时代起就当欧洲人的仆人而成长起来;他们容易非常显著地脸红起来,例如在受到主人对他们的个人外貌加以嘲笑的时候,就发生这种情形。]

④ 舰长奥斯朋(Osborn,*Quedah*,第 199 页)在谈到一个曾经因为干了残暴行动而受到他斥责的马来人时候说道,他看到这个人脸红而感到很高兴。

　　波利尼西亚人(Polynesians)也自由地脸红。牧师斯塔克先生曾经看到了几百个新西兰人的脸红情形。下面一个事例值得提出来谈谈,就是关于一个老年土人的脸红情形;这个人具有异常暗黑的皮肤,并且在一部分身体上刺绘了花纹。这个老年土人曾经把自己的土地租借给一个英国人以后,就发生一个强烈的欲望,想要去购买一辆双轮单马车;当时在毛利人中间正流行着使用这种马车的风气。因此,他就想向自己的租户预先收取四年地租,并且去和斯塔克先生商量,他是不是可以这样办。这个土人年老、笨拙、贫困而且穿着破烂的衣服,因此他这种为了虚荣而想亲自驾坐在自购的马车里出游的想法,使斯塔克先生感到有趣,甚至抑制不住自己而发笑起来,而同时"这个老年土人就脸红一直到头发根里"。福斯脱(J. R. Forster)说道,在大赫的岛的最美丽的妇女的双颊上,"你可以容易辨认出一种扩展开来的红色"①。同样也可以看到,太平洋里的其他几个群岛上的土人发生脸红。

　　华盛顿·马太先生时常看到,在那些属于北美洲各种未开化的印第安种族的青年女子的面部上,显现出红色来。根据勃烈奇斯先生的报道,在美洲大陆的相反的一个终端处,就是在火地岛上,土人们"脸红得很厉害,但是主要是在妇女方面有这种现象;可是,他们的确也因为自己个人的外貌受人注意而发生脸红"。这种因为外貌受人注意而脸红的现象,相符于我所回想到的火地岛人琴米·白登(Jemmy Button)的情形,就是:琴米·白登(曾经在贝格尔舰上)很注重于擦亮自己所穿的皮靴,并且总是竭力打扮自己;当旁人对他这种怪癖作戏笑的时候,他就脸红起来。至于说到玻利维亚的很高的台地上的爱马拉族(Aymara)的印第安人方面,那么福尔勒斯先生说道,②从他们的皮肤颜色方面说来,他们的脸红情形就不可能像白种人方面那样清楚地显现出来;可是在那些会使我们发生脸红的情况下,仍旧"时常可以看到他们发生那种和我们同样的谦虚或者困惑的表情来;甚至在黑暗里,也正像欧洲人方面所发生的情形一样,可以感觉到他们面部皮肤的温度上升"。那些居住在南美洲的炎热、气候不变和潮湿地区的印第安人的皮肤,显然并不像其他居住在大陆南北两部分的、长期暴露在气候变化极大的地区里的土人的皮肤那样容易对精神兴奋发生反应,因为洪保德曾经无条件地引用西班牙人的冷笑说:"怎样可以去相信一个不懂得脸红的人呢?"③冯·斯比克斯(Von Spix)和马尔丘斯(Martius)在谈到巴西的土人时候肯定说,不能够认为他们真正会脸红;"在印度人方面,只有在他们和白种人长久来往以后,并且在接受了一些教育以后,我们方才能够看出印度人的精神

----

　　①　福斯脱:《环球旅行期间里的考察记》(Observations during a Vayage round the World),四开本,1778 年,第229 页。魏兹(Waitz)提供出《人类学导论》,"Introduction to Anthropology",英文译本,1863 年,第 1 卷,第 135 页)一些关于太平洋的其他岛屿上的资料。又可以参看达姆比尔(Dampier)的著作:《吞规尼人的脸红》(On the Blushing of the Tunquinese,第 2 卷,第 40 页);可是,我还没有去参看这个著作。魏兹引用柏尔格孟(Bergmann)的说法道,卡尔墨克人(Kalmucks,蒙古人的一种)不发生脸红的现象,但是我们曾经从中国人方面看到这种现象,所以对这种说法可以发生怀疑。他又引用过罗特(Roth)的说法;罗特曾经认埃塞俄比亚人会发生脸红。使我感到不幸的是:陆军上校斯德虽然长期居住在埃塞俄比亚境内,却没有回答我关于这方面的提问。最后,我必须补充说,印度公爵勃鲁克从来没有观察到婆罗洲的达雅克人发生丝毫脸红的表征;恰恰相反,他们都肯定说,在那些会激起我们脸红的情况下,"他们反而觉得血液在从自己面向下流走"。

　　②　福尔勒斯文章,载在《人种学学会通报》,1870 年,第 2 卷,第 16 页。

　　③　洪保德:《旅行记》(Personal Narrative),英文译本,第 3 卷,第 229 页。

情绪在脸色变化方面的表现"。<sup>①</sup> 可是，很难使人相信脸红的能力会这样发生出来，不过他们由于教育和新的生活方式而形成自己注意的习惯，应当会增强脸红的天生的倾向。

有几个可靠的观察者向我肯定说，他们曾经看到，在黑人的面部上，虽然他们的皮肤黑得像黑檀木一样，但是在那些会激发起我们脸红的情况里，也显出一种好像脸红的外貌来。有几个人叙述说，黑人在这时候脸色发出褐色来；可是，多数人则说，他们面部的黑色程度变得更加深暗些。血液充进皮肤的数量增加情形，显然也有几分使皮肤的黑色程度增强；例如，有一些和痘疹并发的病症，会引起黑人的患生部分显得更加黑些，却不像我们方面那样变得更加红些。<sup>②</sup> 皮肤大概由于微血管充血而变得更加紧张，所以它会反映出一种和以前略微不同的色泽来。我们可以确信地说，黑人面部的微血管被血液所充满起来，因为布丰曾经记述道，<sup>③</sup>有一个黑人妇女患生十分特殊的色素缺乏症；当她把自己身体裸露出来给大家观看的时候，她的双颊就显出一片淡红色来。黑人皮肤上的斑痕长期显现出白色来；白尔格斯博士经常有机会去观察一个黑人妇女的面部上的这种斑痕，所以就清楚地看到，这个斑痕"每次在突然有人向她说话的时候，或者在她因为任何细小过失而受到叱责的时候，总是会变成红色"<sup>④</sup>。可以看到，在她发生脸红时候，红色先从斑痕的周界处出现，再向中间进展，但是并不达到斑痕的中心。根据这些事实，可以确实无疑地说，虽然看不出黑人皮肤上显现出红色来，但是他们仍旧会发生脸红的现象。

盖卡和巴尔般夫人向我肯定说，南非洲的卡弗尔人从来不脸红；可是，这一点可能只是指他们的脸色变化不能被人辨别清楚。盖卡还补充说，在那些会使欧洲人发生脸红的情况下，他的同乡人就"好像因为羞惭而把头部向上举起"。

在我的报告人当中，有四个人肯定说，澳大利亚人差不多也像黑人一样，从来不脸红。第五个关于澳大利亚方面的报告人回答我的问题说有可疑的地方，并且指出说，由于他们的皮肤污黑，只有最强烈的脸红方才会被辨认出来。有三个观察者则肯定说，澳大利亚人会发生脸红；<sup>⑤</sup>威尔孙先生还补充说，只有在强烈的情绪下，还有在皮肤由于长期暴露和污秽不洁而还不太暗黑的时候，才可以看出他们的脸红现象来。拉恩先生回答说："我曾经注意到，羞惭差不多时常激发起脸红来，而脸红又时常向下扩展到颈部为止。"他又补充说，他们还"用双眼向左右转动"来表示羞惭。因为拉恩先生是土人学校里的教师，所以很可能他主要观察了小孩方面；我们也已经知道，小孩要比成年人更加容易脸红。塔普林先生曾经看到混血种人发生脸红，并且他又说道，土人有表示羞惭的用语。哈格纳乌尔先生就是从来没有观察到澳大利亚人脸红的人之一；他说道，他曾经"看到，

---

① 这一段文字被普利却德（Prichard）所引用；参看普利却德的著作：《人类自然史》（*Phys. Hist. of Mankind*），第四版，1851年，第1卷，第271页。

② 关于这个问题，可以参看白尔格斯的著作：《脸红的生理或者机制》，1839年，第32页。又参看魏兹的著作：《人类学导论》，英文译文，第1卷，第135页。莫罗提出一个详细的报道（拉伐脱尔所编的《人相学文集》，第4卷，第302页），就是：在马达加斯加岛上有一个女黑奴；当她的残酷的主人强迫她露出胸部来的时候，她就脸红起来。

③ 这一个事实被普利却德所引用；参看普利却德的著作：《人类自然史》，第四版，1851年，第1卷，第225页。

④ 白尔格斯：《脸红的生理或者机制》，1839年，第31页。关于黑白混血种人的脸红，参看同书第33页。我也获得关于黑白混血种人方面的相似报道。

⑤ 巴林顿（Barrington）也说道，新南威尔士的澳大利亚人发生脸红；魏兹把他的这句话引举在《人类学导论》的第135页上。

他们因为羞惭而低头向下看"；还有传教士巴尔满先生指出说，虽然"我在成年的土人当中还不能够辨别出任何类似羞惭的表情来，但是我曾经看出，在土人的小孩发生羞惭的时候，他们的双眼显出一种不安定的、含有泪水的外貌，好像他们不知道要向什么地方瞧看才好似的"。

上面所举出的事实已经足够表明出，不论脸红是不是会引起怎样的颜色变化来，它总是多数的人种所共有的，说不定是一切人种所共有的。[94]

和脸红同时发生的动作或者姿态——我们在强烈的羞惭感觉之下，就产生出一种要想躲藏（遮羞）的欲望来。① 这时候我们就把全身转开，特别是把面部转开，总是设法要把面部遮掩几分。一个羞惭的人很难忍受得住当面的人的凝视的目光，因此他差不多总是不变地把双眼向下看，或者斜视。因为通常同时发生一种要避免羞惭显露的强烈欲望，所以甚至是打算要使双眼直接朝对那个引起他羞惭的人瞧看，也不能成功；这两种反对倾向之间的对抗作用，就引起双眼作各种各样不安定的动作。我曾经注意到两个很容易脸红的妇女；她们在脸红的时候，就具有这种显然是由于习惯而获得的怪癖，就是她们的眼睑特别急速地不断霎动着。有时在发生激烈的脸红时候，也略微渗出眼泪来；② 我以为，这种情形是由于泪腺也同时获得了更多的血液供应量；我们可以知道，当时血液向邻近各器官（连眼睛的网膜也包括在内）的微血管里大量充入。

很多古今的作家都注意到上面所说的这些动作；前面我们也已经看到，世界各地的土人在发生羞惭的时候，时常表现出双眼朝下看或者斜视，或者双眼作着各种不安定的动作。伊士拉（Ezra，公元前 6 世纪的预言家）大声喊叫道（《旧约圣经》，伊士拉篇，第 9 章，第 6 节）："我的上帝啊，我羞惭，我羞惭，我脸红，③不敢把我的面部仰起来看您，我的上帝。"在伊赛亚篇（《旧约圣经》，第 50 章，第 6 节）里，我可以看到下面一句话："我不羞惭，所以用不到遮掩我的面孔。"辛尼加（Seneca，罗马斯托伊克派哲学家，公元前 4—65 年）指出说（《书信集》，"Epist."，第 11 卷，第 6 封信）："罗马的戏剧演员们在扮演羞耻情形时候，把头部下垂，双眼盯视地面并且使它们保持低垂状态，但是不能够表演出脸红来。"生活在公元第 5 世纪的马克罗比厄斯（Macrobius，罗马文学家）曾经说道（《农神祭》，"Saturnalia"，第 7 卷，第 11 章）："自然哲学家们肯定说，如果羞惭使自然界激动起来，那么自然界就会把血液当作面罩来遮掩自己，正像我们所看到的，任何一个人在脸红时候，时常要把自己的双手遮掩面部的情形一样。"莎士比亚使剧中人马尔克斯（Marcus）去对他的侄女说道（《提多·安德罗尼克斯》，"Titus Andronicus"，第 2 幕，第 5 场）："啊！现在你羞惭得把面孔掉转开来了。"有一个妇女告诉我说，她在鲁克医院（Lock Hospital）

---

① 魏之武先生说道（《英语语源学字典》，第 3 卷，1865 年，第 155 页），"羞惭"（shame）这个英文字，"很可能是起源于'遮阴'（shade）或者'隐藏'（concealment）的观念，也可以用北日耳曼语的 scheme（阴影）来作解释"。格拉希奥莱（《人相学》，第 357—362 页）对于那些羞惭同时发生的姿态作了卓越的研讨；可是，我以为他的几个意见似乎毫无根据。关于这个问题，还可以参看白尔格斯博士的著作：《脸红的生理或者机制》，1839 年，第 69 页，第 134 页。

② 白尔格斯：《脸红的生理或者机制》，1839 年，第 181 和 182 页。波尔哈夫（Boerhaave）也注意到（根据格拉希奥莱所引用的话，《人相学》，第 361 页），在发生激烈的脸红时候，眼泪就有分泌的倾向，我们在前面已经看到，巴尔满先生讲到在澳大利亚土人的小孩发生羞惭的时候，他们的"双眼含有泪水"。

③ ［参看本章的脚注 11］

遇见一个以前相识的女郎;这个女郎已经变成可怜的流浪者;这个可怜的人在走近她身边时候,就用床单布遮掩自己的面部;虽然劝说她,也无法使她露出面孔来。我们也时常看到,幼小的孩子在害羞或者羞惭的时候,就把面部掉转开来,但是仍旧站在原地,把自己的面孔埋藏在母亲的外衣里,或者他们很快把自己的面孔下伏在母亲的膝上。

精神困惑——在大多数人发生激烈的脸红时候,他们的精神能力也同时被扰动起来。我们可以用一些通常的用语来证明这一点,例如:"她困惑得手足失措起来。"处在这种状态的人,就失去自己原有的精神,并且发出十分奇特而不恰当的说法来。他们时常发生很大的痛苦,说话带有口吃,并且做出笨拙的动作或者奇特的怪脸来。有时还可以观察到一部分面部肌肉发生不随意的痉挛。有一个特别容易脸红的青年妇女告诉我说,她在发生这种精神困惑的时候,甚至连自己说些什么话都不知道。当时我就用猜测的方式询问她,这种状态是不是由于她意识到人家在注意她的脸红而发生的痛苦所引起的,但是她回答说,情形并不是这样,"因为有时在自己的房间里由于发生一种思想而脸红时候,也会引起这种十分笨拙的举动来"。

在这里,我来举出一个例子,说明有些感觉敏锐的人容易发生极度的精神扰乱。有一个可以使我相信的绅士向我肯定说,他曾经亲眼看到下面的情景:有一次,为了祝贺一个极容易害羞的人而举行了一个小宴会;当他起立向来客们致谢的时候,他虽然把明显地牢记在心头的演讲词背诵了一遍,但是绝对无声,完全没有发出一个字音来;可是,他扮演的动作却像自己在作着十分有劲的演说似的。他的朋友们在看出这种情形以后,就等到每次在他的演说姿态表明出暂时停顿的时候,大家对这一段想象的雄辩高声喝彩起来,同时这个演说者却始终没有发现自己在整个演说时间里完全没有发出过声音来。不但这样,他后来反而非常满意地向我的朋友说道,他非常出色地完成了演说的任务。

如果一个人感到很羞惭或者十分害羞,并且发生激烈的脸红,那么他的心脏就会迅速跳动,而且呼吸也遭到破坏。这种情形也就不能不对脑部血液循环发生影响,而且大概也对精神活动发生影响。可是,显然可以使人怀疑的是:根据愤怒和恐怖对于血液循环起有更加强烈的影响这一类来判断,我们是不是就可以这样来满意地说明人们在发生激烈的脸红时候具有困惑的精神状态呢?

显然这种情形的真正说明,就在于:在头部和面部的表面微血管的血液循环和脑部微血管的血液循环之间,存在着密切的交感作用。我曾经请求克拉伊顿·勃郎博士供给这方面的资料,于是他就提供给我各种针对这个问题的事实。[95]如果把交感神经从头部的一侧切断,那么这一侧的微血管就宽弛起来,被血液所充满,因此皮肤变红,发起热来,同时这同一侧的头骨内部的温度也升高起来。由于脑膜发炎,这就引起面部、双耳和双眼过度充血。显然可知,癫痫发作的第一阶段就是脑部血管的收缩;而它的第一次外露的特征就是脸色变得极度苍白。头部的丹毒症普遍引起谵语。我以为,甚至是用强烈的洗涤液刺激皮肤的方法来减轻严重的头痛这种手术,也是根据这同样的原理而来的。

勃郎博士曾经时常用亚硝酸戊脂的蒸气去医治病人;①这种蒸气具有一种特性,就是

---

① 还可以参看克拉伊顿·勃郎博士关于这个问题的专门研究(Memoir),载在《西赖定精神病院医学报告集》(*West Rididing Lunatic Asylum Medical Report*),1871年,第95—98页。

能够在 30～60 秒的时间里引起病人脸色变得鲜红。这种发红现象在几乎所有细节方面都和原来自身发生的脸红相像[①]；它从面部上的几个不同的部位开始出现，接着就扩展开来，直到头部、颈部和前胸部分的全部表面都变得通红为止；可是，曾经也观察到，这种红色只有在一个病人身上，才能够扩展到腹部。眼睛网膜里的血管也扩大起来；双眼发出闪光；还有在一个事例里，略微有眼泪渗出。这些病人起初发生愉快的兴奋；可是，随着面部发红范围的扩大，他们就变得困惑和手足失措起来。有一个时常受到这种蒸气处理的妇女肯定说，每次当她发热的时候，她的头脑就模糊不清。如果根据那些刚才开始脸红的人的眼睛发亮和举动活泼的情形来判断，那么显然他们的精神能力略微被激奋起来。只有在脸红过度的时候，精神才发生困惑。因此，可以认为，不论在吸进亚硝酸戊脂的蒸气时候或者在自然的脸红时候，总是在精神能力所依存的脑子部分受到影响以前，面部的微血管已经受到了影响。

相反地说来，如果脑子最初受到影响，那么皮肤微血管的血液循环就接着受到影响。勃郎博士曾告诉我说，他曾经观察到，在癫痫病患者的胸部上，分布着红色疱疹和斑点。如果在这些情形里，用铅笔或者其他物体去轻微地摩擦胸部或者腹部的皮肤，或者在更加显著的情形里，单单用手指去触动皮肤，那么不到半分钟的时间里，这个受到摩擦或触动的表面就显露出鲜红色斑纹来，接着这种红斑就从接触点两侧扩大开来，到相当大的距离处，并且连续发红有几分钟的时间。这些红斑叫做特罗梭脑斑（cerebral maculae of Trousseau）；据勃郎博士所说，它们表示出皮肤血管系统状况极度恶化。因此，如果说在我们精神能力所依存的脑子部分的微血管血液循环和面部皮肤的微血管血液循环中间，存在着密切的交感作用（这一点是不能怀疑的），那么也就用不到惊奇，这些诱发出激烈的脸红来的精神原因，一定也会引起强烈的精神困惑，而不和它们本身所引起的扰乱影响发生关系。

引起脸红的精神状态的性质——这里所说的精神状态就是害羞、羞惭和谦虚；而所有这些精神状态的主要的要素则是自己注意（self-attensin，自觉）。可以举出很多理由来使人相信，这些精神状态的最初的激发原因，正就是这种由于别人的意见而对自己外貌所发生的自己注意；后来，另一种由于道德行为而发生的自己注意，也就由于联合的力量，而产生出同样的效果来。激发脸红的原因，并不是在于我们对自己外貌作了简单的考虑，而是在于想到了别人对我们的想法。在绝对孤僻的地方，即使感觉最敏锐的人，也恐怕会对自己的外貌完全漠不关心。我们对于斥责和反对的感觉，要比对于赞成的感觉更加敏锐；因此，无论对我们的外貌或者对我们的行为提出轻视的意见，或者嘲笑，都会比了对它们的夸奖，更加容易引起我们脸红。可是，显然无疑，夸奖和赞叹也对引起脸红方面极有效果；例如有一个美貌的女郎，在一个男子对她仔细凝视的时候，虽然她可能十分清楚地知道，那个男人并不是轻视她，但是她仍旧脸红起来。有很多小孩，也像年纪大的、感觉敏锐的人一样，在受到别人很大的夸奖时候，就脸红起来。下面我们就来考察这

---

① 斐林（W. Filehne）教授认为（被引用在《宇宙》里，*Kosmos*，第 3 卷，1879—1880 年，第 480 页），在亚硝酸戊脂的作用和自然发生的脸红的机制之间，存在着完全的类似情形。还可以参看他发表在《普留格尔氏文献集》（*Pflüger's Archiv*，第 9 集，1874 年，第 491 页）里的文章；他在这篇文章里作结论说，"亚硝酸戊脂和心理原因能够使神经系统的同样部分发生作用，并且引起同样的效果来"；这个推测大概还不能算是提出得太早。

样一个问题；就是：那种以为别人在注意我们自己的外貌的意识，怎样会立刻引起微血管，特别是面部的微血管，被血液充满起来。

现在我来提出一些原因，根据它们便会使人相信，在获得脸红习惯方面，基本的要素是对于个人外貌的注意，而不是对于道德行为的注意。这些原因在被分开来看的时候是轻微的，但是我以为，当它们被结合在一起的时候，就有相当的重要。大家都知道，最容易使一个害羞的人脸红的原因，要算是任何一种不论怎样轻微的对他个人外貌的意见了。甚至只要去注视一个很容易脸红的妇女的衣服，就会使她满脸通红起来。科尔利奇（Coleridge）说道，要使有些人脸红，只要对他们仔细凝视就够了——"让能够办到的人来作说明吧"。[①]

白尔格斯博士从两个色素缺乏症的病人方面观察到，"只要略微打算察看他们的特征，就总是不变地"引起他们强烈的脸红。[②] 妇女要比男人对于自己个人的外貌更加敏感得多；尤其是年纪较大的妇女比年纪较大的男人在这方面表现得更加显著；她们更加容易自由发生脸红。青年男女要比老年男女对这方面更加敏感，而且也更加容易自由发生脸红。小孩在极幼小的年龄不脸红；而且他们也不表明出那些通常和脸红同时发生的自我意识的其他表征；这些小孩的一个主要的妙处，就在于他们一些不关心别人对他所想的事情。在这种幼小年龄，他们会用固定的目光和不霎动的眼睛去呆看一个陌生人，好像这个陌生人是无生命的物体似的；我们年纪较大的人就模仿不出这种样子来。

大家都清楚地知道，青年男女对于彼此有关自己个人外貌的意见，有极度的敏感；他们在异性面前，要比在同性面前，发生更加难以比拟的脸红。[③] 一个即使是不容易发生脸红的青年男子，对于女郎对他的外貌所作的任何轻微的嘲笑，也会发生激烈的脸红；可是，他恐怕不去注意到女郎对任何重大问题的断语。任何一对幸福的年青的爱人，都把彼此互相赞美和恋爱看做比世界上一切东西都高贵；大概他们在互相求爱的时候已经发生了好多次脸红了。根据勃烈奇孟先生的报道，甚至是火地岛上的未开化的人，"主要是关于妇女方面，而且的确是对于自己的个人面貌方面"，也会发生脸红。

因为在身体的一切部分当中，面部是表情的主要部位和声音的发源处，所以它也就最经常被察看和注意。同时，它又是美丽和丑陋的主要部位；全世界各地的人都是最周到地打扮自己的面部。[④] 因此，在很多世代里，面部要比身体上的任何其他部分，成为更加密切和更加认真的自己注意的目的物；根据这里所举出的原理，我们就可以理解到为什么面部最容易发红。虽然面部和邻近各部分的皮肤暴露在空气里，受到气温变化等的影响，因而显然大大增加了这些部分的微血管的扩大和收缩能力，但是这种事实的本身还难以去说明，这些部分为什么会比身体的其余部分更加容易发红，因为它还不能够说明双手很少发红的事实。在欧洲人的面部激烈发红的时候，他们的全身也略微感到有些

---

① 参看科尔利奇的著作《座谈录》(*Table Talk*)第 1 卷里关于所谓动物磁性(animal magnetism)方面的讨论。

② 白尔格斯博士：《脸红的生理或者机制》，1839 年，第 40 页。

③ 培恩先生（《情绪和意志》，1865 年，第 65 页）指出说："异性间的害羞态度，……是由于相互尊重的影响，并且由于发生一种以为一方面不赞成对方的恐惧心理，而发生出来的。"

④ 关于这个问题的证明，可以参看《人类起源》，第二版，第 2 卷，第 78、370 页。

刺痛；有些种族的人经常差不多赤身裸体地走路，在他们脸红的时候，皮肤发红的范围要比我们更加广大。这些事实可以使人有几分理解，因为以前原始人也像现存的那些仍旧赤身裸体的种族的人一样，他们的自己注意的对象却不像现在穿衣走路的人那样专门限于自己的面部方面。

　　我们已经看到，在世界各地，有些人因为道德上的违背行为而感到羞惭；这时候，并不和别人对他们的个人外貌的任何想法有关，他们总是有一种倾向，要去把自己的面部向一侧转开，向下低垂或者掩藏起来。很难认为这些动作的目的是要遮掩他们的脸红，因为在那些已经消除了任何要想遮掩羞惭的欲望的情况下，例如在已经完全承认犯罪行为并且在忏悔的时候，仍旧会这样把面部向一侧转开或者遮掩起来。可是，原始人在获得道德上的很大敏感性以前，大概已经对自己的外貌有了高度的敏感，至少在对异性的外貌方面是这样；因此，如果对他们的外貌提出任何轻视的意见，那么他们大概也会感到痛苦；这也是羞惭的形式之一。还有，因为面部是身体上的最容易被人注视到的部分，所以我们可以理解到，任何一个对于自己外貌感到羞惭的人，总是会把身体的这个部分（面部）遮掩起来。因此，此后在一个人由于纯粹道德上的原因而感到羞惭的时候，这样获得的习惯，自然也就会发生出来；否则也就不容易知道，为什么正是在这些情况下会出现一种欲望，就是：想要把面部尽快掩藏起来，而不是把身体上的其他部分掩藏起来。[96]

　　每个在感到羞惭的人，通常都具有一种习惯，要把自己的双眼向一侧转开，或者向下低垂，或者向左右两侧作不安定的移动；这种习惯的形成原因，大概是发生羞惭的人每次在朝向当场的人们瞥视的时候，就在自己心头发生一种信念，以为别人都在仔细注视他，因此他就努力不去瞧望这些在场的人，特别是不去瞧望这些人的眼睛，而可以暂时逃避开这种苦痛的信念。

　　害羞（shyness）——这种奇特的精神状态，时常被称做面愧（shamefacedness），或者假惭（false shame），或者 mauvaise honte（类似的羞惭）；它显然是一切脸红原因当中的最有效的原因之一。实际上，可以主要从脸色发红方面，从双眼向一侧转开或者向下看视方面和从身体发生拙笨的神经性动作方面，来辨认出害羞。很多妇女由于这种原因而脸红的次数，要比她们由于做了任何应当受到责难的事情而感到真正羞惭的脸红次数，有一百倍或者说不定一千倍之多。害羞显然是由于我们对于别人的意见，尤其是对于外貌方面的意见（不论是善良的意见或者恶意的意见，都是一样），发生敏感的结果。陌生的人们既不知道，也没有注意到我们的行为或者性格，但是他们可能，而且时常真的会来批评我们的外貌；因此，容易害羞的人在陌生的人们面前就特别容易害羞和脸红。我们的衣服方面的任何特点或者新的式样，或者自己外表上和特别是面部上的任何细微缺点，很容易吸引陌生的人们注意；如果容易害羞的人发生了这些方面的意识，那么这就会使他害羞得难以忍受。相反地说来，如果我们所遇到情形是关于行为方面的，而不是关于个人的外貌方面的，那么我们在那些使我们认为能够提出有相当价值的批评意见来的熟识者们面前，要比在陌生人的面前，更加容易害羞。有一个外科医生告诉我说，他曾经充当私人随从医生，跟随一个青年人出外旅行；这个青年人是有钱的侯爵，在支付给他酬金的时候，就像女孩子一样脸红起来；可是，要是这个青年人支付账款给商人，那么他大概就不会发生脸红和害羞了。可是，有些人很敏感，甚至是单单去对差不多任何人讲话这种动作，也足够引起自我意识，结果就发生轻微脸红。

由于我们对于反对或者嘲笑方面很敏感，所以这要比赞成更加容易引起我们害羞和脸红；不过，赞成也对一些人发生高度有效的作用。自信力很强的人很少害羞，因为他们把自己看得太高，不去顾到别人的指责。可是我们还不能完全明白，为什么骄傲的人时常害羞，实际情形也显得是这样；很可能虽然他有充分的自信心，但是在遇到别人的意见时候，即使这种意见带有鄙视的意味，他也得真正加以重视。有些极其容易害羞的人，在那些和他们十分相熟的人面前，还有在那些会发出使他们十分确信的良好意见和同情的人面前，很少发生害羞；例如，女孩在自己母亲面前就是这样。我忘了在我所印发的询问表里去提出问题说，在各种不同的人种当中是不是也可以观察到害羞的表情；可是，有一个印度绅士向爱尔斯金先生肯定说，在印度人当中，可以辨认出这种表情来。

根据有些语言里的"害羞"这个字的语源的说明，①可以知道这个字是和"恐惧"（fear）有密切的关系；可是在通常的意义上，这个字却和"恐惧"有区别。一个害羞的人显然无疑会担心陌生人的注意，但是未必能够说他害怕陌生人；他很可能在作战时像英雄一般勇敢，但是在陌生人面前就会对一些琐细事情变得毫无自信。差不多每个人在第一次向群众作演说的时候，都会发生极度的神经兴奋；多数的人一生都是这样；可是，显然这种情形的发生原因，就在于他们意识到一种将要到来的重大努力〔特别是一种使我们认为是异常的努力〕，②同时由于这种意识而发生出对身体的联合影响，却不是在于害羞；③可是显然无疑，一个胆小或者容易害羞的人在这些情况下，要比其他的人发生多得无限的苦恼。至于年龄极小的孩子方面，那么我们就很难辨别出他们的恐惧和害羞之间的不同来；可是，我时常以为，大概这些孩子的害羞感情也具有一种没有驯服的走兽的野性的特征。害羞在孩子的年龄极其幼小时候就显现出来。当我的一个小孩的年纪达到 2 岁又 3 个月的时候，我看到他发生出一种确实像是害羞的表情的痕迹来，这是他在我离开家里只不过一个星期以后见了我而发生的。当时他并没有脸红，只不过把双眼略微转开了我不多几分钟，来表示了他的害羞。还有几次，我曾经注意到，在幼年的小孩还没有获得脸红能力以前，在他们的小眼睛里显现出害羞或者面愧和真正羞惭来。

因为害羞显然由于自己注意而发生，所以我们可以理解到，有些人所主张的下面的意见是多么的正确，就是：如果我们由于小孩害羞而去斥责他们，那么这种举动对他们不仅没有什么益处，反而有很大害处，因为这还会唤起他们对自己作更加密切的注意。还

---

① 魏之武：《英语语源学字典》，第 3 卷，1865 年，第 184 页。还有，拉丁语的字 verecundus 也是这样。〔这个拉丁字的意义是"胆小""羞惭""害羞"，是起源于动词 vereor（担心、恐怕、惊恐、胆小）。——译者注〕

② 〔正文的方括号里的补充语，是根据一个通信人的提示而被著者采用的；这个通信人补充说："我曾经在一种并不能引起害羞的情况下，发生了最厉害的神经兴奋。这是我在 Classical Tripos（英国剑桥大学的名誉毕业试验）里书写第一篇论文时候所发生的。我在一小时半里完成了我的草稿，又在修改方面耗费了一个小时，但是接着就发现我的手颤抖得很厉害，因此使我无法抄写出自己的著作来。实际上，我差不多有半小时瞧看着这只手，同时乱骂和乱咬自己的双手；只有到了交卷的最后时刻，我方才能够签写上自己的姓名。"〕

③ 培恩先生（《情绪和意志》，第 64 页）曾经讨论到这些情况下所体验到的"手足失措"的感情，正好像是有些不惯熟于舞台表演的演员的上场胆寒（stage-fright）。培恩先生显然认为这些感情就是简单的担心或者害怕。

有一个说法也是很不错的,就是:"最会伤害小孩身心的事情,要算是用毫无慈悲的旁观者的探索眼光,去不断地考查他们的感情,察看他们的面部表情,并且评定他们的敏感性的程度。在这一类检查的约束之下,他们除了老是想着自己在被人瞧看以外,就不会去想其他的事情,而且除了老是羞惭或者忧虑以外,就不会发生其他的感觉。"①[97]

道德的原因:自觉有罪——至于说到那种由于纯粹道德上的原因而发生的脸红,那么我们也可以采用以前所用的相同原理来说明,就是:这是由于注意到了别人的意见而发生的。并不是意识到犯罪就会引起脸红,因为一个人可能在孤独的时候诚心地忏悔自己所犯的某种轻微的过失,或者他也可能为了一种别人所没有觉察到的罪行而发生十分悔恨的苦痛,但是当时并不脸红。白尔格斯博士说道:②"我在那些责备我的人面前脸红起来。"面部变红,并不是由于我们对犯罪的感觉,而是由于我们想到了别人在想着或者知道我们的犯罪行为而发生的。一个人可能由于自己说了一些不大的谎话而自觉十分羞惭,但是并不脸红;可是,只要他一怀疑到对方已经觉察出他的说谎,那么他就会立刻脸红起来;如果当时他的对方是他所尊敬的人,那么就特别容易发生这种情形。

从另一方面看来,一个人也可能确信上帝亲眼看见他的一切行为,所以他可能深刻地意识到,自己不应当犯有某种过失,因此就去向上帝祷告,乞求宽恕;可是,有一个极容易脸红的妇女认为,这种祷告情形从来没有激起她脸红过。我以为,我们的行为被上帝知道和被别人知道这两种感觉所以不同的原因,就在于:别人对于我们的不道德行为所作的责备,在本质上有些相似于他对于我们自己的外貌的轻视,所以双方由于彼此有联系而引起了同样的结果;可是,上帝的责备却不会使我们发生这种联系的想法来。

有很多人虽然完全没有犯某种罪行,但是在有人责备他犯有这种罪行的时候,却发生起激烈的脸红来。上面刚才讲到的那个极易脸红的妇女曾经对我说,只要她一想到,别人在想着我们已经说了一种不亲切的或者愚蠢的话,即使我们始终都知道自己完全发生误解,那么这种情形也就很足够引起她发生脸红。有种行为可以受人赞扬,或者毫无这方面的性质,但是一个感觉敏锐的人,如果怀疑到别人在对他的这种行为采取不同的看法,也就会脸红起来。例如,有一妇女,在单独一个人时候,可能付钱给乞丐而毫不显现出脸红的痕迹来;可是,如果当时还有别人在一起,而且她又怀疑到他们是不是会夸奖她,或者猜测到他们以为她在夸耀自己有钱,那么她就会脸红起来。如果她提出要去拯救一个贫病无告的知识妇女的急难,特别是一个以前在家境良好时候和她相识的妇女的急难,那么她因为当时不能够确实知道,别人会对她的行为作怎样的看法,所以也同样会脸红起来。可是,这一类情形就会混合而成为害羞。

---

① 马利亚(Maria)和爱治瓦特(Edgeworth):《实用教育论文集》(*Essays on Practical Education*),新版本,第 2 卷,1822 年,第 38 页。白尔格斯博士(《脸红的生理或者机制》,第 187 页)也坚决主张会发生同样的效果。

② 白尔格斯博士:《脸红的生理或者机制》,第 50 页。

违背礼节——礼节规则时常被大家认为是各人在别人的面前、或者对于别人所应当采取的行为的规则。这些规则不用去和道德意识联系起来，而且时常是毫无意义的。虽然这样，因为它们根据于我们的同辈和前辈的固有的风俗习惯，而且他们的意见又是被我们非常尊重的，所以我们就认为这些规则也差不多像是绅士们所遵守的礼法一样，必须服从它们。因此，违背礼节规则，就是没有礼貌或者举动粗鲁，行为不检点或者说话不当，虽然这是十分偶然的情形，但是也会使一个会脸红的人发生激烈的脸红。甚至在很多年以后，当他回想到以前所做过的这类违背礼节的行动时候，他也会感到全身刺痛不安。有些人对于别人违背礼节的同感力也很强烈，例如有一个妇女向我肯定说，有一个敏感的女人，在看到完全不相识的人所作的极其违背礼节的举动时候，即使这种举动可能对她毫无关系，也有时会脸红起来。

谦虚——这也是一种激发起脸红来的强有力的因素；可是，"谦虚"（modesty）这个字的意义，包含着各种不同的精神状态。它具有自卑（humility）的意义；我们也时常可以从下面两种情形来判断这一点，就是：有些人因为受到别人轻微的夸奖而非常愉快，于是就脸红起来；还有一些人在受到夸奖时候，认为根据自己所定的低下的标准看来，这种夸奖似乎过高，因此感到局促不安而脸红起来。在这种情形下，脸红也是一种重视别人意见结果的通常表现。可是，谦虚时常也和粗鲁的举动有关，而粗鲁则是有关礼节的事情，因为我们在那些完全或者几乎赤身裸体的种族方面，就可以清楚地看到这种情形。一个谦虚而容易对这类举动发生脸红的人，就是因为这些举动违背了一种坚强而合理地建立起来的礼节而脸红起来的。实际上，这正就证明了"谦虚"这个字起源于 modus，就是举动的尺度或者准则。不但这样，因为这一类谦虚通常和异性有关，所以它所引起的脸红也就很容易变得激烈起来；而且我们也已经看到，在所有这些情形下，脸红的倾向都会因此增强起来。无论如何，我们可以把"谦虚"这个形容词应用到下面两类人方面：一类人对自身具有自卑的看法；另一类人则对于一种粗鲁的言语或者行动有特别的敏感；虽然这两类精神状态丝毫没有什么共通的地方，所以单单由于这种原因，就容易在这两类情形里激发起脸红来。还有，害羞也由于同样的原因，时常会被误认为自卑意义的谦虚。

根据我亲自观察到的和别人向我确言的情形，有些人由于突然发生的不愉快的回想而发生脸红。大概它的最普通的原因，就在于突然想起自己还没有替另一个人做到某种已经约定好的事情。在这种情形里，他们就可能在脑子里发生一种半无意识的思想，就是"他会不会对我作怎样的想法？"于是他们所发生的脸红就带有真正由于羞惭而发生的脸红性质。可是，在大多数情形里，究竟这类脸红是不是由于微血管血液循环受到影响而发生，还是很使人怀疑的，因为我们应当记住，差不多每种强烈的情绪，例如愤怒或者大乐，都会对心脏起有作用，因此引起面部颜色变红。

一个人在完全孤独的时候，也会发生脸红；这个事实好像是和上面所说的见解相反的；这个见解就是：脸红的习惯起初是由于想到了别人在对我们所作的想法而发生的。有些特别容易脸红的妇女都一致肯定说，在孤独的时候也会脸红；当中也有几个妇女认为，她们曾经在黑暗里发生脸红。① 根据福尔勃斯先生对爱马拉族人（aymaras，西印度群岛上的土人）方面所讲到的情形，还有根据我自己的感觉，我毫不怀疑地认为，在黑暗里是能够发生脸红的。因此，莎士比亚在他所作的《罗密欧与朱丽叶》这个剧本里，错误地②使并没有处在孤独的环境里的朱丽叶向罗密欧说道（第 2 幕，第 2 场）：

> 你知道，在我的脸上蒙上了一层黑夜的面罩；
>
> 否则，为了要使你在今夜倾听我所说的话，
>
> 在我的双颊上就会染上一层处女的羞红色。

可是，如果我们在孤独的环境里发生脸红，那么这种脸红的原因差不多时常有关别人对我们的想法，就是有关我们在别人面前所做的举动，或者是别人所猜测到的举动；或者如果我们回想到别人恐怕已经知道我们的举动而对我们作了某种想法。虽然这样，在我的通信者们当中，有一两个人却认为，他们曾经发生一种由于羞惭而出现的脸红，而这种羞惭却是由于那些和别人毫无关系的举动而发生的。如果事实的确是这样，那么我们就必须认为，这种结果就是某种精神状态下所发生的根深蒂固的习惯和联合的力量，而这种精神状态又极其相似于通常激起脸红的精神状态；我们也用不着对这一点发生惊奇，因为正像我们刚才所看到，甚至在我们对别人所做出的极大的违背礼节情形发生同情的时候，这种同情也会引起我们脸红。

因此，最后我可以作出结论说，在所有各种情况里，不管脸红由于害羞而发生，或者由于真正有罪的羞惭而发生，或者由于违背礼节规则的羞惭而发生，或者由于自卑的谦虚而发生，或者由于粗鲁的谦虚而发生，都是根据于同样的原理；这种原理就是对于别人的意见发生一种敏感的注意，尤其是对于别人的轻视有这种注意；这首先是有关我们自己的外貌，特别是我们自己的面部；其次则由于联合和习惯的力量，而且有关别人对我们的行为的意见。

脸红的理论——我们现在应该来考察一下，为什么别人对我们所作的想法会对我们的微血管的血液循环发生影响？[98]贝尔爵士肯定说③，脸红"是表情的特殊手段，这可以根据红色只是扩展到面部、颈部和胸部这些最经常外露的身体部分这一点来推断"。它不是后来获得的，而是生来就具有的。白尔格斯博士认为，创世主"为了要使精神具有一种把各种不同的有关道德感情的内部情绪在两颊上表现出来的强大支配力"，而设计出了脸红的能力来；换句话说，就是要用脸红来作为节制我们自己的要素，并且作为别人来认识我们在违背那些应该看做是神圣的礼节规则的标记。格拉希奥莱单单提出说："Or, comme il est dans l'ordre de la nature que l'être social le plus intelligent soil aussi le

---

① ［哈根（F. W. Hagen）：《心理学研究》，*Psychologische Untersuchungen*，布郎士外希，1847 年）大概是一个卓越的观察者；他采取相反的意见。他说道："我已经做了很多观察，因此我就确信，这种感觉（就是脸红的感觉）绝不会在黑暗的房间里发生；可是，当房间里一出现灯光的时候，就会发生这种感觉。"］

② ［托普哈姆（Topham）先生推测说（1872 年 12 月 5 日的来信），莎士比亚所写的这段话的意义，是指脸红不能被人看见，而并不是没有发生脸红。］

③ 贝尔：《表情的解剖学》，第 95 页。下面所引用的两段话的来源是：白尔格斯所著的《脸红的生理或者机制》，第 49 页；格拉希奥莱所著的《人相学》，第 94 页。

plus intelligible,cette faculté de rougeur et de pâleur qui distingue l'homme, est un sig-
ne naturel de sa haute perfection." *

　　这种认为创世主特别设计出脸红来的信念,是和现在已经很广泛承认的一般的进化
理论相冲突的;可是,关于这个一般问题的论证,已经越出了我在本书里所讨论的范围。
这些相信创世主的设计工作的人,就会发现这种说法很难去说明害羞是一切脸红原因当
中的最经常出现的有效的原因,因为害羞能够使脸红者感到苦恼,而且使旁观者心中不
愉快,这对于双方的人都毫无益处。还有,这些人也会发现,这种说法很难去说明黑人和
其他皮肤黑暗的种族的人的脸红原因;这些人种的皮肤颜色变化是很难被看出的,或者
是完全看不出来的。

　　显然无疑,轻微的脸红反而会增添处女的面部的美丽;在土耳其的苏丹的皇宫里,总
是认为高加索的有脸红能力的彻尔斯族女人(Cirassian women)要比那些不大羞怯的妇
女更加美丽动人。① 可是,坚信雌雄选择具有效果的人,就很难想象到脸红是作为性的装
饰品而后来被获得的习惯。要知道,这种见解也是和刚才所说的皮肤黑暗的人种发生难
以看出的脸红的事实相冲突的。

　　我以为有一个最近于其实的假说;不过初看起来,好像它被提出得不早而没有根据;
这个假说就是:一种对身体任何部分的密切注意,具有一种倾向,要去破坏这个身体部分
的小动脉的普通的强力收缩。结果,这些血管就在这种时候多少宽弛起来,于是立刻被
动脉血液所充满。如果在很多世代里对身体的同一个部分作经常的注意,那么由于神经
力量容易沿着惯熟的通路流去,还有靠了遗传的能力,这种倾向就会更加增强起来。每
次在我们以为别人在轻视或者只不过是在考虑到我们自己的外貌的时候,我们的注意力
就会活跃地集中到自己身体的外露的可见部分;在所有一切这类可见部分当中,要算我
们的面部最为敏感,因为在过去很多世代里,显然无疑都是面部最敏感。因此,如果我们
现在假定密切的注意能够对微血管起有影响,那么面部的微血管就会变得最敏感。每次
在我们想到别人正在考虑或者批评我们自己的行动或者性格的时候,由于联合的力量,
就有一种要出现同样效果的倾向。②

　　因为这个理论的基础就在于精神上的注意具有几分影响微血管血液循环的力量,所

---

　　\* 这段话的译意是:"可是,因为依照事物的顺序,最合理的社会上的生存者,也就是最敏感的,所以人类所特有
的脸色发红和苍白的能力,并非别的,正就是他的高度优越的自然表现。"——译者注

　　① 根据马利·华脱里·蒙泰戈夫人(Lady Mary Wortleg Montagu)的说法而来;参看白尔格斯所著的《脸红的
生理或者机制》,第 43 页。

　　② 〔哈根《心理学研究》,布郎士外希,1847 年,第 54—55 页)采用一个差不多相同的理论。他写道,在我们的
注意力集中到自己的面部时,"它就向着感觉神经集中起来,因为我们正是借助于这些神经来觉察到自己的面部状
态。其次,根据很多其他的事实,可以确实知道(并且这一点大概也可以用一种对于血液神经的反射作用来作说
明),在感觉神经被激奋起来以后,血液流进这个部分的数量也随着增多起来。不但这样,尤其是在面部方面容易发
生这种情形;只要在面部上发生轻微的疼痛,那么这也就容易引起眼睑、前额和双颊发红起来"。因此,哈根就提出一
个假设来说道:专心对面部所作的考虑,就充当一种刺激物而对感觉神经起有作用。〕

以必须提供出一大批对这个问题多少有关的详细情节来。有些观察者，①由于具备广博的经验和知识，有高超的本领来作出健全的判断；他们就确信，注意或者意识（霍伦德爵士认为，采用"意识"这个名词要更加恰当些）在集中到身体的差不多任何一个部分以后，就对这个部分发生某种直接的物理作用。同时，也可以用这种说法去说明：不随意肌的动作，随意肌在不随意行动时候的动作，腺的分泌，感觉器管和感觉的活动，甚至是身体各部分的营养。

大家知道，如果我们对心脏的不随意动作加以密切的注意，那么这就会使这种动作受到影响，格拉希奥莱②提供出一个事例来说，有一个人连续不断注意和计数自己的脉搏，结果就引起了脉搏每跳 6 次就要接着停跳一次。从另一方面看来，我的父亲告诉我说，有一个小心谨慎的观察者，他确实有心脏病而且死于这种病；这个人曾经肯定说，他的脉搏通常极度不规则，但是当我的父亲一走进他的房间时候，他的脉搏立刻就变得正常起来。霍伦德爵士指出说，"意识在突然朝向和固定于身体的某一个部分以后，就时常对这个部分的血液循环发生明显而且迅速的影响"。③ 莱可克（Laycock）教授曾经特别注意到这一类现象；④他肯定说，在注意力集中于身体的任何一个部分时候，神经活动和血液循环就被局部地促进，因此这个部分的机能活动也加强起来⑤。

通常大家以为，如果在一定周期里去对肠的蠕动加以注意，那么这就会使这种蠕动发生影响；这种蠕动是由于平滑的不随意肌收缩而引起的。大家知道，癫痫病、舞蹈病（chorea）和歇斯底里神经病的患者身上的随意肌，[99]会由于患者预想到疾病发作情形和看到其他患者发生同样的疾病而发生异常的活动。⑥ 在打呵欠和发笑的动作里，也会发生这种情形。

在想到某些腺的时候，或者在考虑到这些腺在经常受到激奋时候所处的情况时候，

---

①　我以为，在英国方面，霍伦德爵士第一个在他所著的《医学笔记和回忆录》（*Medical Notes and Reflections*，1839 年，第 64 页）里，考察到精神上的注意对于身体各个不同部分的影响。后来，霍伦德爵士把这篇论文大量扩充，再把它发表在他所著的《精神生理学教程》（*Chapters on Mental Physiology*，1858 年，第 79 页）里；我时常引用这个著作里的文字。差不多在同时和以后，莱可克教授也讨论到同样的问题，参看《爱丁堡医学和外科学杂志》（*Edinburgh Medical and Surgical Journal*），1839 年 7 月，第 17—22 页。又参看他的著作：《论妇女的神经病》（*Treatise on the Nervous Diseases of Women*），1840 年，第 110 页；《精神和脑子》（*Mind and Brain*），第 2 卷，1860 年，第 327 页。卡尔本脱（Carpenter）博士对于催眠术的见解也是差不多相同的。卓越的生理学家米勒曾经写到（《生理学基础》，"*Elements of Physiology*"，英文译本，第 2 卷，第 937 页，第 1085 页）注意对于感觉器官的影响。彼哲特爵士在他所著的《外科病理学教程》（*Lectures on Surgical Pathology*，1853 年，第 1 卷，第 39 页）里，讨论到精神对于身体各个部分的营养的影响。我所引用的文字是从吐尔纳教授所修订的第三版，第 28 页。又可参看格拉希奥莱的著作《人相学》，第 283—287 页。[吐尔纳博士（《精神科学杂志》，*Journal of Mental Science*，1872 年 10 月）引用到约翰·亨脱尔（John Hunter）的话道："我确信，我能够把注意力集中在身体的任何部分，一直到我感觉到这个部分为止。"]

②　格拉希奥莱：《人相学》，第 283 页。

③　霍伦德：《精神生理学教程》，1858 年，第 111 页。

④　莱可克：《精神和脑子》，第 2 卷，1860 年，第 327 页。

⑤　[维克多·卡罗斯（Victor Carus）教授讲述道（1877 年 1 月 20 日来信），在 1843 年里，他和一个朋友共同进行医学院悬赏征求的一个研究著作；在这个工作里，必须测定脉搏的平均次数；他发现，在无论哪一个观察者测定自己的脉搏时，很难得出正确的结果来，因为每次在他的注意力集中到自己的脉搏方面去以后，脉搏次数就显著地增加起来。]

⑥　霍伦德：《精神生理学教程》，第 104—106 页。

这些腺就会受到影响。每个人很熟悉，例如在我们的头脑里想到一种很酸的水果时候，唾液的流出数量就会增加。① 在前面第 6 章里，已经表明出，如果要去抑制或者增强唾腺的活动，那么对这方面作热心而且长期连续的想望，就会获得成效。曾经有人记录下一些有关妇女方面的事例，就是她们在把自己的精神力专注到乳腺方面以后，就会使乳腺受到影响；关于泌尿的机能方面，也有更加显著的事例。②

如果我们把自己的全部注意都朝向一种感觉，那么这种感觉的敏锐程度就增加起来；③而且连续不断的密切注意的习惯，就显然会改进永远成为问题的习惯；例如，瞎子由于专心于听声音而使听觉改进，又瞎又聋的人由于专心于触摸东西而使触觉改进。根据各种不同的人种在这方面的能力高度发展的情形来判断，我们也可以有理由来相信，这些效果是可以遗传下去的。如果我们再来看普通的感觉，那么也可以清楚地知道，在对疼痛加以注意的时候，就会感到疼痛的程度增加起来；[100]勃罗第（B. Brodie）爵士甚至于相信，如果把注意力集中在身体的任何部分，那么就可以感觉到这个部分的疼痛。④ 霍伦德爵士也指出说，我们不仅能够意识到身体上的一个受到集中注意的部分的存在，而且还能够体验到这个部分的各种奇特的感觉，例如对于重量、热、冷、刺痛或者发痒的感觉。⑤

最后，有几个生理学家肯定说，精神能够对身体各部分的营养发生影响。彼哲特爵士举出一个有趣的事例，表明出不是精神，而是神经系统对毛发起有作用。他说道，有一个妇女，"她受到一种所谓神经性头痛的疾病侵袭，时常在这种病发作以后的第二天上午，发现她的头发有几缕变成白色，好像是撒上了面粉似的。这种变化是在一个夜间发生的，但是过了几天以后，头发又恢复成原来的暗褐色"。⑥

因此，我们可以知道，在密切注意身体上的本来不受我们意志支配的各种不同部分和器官的时候，这种注意确实可以对这些部分和器官的机能发生作用。注意大概是一切可惊的精神能力当中的最惊人的；它究竟靠了什么方法而出现，这个问题还是极其模糊

---

① 关于这个问题，可以参看《人相学》，第 287 页。

② 克拉伊顿·勃郎博士根据自己对于精神病患者的观察资料，确信说，在长期连续的期间里专门对身体上的任何部分或者器官加以注意的时候，这就会极度影响这个部分或者器官的血液循环和营养情况。他提供给我几个特殊的事例；当中有一个事例，是关于一个已婚的 50 岁的妇女方面的；在这里不能把它充分叙述出来；因为这个妇女顽固地长期认为自己怀了孕，所以她就由于这种胡思乱想而受到苦恼。当她所盼望的怀孕足月的日期到来时候，她就做出一种完全好像她真正要分娩出孩子来的动作，而且好像发生了极大的阵痛，以致在她的前额上冒出了汗珠来。结果，已经在以前六年里面没有发生过的现象，又重现出来，继续发生了三天。勃莱德（Braid）先生在他所著的《魔术、催眠术等》（*Magic*, *Hypnotism*, &*c.*, 1852 年，第 95 页）和他的其他著作里，提供了类似的事例，并且还提供出其他的事实，来表明意志对于乳房起有重大影响，甚至也对单单一只乳房起有影响。

③ 毛兹莱博士曾经根据可靠的论据（《精神生理学和病理学》，*The Physiology and Pathology of Mind*，第二版，1868 年），提供了几件有关练习和注意能够改进触觉方面的有趣记述。当中有一个值得使人注意的记述，就是：当触觉在身体上的任何一点（例如在一个手指上）变得更加敏锐的时候，身体另一侧的对应点的触觉也同样敏锐起来。

④ 《柳叶刀》杂志（*The Lancet*），1838 年，第 39—40 页；莱可克教授曾经引用过这段记述，参看他所著的《论妇女的神经病》（*Treatise on the Nervous Diseases of Women*），1840 年，第 110 页。

⑤ 霍伦德：《精神病生理学教程》，1858 年，第 91—93 页。

⑥ 彼哲特：《外科病理学教程》（*Lectures on Surgical Pathology*），第三版，吐尔纳教授增订，1870 年，第 28 和 31 页。[奥格耳博士举出了一个关于伦敦外科医生方面的类似事例；这个医生患生眉上神经痛病；每次在这种病发作的期间里，他的眉毛的一部分就会变白；在发作过去以后，眉毛的颜色又再恢复原状。]

不清。根据米勒的说法，①脑子的感觉细胞转变成能够靠了意志而获得更加强烈而明显的印象的细胞所经的过程，极其相似于运动细胞受到兴奋而把神经力量输送给随意肌所经的过程。在感觉神经细胞和运动神经细胞的活动方面，有很多类似的地方；例如，有一个大家都知道的事实，就是：如果我们对任何一种感觉器官加以密切注意，那么这就会引起疲倦，好像是长久努力使用任何一种肌肉而发生疲倦一样。② 因此，在我们有意去把自己的注意力集中到身体的任何部分上去的时候，脑子里的那些接受这个部分来的印象或者感觉的细胞，很可能靠了某种未知的方法被激奋而活动起来。这一点可能说明，在我们的注意力专门集中到这个身体部分的时候，即使是毫不发生局部的变化，我们也会感觉到这个部分发生疼痛或者奇特的感觉，或者是这种感觉在加强起来。

可是，如果这个部分附有肌肉，那么根据米契尔·福斯脱博士曾经对我所说的话，我们就不能够去确信，不可能无意识地把某种轻微的冲动传送给这些肌肉；在这种情形下，大概一定会在这个身体部分里发生一种模糊不明的感觉。

在大多数事例里，例如在唾液腺、泪腺和肠管等方面，显然对于一定器管的影响，主要是由于血管神经系统在要使更多血液流进上述身体部分的微血管里去的情况下受到影响而发生；根据几个生理学家的想法，这甚至专门是由于这种情形而发生的。微血管的这种加强活动，在有些情形下还和感觉中枢同时加强的活动结合在一起。

可以认为，精神状态对于血管运动系统的影响的机制是依照下面的顺序出现的。当我们实际尝食酸味的水果时候，这个印象就通过味觉神经而被传送到感觉中枢的一定部分；这个部分接着就把神经力量输送到血管运动中枢；结果这就容许那些伸入唾液腺的小动脉的肌肉鞘发生宽弛。因此，有更多的血液流进唾液腺里去，而唾液腺也就分泌出多量唾液来。其次，显然绝不是不可能提出假定说，当我们专心想到某种感觉的时候，感觉中枢的同一部分，或者是一个和它有密切联系的部分，也就像我们实际觉察到这种感觉时候的情形一样，被激奋起来而处在活跃状态。如果这个假定是对的，那么关于酸味方面的活跃的想象，就会把脑子里的细胞激奋起来，也像真正感觉到这种酸味的情形一样，不过说不定激奋的程度比较微弱些；在这种情形下，这些细胞也像在后一种情形下一样，把神经力量输送到血管运动中枢，并且产生出同样的结果来。

现在再举出一个在几方面更加适当的例子来。如果一个人站立在炎热的火堆前面，那么他的面部就会变红。米契尔·福斯脱博士告诉我说，这种现象的原因，虽然一部分就在于热的局部作用，另一部分则在于血管运动中枢所发生的反射作用。③ 在第二种情形里，热对面部神经发生影响；于是面部神经就把印象传达到脑子的感觉细胞，后者又对血管运动中枢起作用；而血管运动中枢又对面部小动脉起反应，使这些小动脉宽弛，而可以让血液充满在它们里面。在这里又决非不可能提出假定说，如果我们多次把自己的注意力非常专心地集中在面部发热的回想方面，那么同样的使我们得到实际的热的意识的感觉中枢的部分，也应当受到一种轻度的刺激，因此也有一种倾向要把一些神经力量输

---

① 米勒：《生理学基础》，英文译本，第 2 卷，第 938 页。
② 莱可克教授已经对这个问题作了极有兴趣的研讨。参看他所著的《论妇女的神经病》，1840 年，第 110 页。
③ 关于血管运动系统的活动方面，还可以参看米契尔·福斯脱博士在皇家研究所里所作的有趣的学术报告；这个报告已经被翻译出来，载在《科学研究所报告集》(*Revue des Cours Scientifiques*，1869 年 9 月 25 日，第 683 页)里。

送给血管运动中枢,于是就引起面部微血管宽弛。因为在无数世代里,人类时常专心地把自己的注意力集中在自己的外貌方面,尤其是面部方面,所以这样受到影响的面部微血管的微小的兴奋倾向,就由于刚才讲到的原理,就是关于神经力量容易通过惯熟的通路的原理和关于遗传习惯的影响原理,而逐渐地大大加强起来。因此,我以为,这个和脸红有关的最主要的现象,也就在这里获得了一个近于真实的说明。[101]

摘要——男人和妇女,特别是青年,时常很重视自己的外貌,而且也同样关心到别人的外貌。主要的注意对象就是面部,不过在原始的人类裸体走路的时候,全身表面当然都受到注意。我们的自己注意差不多专门被别人的意见所激发起来,因为一个生活在绝对孤独的环境里的人就绝不会去注意到自己的外貌。每个人对于责备的感觉,要比对于夸奖的感觉更加敏锐。因此,每次在我们知道或者想象到别人正在轻视我们自己的外貌时候,我们就对自己本身加强注意,尤其是对自己的面部特别注意。正像刚才所说明的,这种情形的应有结果,就激发那个接受面部感觉神经的感觉中枢部分活跃起来,而这个部分又通过血管运动系统而对面部微血管起有反应。由于在无数世代里经常重现,这种过程就变得很惯熟地和关于别人正在对我们评议的信念联合起来,甚至是一种以为别人在轻视我们的怀疑,而并没有对我们的面部作任何有意识的想法,也已经足够引起面部微血管宽弛。在有些敏感的人方面,即使注意到他们的衣服,也足够引起同样的效果来。每次在我们知道或者想象到有人正在责备我们的行动、思想或者性格的时候,甚至是无声的责备,也会由于联合和遗传的力量而使我们的微血管宽弛起来;在我们受到极度的夸奖时候,也会发生这种情形。

根据这个假设,我们就可以明白,为什么面部要比身体的其他部分更加容易发红;不过这时候身体的全部表面也略微受到影响,尤其是那些现在仍旧是差不多裸体走路的人种的身体表面是这样。完全用不着惊奇,皮肤黑暗的人种也发生脸红的现象,不过我们看不出他们的皮肤颜色的变化。从遗传原理可以毫不惊奇地知道,那些生来就瞎眼的人也会脸红。我们也能够理解到,为什么青年人要比老年人更加容易脸红,妇女要比男人更加容易脸红;还有为什么异性在彼此相对的时候特别容易激起对方脸红。已经使我们明白的是:为什么那些有关个人方面的意见,会特别容易引起脸红;还有,为什么在一切引起脸红的原因当中,最有效力的原因就是害羞;这是因为害羞是由于有别人在面前和别人发生了意见而出现的,而且害羞的人时常是多少有些自觉的。至于说到真正由于违背道德规则而发生的羞惭,那么我们可以理解到,为什么我们并不是由于犯罪本身而引起脸红,却是由于想到了别人会以为我们有罪这方面而引起的。一个人在孤独时候回想到自己所犯的罪行,而且受到自己良心的苛责时候,并不脸红;可是,他在鲜明地回想到一种已经被发觉的过失,或者回想到一种在别人的面前所犯的过失时候,却会脸红起来;脸红的程度,和他对于那些已经觉察到、亲眼看到和怀疑到他的过失的人的重视感觉有密切关系。如果我们违背沿传的行为规则,而受到自己的同辈或者长辈严厉指责,那么这些违背情形时常甚至要比一种已经觉察到的罪行,会引起更加强烈的脸红;如果我们做了一种真正有罪的行为而且还没有受到我们的同辈指责,那么在我们的双颊上就很难显现出脸红的颜色来。自卑所发生的谦虚,或者自感粗鲁而发生的谦虚,都会激发起一种鲜明的脸红来，因为这两种情形都对于别人的判断或者固定的习惯有关的。

因为头部表面的微血管血液循环和脑子的微血管血液循环之间存在密切的交感作用，所以每次在发生激烈的脸红时候，就会出现几分或者很大的精神困惑。在发生这种情形的同时，经常也发生笨拙的动作，有时也发生一定肌肉的不随意的痉挛。

因为根据这个假设，脸红是本来朝对我们自己外貌（就是自己的身体表面，尤其是面部）的注意的间接结果，所以我们可以理解到全世界各地人种在脸红时候所同时发生的姿态的意义。这些姿态就是遮掩面部，或者把面部朝向地面，或者转向一侧。通常双眼也斜视或者转动不定，因为如果当时去瞧看那个使我们感到羞惭或者害羞的人，那么我们就会在我们知道或者以为别人正在责备或者过分强烈地夸奖我们的道德行为时候，面部和双眼的同样动作就表现出来，并且实际上也很难避免发生这种情形。

73 岁的埃玛。埃玛于 1839 年嫁给达尔文,她是个虔诚的宗教徒,但达尔文却变成一个无神论者,这让埃玛常常感到忧心忡忡,幸运的是,达尔文尊重妻子的信仰。

# 第 14 章

# 结论和总结

## *Concluding Remarks and Summary*

　　我们已经知道,表情本身,或者像有时被人所称做的情绪的语言(language of emotions),的确对于人类的安宁是重要的。如果我们尽可能去理解各种各样在我们周围的人的面部上时时刻刻可以看到的表情的来源或者起源,那么这就应该会使我们感到很大兴趣,更不必谈到去注意家畜的表情了。根据这几个理由,我们可以得出结论说,我们这本书的主题的哲学见解,过去曾经被人认为很值得大家加以注意,有几个卓越的观察者已经作了这种注意;因此,今后它仍旧值得使人注意,特别是应该得到每个有才能的生理学家的注意。

# Diary sheds light on Darwin couple's lives

VICTORIAN pottery heiress Emma Wedgwood no doubt assumed that her doctor appointments would be of little interest to future generations. But her marriage in 1839 to a certain Charles Darwin changed all that.

Emma's daily diaries have just been added to "The Complete Works of Charles Darwin" website www.darwin-online.org.uk, which was launched by the University of Cambridge in October last year. The largest collection of Darwin's work ever published, it includes 3,200 images from Emma's day-to-day diaries dating from 1824 to 1896, recording her life from her marriage to Darwin up to her death in 1896.

The diaries now belong to Darwin's great-grandson, Richard Darwin Keynes, and are today kept in the Cambridge University Library.

"Until now, Emma has been almost a shadowy figure in Darwin's story", explains project designer and director Dr John van Wyhe of Christ's College, where Darwin himself was a student almost two centuries ago. "There are no publications by Emma. You can't read her books. Even though the entries are short, we can now imagine her life in its various stages."

Found in a cardboard box in the early 80s, the diaries are in such a state that the public has never been allowed to read them until now. They begin when Emma is 16 years old and living at the family estate of Maer Hall in Staffordshire, and the last entry is on October 6, 1896, the day before she died.

Sadly for historians, it was no twist of romantic fate that first brought Emma and Charles together – they were first cousins.

"On the day of her marriage to Charles on January 29, 1839, all Emma wrote was 'came to town'," says John. "This is absolutely true of course, she did go to London that day – but she just didn't bother to mention that she also got married. The next day she goes out shopping for an armchair, and that actually gets a more descriptive entry."

The manner in which Emma records the Darwin families' domestic routine, one side and 'not marry' on the other, and then wrote down the advantages and disadvantages of both. On the side of marrying, he considered that a women would provide companionship in old age, 'better than a dog anyhow'."

Emma may have known about these things, and her diary reveals an equally matter-of-fact approach to life.

"On the day of Darwin's death, Emma writes 'fatal attack at 12' in her diary, and a few days later records the death of their dog with the words 'Polly died'. The dog gets a clear entry than her husband."

The website also features a compilation of Emma's personal letters, first published in a biography by her daughter Henrietta in 1915. Here you can find more details about the woman who supported Darwin until his death in 1882.

"I think if you could have met them they would have been very down-to-earth, friendly, nice people," says John. "Even though Darwin becomes this international celebrity who changes the world, these diaries prove that in their home life they were normal, nice people who had friends to dinner, celebrated birthdays and went on visits and holidays.

to the nature of their courtship.

"They'd known each other all their lives. His family would go and stay with hers, but there's nothing recorded about anything special happening between them. Even at the time when he's on the Beagle voyage and they're single young men and women, nothing seems to have happened."

So despite having her diaries, it seems that Victorian propriety will ultimately prevent us from knowing the juicy details. But John does provide us with some clues to Emma's personal life that are easy to miss on first reading.

"She records her menstruation in these books with an X, and later on, she records her daughter's with a smaller x. There are also a series of exclamation marks, but we don't know what those mean – it could be headaches."

What these diaries tell us unequivocally is that Emma dedicated her life to being a good wife to Darwin and mother to their children. While continually travelling, nursing Darwin when he was ill, receiving guests and attending her relatives, she still managed to keep

APRIL, 1882.

20 THURSDAY.
Polly died
all the John
arrived

21 FRIDAY.

22 SATURDAY.

APRIL, 1882.

16 SUNDAY.  [1st Sunday after Easter.—Low Sunday.]
Les...M.-Numb. 10 to v. 36, 1 Cor. 15 to v. 20. E.-Numb. 16, v. 36, or Numb. 17 to v. 12, John 20, v. 24 to v. 39.

17 MONDAY.
good day a
little work –
out in orch. twice

18 TUESDAY.  [Easter Law Sittings begin.]
Ditto
fatal attack at 12

19 WEDNESDAY.
3 ½

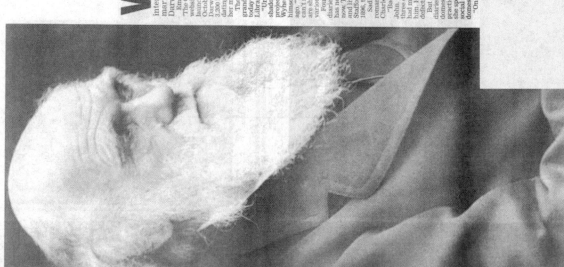

三个决定主要表情动作的重要原理——表情动作的遗传——意志和意图在获得各种不同的表情方面所起的作用——表情的本能的认识——我们的主题对于人种的种的统一问题的关系——人类祖先接连获得各种不同的表情的经过——表情的重要性——结论

现在我已经尽了自己的最大努力来描写人类和少数比较低等的动物的主要表情动作。我已经根据第一章里所提出的三个原理,来尝试说明这些动作的起源或者发展。第一原理就是:有些动作在满足某种欲望方面有用,或者在减轻某种感觉方面有用;如果它们时常重现出来,那么它们就会变成习惯性动作,而且以后就不论这些动作有没有什么用处,只要每次在我们发生同样的欲望或者感觉的时候,即使这种欲望或者感觉的程度很微弱,这些动作也就会发生出来。

我们的第二原理就是对立原理。在反对的冲动下有意进行反对动作的习惯,由于我们一生的实行而在我们身上牢固地确立起来。因此,如果依照我们的第一原理,我们在一定的精神状态下,经常不断地去实行一定的动作,那么在相反的精神状态的激奋下,我们就会发生一种强烈的不随意的倾向,去实行直接相反的动作,不论它们有没有用处,都是这样。

我们的第三原理就是:兴奋的神经系统不依存于意志,而且大部分不依存于习惯,对身体起有直接的作用。经验表明,每次在脑脊髓系统被兴奋起来的时候,神经力量就发生和释放出来。这种神经力量所经由的方向,必须由那些联系彼此间的神经细胞和身体的各个不同部分之间的路线来决定。可是,习惯也对这种方向起有很大的影响;这是因为神经力量容易通过惯熟的通路。

可以认为,大怒的人的狂暴而无意义的动作的发生原因,一部分是由于神经力量没有一定方向的流动,另一部分则是在于习惯的影响,因为可以看出,这些动作时常模糊地表现出殴打的动作来。因此,我们可以把这些动作归到我们的第一原理所包含的姿态里面去;例如一个愤激的人,虽然并没有任何意图要去真正进攻对方,但是也会无意识地使自己采取一种适于打击对方的姿态。我们也在一切所谓激奋的情绪和感觉方面看出习惯的影响来,因为这些情绪和感觉是由于惯常引起强盛活动而采取这种特性的,这种活动就间接地对呼吸和血液循环系统发生影响,而这个系统则又对脑子发生反应。甚至每次在我们轻微地感受到这些情绪或者感觉的时候,虽然当时它们还没有引起任何努力的可能,但是由于习惯和联合的力量影响,我们的全身组织仍旧受到损害。还有一些所谓压抑的情绪和感觉;因为它们除了开头发生激烈的动作,例如在极度苦痛、恐惧和悲哀的情形方面那样,就不会惯常引起强烈动作,而且最后会引起精力完全疲累,所以它们是压抑的;因此,这些情绪和感觉主要就表现出消极的征象和虚脱。还有一些情绪,例如恋情;它们起初并不引起任何一种动作,因此也不显露出任何显著的外表征象来。实际上,

---

◀ *Cambridge Evening News* 上刊登的关于达尔文夫妇的报道。

---

恋情如果还处在愉快感觉的范围里,那么就会激发起通常的愉快表征来。

从另一方面看来,很多由于神经系统的兴奋而发生的后果,显然是和神经力量沿着那些由于以前所完成的意志的努力而成为惯熟的通路而传播的情形完全没有关系。现在还不能够去说明有些时常表明出受到影响的人的精神状态的后果;例如:由于极度恐怖或者悲哀而发生毛发颜色变化,由于恐惧而发生冷汗和肌肉颤抖,肠管的分泌作用遭到破坏,有些腺的活动停止。

不管在我们现在所研讨的主题里还有很多不明白的地方,但是我们仍旧可以盼望到,今后根据上面所提出的三个原理或者其他和它们类似的原理,去使一切表情动作都获得相当的说明。

所有一切种类的动作,如果经常不变地和某种精神状态同时发生,那么立刻就可以被承认是表情动作。身体上的某个部分的动作,例如狗的尾巴摇动、人的双肩耸起、头发直竖、出汗、微血管血液循环的状态发生变化、呼吸困难、口声或者其他发声器官的使用,都归属于表情动作。甚至昆虫也用它们的唧唧声来表明愤怒、恐怖、嫉妒和爱情。[102] 在人类方面,呼吸器官不仅在作为直接的表情手段方面有特别重要的意义,而且也在作为间接的表情手段方面有更加高度重要的意义。

在我们现在所研讨的主题里,有少数几点,要比异常复杂的一连串引起一定的表情动作的事件更加有兴趣。我们可以举出一个由于悲哀或者忧虑而受苦的人的眉毛倾斜情形来作为例子。在婴孩因为饥饿或者苦痛而高声尖叫的时候,他的血液循环就受到影响,双眼因此具有充血的倾向;结果,眼睛周围的肌肉就强烈收缩起来,以便保护双眼;这种动作在很多世代里被坚强地固定下来,并且遗传下去;可是随着年龄的增加和文化程度的提高,尖叫的习惯就有一部分被抑制下去,但是每次在我们感到轻微痛苦的时候,眼睛周围的肌肉仍旧有收缩的倾向;在这些肌肉当中,鼻三棱肌要比其他的肌肉较少受到意志的支配;只有靠了额肌的中央筋膜的收缩才能阻止鼻三棱肌的收缩;额肌的中央筋膜把双眉的内端向上提起,使前额起有特殊样子的皱纹;我们就可以辨认出这是悲哀或者忧虑的表情。像刚才所讲到的那些轻微的动作,或者很难认清的嘴角向下牵引,就是过去显著的、可以理解的动作的最后残存物或者痕迹。这些动作对我们说来是具有表情上的重大意义,正像普通的痕迹器官对自然科学家说来是具有着有机体分类和发生上的重大意义一样。

人类和比较低等的动物所表现的主要表情动作,现在已经成为天生的,就是遗传的动作;也就是说,它们并不是个体在出生以后学习而获得的;这种说法已经被大家所公认。当中有几种动作,绝不是学习和模仿所能获得的,因为它们自从我们一生的最早几天起直到老死为止,都完全不受到我们的支配;例如,在脸红的时候,皮肤的动脉宽弛;在愤怒的时候,心脏活动增强。我们可以看到,只有两三岁的小孩,或者甚至是生来瞎眼的人,也会由于羞惭而脸红起来;年纪很小的婴孩的裸出的头皮,会由于激情而发红。婴孩在刚才出生以后就会由于疼痛而尖叫起来,当时他们的一切面貌变化,就具有以后年岁里所出现的同样的形态。单单这些事实,就已经足够表明出,在我们最重要的表情当中,有很多表情并不是后来获得的;可是,值得注意的是,有几种确实是天生的表情,但是在它们被充分或者完全实行以前,还需要由个体来加以练习;例如哭泣和笑声就是这样。

我们的多数表情动作能够遗传的情形,正就说明了我从勃莱尔牧师那里听到的事实,就是:那些生来瞎眼的人所表达出来的表情动作,也和明眼人所赋有的表情动作一样良好。因此,我们可以理解到一个事实:种族极不相同的幼年和年老的人和动物,双方都能够用同样的动作表现出同样的精神状态来。

我们已经很熟悉幼年和老年动物以同样方式来表现它们的感情这种事实,因此我们就很难辨认出下面的事实有多么显著不同:年幼的小狗正像老狗一样,在愉快的时候摇动着尾巴,而在假装怒恨的时候,则把双耳贴近头部,并且露出犬齿来;或者是小猫也像老猫一样,在惊恐和愤怒时候就会把自己的小背部向上弓起,并且把毛发直竖起来。可是,如果我们转过来观察自己所表现的较不普遍的姿态,这些姿态被我们惯常认为是人为的或者沿传的姿态,例如双肩耸起是表示软弱无力的姿态,或者双臂举起而且摊开双手和展开五指的动作是惊奇的姿态,那么我们在发现它们是天生的姿态时候,大概也会大吃一惊。我们可以根据年纪极小的孩子、生来瞎眼的人和远不相同的人种都能够表现出这些姿态和其他几种姿态来这种事实,来推断出它们是遗传而来的。我们也应当记住,大家知道有些和一定精神状态联合的新获得的极其特殊的癖性,先在某些个体当中发生出来,后来就被遗传给子代,有时达到一个世代以上。[103]

另外有几种姿态,在我们看来好像是很自然的,因此我们就容易把它们当做天生的;实际上它们也好像语言的字句一样,显然是学习而获得的。在祈祷的时候,举手合掌和双眼向上转动的动作,显然就属于这种情形。作为恋爱的标记的接吻,也属于这方面;可是,一种动作如果处在某种和所爱的人接触而发生的愉快范围里,那么就属于天生的。关于作为肯定和否定表征的点头和摇头的遗传方面的证据,还有使人可疑的地方,因为这些表征不是普遍存在的,但是显得很普通,因此已经被很多种族的一切个人所独立地获得了。

现在我们来考察意志和意识在各种不同的表情动作的发展方面起有多大的作用。尽我所能够判断的说来,只有少数表情动作,例如刚才所讲到的动作,是被每个人所学习而获得的,就是被人在一生的早年期间里为了某种一定目的或者模仿别人而有意识地和志愿地实行,后来就变成习惯的动作。我们已经知道,极多的表情动作,而且是所有一切最重要的表情动作,都是天生的或者遗传而来的;我们不能认为它们依存于个人的意识。虽然这样,一切被包括在我们的第一原理范围里的表情动作,最初都是被个人为了一定目的而有意识地实行的;就是为了要逃避某种危险,要解除某种痛苦,或者要满足某种欲望。例如,未必可以去怀疑,有些用牙齿作斗争的动物,在怒恨的时候,获得了把双耳向后牵伸和贴近头部的习惯;这是因为它们的祖先过去为了保护自己的双耳以免被敌方所撕咬去,而已经有意地采取了这种方式的动作;要知道,不用牙齿相斗的动物就不会采取这种动作来表明自己的怒恨情绪。我们可以作出极其近于真实情形的结论说,我们自己在平和的哭喊(就是不发出任何高大声音来的哭喊)时候,获得了使眼睛周围肌肉收缩的习惯。这是因为在我们的祖先(尤其是在婴孩时期里)作着尖叫动作的时候,他们的眼球就感受到一种不舒适的感觉,所以采取了这种动作。还有几种显著的表情动作,是由于努力抑制或者防止其他的表情动作的结果而发生的;例如:眉毛倾斜和嘴角向下牵引,是由于努力防止一阵就要到来的尖叫发作、或者抑制已经发生的尖叫而发生的。在这种情形里就可以明白,意识和意志起初一定对这些动作起过作用;可是,在这种情形里和在其他类似的情形里,正像在我们实行最普通的有意的动作时候那样,我们还很少意识到究竟哪一些肌肉参加作用。

至于说到那些由于对立原理而发生的表情动作方面,那么可以明白,意志曾经在当时对表情动作的发展方面起有作用,不过是遥远的和间接的作用。关于我们的第三原理所包括的表情动作方面,也是这样;因为这些动作受到那种容易通过惯熟的通路的神经力量的影响,所以它们的发展曾经被以前多次意志的努力所决定。这些间接由于意志的努力而发生的效果,往往由于习惯和联合的力量,而和脑脊髓系统的兴奋所直接产生的效果,互相复杂地结合起来。显然,这个说法也可以适用于心脏活动在任何强烈情绪的影响之下加强起来方面。当一只动物为了要使敌方感到恐惧而把毛发直竖起来,采取可怕的姿态并且发出凶恶的叫声来的时候,我们就可以看出它的本来有意的动作和不随意的动作互相奇妙地结合在一起。可是,说不定意志的神秘力量甚至也会对真正不随意的动作(例如毛发直竖的动作)起有作用。

有几种表情动作,也可以像上面所讲到的癖性那样,和一定的精神状态联合起来而自然发生出来,以后则被遗传下去。可是,我还没有知道任何一个可能证实这个见解的证据。

同一种族的成员之间靠了语言而进行的交际能力,在人类的发展方面起了头等重要的作用;而面部和身体的表情动作就对语言作了重要的帮助。[104] 当我们和任何一个遮掩自己面部的人谈论到一个重大问题时候,我们立刻就可以相信这个说法。虽然这样,据我所能够发现的说来,还没有根据可以认为,任何一种肌肉会专门为了表情的缘故而发达起来,或者甚至发生变化。那些用来发出各种各样表情声音来的口声的和其他发声的器官,似乎是有几分例外;可是,我曾经在另外地方尝试去表明,这些器官起初是为了两性之间彼此互相呼唤或者诱惑的目的而发达起来的。我们也不能找出根据来假定说,任何一种现在作为表情手段的、能够遗传的动作,例如有几种被聋哑的人所使用的姿态和手势语,起初是为了这种特殊目的而被随意地和有意识地实行的,相反地说来,各种真正的或者遗传的表情动作,显然具有某种自然的和不依存于特殊目的的起源。可是,这些动作在一次被获得以后,就可以被随意地和有意识地使用,作为交际手段。甚至婴孩也是这样;如果我们仔细地去观察他们,那么可以看到,婴孩在极小的年龄时候就会发现自己的尖叫能够减轻痛苦,因此他们也就立刻随意地实行它。我们时常可以看到,有人能够为了表示惊奇而有意把双眉举起,或者为了表示假装的满意和默认而有意发出微笑来。还有人时常想要把一定的姿态变得显著或者显明,因此就把自己的双臂张开,把五指宽广地分开,高举到头部以上,来表示他的吃惊;或者把双眉耸起到双耳处,来表示他不能够或者将不去做某种事情。如果他们有意和多次重复地去实行这些动作,那么这种实行的倾向就会加强或者增加起来,而它的效果就会遗传下去。

说不定我们也值得去考察一下,究竟那些最初只是被一个人或者少数人使用来表示一定的精神状态的动作,是不是有时并不会扩展到其他的人方面去,而且也不会由于有意的或者无意的模仿而最后成为普遍的动作。的确,在人类方面存在着一种和有意的意志毫无关系的、强烈的模仿倾向。在某些脑病方面,特别是在脑子初期发炎软化的时候,就特别显著地表现出这种模仿倾向来,因此它又被叫做"反响症状"(echo sign)。患生这些病症的人,就会去模仿周围的人所做出来的毫无意义的姿态,去模仿他们附近所发出的每句话,甚至是外国话,却并不懂得它们的意义。[①] 在动物方面也有这种情形,例如胡狼和狼曾经在兽笼里学习模仿狗的吠叫。狗的吠叫是用来表示各种不同的情绪和欲望的;而且值得使人注意的是,这种动物在被驯养以后才获得吠叫的特性,并且不同的狗的品种遗传到程度不同的吠叫特性;可是我们还不知道,吠叫起初是怎样被狗学习到的;可是,说不定我们还不至于去怀疑说,由于狗长期在和人类这种善于饶舌的动物作着密切的共同生活,所以模仿也会对吠叫的获得方面起有某些作用吧?

我时常在上面的叙述里和在圣书各处,为了要确当地应用"意志""意识"和"意图"这一类名词的问题,而感到有很大的困难。有些起初是有意的动作,立刻就会变成习惯的动作,最后则成为遗传的动作,于是也就可以甚至反对意志而被实行。虽然这些动作时常表现出精神状态来,但是这绝不是起初的目的,也不是预料的后果。甚至像"某些动作用来作表情手段"这几个字,也容易使人发生误解,因为这几个字的意义含有着动作的最初的目的或者对象。[105]可是,这种意义的情形似乎很少发生,或者从来不会发生;要知道,这些动作起初或者是具有某种直接的用处,或者就是感觉中枢的兴奋状态的间接效果。婴孩为了表示要吃东西,而可以有意地或者本能地发出尖叫来;可是,他并没有一种愿望或者意图,要把自己的面貌装扮成这样明显地表示可怜的特殊样子来。在人类所表示的最特有的表情当中,有几种表情是由于尖叫动作而发生;在前面已经说明过这一点。

虽然大家都承认,我们的多数表情动作是天生的或者本能的,但是究竟我们有没有一种认识它们的本能的能力,这却是另外一个问题。虽然一般都假定我们具有这种能力,但是列莫因先生曾经强烈反对这种假定。[②] 有一个细心的观察者肯定说,猿类不仅对于主人说话的音调,而且也对于他们的面部表情,都会很快地辨认出来。[③] 狗也清楚地辨别出主人在爱抚时候和恐吓时候的姿态或者音调双方的差异;显然它们也辨认得出一种表示同情的声调来。可是,我因为已经作了多次对狗的试验,所以就尽可能来指出说,它们除了懂得微笑或者声笑以外,就不再懂得任何有关面貌方面的表情动作;它们至少有几次似乎辨认得出微笑或者声笑来。猿类和狗,大概由于把我们对它们的苛刻或者亲切的对待去和我们的动作联合起来,而获得了这种有限的辨认能力;可以知道,这种能力确实不是本能的。显然无疑,小孩也像动物学习人类的表情动作的情形一样,会立刻去学习年纪较大的人的表情动作。不但这样,婴孩在哭喊或者声笑的时候,一般都会知道自己在干些什么事情和感到什么情绪,因此,极微小的理智上的努力,就可以使他明白别人的哭喊和声笑是什么意义。可是,要知道问题就在于:人类的小孩是不是单单由于联合和理智的能力而得的经验,来获得他们辨认表情的能力的?[106]

---

① 参看倍特孟(Bateman)博士在他所著的《失语症》(*Aphasia*,1870 年,第 110 页)里所举出的有趣的事实。
② 列莫因:《面相和讲话》,1865 年,第 103 和 118 页。
③ 伦奇尔:《巴拉圭的哺乳动物的自然史》,1830 年,第 55 页。

因为多数表情动作一定是逐渐地被获得的，后来才转变成为本能的动作，所以我们显然具有某种程度的先天的几率来假定说，表情动作的认识也同样可以成为本能的认识。相信这种假定，至少要比承认下面两点碰到较小的困难；这两点就是：第一，雌性四足兽在第一次产子以后，就能够辨出它的儿子的痛苦叫喊；第二，很多动物本能地辨认得出自己的敌人，并且对它们发生恐惧；我们绝没有理由去怀疑这两种说法。可是，要去证明人类的小孩会本能地辨认得出任何表情这件事，却有极大的困难。我曾经观察自己的初生婴孩，打算去解决这个问题；这个婴孩在和其他小孩同居的时候，还绝不会学习到任何事情；同时我确信，在这小小的年纪，而且还不能靠了经验来学习任何事情的时候，他已经理解到微笑，由于看到微笑而发生愉快，同时用自己的微笑来应答它。当这个婴孩的年纪大约有 4 个月的时候，我在他面前发出各种奇怪的嘈声和作出奇特的怪相来，并且还尝试装成怒恨的样子；可是，嘈声如果不太高的话，那么也好像怪相一样，全都被他看做是良好的玩具；我以为这种情形就在于当时在发出嘈声以前或者同时，还有微笑显现出来。他的年纪在 5 个月的时候，显然已经理解到同情的表情和声调。当他 6 个月零几天的时候，他的保姆假装哭喊的样子，于是我就看到，婴孩的面部立刻采取忧郁的表情，同时嘴角向下压抑得很厉害；因为这个婴孩还很少看到其他小孩哭喊，并且从来没有看到成年人哭喊过，所以我应当怀疑究竟他会不会在这样小的年纪，去推断这个问题。因此，我以为，正就是先天的感情在暗示这个婴孩道，他的保姆假装的哭喊就表示悲哀；由于同情的本能，这就激发起他自己的悲哀来。[①]

列莫因先生论断说，如果人类具有天生的辨认表情的能力，那么著作家和艺术家在叙述和描写各种特殊精神状态的特有表征时候，应当不再遇到像实际上大家知道的情形那样的困难。可是，我以为他的论断并不正确。我们可以确实看到，人类或者动物的表情发生毫无错失的变化，但是根据我从经验上所知道的，现在还不可能去分析变化的性质。在杜庆所提供的两张同一个老年人的照片（照相图版Ⅲ，图 5 和图 6）里，差不多每个人都辨认得出，一张照片表明真正的微笑，而另一张照片表明虚假的微笑；但是我发现，要去决定全部差异在于什么，就显得非常困难。有一个奇妙的事实使我感到惊奇，就是：我们一下子就可以辨认出很多种类的表情，而不用我们去作任何有意识的分析过程。我以为，决没有人能够清楚地描写出愠怒或者狡猾的表情来；可是，有很多观察者都得出一致的结论说，在各种不同的人种方面，都能够辨认出这些表情来。我曾经把杜庆博士所摄的一张眉毛倾斜的青年人的照片（照相图版Ⅱ，图 2）交给人家看；差不多所有看到它的人立刻就宣布说，它表示悲哀或者某种类似的表情；可是，恐怕在这些人当中没有一个人，或者在一千人当中没有一个人，能够预先说出任何有关双眉倾斜而且内端起皱方面的、或者有关前额出现长方形皱纹方面的精确的情节来。还有很多表情，也发生同样的情形；我曾经在向别人指出应该观察这些表情的各种细节时，就亲身体验到这方面的困难。因此，如果完全不知细节的情形并不妨碍我们确实而迅速地认识各种表情，那么

---

[①] ［华莱士先生（《科学季刊》，*Quarterly Journal of Science*，1873 年 1 月）聪明地反驳说，保姆的面部上的奇怪表情，可能单单去吓唬婴孩，因而使他哭喊起来。

可以去比照《亚当·比德》（*Adam Bede*）这本书里的铁匠查德·克拉耐奇（Chad Cranage）的表情：当这个铁匠每次在星期日洗净自己的面部时候，他的小孙女就时常把他当做陌生人而哭喊起来。］

我就不能理解到,这种不知细节的情形怎样能够被提出成为一种论据,去证明我们的知识(辨认能力)虽然模糊不明和不能确定,却并不是天生的。[107]

我曾经努力要相当详细地表明出,人类所特有的一切主要表情是全世界都相同的。这个事实是很有趣味的,因为他能够提供出一个新的论据来,而有利于几种民族起源于单一的祖先种族的说法;这个祖先种族在还没有分开成彼此不同的人种的期间以前,已经差不多具有完备的人体构造,而且也具有大部分人类的精神。不必怀疑,这些适应于同一目的的类似的身体构造,时常由于变异和自然选择而被各种不同的种族所独立地获得;可是,这种见解还不能去说明各种不同的种族在大量不重要的细节方面具有彼此密切的类似。其次,如果我们注意到,身体构造的无数特征对于一切人种所共同具有的表情并无关系,并且再把表情动作所直接或者间接依存的很多条件(有些条件极其重要,而很多条件则是很少具有意义的)都增添到它们里面去,那么我认为,极不可能用彼此无关的方法,去获得这种在身体构造上的很大的类似情形,或者更加正确的说是构造上的相同情形。可是,如果以为人种起源于几个原来彼此不同的种族,那么就一定会发生这种情形了。极其近于真实的说法,就是:有很多在各种不同的种族方面的极其相似的特征,是由于单一的、已经具有人类特征的祖先类型方面的遗传而来的。[108]

有一个问题,虽然说不定有人会认为去思索它是无益的,但是也很有趣味;这就是:在远古的时期,我们的祖先究竟从怎样早的时代开始接连地获得现在人类所表示的各种不同的表情动作。下面的一些论点,至少可以用来使我们回想到本书里所讨论到的主要原理。我们可以确信地认为,我们的祖先在还没有被称做人类的资格以前很久,就已经实际使用声笑来作为愉快或者喜悦的表征,因为有很多种类的猿在愉快的时候,就发出一种显然和我们的声笑相似的反复的声音来,同时它们的双颚或者双唇也时常上下振动,而嘴角则向后和向上牵引,双颊起皱纹,甚至双眼也发亮起来。

我们也可以推断说,在极其遥远的时代,人类已经差不多像现在一样表现出恐惧来;就是在恐惧的时候,表现出身体颤抖、毛发直竖、冒出冷汗、脸色苍白、双眼大张、多数肌肉宽弛,而且全身向下蹲缩或者呆住不动。

苦恼如果很强烈,那么在一开头的时候就应该引起受苦者发出尖叫或者呻吟来,同时身体痉挛和牙齿互相磨动。可是,在我们的祖先的血液循环器官、呼吸器官和眼睛周围的肌肉还没有获得我们现在的构造以前,还不能够表现出那些和尖叫与哭喊同时发生的面貌的高度表情动作来。显然流泪是借助于反射作用而起源于眼睑的痉挛性收缩,可能眼球在发出尖叫时候过分充血。因此,哭泣大概是在人类发展史的比较晚近的时代发生的;这个结论也符合于下面的事实,就是:人类的最接近的亲属——类人猿——不会哭泣。可是,我们在解决这个问题的时候,应当稍微小心些,因为有几种和人类没有密切的亲缘关系的猿会哭泣,所以这种习惯可能很早就在那个产生出人类来的类群的旁系里被发展起来。在我们的早期的祖先还没有获得努力抑制自己的尖叫的习惯以前,当发生悲哀或者忧虑的苦恼时候,绝不会把双眉倾斜,或者使嘴角向下牵引。因此,悲哀和忧虑的表情是人类所卓绝地专有的。

在很早的古代,人类就用威吓或者狂暴的姿态、皮肤发红和双眼发光来表示大怒,但是并不用皱眉来表示它。要知道,皱眉的习惯显然是由于下面的原因而获得的:主要的原因是每次在婴孩发生疼痛、愤怒或者痛苦而且因此就要发出尖叫的时候，眼轮匝肌就是第一种在眼睛周围收缩的肌肉；部分的原因则是皱眉可以用来作为一种在困难的专心注视时候的遮荫物。很可能在人类还没有采取完全直立的位置以前，这种遮荫的动作还没有变成习惯的动作，[109] 因为猿类在眩目的光照下并不皱眉。人类的很早的祖先在大怒的时候，大概要比现在的人更加自由地露出牙齿来；甚至是一个人大怒得完全发狂，像精神病患者那样，也不及这些祖先的露齿自由。我们也可以差不多肯定说，他们在愠怒或者失望的时候，一定比我们的小孩，或者甚至比现存的野蛮种族的小孩，更加强烈地突出双唇来。

人类的很早的祖先在发生愤慨或者中等程度的愤怒时候，如果还没有获得人类的普通步态和直立姿态，那么绝不会把头部挺直，扩张胸部，耸起双肩，并且握紧拳头，而且也不会学习到用拳头或者棍棒来相斗的本领。在这个时代还没有到来以前，那种和上述姿态相反的、作为软弱无力或者忍耐的表征的耸肩姿态，绝不会得到发展。根据同样的理由，在那时候，也绝不会用举起双臂、张开双手和分开五指的姿态来表示吃惊。根据猿的动作来判断，绝不会用把嘴大张的姿态来表示吃惊；可是，当时双眼应该会张开，而双眉则向上弓起。在遥远的古代，应该是用嘴的周围的动作，好像呕吐的动作一样，来表示厌恶；就是说，如果我对于这种表情的起源所提出的见解是正确的，那么就会发生这种动作；我的见解就是：人类的祖先具有那种把自己厌恶的食品从胃脏里有意地迅速吐出的能力，并且使用过这种能力。可是，轻蔑或者鄙视的最精细的表明方法，是用眼睑下垂或者把双眼和面部转向一侧，好像是不值得去瞧看那个被轻蔑的人似的；这种方法大概在很晚的时代以前，绝不可能被他们获得。

在一切的表情当中，显然脸红是人类的最特殊的特征；一切人种，或者差不多一切人种，共同具有这种表情，不管当时他们的皮肤颜色是不是发生变化总是这样。脸红是由于皮肤表面小动脉宽弛而发生，显然这种宽弛情形最初是因为我们对于自己的身体的外貌（特别是对于面部）热心注意而发生的；而习惯、遗传和神经力量容易沿着惯熟的通路流去的倾向，也促进了它的宽弛；后来，我们对于道德行为的自己注意，由于联合的力量，也引起了这种小动脉宽弛和脸红的情形。未必可以去怀疑，很多动物能够评估美丽的颜色，甚至也能够评估形态；例如，在雌雄两性的个体当中，一性的个体为了向另一性的个体表示自己的美丽而发生苦痛，正就是由于这种情形。可是，显然还不可能去假定说，任何一种动物，在它的精神能力还没有发展到一种和人类相等或者近于相等的程度以前，也会对于自己的外貌仔细考虑和发生敏感。因此，我们可以作出结论说，脸红是在人类的漫长的发展史的很晚时代里发生出来的。

从刚才所讲的和本书各处所提出的各种不同的事实里，我们可以得出结论说，如果现在我们的呼吸器官和血液循环器官的构造略微发生一些变化的话，那么我们的大多数表情也会发生惊人的变化。例如，要是那些通往头部的动脉和静脉的分布位置发生很微小的变化，那么这就可能在激烈的呼气时候阻止血液积聚到我们的眼球里去；可以观察到，在极少数的四足兽方面就发生这种情形。在这种情形里，有几种人类最特有的表情就不会被我们表现出来。要是人类靠了外鳃来呼吸水（虽然这种见解未必可能使人想象得到），不是用嘴和鼻孔呼吸空气，那么他的面貌就不会比现在的手或者四肢更加有效地表现出自己的感情来。可是，大怒和厌恶的表情，仍旧还是双唇和嘴的周围肌肉的动作，而双眼则由于血液循环的状态而变得更加明亮或者更加暗淡。如果我们的耳朵仍旧是可以移动的，那么它们的动作一定具有高度的表情，正像一切用牙齿相咬作战的动物的耳朵动作那样；我们也可以推断说，我们的早期的祖先也是这样来相斗的，因为现在我们对别人冷笑或者挑战的时候，仍旧还露出一侧的犬齿；还有在狂乱的大怒时候，就把全部牙齿显露出来。

面部和身体方面的表情动作，不管它们的起源怎样，都对我们本身的安宁有很大的影响。它们被用来作为母亲和婴孩之间的最初的交际手段；母亲用微笑来赞扬自己孩子的良好行为，因此就鼓励他走向正路，或者用皱眉来反对他的不良行为。我们容易由于别人的表情而看出他们的同情来；例如，我们的苦恼就会因此减轻，而我们的愉快则可以增加起来，于是我们相互间的好感也因此加强起来。表情动作会使我们的说话变得生动而且有力。表情动作会比说话更加正确地显示出别人的思想和意图来，因为说话有时会是虚假的。哈莱尔很早就指出说，[①]在所谓《人相学》里含有的真理究竟有多少，显然是取决于下面的情形：各种不同的人根据自己的性癖而经常使用不同的面部肌肉；这些肌肉的发达，大概就是这样增强起来的，而面部的线条或者皱纹由于惯常收缩而因此变得更加深刻和更加显著。一种情绪如果靠了外表特征而自由表现出来，那么这就会使它更加强化。[②]相反地说来，如果把一切外表特征尽可能抑制下去，那么这就会使我们的情绪更加硬化。[③]如果一个人采取狂乱的姿态，那么这就会增强他的大怒；如果一个人不去控制恐惧的表征，那么他就会发生更大的恐惧；如果一个人被悲哀所笼罩而仍旧处在被动状态，那么这就会使他丧失恢复精神平衡的最好机会。所有这些结果，一部分是由于差不多全部情绪和它们的外部表现之间所存在的密切关系而发生，另一部分则是由于我们的努力对于心脏的直接影响，因此也对于脑子的影响而发生。甚至在我们去模仿一种情绪的时候，也会在我们的头脑里发生出一种倾向，要真的表现出这种情绪来。莎士比亚由于对人类精神活动方面有惊人的知识，而应当被认为是这方面的卓越的鉴定者；他说道：

> 瞧吧，这里有一个演员，
>
> 只不过是在扮演假戏，在做着热情的梦，
>
> 但是却把自己的精神高扬起来，以致达到狂想，
>
> 由于这种做法，他的脸变得完全苍白，
>
> 双眼含泪，面部带着绝望的样子，
>
> 声音断断续续，而且他的全部行动真正符合于

---

①　这段话是莫罗所引用的，参看拉伐脱尔所编的《人相学文集》，1820 年，第 4 卷，第 211 页。

②　毛兹莱在讲到表演动作的效果时候说道（《精神的生理学》，*The Physiology of Mind*，1876 年，第 387—388 页），身体的动作可以使情绪更加强化，而且更加明确。其他的著者也提出过相似的意见，例如，冯德（Wundt）：《论文集》（*Essays*），1885 年，第 235 页。勃莱德（Braid）发现，在使被催眠的人采取适当的姿态时候，他就会发生相应的激情来。

③　格拉希奥莱（《人相学》，1865 年，第 66 页）肯定说，这个结论是真实可靠的。

他的狂想的形态；这不是奇怪的事情吗？ 一切都是为了无中生有！

《哈姆雷特》，第二幕，第二场

我们已经知道，表情问题的研究在一定的程度上可以去证实关于人类起源于某种比较低等的动物类型的结论，并且去支持关于几个人种具有种的或者亚种的统一性的说法；可是，据我所能判断的说来，这种确证恐怕是用不到的。我们已经知道，表情本身，或者像有时被人所称做的情绪的语言(language of emotions)，的确对于人类的安宁是重要的。如果我们尽可能去理解各种各样在我们周围的人的面部上时时刻刻可以看到的表情的来源或者起源，那么这就应该会使我们感到很大兴趣，更不必谈到去注意家畜的表情了。根据这几个理由，我们可以得出结论说，我们这本书的主题的哲学见解，过去曾经被人认为很值得大家加以注意，有几个卓越的观察者已经作了这种注意；因此，今后它仍旧值得使人注意，特别是应该得到每个有才能的生理学家的注意。

# 俄 文 译 本 的 附 注

〔苏联〕C．Г．格列尔斯坦 教授

## · *The Russian Edition Notes* ·

　　〔1〕（第5页）这些被达尔文所归属于无意识动作方面的现象，后来就成为特种生理和心理研究工作的对象；这些研究工作替所谓观念运动（Ideomotor）的动作的学说打下了基础（从1882年起，在文献里载入了这个"观念运动"的名称）。观念运动的动作的实质，就在于：一种想要发生的动作的观念，就是一种对于它的明显而活跃的观念，成为一种动作发生的直接推动力。巴甫洛夫揭露了这类动作的生理机制；他把这类动作去和下面一个事实联系起来，就是："那种能够被一定的动作所激动的肌肉动感细胞，在受到不是从周围来的、而是从中枢来的刺激时候，也会发生同样的动作"（《巴甫洛夫全集》，第3卷，第554页，1949年）。由于这一点，每次在我们努力想到一定的动作时候，当时就会由于相应的运动中枢的刺激作用，而发生出那些对于要完成这些动作的冲动来。达尔文正确地把这种现象去和表情动作联系在一起。

　　〔2〕（第5页）在达尔文的这本书出版以后，皮德利特仍旧还对表情这个问题继续研究下去。他特别重视艺术、绘画和雕刻方面的表情动作的研究。在这方面，可以把他看做是那个和贝尔的名字有关科学派别的后继人。皮德利特也像贝尔一样，企图创立这样一种关于表情动作的学说，而可以使它成为艺术家、演员等的直接解剖上的指导。皮德利特在自己的著作里，对达尔文在《人类和动物的表情》这本书里所提出的许多原理作了批评。皮德利特并不同意达尔文的这样一种说法，就是：在现代人类的表情和姿态方面，我们只能够看出那些表情动作的痕迹；这些表情动作过去曾经是有用的，因此以后就成为能遗传的习惯而被保存下来和加强起来。皮德利特企图证明说，不论表情或者姿态，都对现代人类方面具有一定的意义；并且说，特别是面部肌肉由于具有它们所实现的表情动作的一切多样性，就成为感觉器官的补充物，并且执行着合于目的的机能。皮德利特编制了一张表情动作表；这张表在实验心理学方面研究一种根据面部表情来认识情绪的方法时候，有相当广泛的用处。在这个派别里，曾经

产生出和现在仍在产生出那些特殊的研究工作;这些研究工作的简短报道连同有关文献资料的索引,可以从下面这本书里查看到:吴伟士(R. S. Woodworth),《实验心理学》(Экспериментальная психология),第21章,莫斯科,1950年。

[2a] (第7页)从达尔文在和贝尔发生争论时候所表明的立场方面,表现出了达尔文的观点具有反目的论的性质。达尔文早已在开头提出表情动作的起源这个问题时候,就坚持了进化原理;绝不能把这个进化原理去和那些著者的见解混在一起;这些著者认为,存在着一些专门"被指定"作为表情目的用的肌肉。达尔文最坚决地反驳了这些见解。同时,达尔文在这个著作的另一些地方,亲自多次提出了一些为了斥责目的论而写的说法(还可以参看后面第37条俄译者的附注)。

[3] (第7页)达尔文不得不去和两个在表情动作的起源问题的解释上的错误方向进行斗争。一方面,他认为不可能采取贝尔关于一定的肌肉具有特殊指定的用途的见解;另一方面,他完全不满意贝尔的论敌们的见解,例如格拉希奥莱的见解,他虽然也像达尔文的一样否认肌肉为了表情的特殊目的而发展的可能性,但是没有用进化观点去考察它们。这两个方向同样是和达尔文的见解完全不同而且敌对的,因为它们并不根据于进化学说的原理。因此,达尔文面临着一个新的任务;在他以前,从来没有人提出过这个问题。丝毫用不到惊奇,达尔文在解决这个问题时候,体验到很大的困难和犹疑不决的感情。他意识到,自己掌握到极少受到科学上的检定的事实和更加少的对这些事实的生理学上的可靠说明。这一点也就说明了达尔文的这个著作所具有的特殊的叙述这个主题的方式,并且这种方式就表现在一定的事实资料的相互联系上,而时常毫无对它们的自然科学上的明确解释。

[4] (第10页)根据达尔文自己的承认,他所编写成的这张问题表是不完善的。有几个重要的问题被他忽略去了;还有几个问题被他用这样的方式提出来,就是:它们会无意之中引起回答者们在没有证实这些表情动作的事实本身以前,作出关于这些动作的性质方面的一定的判断来。达尔文并没有把他所收集到的资料作统计学上的处理,不过在分析这些资料的时候表现出了极度小心谨慎的态度。除此以外,他还把这些询问得来的资料去和他从其他来源方面所获得的知识互相比较。因此,达尔文所编的问题表虽然不完善,但是他顺利地避免了其他以这类来源为根据的著作通常所易犯的错误。

[5] (第11页)达尔文所举出的这几个研究方法,被他用来查明各种情绪所特有的表情动作,并且确定这些动作和一定的生理学上的要求的联系;根据这几个方法就可以知道,达尔文为了要周到地研究这个问题而绝不错过任何一个可能有关的机会。达尔文的研究方法的优点就在于:达尔文靠了这些方法,就有可能去构想出最详细的和最全面的关于他所钻研的表情的观念来,并且极其细致地提供出关于这些表情的文字上的评定来。可是,这些方法的缺点却在于:在它们当中,任何一个方法都没有具备下面的要求,就是只要有一次科学观察在和实验方法配合的时候,就容易达到可靠性和确实性。因此,在达尔文的全部研究里,含有着不可避免的局限性的印迹;有些自然科学著作企图去说明生理学问题,同时又没有机会去进行严格的生理试验,因此也就固有着这种局限性的印迹。应当说达尔文具有一种荣幸,就是他意识到这一点,因此就企图用他所能采取的一切方法,去补足这些纯粹记述性的研究方法的空白和缺点,而且在很多情况下去把观察和最简单的实验配合起来。达尔文为了解释表情动作的起源而提出的基本原理,大概会从那种首先建立在条件反射理论的基础上的实验方面来获得强有力的支柱。

[6] (第12页)达尔文在1868年1月30日寄给弗尔第南德·米勒的信还被保存着;从这封信里可以看到,在《人类和动物的表情》出版以前4年里,达尔文企图仔细说明很多有关人类和动物的特殊表情方面的细节。在上述的信里,他因为从米勒那里获得有关耸肩的姿势的资料而向米勒道谢,并且对

于猿类在惊奇时刻是不是张开嘴来这一点发生怀疑。就在这封信里,他迫切地请求米勒去查明,"每只猿在作着激烈的叫喊时候,是不是都把双眼闭合起来?"(《达尔文的多方书信集》,"More Letters",第 2 卷,第 98 页)

[7] (第 14 页)自从达尔文的这个著作出版以后,我们关于面部解剖方面的知识已经增长起来。在现在的解剖图上,要比达尔文当时所采取的原著里所载有的那些解剖图,含有更加详细的关于面部肌肉的知识。达尔文所写到的主要的表情肌,自然仍旧和现在所称的肌肉相同,而且它们的名称也基本上保留不变。可是,达尔文没有提出几种具有表情方面意义的肌肉。在现代的解剖学手册里,把表情肌分成下面几类:(1) 颅顶肌;(2) 眼缝肌;(3) 鼻孔与嘴缝肌;(4) 外耳道肌。

在颅顶肌当中,额肌(m. frontalis)是表情动作方面的最重要的一种肌肉;达尔文也认为它很重要。达尔文要把这种独立的肌肉去和另一种独立的后头肌(m. occipitalis)合并在一起,并且把它叫做 occipito-frontalis(后头额肌);现代的解剖学不再采用这个学名。在眼缝肌当中,达尔文把它分成皱眉肌(m. corrugator supercillii)、鼻三棱肌(m. pyramidalis nasi)和眼轮匝肌(m. orbicularis oculi)。可是,他没有指出,眼轮匝肌分成三个部分:眼球部分(pars orbitalis)、眼睑部分(pars palpebralis)和泪腺部分(pars lacrimalis)。所有这三个部分都把眼缝收缩和闭合,把额上的横皱襞牵引而使它的表面平滑,并且扩大泪囊。达尔文只提出眼睑部分的肌肉。达尔文多次谈到鼻三棱肌的机能;这种肌肉又叫做"骄傲肌"(m. procerus)。在鼻孔与嘴缝肌这一类里,包括数量最多的肌肉。鼻肌(m. nasalis)分成两个部分;在达尔文所借用的原著里,并没有讲到这两个部分。一个部分是鼻梁部分(pars transversa),它把鼻孔收缩,因此也被叫做缩鼻肌(m. compressor nasi)。鼻翼部分(pars alaris)把鼻翼向下牵引,因此也有另一个名称——鼻翼降肌(m. depressor alae nasi)。在达尔文的这个著作里,完全没有提到那种把鼻梁向下降落或者牵引的肌肉——鼻梁降肌(m. depressor septi nasi)。这种肌肉在表情动作方面的意义还不明白。上唇方肌(m. quadratus labii superioris)具有复杂的构造。它有三个头部:颧头部(caput zygomaticum)、角头部(caput angularae)和眼下头部(caput infraorbitalae)。在达尔文所借用的贝尔和亨列的面部肌肉解剖图里,只表明出眼下头部。这种肌肉的机能是把上唇和鼻翼向上提起。达尔文在后面详约分析了这种机能。有一种极其重要的肌肉——大颧肌(m. zygomaticus,或称颧肌)——也属这一类肌肉。它把嘴角向上提起和略微向外牵引。在达尔文所借用的上述的解剖图里,已经绘出大类肌来。在达尔文的这个著作里,完全没有提出下面两种也属于这一类的肌肉:犬齿肌(m. caninus)把嘴角向上牵引;上唇门齿肌(m. incisivus labii superioris)把嘴角向内和向上牵引。笑肌也属于这一类;它把嘴角向外牵引。达尔文在这个著作的相当地方,很详细地讲到笑肌。他也考察了口三角肌(m. triangularis oris);它也属于这一类肌肉,把嘴角向下牵引。达尔文在引用贝尔和亨列的著作里的面部肌肉名称的时候,没有举出下面的四种肌肉来:下唇四角肌(m. quadratus labii inferioris),也叫做下唇降肌(m. depressor labii inferioris),它的肌束的一部分构成颈阔肌(m. platysma)的一部分;颏肌(m. mentalis),把下颏皮肤提起,因此也把下唇向前牵引;下唇门齿肌(m. incisivus labii inferioris),把嘴角向下和向内牵引;颊肌(喇叭肌,m. buccinator),把嘴角向后牵引,并且把双颊贴近双唇。还有口轮匝肌(m. orbicularis oris)也属于这一类肌肉,它把嘴缝收缩和闭合起来,并且使双唇向前突出。在旧有的解剖图里,它被画成另外的形状。达尔文在相当地方详细考察到这种肌肉的机能。最后,达尔文完全没有提到外耳道肌的三种肌肉:上耳肌(m. auricularis superior),把耳壳向上提起;前耳肌(m. auricularis anterior),把耳壳向前和略微向上牵引;后耳肌(m. auricularis posterior),把耳壳向后和略微向上牵引;他也没有确定这些肌肉在表情动作方面的意义。

除了表情肌以外,在面部肌肉里面,还有一类肌肉叫做嚼肌。这一类肌肉分成下面四种肌肉:固有嚼肌(*m. masseter*),把下颚向上提起;颞肌(*m. temporalis*),把下垂的下颚向上提起,并且把下颚用力贴紧上颚;外翼状肌(*m. pterygoideus externus*),具有两个头部(上头部和下头部),使下颚作左右移动和向前伸出;内翼状肌(*m. pterygoideus internus*),也使上下颚作左右移动和把它向上提起。一切的嚼肌都受到三叉神经(*n. trigeminus*)的支配,是和受到面神经(*n. facialis*)支配的表情肌不同的。显然无疑,嚼肌对表情方面起有影响,也参加表情动作。可是,不论在达尔文的这个著作里,或者在其他有关表情问题的著作里,都没有说明嚼肌在这方面的作用。

为了研究人类和动物的表情动作起见,去进行表情肌的比较解剖学的和机能的分析,也是一件极其重要的工作。达尔文并没有打算去做这项工作,所以这个问题在科学里仍旧很少被人阐明。大家只是知道,人类的表情肌由于大脑的特别分化的构造和机能而达到最大的发展。人类的表情动作,也相应要比动物的表情动作更加丰富、更加多样和分化得更加细致而且难以比拟。为了达到达尔文在这本书里替自己所规定的目的,恐怕也没有头等的必要来专门扩大关于人类表情的主题,因为达尔文首先企图去把进化原理贯彻在全书里面,并且暴露出人类和高等动物有相似的表情动作和特征的根源。可是,在达尔文的研究工作里,有一个重大的空白点,就是缺乏一种对人类和动物的表情方面的比较解剖学的和以它为根据的比较生理学分析,所以在解决达尔文在本书的最后几章(就是人类的特殊情绪和它们的外部表现的叙述占有显著地位的几章)里所考察的问题时候,他就特别尖锐地感觉到必需不仅是去确定高等动物和人类的一般特征,而且也去确定他们的特殊的特点。

[8] (第19页)虽然达尔文在第一章就开始叙述那些说明各种表情和姿态的起源的原理,但是仍旧不能认为达尔文用纯粹演绎方法来确立了这些原理。这本书的结构并不符合于研究的进程,并且初看起来,它也可能构成一种关于达尔文的科学思维方法的虚假印象来。达尔文在这本书里,也像在他的所有著作里一样,把各种不同的资料,尤其是把他的通信者们的信件里的资料,引到叙述的进程里去,但是把自己的证据建立在精密收集与选择事实资料和特别严格对待自己的分析与解释的基础上。有大批事实显现在达尔文的理智的眼光面前;他在把当中每个事实归到一定的类别里去和把它说明以前,都对它作了深思熟虑。有时实际资料阻拦了叙述,并且阻碍了概括的思想在它的分类和解释方面的明确性。应当注意,达尔文所拟定出来的三个原理,并不是一下子就在他的观念里发生出来的,而只不过是在最仔细地研究实际资料以后方才发生的。

[9] (第19页)在用巴甫洛夫学说来说明的时候,恐怕就可以把有用的联合性习惯原理解释做条件反射原理。因为达尔文不是一个生理学家,所以他不可能去进行联合性习惯的形成机制的分析。可是,他用来阐明这个原理的一切例子,同样像他同时所做的一切具体的说明那样,都证明了:根据达尔文的见解,联合性习惯是由于一定感觉和动作同时配合或者相续配合的情形经常重现的结果而形成的;由于这种结果,就形成了感觉和动作之间的牢固联系;每次就足够发生一定的感觉,以便追随相应的和它有联系的动作。达尔文在另外一些地方直接强调指出这些动作的反射作用性质。因为达尔文缺乏可以依据的生理学的理论,所以这就妨碍他去揭发联合性习惯的本质和这些习惯的形成的机制,而后来巴甫洛夫就天才地达到了这一点。可是,达尔文的思维的唯物主义方向,帮助了他采用一种接近于现代巴甫洛夫条件反射学说的说法去解释联合性习惯。

[10] (第20页)达尔文多次在全部这本书里采用获得性的遗传原理,而且在这个问题上发表了一个极其接近拉马克观点的十分明确的观点。米丘林生物学坚决主张获得性可以遗传的原理;它就可以从达尔文的这个著作里取得大量例子和清楚的说法,因为达尔文在这个著作里对于这个问题的立场表

现得十分明显和完备。不但这样，达尔文在这个著作里企图大体上说明获得性遗传问题的生理方面，并且小心地发表了几个有关于这个问题的假说。他推测说，那些受到一定影响的神经细胞，会发生生理上的变化，保存着这种影响的痕迹；这些痕迹在一定的条件下可以被遗传下去。这个推测也是完全符合于现代先进的巴甫洛夫生理学的见解的。达尔文不可能详细地查明在怎样的条件下和怎样的一些变化可以在神经细胞里被遗传下去；甚至在现在，还应当把这个问题进一步加深研究。达尔文无条件承认这个原理这件事，就引起了他有时偏爱把获得性遗传原理推广到几种动作方面去，这些动作并不具有一定的生物学上的意义，而且通常是教育或者模仿的产物。因此，应该有条件地去接受达尔文关于人类由于教育或者模仿而获得的姿态或怪相可以遗传的说法。总之，必须指出，在这个著作里，虽然达尔文没有引用拉马克的著作里的话，但是可以极其清楚地看出他和拉马克的见解是很接近的。

[11]（第21页）在这里，不能认为，石弹在两只手指中间滚转这个例子，可以成功地说明达尔文在这种情形下所坚持的观点。在专门的研究著作里，提出了一个分析这种当石弹在两只手指中间滚转时候所发生的幻觉的方法。显然这种幻觉的发生并不是和联合性习惯有关的，也不是和练习的因素有关的。因此，不能把这个例子在这里提出来，去和跌倒时候的自卫动作或者和四肢朝着反对方向的动作并列在一起。

[12]（第22页）不能认为达尔文在这里所提出的关于回想某一件事情时候眼睛固定和双眉上举的现象的说明是确实可靠的，因为回想行动的前提就在于排除次要的刺激物，并且把自身引导到集中注意的状况里去。因此，在进行回想行动时候，并不一定要同时举起眉毛和把眼光固定在空间某一点的对象上。这只不过是一种排除次要的刺激物和集中注意的特殊情形罢了。

[13]（第23页）可以用所谓协同作用（синергия）的机制，来说明这里所叙述的同时动作的现象。尤其是它可以说明双颚按照剪刀的剪的拍子而张合的动作。一组肌肉由于运动的协同作用的存在而发生的兴奋，伴随着其他几组和它协作的肌肉的动作而发生出来。

[14]（第23页）应该认为达尔文在这里值得使人敬重，因为他发表了一个对当时说来是极其勇敢的关于复杂动作具有反射性质的思想，不过伟大的俄国生理学家谢切诺夫在他的经典著作《大脑反射》里已经在达尔文的这个著作发表以前，发展了这个思想。达尔文不知道谢切诺夫的这个著作，否则他就有可能根据谢切诺夫的卓越的生理学上的论据，来使自己的一般性的说法具有更加具体的确实可靠的性质。达尔文所顺便发表的关于反射动作对于感觉和意识的关系的思想，具有极其一般的性质。

[15]（第24页）按照现代以巴甫洛夫关于高级神经活动的学说为根据的观念，大脑两半球的皮质在调节着它下面的各部分的机能，并且在机体的生命活动过程里随着具体的条件而和这些部分发生各种不同的关系。在中枢神经系统的不同部分之间，发生协作的联系、相互冲突和其他各种复杂的相互作用。可是无论在什么情况下，那些在复杂的意识与意志的作用和更加简单的反射行动之间所形成的关系，总是受到牢不可破的关于皮质起有调节作用的原理的支配。在某些情形里，就是在皮质下面部分的机能不再受到皮质的调节影响的时候，就可以观察到皮质下的机能发生扰乱的现象。显然可知，达尔文在写到意识与意志的行动和反射行动之间的对抗作用时候，正就注意到了这些事实。应该理解到，在这里只可以有条件地来应用"对抗作用"（antagonism）这个名词。

[16]（第25页）实际上，在惊起的力量和想象力的活跃程度之间有更加复杂的联系。有一些情形，就是：强有力的运动的解除可以被微弱的作用所引起；相反地，极其微小的运动的效应随着强烈的作用而出现。谢切诺夫早已在大脑的反射作用这个著作里，很良好地揭露出这一切情形来（参看这个著作的第一章，《强制运动》，"невольные движения"，§5；在这一节里，专门分析"刺激力和反射动作之

间的关系,就是推动力和它的效应之间的关系"的问题)。

[17]　(第26页)达尔文认为,有些反射动作,例如打喷嚏和咳嗽,曾经具有一种有意的性质。达尔文只是把这个观点作为假设而发表出来。在全书里面,达尔文始终没有举出过任何一个关于这方面的证据来。其实,从一般的观点看来,这个见解值得受人注意;按照一般观点,比较复杂的动作在靠了遗传方法而固定下来以后,在习惯的影响之下就逐渐地转变成为比较简单的动作。在作这样的理解时候,达尔文的观点就接近于现代对于反射动作的演化和对于条件反射可能转变成为无条件反射的先进见解。

[18]　(第28页)巴尔特莱特属于这样一类的人;达尔文在准备付印《人类和动物的表情》这本书以前,曾经长期和这一类人互相通信;因此他认为,从巴尔特莱特那里,获得了他所需要的有关动物在各种不同的情绪状况下的行为的知识。作为伦敦动物园主任的巴尔特莱特,曾经不仅用自己的宝贵的观察资料,而且提供可能性去制作必要的动物照片和图片的办法,来使达尔文的研究工作有利。曾经有两封达尔文在1870年和1871年间寄给巴尔特莱特的信保存下来;在这两封信里,达尔文请求他的收信人,去进行几个对于狗、马、象、狼、胡狼和其他动物由于一定的情绪状况而发生的姿态和动作。在上述的两封信当中的第一封信里,达尔文请求画家武德有便去绘几张采取一定姿态的狗的图画。他写道:"您说不定可以作这样的安排,使您那里的某一只狗在短距离处遇见一只陌生狗,并且让武德先生就在这个时刻去画出它来的吧? 这时候,武德先生一定会看出这只狗的姿态和它的毛发直竖与双耳耸起的样子。此后,他一定也会画出同样的狗在向主人表示亲热、摇摆尾巴和垂下双耳的样子。"这两封信证明,达尔文在这个时期正处在紧张准备付印这个关于情绪和表情的著作的阶段(《达尔文的多方书信集》,第2卷,第101—102页)。

[19]　(第31页)达尔文关于微弱的意志对于随意动作和不随意动作的影响的思想,是极其值得注意的,因为这个思想使人认真地去研究关于脑皮质调节作用破坏的后果方面和关于在这个基础上发生的随意动作和不随意动作的破坏的一定的顺序方面的问题。达尔文的推测,可以从后来用巴甫洛夫学派的实验方法所获得的事实方面得到说明。

[20]　(第35页)把表情分成真正的和沿传的两类,可以在根本重要的问题上使人感到明显;达尔文在本书以后各章里所考察到的表情动作,有很多属于进化过程里发展起来的动作这一类;这种归属是不是正当,就要依靠于这个根本问题的解决。实际上,人类的表情动作(特别是面部表情)的多样化,在把它们和动物的表情动作比较来看,就会使我们以为,这些动作的起源具有人类所特有的根源。人类的情绪生活,首先反映出他的复杂的历史发展路线,并且取决于人类的社会本质。作为人类发展的决定性因素的劳动,也曾经决定了人类的心情的外部表现,使它们具有新的不同于动物方面所观察到的特征。达尔文善于使人极其信服地揭露和叙述这些表情的生物学基础,但是他还不能够理解到,这些表情在人类精神生活的高度发展水平的阶段上的质的特殊性。因此,达尔文就划出了特殊的一类表情动作,把这些动作叫做沿传的动作。其实,所有这些沿传的表情动作都绝不是偶现的,并且也是和真正的表情动作有一定的联系而发生和发展起来的。所有那些在艺术里(特别是在舞台上)的各种不同的体现表情动作的方法,都明显地证明这一点;这些方法在极其遥远的古代就产生出来,而且直到现在仍旧成为艺术科学里的理论研究和实际应用的对象。达尔文在自己的这个著作里,差不多没有利用到这些科学所获得的事实,而且只是提出了这些和真正表情不同的沿传的表情的存在方面的最一般的指示。在这里,讲到了十分明显的而且为生物学家认为正确的一种自我抑制(самоограничение)的倾向;可是同时,这种倾向在达尔文的全部这个著作里,加上了某种片面性的印记。

[21] （第 39 页）根据达尔文在这本书的各处多次所发表的见解，这些在表情方面所使用的习惯的动作，曾经具有随意的性质，并且被故意实行过。可惜，在达尔文的这个著作和其他的著作里，他并没有进一步提出这个见解的证据来；应该把这个见解看做是假设；它极其接近于达尔文的世界观，并且含有一个对进化学说的创立人在解释习惯性表情动作（甚至不单单是表情方面的动作）的起源的问题时候最适用的原理。达尔文的这个假说，符合于现代米丘林生物学和巴甫洛夫生理学的见解；根据这些现代的见解，在发展过程里，有些条件反射，由于遗传而巩固起来和被传递到后代，它们在一定的条件下可以转变成为无条件反射（参看前面的第 17 条俄译者注）。

[22] （第 39 页）达尔文在谈到聋哑人的姿态语时候，是指手势和面部表情；这些还没有学会理解有声语言和利用语言的聋哑人，就彼此用手势和面部表情来交际。这种姿态语的训练就根据于利用聋哑人所保存着的感觉器官——视觉、触觉等器官。斯大林在答复别尔金（Д. Белкин）和富列尔（С. Фурер）两同志的回信里，解释了聋哑人的思维建筑在怎样的基础上面。斯大林同志写道："聋哑人的思想之产生和能够生存，只能是根据他们日常生活中由于视觉、触觉、味觉、嗅觉而形成的对于外在世界对象及其相互关系的形象、知觉和观念。在这些形象、知觉、观念之外，思想就是空洞的，没有任何内容，就是说，它是不存在的。"（斯大林：《马克思主义与语言学问题》，人民出版社 1953 年版，第 47 页）视觉使聋哑的人能够学会用双唇读书，因此他们就能够对口语理解起来。聋哑的人就用视觉和触觉去代替他们所缺乏的听觉；起初训练他们发出单字，后来则发出词句来。因此，达尔文所写到的面部表情和手势的语言，应该被看做是那些还没有学会理解有声语言的聋哑人的极其不完善的、而且按照本身的可能性是有限的交际方式。

[23] （第 40 页）在这里，达尔文发表了一个意见；这个意见好像是和他关于习惯性表情动作起初具有随意的和有意识的性质的见解发生冲突（参看前面第 17 条和第 21 条俄译者注）。应当用下面的说法来说明这种外表的冲突，就是：达尔文原则上承认，有意识的动作可能在进化过程里转变成为习惯性动作，但是并不把这个原理推广到一切十足习惯性的表情动作方面去。因此，达尔文在谈到耸起双肩的时候，就着重指出，这种动作很不可能在以前有意识地和随意地发生出来。

[24] （第 40 页）达尔文采取简短的说明，以便乘机承认自己具有关于动物的行为被有意识的动机所决定的见解（"狗用自己的动作来表明出它们的友好等是有用的"）不但这样，达尔文还讲到本能的意识，因而也强调动物具有意识的可能性。辩证唯物主义哲学就采用承认动物可能具有意识萌芽的说法去解决这个问题。斯大林同志在他的经典著作《无政府主义还是社会主义》里写道："第一个生物是没有任何意识的，它仅仅只具有感受刺激的性能和感觉的萌芽。以后动物的感觉能力渐渐发展，随着动物的有机体构造和神经系统的发展而慢慢转化为意识（《斯大林全集》，第 1 卷，第 288 页，人民出版社，1953年）。达尔文没有探查到这种从感觉向意识缓慢转化的情形，并且在有些地方硬认为动物也像人类一样，具有高度发达的意识的机能。在他的简短说明里，可以发现拟人说的观念。

[25] （第 41 页）我们的动作时常由于鲜明地想象到自身行动或者某种物体的运动的结果而发生出来；这个事实并没有被达尔文用来和另一个事实接近在一起；另一个事实就是：一种用词来表示加强的思想的手势具有说明的作用（例如，双手好像推开别人的动作，加强一种要对方走开的口头命令）。我们可以从一种所谓观念运动作用（идеомоторное действие）的机制来获得前面一种事实的解释（参看第 1条俄译者注）。至于说到后面一种事实，还有和它有关的手势的起源问题，那么只可以把达尔文所提供的解释认为是一般的形式，限于承认我们的企图和我们的动作之间存在紧密的联合。

[26] （第 46 页）达尔文时代的生理学的发展情形显然还不足以说明下面的事实，就是"神经系统

的强烈兴奋切断了神经力量向肌肉的经常流动";达尔文写到这一点,并且希望找出惊起现象的生理上的说明。现在由于俄国的谢切诺夫和巴甫洛夫生理学派的经典性研究,已经查明了肌肉活动在中枢神经系统的和周围神经系统的各种兴奋状态的影响下的很多详细情节。关于神经力量向肌肉方面的流动有时加强和有时减弱的观念,在现代的见解的说明之下,就具有简化的机制的性质。神经兴奋的强化和肌肉机构的反应之间的可以观察到的似是而非的相互关系,由于应用了条件反射方法而被特别精细地研究过;而且在每个个别情况下,这些联系的机制应该获得真正具体的生理上的说明。因此,达尔文的实际叙述保存着原有的力量,但是他的解释则应该认为是陈旧的。

[27]　(第 46 页)只有到最近时候,由于巴甫洛夫生理学派的研究工作的成就,达尔文所理解的关于情绪对身体内部器官的机能的影响这个问题,方才获得了真正生理学的说明。巴甫洛夫的学生贝可夫(К. М. Быков)以条件反射方法作为根据,用大批实验资料来证明了大脑皮质和内部器官的联系。达尔文正确地说明了这个问题的实际方面,但是不可能使事实获得确实的说明。达尔文认为,情绪和内部器官的联系,并不根据"有用的联合性习惯"来决定;就是说,他不承认存在着构成这种联系的基础的反射作用的机制。其实,根据贝可夫和他的学生们的研究资料,条件反射的机制正是决定着下面的现象的本质;这种现象就表现在情绪对于内部器官的影响方面,并且经常被认为是神秘的,而且成为唯物主义对于所谓"精神对肉体起有影响"的解释的根据。

[28]　(第 48 页)关于在神经细胞的兴奋影响下"神经力量解放"的原因这个问题,现在已经获得了另外的提法,并且在现代生理学支配下,有了很多宝贵的实验资料来解决这个问题。全部这个问题在生理学里完全占有特别重要的地位。由于应用了极其细致的、有关神经兴奋过程的电气现象和化学现象方面的研究方法,就对于这种力量微小的刺激物会引起狂乱行动的事实,也有了说明。

[29]　(第 49 页)在达尔文的著作里,没有说明这些在恐惧和其他情绪状态时候的出汗现象的原因;达尔文只是从事实本身的叙述为满足,却没有从当时生理学家们的著作里去探求它的满意的解释。他只是引用了生理学家们的见解;这些生理学家写到微血管里的微弱的血液循环可能对汗的分泌起有影响,并且指出血管运动系统对于脑子活动的依存关系。应当着重指出,达尔文在这种情况下正确地推测了汗的分泌和血管反应有联系,而后者又依靠调节器来决定;调节器对脑子的最高机能有关系。现在这个问题在巴甫洛夫和他的学派的研究工作里,获得了详细的说明;这个学派确立了大脑皮质对于植物性神经系统的机能的调节影响。出汗就是这些反映出恐惧时候的皮质影响的植物性反应之一。

[30]　(第 50 页)在达尔文所提出的在快乐状况下出现许多的动作这个事实的说明里,还缺少某些详细情节,只有最近的生理学才把它们查明,但是他的说明的一般原则也相符于我们现代关于这个问题的观念。达尔文善于理解情绪状态(在现在的情形里是指快乐)、血液循环过程、脑子活动和运动表现之间的相互关系的复杂性质。达尔文没有发表出一个重要的思想来,就是:大脑的皮质在所有这些不同的生理过程的复杂的相互作用里面起有调节作用。

[31]　(第 51 页)在这里所写的"以便集中自己的感觉"这句话(更加正确的说是"表示自己的感觉"),被达尔文应用在动物方面,自然是带有形而上学的意义;还有,关于动物在遇到危险时候的行为的记述具有目的论的性质,这应该归属于叙述方法的不妥当方面,而不应该认为这是达尔文对这个对象的真正见解(参看前面第 2a 条俄译者注)。

[32]　(第 52 页)达尔文在讲到情绪分成兴奋和压抑的两类时候,并没有指出这是谁的分类。极可能这是指康德(Кант)所提出的当时流行的情绪分类;康德认为,可以把一切多种多样的情绪状态简略地归纳成为两类:一类是强盛的,就是兴奋的;另一类是虚弱的,就是压抑的。在精神病理学里,最牢固

地坚持着这些概念;精神病学到现在仍旧有时在记述精神病患者的生活紧张度时候使用到这些概念。达尔文既不解释也不批判而采取了这种情绪分类方法,因为这种分类方法可以使他去揭露最常见的情绪的外部表现之间的性质上的差异。从科学观点看来,可以把这种情绪的划分看做是向情绪分类的第一次接近[关于这个问题,可以参看阿斯特瓦察土罗夫(М. И. Аствацатуров)的著作:《情绪的体质基础和现代神经学关于情绪本质的资料》,载在《阿斯特瓦土罗夫选集》里,基洛夫工农红军军医学院出版,列宁格勒,1939 年]。

[33] (第 52 页)达尔文在这个著作里,没有说明那些处在悲哀状况下的人所表现出来的很多无秩序的狂乱动作,因为我们未必可以认为达尔文对于肌肉努力的减轻动作的指示就是一种有利于他所卫护的见解的确实证据。

[34] (第 57 页)我们还不能认为,关于动物发出口声的能力的起源这个问题已经完全被科学所查明。可是,已经可以使人确定的是:在动物界里,口声并不是偶然发生出来的,而是随着一定适应的生物机能和器官的发展而发生出来的。因此,在达尔文假定起初口声的发出是作为胸部和喉部肌肉无目的的收缩结果而发生的时候,要是他同时没有去注意到,有些最一般的对于发声机能的发展方面的形态学的先决条件会随着另一种机能发生出来,并且和它的直接效用无关(这种效用是在以后的生活时期里由发声器官所获得的),那么这种假定就不能使人相信了。在形态和机能互相统一的基础上,也像任何一种生物学上的特征一样,发声器官的进一步的发展和完善仍旧发生出来。达尔文关于这个问题的进一步论断,证明了他正是把这种想法归到这一节的开头所发表的思想里。

[35] (第 57 页)达尔文引证了《人类起源》第三章里的叙述;在这一章里,发展了一个见解,就是:动物的发声器官随着一定的生物学上的需要而被使用。可是,达尔文并没有对这个问题作有关人类方面的深刻分析。只有在马列主义经典作家的著作里,从恩格斯的著作《劳动在从猿到人转变过程中的作用》开始到斯大林的著作《马克思主义与语言学问题》为止,提供出了这个问题的正确解答;这就在于语言和思维在社会劳动活动过程里的发展联系的确定。斯大林在他的著作《无政府主义还是社会主义》里,提出了关于有机体的构造和它的神经系统的发展过程的极其明显的说明,并且着重指出,人类直立行走就是使用说话的必要前提(《斯大林全集》,第一卷,中译本,第 288 页)。

[36] (第 59 页)达尔文所说人类的动物祖先在采用说话以前已经发出乐音来这种坚决的断语,不能被认为是根据重大的事实而来。现代对于人类的最早的类人猿祖先的说话的开头问题,还是很模糊不清,因此未必可以使人确信地谈到哪一些声音——乐音或者说话声——发生得较早,而哪一些则较慢、特别是如果去注意到“乐音”这个概念本身并不明确,那么就可以看出这种情形来。在动物当中,首先是在鸟类当中,就有发出乐音来的鲜明例子。各种动物所发出的声音,各有不同,因此也就毫无理由把它们归属于乐音这一类,正像在这个发展阶段上,乐音和非乐音的划分并没有清楚的标准。动物所发出的声音首先具有信号的意义这个事实,正证明了在动物的生物学生活里能够发生一些情况;在这些情况下,音乐的音色会显得这样有用和合于目的,正像羽毛的颜色等有用和合于目的一样。单单从这个观点看来,就已经不能不去承认达尔文的这个值得受到相当注意的假设。

[37] (第 63 页)达尔文多次在本书的不同地方,硬认为某种动物具有意图,要使自己采取一定的样子,以便在敌方的眼睛里显出自己又巨大又可怕等。关于这些地方,应该重新提出警告,它们在这方面的解释比较不确当,好像达尔文偏向于目的论的思维方面。在达尔文讲到豪猪用中空的刺毛发出一定的声音以便警告敌方而对自己有利的时候,或者他从同样方面解释像毛发或者皮肤附属物的直立这一类动作的用途时候,他就着重指出所有这些表情动作在生存斗争里的生物学意义。至于说到所有

这些适应机能的起源,那么应该认为达尔文对这个问题的概念是唯物主义的,因为他用自己的自然选择学说去说明了这些机能(参看第 2a、3 和 31 条俄译者注)。

[38] (第 64 页)可以用条件反射机制的观点最好不过地去说明这个例子。兽医在对马或者其他动物进行第二次手术的企图,正像条件信号一样起着作用,并且引起反射;这种反射以前在治疗处理的准备手续和发疼的刺激物的影响互相配合时候占有地位。这个例子又一次说明了暂时联系的机制;它的很有教益的一点,就在于条件反射已经在条件刺激物的一次配合以后就产生出来。虽然这些情形是稀有的,但是在巴甫洛夫和他的学生们的试验里已经叙述到它们。

[39] (第 67 页)达尔文在企图把无数关于皮肤附属物竖起方面的事实总结的时候,就得出一个十分正确的而且被最近生理学所证实的结论,就是:这种特殊的作用具有反射的性质。可是,他在以后所作的说明里面,发生了自相矛盾的情形,有时强调这种现象的起源是偶然的,有时则对它偶然发生这一点发生怀疑。这种在解决这个问题方面不明确的原因,就在于达尔文被迫满足于他当时的生理学所拥有的贫乏知识,并且不根据确证的事实的牢固基础而建立起假定来。达尔文极其接近于承认复杂的合理的动作(例如毛的竖起、皮肤附属物的竖起等)的发生和发展方面;后来,拥有条件反射理论的巴甫洛夫生理学派就确定了这种说法。依照条件反射理论,这些在感觉中枢和运动中枢之间所发生的暂时联系,可以在这样的意义上具有偶然的性质,就是:任何一种对某一种感受器起有作用的因素,可以成为条件刺激物。可是,在动物的生物学生活里,并不是一切偶然发生的联系都会固定下来和巩固下去,而是那些使动物有最良好的适应机会的联系才会这样。我们也应该从这个观点去研究达尔文所提出的问题;在达尔文的这本书里,这个问题的解决是模糊而且不明确的;因此我们要采取完全正确的基本原理,认为皮肤附属物的竖起的复杂动作具有反射性质。

[40] (第 67 页)为了要使平滑的不随意肌在本身收缩时候和随意肌调和一致起见,用不到去假定说,不随意肌以前曾经是随意肌。达尔文因为不知道肌肉运动调和一致的生理机制,所以就作出了这个假定。我们可以认为,平滑肌和横纹肌的协应活动的起源,就在于大脑皮质和一切器官与系统发生相互作用,皮质对于这种活动起有调节作用。达尔文所遭遇到的困难,现在还没有完全消除,因为这个问题有关于进化过程,因此也有关于协应机制的长期发展路线;我们在动物的适应的习性方面就遇到这些机制。可是,采取巴甫洛夫学说的立场的进化生理学,却能够去克服这些困难,而且现在已经朝这方面取得了有效的进展。

[41] (第 67 页)根据达尔文的观念,"皮肤附属物的直竖能力",在大怒和恐惧所兴奋起来的神经系统的直接作用的影响下一度发展起来以后,就开始"有意识地"发展下去;这是因为动物"应该立刻时常看到,竞争的和发怒的雄性动物就把毛发或者羽毛直竖起来,而它们的身体的体积也因此增大起来"。在这个观念里,正确表明出联系的形成与巩固的机制;但是也作出了一个假定,以为这种过程具有一定的有意识的性质;这个假定不能使人认为可以无条件地接受的。

[42] (第 73 页)达尔文在这里精彩地叙述了动物在危险情况下的行为特征和特有的表情姿态与动作;这些动作证明动物正处在警戒注意的状况里;从生理学观点看来,它们就是条件反射的变型。根据巴甫洛夫的意见,这是最重要的反射当中的一种。巴甫洛夫关于这方面写道:"可以把一种几乎不曾受到充分注意的反射,叫做探索反射 (исследовательский рефлекс),或者照我的命名,就是'这是什么'反射(рефлекс'что такое');这也是种种基本反射之一。在周围环境发生一个极小动摇的场合,我们人类和动物都会使一个有关的感受器转到这动摇的动因方面去。这个反射的生物学意义是很巨大的。如果动物没有这种反应,那么可以说,动物的生命就时时刻刻处于千钧一发的危险境地。"(《巴甫洛夫全集》,

第 4 卷,《大脑两半球机能讲义》,第 1 讲,第 27 页)这一段话整个适用于达尔文所叙述的动物在警戒注意状况里所特有的表情动作和姿态方面。

[43] (第 77 页)肌肉生理学从达尔文的现在这个著作出版以后,取得了巨大的进展;它证实了达尔文关于事先准备的"精神支配期间"对于肌肉的有效工作具有意义的假定,并且使这个理论上的原理运用到肌肉锻炼的实践方面去,首先是运用到体育活动方面去。现在通常所谈的肌肉的建立(指神经和肌肉的关系的建立),就是特殊的准备状况,它对肌肉活动有利,可以预防创伤性伤害;这些伤害往往是由于肌肉突然用力过度而发生的(例如肌肉在人工引起的痉挛发作时候断裂等)。

[44] (第 78 页)在专门评论达尔文所提出的表情的三个原理的批评著作里,他的第二原理,即对立原理,曾经引起最强烈的反对。根据很多评论家的意见,很难使人相信达尔文所举出的狗的例子;这个例子说明狗在向主人表示亲切的时候,把身体伏下和弯曲起来,把尾巴摇摆着等。可是,应当注意,在达尔文看来,对立原理只不过是一组表情动作起源的可能的说明罢了;这一组表情动作,是和联合性习惯原理所能说明的表情动作发生冲突的。换句话说,这只不过是一个假设,而且也是极其小心谨慎地发表出来的。达尔文所举出的有利于对立原理方面的一切证据的缺点,就在于:达尔文不能够把生理学资料引用到自己的论据里来,正像他在第一原理方面所发生的情形一样,而在第三原理方面的情形也有几分相同。达尔文也感觉到自己的看法不大可靠,所以他在发表一切有关对立原理问题的意见的同时,并非偶然地提出了一些独特的附带条件和限制来。

[45] (第 78 页)达尔文在这里所讲到的有关狗的恋情和用舌去舐的动作联合的一切话,从纯粹叙述的方面说来,是一个卓越的例子,说明条件反射被牢固地巩固起来,而且成为遗传。按照达尔文在"联合"这个概念里所包含的意义,到处都是在讲到暂时联系的形成方面;这些联系在一连几世代里获得稳定的性质,并且变成表情动作的天生类型。

[46] (第 80 页)在这里,达尔文又回叙到动物的小心谨慎的行动和那些表明出注意状况来的表情动作。如果依照巴甫洛夫学说,把动物的一切这一类动作,都看做是已经确立的反射动作,那么也就可以用生理学观点去清楚说明它们了。

[47] (第 83 页)虽然达尔文偏爱从对立原理的观点,去说明他所叙述的猫的表情动作,但是如果采用另一个从联合性习惯原理方面推导出来的说明,那么这就会更加接近于真实的说明。在这里,达尔文对猫在发生愉快感觉时候所表现的一种表情动作(就是轮流伸出它的分开的足趾的前脚的动作),作了极其细致的分析;我们就可以从这个分析里得出上述的结论来。达尔文成功地把这种动作去和另一种具有一定的生物学意义的动作(就是挤压母猫乳房的动作)联系在一起。这就使人可能去采用联合性习惯原理去说明它,因此也就使对立原理发生动摇,要是把达尔文从对立原理的观点来说明的一切表情动作都成功地作出同样的分析,并且揭露出它们以前的个体发育上的根源,那么说不定就可以使人用不到再去注意达尔文的一切观念当中的这一个最弱的环节——假设性的对立原理。

[48] (第 84 页)虽然达尔文在探求动物普遍具有的极其富于表情的动作(就是鼻孔扩大的动作)方面偏爱采取的说明是极其有趣味的和近于真实的,但是仍旧不能够认为已经证明鼻孔扩大的动作是专门和那些引起呼吸困难的条件联着的,而且和嗅觉完全没有一些关系。在这里,也像在这本书的其他地方一样,显露出了这个结论的论证方法的缺点;达尔文由于不可能用严格核对过的进化生理学资料去证实自己的原理,而不得不采用了这个方法。

[49] (第 85 页)这里值得使人注意的是:达尔文在这里提出了一个间接的、但是极其可信的关于一切人种的共同性的证据来。在这个问题上,鲜明地表明出达尔文对人类本性的观点具有进步的性

质。全部被达尔文所着手进行的极其困难的、关于人类和动物的表情的研究工作的意义，首先就取决于他想要找出补充的支柱的意图，以便用那些属于进化生活的事实和这种生活所特有的表情动作，去论证进化学说。着重指出各种不同的人种的表情动作具有一般特征这件事，就是一个有利于达尔文所卫护的观念的重大论据。

[50] （第 86 页）达尔文在列举出他在研究人类和动物的表情动作的一般待征方面所采用的方法时候，却没有提供出关于实验研究方法方面的任何一句话来。实际上，在本书里由于问题的性质不同和复杂性，而且也由于达尔文时代的生物学与生理学的研究范围狭小，所以从这个概念的严格的意义上说来，还不可能应用实验研究方法。可是，敏锐的观察力和急切要对事实作极其精确而周到叙述的企图，就引起达尔文必然有时从某种观点去提出自然条件下的"实验尝试"来；这一部分是为了要核对研究工作过程里所发生的假设，一部分则为了要获得更加精确而明显的关于某种表情动作的一切细节方面的观念。他提出了特别多的这一类对于自己孩子方面的核对试验。这里所提出的关于教唆无尾猿去进攻一只住在同笼里的使它可恨的长尾须猴的例子，就表现出了这些试验的性质。在本书各处，都散布着无数这一类例子（还可以参看第 18 条俄译者注）。

[51] （第 86 页）达尔文在这里所提出的辕，属于南美卷尾阔鼻猿一族。阿柴拉卷尾猿（*Cebus Azarae*，现在叫做 *Aotus Azarae*）就是阿柴拉夜行猿；南美短尾猿（*Callithrix sciurans*）是跳猿的一种，它的体格匀整，有杂色毛，发出巨大声音。

[52] （第 88 页）达尔文所指出的在完全不同的情绪状态下（例如在愤怒和愉快的情绪状态下）的表情相似的事实，不应该被理解作表情动作（特别是面部表情动作）不够细微分化的证据。这个结论对于人类方面一定有特别大的错误，因为人类具有特别丰富的才能来表达出最多种多样的细微差异的情绪。这些最细微的差异，与其说是在某一组表情肌的单独的孤立的动作里显露出来，倒不如说是在几种表情动作的配合或者联合显露出来。达尔文很清楚地认为，表情的本质并不在单独的动作方面，而是在一定的"要素"的特殊配合方面。可是，达尔文就把自己的研究工作的最初阶段建立在分析方法的原则上面，而且也不害怕尽可能沿着那条进一步把各种表情动作分成它的组成"要素"的道路向前行进。因此，不应该从字面上直截了当地去解释他的关于各种不同的、有时甚至是对立的情绪的外部表现互相符合的见解。在这本书的其他地方，达尔文举出了一些在不同情绪状态下的表情外表上互相符合的卓越的例子，并且十分明显地去解释，在某种构成表情的组合里面，增添了哪一个要素，缺少了哪一个要素，什么时候它开始获得某一种情绪上的细微差异。

[52a] （第 89 页）拉德吉娜-科特斯（Н. Н. Ладыгина-Котс）在她所著的《黑猩猩的孩子和人类的孩子》里，反驳达尔文对于这只在图 18 里所绘出的黑猩猩的面部表情的解释。拉德吉娜-科特斯曾经在一连几年里有机会去极其细致地观察了黑猩猩的表情动作（特别是面部表情）的一些细微差异，拍摄了精美的照片，并且暴露出达尔文所叙述的黑猩猩的这种撅嘴巴的表情，并不是在愤怒和不快活的状况下发生，而是在一般的兴奋状况下发生（参看拉德吉娜-科特斯的挂图集，挂图 7 的图 1 和挂图 9 的图 1）。拉德吉娜-科特斯分析了自己的简短的记录，并且把这些记录去和她所拍摄的黑猩猩在各种不同的情绪状态下的照片作对比，于是就得出结论说，达尔文在这种情况下把一种情绪误认做另一种情绪。她写道："甚至在达尔文这一位伟大的科学家的著作里，也把黑猩猩在表现一般兴奋状况时候的面部表情评定成愤怒、不快活的面部表情。"（拉德吉娜-科特斯，《黑猩猩的孩子和人类的孩子》，莫斯科，1935年，第 34 页上的附注文字）拉德吉娜-科特斯是卓越的研究猿类的专家，也是精细观察猿类表情动作的专家。因此，大家也不能不认为拉德吉娜-科特斯的观察是十分可靠的。可是，在她对达尔文的反驳里，

没有充分使人相信的力量,因为用"一般的兴奋"这个概念来表达的情绪是极其复杂的状况,它也可以用愤怒、不快活等这一类情绪配合而成。达尔文所叙述的黑猩猩取走甜橙的情形,使他有理由去用愤怒和不快活的名词去评定黑猩猩的情绪。可是,也绝不可能认为,这种情绪在一般兴奋的背景上出现。因此,在这种情况下,达尔文的说明和拉德吉娜-科特斯的说明双方没有冲突。总之应该指出,一切写过表情方面的著作的专家,连达尔文在内,都具有一个缺点,就是:这些专家所用来说明各种不同的、有时极其相似的情绪状态的概念本身,并不具有足够的明确性,而他们所谈到的情绪也时常彼此被细分得不够。因此,到现在始终还对于面部肌肉的某种闪变、某些姿态等确实表现哪一种情绪这个问题,有着各种互相冲突的解释。

[53] (第 89 页)在这种完成某一种很精确的动作时候的双唇紧闭情形,或者有些和它类似的共同动作形式(在专门著作里,这些动作总称做协同作用——синергия),在各个个别情况下,依据一种成为协同作用的基础的机制而可以获得不同的说明;而这种机制则有时属于正常的生理学方面,有时则属于病理学方面。在现在所说到的情况下绝不能认为达尔文所提出的说明是唯一可能的说明,不过也可以观察到,这一类在动作和呼吸之间的联系绝不是稀有的。虽然达尔文也确定了那些在紧张而集中注意的时候所特有的面部表情和表情动作,但是他并没有谈到人类所特有的意志表现的分析,并且也没有把注意的面部表情和意志行动的面部表情联系起来。其实,在上述的情况下,虽然叙述到劳动的行动,但是大家知道,每种劳动多少有几分把这种表现在注意方面的意志动员起来(参看马克思:《资本论》,第 1 卷,第 5 章),而且这就在人类的表情里加进了一定的痕迹;人类的情绪也像人类当中的一切情形一样,是在劳动过程里和在劳动的影响之下发展起来的。除此以外,一定的肌肉群的共同紧张度在上述一种协同作用的起源方面起有一定的作用,而这些肌肉有时是极其众多,各不相同,而且甚至并不直接参加这种劳动行动或者其他的行动。

[54] (第 90 页)达尔文在这里略微谈到的关于皱眉的表情为什么是人类所特有的这个问题,是使人感到特别有兴趣的。现在有一些资料,证明皱眉肌的收缩对于脑子的血液循环发生影响;而后者则又在某种程度上被脑子活动的特征和这种活动方面所需要的努力来决定和节制。人类不同于最高等动物的地方,就是他能够制造和使用劳动工具,并且具有一种受到劳动所制约的神经系统和首先是大脑的高度组织;因此,人类就感受到最需要去同时加强智力和体力的活动,并且去对特殊的人类活动的过程方面去集中注意力。在解决这个只有人类所特有的表情动作的问题时候,首先就应当注意到这个事实。

[55] (第 91 页)并不容易时常使人理解到本书个别几章里的内容结构,那些引起达尔文去选择这种叙述程序(而不是其他的叙述程序)的原因,还有把个别的几种情绪合并成一组的原则。尤其是难以理解到为什么把吃惊和恐怖两种情绪合并在一起。显然达尔文所持有的出发点就是:在绝大数量的情形里,动物所发生的吃惊,是由于那种含有危险的对象所激发起来的。在这方面显然无疑含有大部分的真理,但是在这里还应该添加附带条件。根据巴甫洛夫学说,在动物遇到任何一种刺激物的时候,它的探索反射和"这是什么"反射就发生和发展起来;这种刺激物迫使动物去辨认它当前的新的情况,并且作出新的暂时联系(条件反射),以便最良好地适应环境。甚至是对于动物方面,这些刺激物也不一定要包含威吓和危险。至于说到人类,那么他的吃惊和恐怖之间的联系就更加遥远。

[56] (第 98 页)杜庆所进行的试验,后来被达尔文一部分重复进行,一部分则在略加修改以后进行;这些试验具有某些方法上的误差。这种误差的发生原因就在于:如果我们要求有些被试者找出口头上的用语来确切说明相片上所表示的面部表情,那么他们绝不是时常能够找出最适当的名称,来表

达他们所理解到的情绪。如果进行一系列的初步试验,而且还设立一些对照试验,那么也可能避免这种误差的来源。达尔文极可能考虑到这种情况,因此也在他每次利用杜庆所拍摄的照片和其他照片时候,总是去把一类可靠的回答去和所有多少接近于真实的回答结合在一起。这就使达尔文去统计可靠和不可靠的回答的次数,因此可以去确定有多少照片上所表示的面部表情真正符合于一定的情绪。显然可以明白,这种相当粗略的经验方法不可能使人用来研究细微的情绪差异,因此也不适宜于研究那些虽然彼此相近、但是仍旧并不相同的情绪在表现上的差异。

[57] (第101页)在达尔文的这本书出版以后,已经积累了很多关于精神病患者的情绪和这些情绪的外部表现这个问题的临床治疗资料。著名的俄国精神病学家奥西坡夫(В. П. Осипов)收集到了特别多的关于这个问题的资料;他不仅把丰富的事实整理成一个体系,而且还使它们得到新的、根据巴甫洛夫高级神经活动学说而来的说明(参看奥西坡夫:《普通精神病学教程》,"*Курс общего учение о душевных болезных*",1923年)。有很多临床治疗资料,证实了达尔文在研究表情动作的起源时候所利用的唯一的观察结果。可是,同时也正是达尔文的这本书里所讲到的这些地方,特别需要加以说明和修正,因为依照巴甫洛夫学说的看法,去研究精神病患者的情绪生活这件事情,可以使人从另外的角度去观察很多有关正常心理和病态心理方面的现象(参看《巴甫洛夫全集》,第2卷和第3卷,莫斯科,1949年和1947年;又参看伊凡诺夫-斯莫林斯基:《高级神经活动病理生理学概要》——*А. Г. Иванов-Смоленский:Очерки потофизиологии высшей деятельности*,莫斯科,1949年)。特别是达尔文所写的一切关于精神病患者的流泪的叙述,只有在最一般的外形上是可靠的,因为在各种不同的疾病和精神病状况下,眼泪发生的来源并不相同,而且用不同的方式向外表现出来。这种情形首先属于下面的精神病,就是:压抑型癫狂症精神病、歇斯底里病和大脑动脉硬化症;这些精神病的特征就是流泪;它们的发生机制和情绪意义各有不同。达尔文没有把这些状况细分开来;在他的这本书里也没有讲明相应的表情动作的细微处(参看第67条俄译者注)。

[58] (第103页)在《人类和动物的表情》这本书出版以前的几年里,达尔文曾经和一位很著名的医生巴乌孟(Bowman)通信。在达尔文的书信遗产里,还保存着一封在1858年3月30日写给巴乌孟的信;全部这封信的内容专门是讲明眼睛周围的肌肉收缩和眼泪分泌之间的联系。显然这并不是达尔文写给巴乌孟的第一封信,因为这封信的开头写着下面几句话:"您完全没有理解到我关于贝尔原理的问题,就是:如果婴孩在哭泣时候把双眼睁开来,那么在某一时刻,血液就充满在他的结膜(conjunctiva)里。我把您的短信保存起来;您在它里面对于贝尔的这个说法的正确性表示怀疑"。达尔文请求巴乌孟在眼科医院里进行专门性的观察,或者转托另外的人去做这件事情。达尔文在这封信里详细地讲述到他自己对几个动物园里的象的观察结果。从这封信里可以知道,达尔文不单单收集偶然发生的、对表情有关的事实,而且对他说来,这个大问题的十分具体的部分已经被决定,并且将来研究工作的规模显然也已经相当明确地被拟定好了。

[59] (第103页)达尔文由于巴乌孟的介绍,有机会去阅读唐得尔斯的研究工作,尤其是去阅读他批评查理士·贝尔的见解的著作;此后在1870年里,达尔文就和唐得尔斯互相通信。达尔文在1870年7月3日写给唐得尔斯的一封现在还保存着的信里,谈到自己对于双眼由于一定的情绪状态而充血和眼泪分泌的观察。达尔文写道:"当我把呕吐、咳嗽、打呵欠和大笑等时候所发生的眼轮匝肌收缩和同时分泌眼泪这些事实来作比较的时候,我开始认为,在这些现象之间存在着一定的联系,但是您清楚地使我理解到,这种联系直到现在仍旧是模糊不明的。"达尔文对于唐得尔斯所报道给他的观察发生兴趣;这个观察就是:在触动眼睛的时候,有时这就会引起眼轮匝肌长达1小时的抽筋,同时还流出眼泪来;在

达尔文的这个著作里,对唐得尔斯所寄送给他的有关眼轮匝肌的收缩和眼泪分泌之间的生理学上和解剖学上的相互关系的概述,作了极高的赞评。因此从这封信里,还有从其他几封写给唐得尔斯的信里,就可以看出,达尔文多么深刻地认识了他所感兴趣的流泪现象在各种不同的情绪时候的机制,还有他多么顽强而且细心地研究了这方面的事实,并且企图从头等的专家们的手里来取得这些事实(参看《达尔文的多方书信集》,第2卷,第100—101页)。

[60] (第104页)血管(连眼睛的血管也包括在内)的反应的生理机制,还有这些反应和那些在各种情绪状态下极其强烈地用各种各样方式紧张起来的呼吸机能,都是和大脑两半球的皮质的活动有最密切的关系。达尔文有些片面地去理解眼睛和脑子的这种联系;如果我们注意到19世纪60—70年代的大多数生理学家对于大脑的机能、植物性神经系统和调节血管反应的机制的观念还是相当贫乏而且时常变化不定,那么也就可以完全理解到这种情形了。现在由于有了巴甫洛夫和他的学派的研究工作,已经查明了大脑皮质对于植物性神经系统方面起有调节作用。在强烈感受到情绪性质的时候,皮质的这种调节作用就以不同的方式表现出来。应该从这方面去找到达尔文所充分叙述到的各种情绪的外部表现的制止事实的说明。如果这些情绪的外部表现没有被抑制下去,而在表情肌和其他肌肉的动作方面、在血管反应方面等找到出路,那么在这些情况下,大脑皮质就和它的下面部分,发生复杂的相互作用的关系,并且在每个具体情况里,这些关系就由于很多也能决定情绪出现的条件而以各种不同的方式形成起来。

[61] (第106页)这是协同作用的例子的一种;达尔文曾经多次叙述到这些协同作用;虽然他充分而且使人可信地收集了和整理了有关这方面的事实,但是他并不能同样充分而且使人可信地去揭发它们的本质。在现在这个情形里,达尔文实际上仍旧没有说明搔痒和眼睑紧闭的共同动作的现象。他所发表的关于肌肉努力可能传布到全身的几乎一切肌肉方面的假定,是近于真实的,因为有一种情形已经被证实,就是:有一种时常可以被观察到的协同作用,是和兴奋的放散与最不相同的肌肉群被吸引到肌肉活动方面去的机制有联系的。我们仍旧应该承认说,达尔文顺便发表了这个假定,并没有用多少使人可信的论据去证实它。

[62] (第107页)这里所举出的天然实验的叙述,是达尔文为了下面的目的而提出来的;这个目的就是要去确定眼睛周围肌肉收缩与眼泪分泌的现象,一方面和高声叫喊之间,另一方面显然是和某种注意力和惊人的观察力之间,可能发生联系;从这个叙述里,达尔文仔细察看了表情动作的最细微的特征,同时看出那种好像不能用肉眼来感觉到的情形,例如上眼轮匝肌和下眼轮匝肌的收缩程度的细微差异。这也就使达尔文做到了其他科学家必须用专门仪器、照相机等才能办到的事情。

[63] (第108页)直到现在为止,达尔文所理解的关于眼泪在一定情绪下流出和分泌的原因这个问题,还不能被认为已经解决。在专门著作里,可以遇到下面的指示,就是:通过那些直到现在还没有确定的特殊中枢会发生出精神上的哭泣;这些中枢的兴奋被传送到泪腺上面的大部分里,这个部分被有些专家看做是独立的腺,所以它又被叫做眶窝泪腺(*gl. lacrim. orbitalis*)。按照这种见解,泪腺的下面部分也具有独立的意义,并且被叫做指状泪腺(*gl. lacrim. palpebralis*);它好像对反射性质的刺激发生反应,并且引起完全和情绪没有联系的眼泪分泌。应当认为达尔文的观点比较进步,因为他以为"精神上的哭泣"和反射性哭泣之间没有原则上的差异,同时着重指出它们的起源相同,而且反射机制就是它们的基础。不但这样,达尔文还企图去说明:眼泪分泌反射起初是由于异物或者有时由于病原体而发生的,作为生物学上必需对于眼睛刺激的反响,可是怎样会像我们马上要讲到的那样,也能够被另一种条件反射方法激发起来。达尔文的解释极其接近于现代巴甫洛夫法则的观点;这种法则在支配着新

的暂时联系的形成和它们在进化过程里和在一定条件下向无条件反射转化的过程。达尔文所发表的关于神经力量比较容易沿着惯熟的通路传布这个见解，是特别重要的。达尔文所称的习惯与联合原理，如果被转译成为现代说法，那么正像前面已经解释过的，就是条件反射的形成法则（закон образавания условных рефлексов）；达尔文只不过预感到联合的生理上的性质，但是没有完全明白这种性质。只有天才的巴甫洛夫学说，方才帮助我们现在真正去理解达尔文在沿着唯物主义进化生理学路线摸索而行时候所发生的很多思想。

[64]（第110页）达尔文企图去说明，写什么这种随着年龄而养成起来的、能够抑制哭喊或者哭泣的习惯，并不消除微弱冲动在相应的情绪激发物存在时候出现的可能性；这些冲动朝着那些受到抑制的眼睛周围的肌肉前进，并且引起这些肌肉发生轻度痉挛，而代替它们以前在这些情况下所发生的激烈的收缩；同时，达尔文认真地研究了暂时联系消失的规律性问题。达尔文正确地看出，变弱的冲动主要是朝着那些肌肉方面前进，这些肌肉最少受到意志的支配。达尔文的功劳就在于：他注意到了这个事实，正确叙述了它，并且企图使它获得生理上的解释；这种解释显得极其接近于我们的以巴甫洛夫关于暂时联系形成与消失的学说为基础的现代观念。

[65]（第116页）依照现代的解剖学资料，皱眉肌（也叫做 *m. corrugator supercilli*）执行着一定的机能，就是：把双眉牵引到中线处去，因此也就引起鼻梁以上的皮肤的纵沟纹出现。杜庆的意见以为，这种肌肉还把双眉的内端向上提起；这个意见并不符合于实际情况。我们仍旧应该指出，在人类面部的复杂的表情动作方面，很多肌肉同时共同参加行动，很奇妙地随着它们所表现的情绪感受的细致差异而配合起来；未必可以把杜庆的同样试验所确信的情形——把表情简化成某一种肌肉的动作的情形——认为是可能的（参看沃罗比耶夫：《人体解剖图》，第2卷，第100页和以后）。

[66]（第117页）虽然绝不是所有肌肉协同作用的情况都暂时有了科学上的说明，但是可以认为已经确定的是：与其说解剖学上的彼此相邻情形，或者神经支配机制同时发生作用，倒不如说生活需要所制约着的共同机能的出现次数，成为习惯性共同动作的形成的决定性因素。达尔文正确地采取进化学说的方法去找寻这些问题的回答，因为只有在查明了那些参加同一行动的肌肉的某一种在工作里形成起来的配合的起源史和生物学上的意义以后，方才可以理解到怎样的法则成为协同作用的具体类型的基础。人类的劳动活动连同无数在这方面所遇见的协同作用，使上述的情况获得间接的、但是极其可信的证据；这些协同作用，有时被引导到经久的动力定型（巴甫洛夫的用语），有时则极其变化不定。

[67]（第119页）在达尔文的这本书出版以后，大家对于研究精神病患者的注意力就提高起来；有些心理学家和精神病学家就对这个问题作了专门研究。在一切有关精神病理学和精神病学的近于基础的手册里，都把各种精神病患者的表情和表情动作的叙述列在特别重要的地位。在这些著作里，照例都是纯粹叙述性的鉴定占有了对分析的优势，而且也差不多没有谈到达尔文所最关心的表情动作的起源问题。因此，大家仍旧没有去注意到为什么精神病患者的表情和表情动作是很突出的这个问题；即使有人提出这个问题，那么也总是时常采取返祖遗传、退化和其他毫无科学意义的、反动的捏造的观点，作出错误的解释来。实际上，精神病患者的表情动作的特点，特别是面部表情的特点，就在于一定的情绪状态变得尖锐化或者迟钝化，这是和大脑的病理过程联系起来的。一个人在正常时候用并不激烈的程度来表达的表情，到病态时候往往就采取突出的鲜明的特色，但是有时也相反地隐失不见了。可是，绝不会发生回复到类似动物的状况或者重现那些好像长期隐藏在人体某处的兽性这类情形。不但这样，在精神病患者的表情里，有时还出现一些按照本身表现力说来是极度人类性的特色。例如在作家加尔申（Гаршин）的作品里就描写到这种情形。俄国神经病理学家米诺尔（Л. Минор）发表了一篇论

文,专门讨论各种神经病和精神病的患者的面部表情(参看米诺尔:《论神经病和精神病患者的面相的变化》,*Об изменения фнзиономии в нервных и душевных болезнях*,《哲学与心理学问题杂志》,1893 年,第17 期)。又可以参看第 57 条俄译者注。

[68] （第 122 页）应该承认,达尔文关于双眉在苦恼时候倾斜的原因方面的见解和关于额肌的中央筋膜对于鼻三棱肌和眼睛周围的其他肌肉起有抑制作用的见解,是极其精确和极其确实可信的。在达尔文的这本书里,用很多亲身的观察和特殊的实验来证实额肌的对抗性收缩的意见;他时常把自己的孩子作为这方面的观察对象。在这里,达尔文又回头讲到一个对他的全部观念很重要的见解,就是:已经获得的那些抑制或者制止一定动作的习惯可能遗传传递下去;如果不承认这一点,那么也就很难使人去说明很多表情动作。可是,从现代的观点看来,达尔文所提出的关于可能培养那种对抗一定的、看上去好像不能克服的动作的习惯这个原理,是特别重要的;例如,在悲哀的时候,就会发生这些动作;根据达尔文的说法,在这时候"由于长期的习惯,我们的脑子就有倾向要发布一种使某些肌肉收缩的命令,好像我们仍旧还是一个正要尖叫起来的婴孩似的"。

[69] （第 128 页）达尔文在现在这本书里有几次引用赫伯特·斯宾塞的话;斯宾塞除了发表这里的附注里所提到的《笑的生理学》以外,还发表了一篇短文,叫做《哭和笑的理论》(*Теория слез и смеха*,参看鲁巴庚 Н. А. Рубакин 主编的《赫伯特·斯宾塞著作集》,圣彼得堡,1899 年,论文部分,第 154—157 页)。斯宾塞在这篇文章里证明说,笑和哭的原因是相同的,正就是由于脑子的血液循环加速而发生。"当那些把血液输送到脑子里去的动脉由于愉快的精神兴奋而扩大起来的时候,结果就引起笑来;可是,当这些动脉由于悲痛的精神兴奋而显著扩大的时候,结果就引起哭来;如果这些动脉由于前面或者后面的原因而扩大的程度达到极点,那么我们就会看到同时发生大哭和大笑的情形"。从这本书的以后的部分里可以看到,显然达尔文也像斯宾塞一样,倾向于笑和哭互相接近的见解,而且指出它们的起源彼此相同和生理机制互相一致;可是,由于明显的原因,达尔文就把自己的主要的注意力针对这些情绪所特有的表情动作方面。

[70] （第 132 页）在这里,达尔文对于那些(作为大颧肌在愉快情绪影响下发生收缩的间接证明的)有关进行性麻痹的患者所特有的表情方面的事实,特别是关于这些患者的下眼睑肌肉和大额肌发生经常性震颤的事实,发生兴趣;可是,我们绝不可以认为他在这里所写的意见就是他的基本思想的适当发展,因为这种病症按照它对于全部神经系统和大脑的最高部分的影响看来,是具有过度的破坏性的。绝不能认为进行性麻痹的患者也像健康人那样,具有相同的乐观主义情绪或者快乐的精神状态,因为在这些患者的全部精神生活里,都显示出大批病理变化的印迹,并且笼罩着狂乱的心情,而后者就把一切事物(连情绪的表现在内,尤其是它们的外部表现)都歪曲起来;同时还发生一定的肌肉收缩或者痉挛等情形。

[71] （第 134 页）显然无疑,一般的兴奋状态和那些伴随它一同发生的血液循环的变化,会对于歇斯底里反应的外部表现方面起有一定的作用。可是,在巴甫洛夫以前,从来还没有人搞清楚歇斯底里的病理生理;原来歇斯底里病是由于神经系统衰弱和脑子皮质的活动受到强烈抑制而发生的;结果,因为不能对抗那些皮质所承受不住的刺激物的作用,所以这就引起激情的爆发和痉挛的发作来。由于制止作用向皮质和皮质下区域传布,歇斯底里发作也就采取不同的外部表现;从哭向笑和从笑向哭的转变,只不过是一种歇斯底里发作时候由于皮质和皮质下等的强烈的相互关系,而形成起来的刺激过程和制止过程在皮质里的相互关系的局部表现罢了(参看《巴甫洛夫全集》,第 3 卷,1949 年《歇斯底里症状的生理学理解的尝试》,*Проба физиологического понимония симптомологии истерии*)。

[72] （第 135 页）虽然达尔文很仔细地做了他对于小孩们的观察，但是这些观察质料仍旧还不是按照每天经常不断的观察而得来的，因此在它们里面就难免会发生不正确的地方。最近对于小孩的观察工作，是从他们出生的日子开始，以一切必要的完备性和精密度，应用照相机和有时应用电影拍摄机来进行的；同时不仅是每天，而且是每小时都接连进行这些观察。现在科学已经拥有了大量实际资料；这些资料的可靠性是由可靠的文件来保证的。从这些资料方面看来，达尔文的个别记录，在那个属于他所看出的小孩的表情动作的部分方面，并没有丧失重要性，但是在他所讲到的关于个别表情或者其他的动作的表现期间和顺序方面，却需要作一些修正。特别是在专门著作里，可以阅读到一些指示，说明一足月的婴孩的面部表现微笑，或者更加确切的说是类似微笑的表情，而且在出生以后 41 天的时候出现十分明显的微笑。可以观察到婴孩在很早时候就把嘴张大，但是这种动作并不是笑，而是开头的呼吸适应。微笑的起源这个问题，到现在仍旧和达尔文写这本书的时代一样，还没有得到解决。

[73] （第 137 页）在这本书里，达尔文时常使用一个名词 mind；这个名词相当于俄文的 дух，дума，разум，рассудок（中文译名采用"精神"）。达尔文在讲到"精神"、"精神活动"等的时候，绝没有把唯心主义的意义加到这些概念里去，而是把它们解释成那些具有复杂组织的神经系统的动物所特有的、而且从一定的物质基础上发生的心理机能的总体。

[74] （第 140 页）达尔文在这里说明了音乐对我们的感觉发生惊人的影响，尤其是说明了很多人在听到特别使人感动的音乐时候、发生一种沿着背脊向下的颤动和轻微发抖的现象；应该承认，他在这方面的说明，极其接近于现代的说明，就是从新联系形成的条件反射机制的观念里推导出来的说明，而且这种说明也可以被应用到一定的情绪和有些初看起来好像与它没有关系的肌肉动作或者营养反应（вегетативные реакции）的联合方面去。应该注意到，这一类反应（震颤、颤动、发抖等）并不是单单音乐的感受方面所专有的；在某一本书、戏剧、演说家的演说等的个别情节的影响所引起的其他情绪下，也能够发生出这些反应来。

[75] （第 140 页）在这个对崇拜感情所特有的表情动作的分析的例子里，容易看出，多少有些不合常理地把这些在性质上和在起源上多么不同的情绪状态放置在一个行列里来考虑，就是：一方面是恐怖、恐惧、大怒等，另一方面是爱情、崇拜等。达尔文理解到这些差异，因此也就提出要把表情动作划分成为真正的和沿传的两种，但是并没有明确说明这个分类的基础。为了叙述得有顺序起见，达尔文应当开头先去考察情绪，叙述它们的各种不同的（从它们的发展史的观点来看的）表现，然后再去说明它们的发生上的根源。可是，我们在达尔文的这本书里，却看不到这种顺序。他在这个问题方面的立场，是两面性的和矛盾的。这两面性就表现在：达尔文在预先警告读者必须把真正的表情和沿传的表情划分开来以后，却没有专门去进行真正的表情的分析工作，反而走到一边去，并且专门去考察那些表情动作，而这些动作的起源很难从他的进化原理方面被推断出来，因为它们的发生和发展是和人类的社会活动和劳动活动联系在一起的，就是主要和社会历史因素联系在一起的。崇拜等感情所特有的表情，正好也是属于这一类的。立场的矛盾则表现在：达尔文没有成功地彻底坚持严整的、逻辑上没有缺点的判断路线，而且他没有相当的科学根据，却把那些原理推广到明确的一类表情动作方面去；根据他自己所说的话，这些原理并不应该被应用到这类表情动作方面去。从哲学方面看来，达尔文所犯的错误就在于：他把一些现象生物学化，而这些现象的基础却是社会的因素；应该先注意到人类社会的发展法则，然后才可以理解到这些现象（参看第 20 条俄译者注）。

[76] （第 146 页）一个人在反对某种建议时候把双眼闭住的动作，可以被说明是由于条件反射而发生；这种条件反射是由于多次对于下面两种刺激物的反应的配合结果而形成起来；一种是对眼睛有

危害性的刺激物,另一种是含有某种不愉快事情的刺激物。从这个观点,也就可以使人理解到另一些表情动作,例如双眉在希望回想到某一种事情时候向上举起的动作。

[77] (第150页)现代生理学已经详细研究了身体在肌肉紧张时候所发生的过程,并且确定,不论呼吸或者血液循环,都是依存于肌肉努力的性质、肌肉的活动情况、肌肉的轮流收缩和宽弛的次数,而且首先是依存于肌肉的动作究竟具有静态的性质还是动态的性质。在肌肉作动态上的努力时候,肌肉的血液循环就加速起来;而在肌肉作静态上的努力时候,就观察不到血液循环的变化,因为小静脉的柔韧的管壁受到紧压,所以使血管沿着它们的流动受到妨碍。有时这种情形就会引起血液郁积在紧张的肌肉里的现象。在强烈的静态的努力时候,同样也往往会发生肺活量减少的情形,而呼吸次数则变得稀少,有时呼吸变得微弱起来。这种情况对于长期静态紧张的人是特征性的。因此,达尔文所举出的叙述,基本上符合于现代生理学的观念,但是它只属一定的肌肉努力一类。在达尔文的这本书里,对这种状况所特有的面部表情作了正确的生理上的说明,不过达尔文的简短说明带有目的论的色彩,就是:"我们把嘴闭住,以便使血液循环受到阻碍。"

[78] (第155页)在达尔文的这本书《人类和动物的表情》出版以后,关于情绪和它们的外部表现之间的关系这个问题,就成为专门著作方面的活跃的讨论题目。达尔文是把这个问题联系着进化论而提出来的,可是,很多以后的研究家却不去朝着这个大有成果的方向进行研究,反而主要采取内部或者外部的情绪作为首位的观点,去考察这个题目。达尔文以为,"如果身体保持被动的状态,那么这些情绪就很难存在下去";依照达尔文的全部概念的意义看来,应该把他这个见解看做是情绪和它们的外部表现互相统一的肯定说法。可是,在詹姆士-朗格(James-Lange)的唯心主义的情绪理论里,却把这个见解引导到极度夸大和歪曲的程度;他们两人曲解了精神和肉体之间的实际关系,并且硬认为具体的表情就是引起情绪本身的原因的作用。

[79] (第159页)达尔文在这里犯了一个严重的错误;他不加批判地转述了那些赞成反动的唯心主义的概念的神经学家和生理学家们的见解;这个反动的概念就是:在人体里存在着古代的、远古的"兽性的要素";这种"要素"好像被外表的不坚固的一层高等人类的性质所掩蔽着;如果一个人由于处在患病状态里或者在短期兴奋的影响之下失却了控制自己的能力,让"原始的"感情和嗜好来支配自己,那么这种"要素"就会向外突破出来。即使到现在,反动的科学家们还是在拥护这种观点;他们企图用虚假的关于皮质下机制支配人的行为的论断去论证这个观点。巴甫洛夫的卓越的研究工作,已经搞明白了皮质和皮质下的相互关系这个问题,并且揭穿了所有这一切虚假的关于那些好像在虚弱的意识里很难含有的原始兽性的嗜好具有威力的"理论"。巴甫洛夫的研究工作证明了大脑两半球的皮质在调节人体的一切动作方面起有决定性作用;不论正常的或者病态的人体都是一样。至于说到某些在皮质和皮质下之间的正常相互关系被破坏的情形方面,那么巴甫洛夫完全没有采取那些幼稚而且发生重大错误的观念;这些观念以为,皮质下好像是人体里的"兽性的要素"的负荷者,而这种"要素"会突破皮质的支配而显露出来。巴甫洛夫认为,皮质下只不过是"有机体和周围环境的相互关系方面的第一阶段"(《巴甫洛夫全集》,第3卷,第482页)。巴甫洛夫写道:"大脑两半球的皮质对于皮质下方面所起的作用,就在于把所有外来的和内部的刺激作细致而又广泛的分析和综合,就是说,这是为了皮质下而进行的,并且要经常去改正皮质下神经结节的呆滞状态。皮质好像在皮质下神经中枢所进行的一般粗浅的活动背景上,刺绣出更加精致的动作的花样来;这些动作就保证最充分地符合于动物的生活情况。皮质下则反过来对大脑两半球的皮质起有确实的影响,并且表现成为它们的力量的来源"(巴甫洛夫:《论高级神经活动生理学和病理学》,真理出版社,1949年,第18—19页)。

[80]　(第 160 页)这一段文字里所提出的美奇斯人(Mechis)和列普查人(Lephas),是两个居住在印度东北部的种族。

[81]　(第 161 页)达尔文的这个判断,接近于他在前面已经发表的另一个关于人体里含有古代兽性的要素的见解(参看第 79 条俄译者注),并且证明达尔文在这些问题方面也同样发生了重大的错误。动物性的表情好像在未开化的人方面要比在文明人方面更加经常地出现,这就是侵略的殖民主义者们所制造的谎话之一;这些殖民主义者们就用那些在未开化的人们中间传布文化的"善良的"动机来掩饰自己的掠夺的勾当。只要去阅读米克鲁霍-马克莱的作品里关于未开化种族和半开化种族的生活的叙述,就已经足够去相信,反动者们、种族主义的假科学家们所传布的关于未开化的人好像具有"天生的"残忍性的报道,是多么荒谬。

[82]　(第 166 页)奥格耳是那些和达尔文发生通信关系并且讨论很多问题、尤其是表情问题方面的亲密的科学家之一。达尔文对于奥格耳观察一个因杀人罪而被捕的犯人时候所处的最细微的情况,发生极大的兴趣。达尔文在接到了奥格耳的第一封叙述这个事件的信以后,就亲自做了一个简短的备考;在这个备考里面,用明确的顺序来列举出杀人犯所发生的恐怖感情的外表特征。达尔文在写给奥格耳的信(1871 年 3 月 7 日所写)里,就把这个备考里所列举的内容抄写在信里,并且请求奥格耳回信告诉,他在这里是不是也像奥格耳实际观察到的情形一样,正确地转述了恐惧和恐怖的一切表征。达尔文在和奥格耳博士的通信里所讨论到的基本问题,牵涉惊奇情绪与紧张注意状态所引起的呼吸和听觉之间的关系(1871 年 3 月 12 日所写的信)。达尔文把自己对于一定肌肉(特别是颈阔肌)在恐怖情绪发生时候的收缩的观察告诉奥格耳。他甚至还请求奥格耳亲身去做几个试验,去设想他突然当面碰见某种可怕的东西并且恐怖得发抖起来的情形。达尔文并不打算使这位收信人发生一定的意见,因此写道:"请原谅,请您尝试去做这件事情一次或者两次,同时仔细地去观察自己当时所发生的行动。只有在做了这种观察以后,才请您再阅读我这封信的下面所写的内容。使我感到惊奇的是,每次在我去干这件事情的时候,我注意到,我自己的颈阔肌在发生收缩。"(1871 年 3 月 25 日所写的信)达尔文对奥格耳的关于嗅觉方面的著作,作了高度的评价。这些信特别明显地使大家相信:达尔文在准备出版这本《人类和动物的表情》的时候,曾经做了大量的初步研究工作(参看《达尔文的生平和书信集》,第 3 卷,第 141、142、143 页;又参看《达尔文的多方书信集》,第 2 卷,第 102—108 页)。

[83]　(第 168 页)这个关于呕吐是反射动作的例子,再好也没有地说明了这种反射和任何一种刺激物(连一种对于厌恶的食物或者气味的想法也在内)的条件性暂时联系可能形成的原因。可是,干呕或者真正呕吐的条件反射性质,绝不是意味着这些反射动作应该在条件刺激物的作用下,也像在无条件刺激物的作用下一样,必定延长了时间发生。从条件反射活动法则的观点,我们就可以完全说明下面一个事实,就是:在单单一种对于厌恶的食物的想法影响之下,差不多在一刹那间就会发生呕吐动作。在这里,用不到采用那个关于我们人类的祖先具有一种随意吐出胃里的食物的能力的假定,去说明这个事实。因此,达尔文对于这个问题的全部判断,就不能使人认为是可靠的。

[84]　(第 177 页)在现在的情形里,谈到了两种不同的情绪或者精神状态,就是顽固和顺从;关于这两种情绪往往具有极其相似的外部表现这个事实,应该会使达尔文去考虑到和企图找寻出它的合理说明。可是,达尔文在寻求这种说明的时候,却脱离开了真正科学的分析方法,反而去作出那些没有证明力量的纯粹思辨性的说法来。达尔文硬认为有些情绪所特有的手势和姿态(耸肩),缺乏一种积极反抗的思想。一看就可以明白这种说明是牵强附会和随意作出的。达尔文在这里所犯的错误的来源,就在于:在现在的情形里,也像在很多其他情形里一样,他把那些真正反映出一定情绪和它们的外部表现

之间的联系来的规律,不恰当地搬用到人类的一些复杂的、具有质的特殊性的精神状态方面来,而这些精神状态则是由人类的特殊生活的历史条件来决定的,而且有时也具有纯粹条件的性质。这本书的差不多全部的下半部分,特别是第 8、9、11、13 这四章,充满了很多思辨性的猜测和论断;这在达尔文的思考方面是很少具有的。它们正证明了他所理解的问题极其困难,还有他在这个问题方面所采取的方法上的看法不明确。达尔文不得不去找寻那些即使是使他略微满意的说明(从进化论观点看来),去解释他初次收集到的和整理过的很多最重要的事实。

[85] (第180页)在这些用肯定的点头来表示自己同意某一件事情或者某一个人和表现出这一点的人们方面所观察到的稀有的表情动作当中,有一种动作的说明是极其近于真实情形的。达尔文善于看出两种矛盾的倾向,就是:在表示同意某一种东西或者某一个人的时候,头向下倾,而同时双眼则向前或者向上瞧看;很难使人想出比达尔文在这里所写到的眉毛上举作为肯定的姿态语这种更加聪明而且可信的说明来了。

[86] (第183页)存在着各种不同的情绪状态互相更替的明确的和绝不是偶现的顺序;这些情绪状态受到生物学过程的潮流的制约(如果谈到动物方面的话),或者受到复杂的、首先是社会的原因的制约。动物最时常具有的对目的物凝视不动的行为,是在那种具有最初判定方向的性质的固定反射引起警觉来以后(例如在目的物含有危险的来源时候),或者在这种反射激发起一种要更加仔细去研究某种不认识的东西的要求以后,才发生出来的。因此,惊奇最容易转变成为注意,而且正像达尔文所叙述的情形一样,注意却不会转变成为惊奇。所有这些状态的交替情形,有时显得很离奇,因此往往那种随着初次还没有成熟的惊奇感情以后发生的紧张的注意,反而会变得更加强烈的、明确表现的惊奇;这种惊奇有时转变成为一种同时发生呆木状态的恐怖,有时转变成积极的运动状态,有时则成为冷淡的平静状态。达尔文过分直率而且片面地描写了这些状态的经过和交替情形。

[87] (第185页)在这里,我们又遇见了达尔文所固有的、而且也是在这本书里特别明确地显露出来的、特殊的论断方式。当达尔文遇到好像自相矛盾的情形时候,他就推开矛盾的意见;并且没有立刻能够去理解在这些意见当中,他自己偏爱明哪一个意见。结果,他好像把问题搁着不解决,并且也让读者来谈谈某一种见解。例如,凡是在依靠专门知识部门的代表者们的特长才能够去彻底解决关于某种表情的起源这个问题、而这些专家们的意见还没有取得一致的情况下,他就这样做(在现在的情形下,耳咽管和听觉的联系问题就是没有搞明白的)。

[88] (第190页)公正的说来,应该认为达尔文所作的关于恐惧的叙述,是典型的。在心理学课本里,差不多完全把这个叙述引举出来,不是偶然的。从现代的要求观点看来,应该在这个叙述里包含有下面各点:把恐惧的表征更加严格地划分开来,就是依照他们的起源、主体的反应、它对于那种引起恐惧的现象的关系和神经系统的不同部分的紧张程度等来划分。达尔文却没有做到这一点;可是,从他所作的卓越的叙述里,就可以容易提出说,在恐惧的情绪里,怎样去把动物性和植物性神经系统的反应暴露出来和结合起来。达尔文本人由于他当时的生理科学的局限性,就不可能表明出恐惧情绪所特有的各种器官和系统的相互关系来。

[89] (第196页)某些肌肉在一定的情绪状态下发生特有的收缩或者宽弛的这个事实,并没有理由可以使人用相当情绪的名称去称呼这些肌肉。因此,例如“悲哀肌”“愤怒肌”“恐惧肌”“骄傲肌”等名称,即使是被承认说,正是这些肌肉主要参加在一定情绪的外部表现方面,那么也只不过是具有一种比喻的意义。人体的每一种肌肉,连面部肌肉也包括在内,由于很多原因而收缩,并且在多种多样的人类活动里绝不是只具有一种机能;达尔文本人也多次强调这种说法。如果去正确解释达尔文对于这个问

题方面的基本思想，那么应该认为达尔文是原则上反对"恐惧肌"等这一类名称的人。根据达尔文的看法，这只不过是一种略语的表示罢了。因此，在达尔文的这本书里，就显示出有些使人意料不到的情形，就是：对颈阔肌叫做恐惧肌是不正当的这个问题的提出本身，却没有提出原则上的反驳。为了彻底搞明白这个问题，达尔文应该坚持自己的基本论点，就是：肌肉并不具有专门用在表情方面的机能；根据达尔文自己的意见说来，这些肌肉就是某些精神状态的"同伴"。

[90]（第197页）虽然达尔文相当仔细地考察了关于颈阔肌对恐惧情绪的外部表现起有作用这个问题，但是他最后仍旧没有得出一定的结论来，并且采用他所特有的一种解决争论不休的或者使人混乱的问题的方式，让读者自己从不同观点的冲突状况里去找寻解决的办法。如果我们懂得达尔文在写作格式方面的这种特点，那么也就可以对这些细致看出的事实十分满意了；达尔文曾经很仔细地收集和详细地研讨这些事实；要是达尔文在对颈阔肌是"恐惧肌"这个问题作总结的时候，不发表新的猜测，而且同时也不去采用那种差不多十分相信它的论据的形式，那就好了。达尔文硬认为这种肌肉在恐惧时候的收缩原因，就在于恐惧和痉挛同时发生，而颈阔肌则在痉挛时候发生收缩。在达尔文的这本书里，对于这种甚至是假定形式的说法，也极少根据；他的猜测看起来好像是偶然在他的头脑里出现的思想。可惜，在现在这本书里，达尔文时常大胆去建立那些没有充分根据的论断；因此，我们在研究这个著作的时候，也应该注意到这种情况。在这里，就清楚地暴露出，达尔文所举出的有利于某一个原理的论据，具有两面性。这种两面性贯穿了他的全部研究工作，并且在它上面盖上了特殊的印迹，因为在这里惊人的观察力和分析的细致却和论据不足的假设轮流出现。

[91]（第197页）达尔文在这里假定说，"脑子直接受到强烈的恐惧的影响"，而恐惧状态所特有的瞳孔扩大的反应则具有次要的性质；这个假设极其接近于现代以巴甫洛夫学说为根据的对于情绪问题的说法。依照巴甫洛夫学说，一切人类的情绪受到大脑两半球的皮质的调节，但是同时它们多少也带有某些影响的痕迹；这些影响是从脑子的下面部分传送来的，并且还和植物性神经系统的机能有密切联系，而植物性神经系统本身却又受到皮质的控制和调节影响。

[92]（第199页）达尔文在这里认为，这种把弯起的双臂贴紧身体的动作，还不能明白而且还没有得到满意解释；实际上，如果采用达尔文在说明毛发直竖和皮肤附属物举起等动作时候所举出的那些原理的观点，那么也可以近于真实地去解释这个动作。不但这样，用这些原理去解释为什么在感觉到寒冷时候或者在发生恐怖时候身体收缩和四肢贴紧身体的原因，要比说明其他几种表情动作的起源，更加适当。因此，我们就不十分明白，为什么达尔文不把这个使他困恼的双臂贴紧的动作去和防御反应联系起来；这种防御反应迫使动物减小它的遭到危险或者低温影响的身体面积。这里所考察的动作就是比较普遍的一组防御反应的特殊情形；这些反应的生物学意义是确实无疑的。至于说到那些在这里所叙述的情绪下所发出的特征性声音，那么应该承认，达尔文在确定呼吸动作和当时所发出的声音之间具有一定的联系时候所作的说明，是极其聪明的和使人可信的。

[93]（第199页）达尔文的确善于用他所提出的原理的观点，去清楚地说明双眼大张的原因；可是，嘴大张的原因被他说明得较难使人满意，而且他自己也承认这一点。在概述里，他不适当地把两类动作归在一起：第一类动作帮助我们去看清楚危险的对象；第二类动作则使我们容易去听清楚声音。在第二类动作方面，如果把头部和双耳向声源方面转动这一点除开不算，那么就可以说，达尔文并没有用必要的完备和精确程度去揭露这类动作。

[94]（第209页）达尔文认为羞惭而发生的脸红的原因，就在于我们对于自己外貌方面和对于别人对自己外貌的意见方面加强注意。达尔文企图证明说，这种加强注意引起面部和身体其他部分的血

管发生变化。可是,至于环境和教育对于自己注意和以为周围的人的意见重大的习惯方面起有作用这个问题,那么达尔文只对这个问题发表了极其含糊不清的见解。公正不偏的读者一定会从达尔文所提供的事实资料里,得出一个明确的说法来,相信社会因素对于羞惭感觉影响下脸红的癖性起源方面起有即使不是决定性的作用,那么也是显著的作用。有一种情况妨碍了达尔文去得出这个结论,就是:一切情绪,从最原始的情绪开始,一直到复杂的、人类所特有的情绪为止,在他的这本书里被细分得很不够,因为达尔文还没有成功地脱离开这种把性质特殊的现象生物学化的倾向。

[95] （第210页）现在由于生理学家和临床研究家们的共同努力,已经获得了大批有关脑子的血液循环和头部表面的微血管血液循环的联系方面的资料;可是在达尔文的时代,这个问题还没有被详细研究过,而达尔文关于这方面的见解在当时是新的,特别是关于他所提出的情绪状态的外部表现问题方面是这样。在苏联的卓越的神经病理学家谢普(E. K. Cenn)的著作里,可以找到这个问题的最充分的和极其独创的说明;谢普的见解是和达尔文的见解互相呼应的,而且在很多方面证实了后者正确无误。谢普证明说,"大脑皮质的机能的各种不同的性质,是和它的外部行动相符合的",并且有无数对于病人的观察结果都证实这一点。根据谢普的意见,决定某种面部表情的表情肌的收缩动作,对脑子的血液循环发生影响;这是由于面部血管和脑子血管之间具有直接联系的缘故。谢普用这个观点去分析了像皱眉、微笑、哭泣、声笑这一类表情动作,此后就去说明达尔文亲自所研究过的很多特有的表情动作的生物学意义和生理机制,因此也补充和加深了达尔文的研究工作。虽然谢普的结论也带有一部分机械论色彩,但是它们整个说来是重要的;现在我们就把这些结论举出如下:"脑子的皮质具有两个被调节的补给部分,就是分布开来的动脉网和静脉系统;这些部分的状态的各种不同的配合,就提供出智力工作的各种各样的一般条件。① 正常状态下的分配网。由于眉毛上举而引起静脉的血压降低。结果就是联想过程的均匀的工作,亦即各种现存印迹(engram)的配合的再现工作。② 在分配网里,血液向那些发生机能活动的区域集中工作加强,大量血液向内颈动脉普遍传送。由于眼球静脉的向外的出路被三棱肌夹紧,静脉的血压略微提高,因此动脉强度也提高起来。脑子和双眼里的血压增加,同时引起双眉皱缩。这种状况就促进新的印迹更加牢固而且明确地形成起来,去解决新的任务,建立新的配合,因为最后这些发生机能活动的区域终于获得充分的补给。③ 分配网补给量低落下去,使抵抗力减小,而外颈动脉网的补给量也低落下去,而且为了使头部内外双方血管网之间的血压相等起见,面部、头顶和颈背的静脉就被夹紧。脉搏增强,但是不发生强烈冲动,也不引起脑子的弹性机构的强烈反响。在面部和脑子部分,发生更加活跃的血液循环,同时氧的补给增多,但是流进组织里去的液体则略微比流出来的液体增多。达到微笑的状态。这时候,补给的集中程度降低,脑子的皮质里的偶然联系容易建立起来。④ 在上述的状态下,也发生内颈静脉里的血压降低,还有这种血压的波状振动。微血管的血液循环更加迅速,因此氧的补给量也更加多。脑子通过静脉系统而受到波动性按摩,发出声响。⑤ 全部分配网收缩;静脉血液大量流到外静脉里去。微血管里的血液流动速度减低。氧的补给量减少,发生不满情绪,同时有简单的皱眉。⑥ 内颈静脉里的血压由于胸腔里的压力增加而也增高起来,因此使这些现象变得复杂起来;这些增高情形由于静脉血液从头部抽走的短暂冲动而发生中断。氧的补给量更加减少下去。一切过程减慢。哭泣的联合缺乏。⑦ 大哭和大笑,由于静脉血压所发生的急剧振动而打乱了脑子的机能活动"。（谢普：《神经病的临床分析》,*Клинический анализ нервных болезней*,1927,第98—100页）。

[96] （第213页）如果一个人由于自己犯有不良的道德上的举动而感到羞惭,那么他当时所发生的遮掩自己面部的欲望是一种复杂的现象,因此把这种现象生物学化的办法是不正确的。达尔文发现

了一个对这种现象方面的初看起来好像可信的解释,但是未必可以把这个解释推广应用到"道德上的羞惭"的情形方面。如果要去说明这里所谈到的现象,那么就必须去考虑到教育和社会礼节的因素;大家知道,在不同的历史发展时期里,教育和社会礼节就有重大的变化。也很可能用下面的情形来说明在强烈的羞惭时候首先遮掩面部的倾向,就是:一个人用面部掉转和双眼低降的动作来避免暴露自己的心情,而这种欲望往往和羞惭结合起来,但是有时也会把羞惭驱散。除此以外,还恐怕应该首先对面部在羞惭时候掉转的事实本身采取郑重的批判态度,不应该认为它是已经根据达尔文的这本书里所举出的那些比较不多的、片面的资料而完全被证明了。

[97]　(第214页)在这一章里,达尔文分析了几种极其相似的精神状态;有时也用某一个名词去表明这些精神状态,但是它们实际上彼此有性质上的细微差异。例如害羞和胆小就是这样的。根据达尔文在这里所感到兴趣的这些现象的意义,显然是专门在谈到害羞方面,因为胆小是以恐惧的要素作为前提的,而在达尔文所叙述到的例子里,只是极其有条件地可以谈到恐惧方面。达尔文在分析这个问题方面的功绩,就在于:他成功地发现了两类恐惧的几个特征之间的联系;一类是真正的恐惧,正由于发生了实际的危险或者想象的危险而被引起的,也由于出现了恐惧的特殊形态所特有的那种特别的害羞或者胆小的状态而被引起的;另一类则是对于舆论的恐惧,或者是害怕在周围的人们的面前丧失某一方面的信誉。

[98]　(第217页)在达尔文的时代,还不能够查明怎样"可以使思想对血液循环发生影响"这个问题;当时主要只是从机械论的立场,或者从唯心主义的立场,去解释全部这个问题。达尔文毫不害怕引用这个思想或者想象对身体的生活过程起有影响的观念,去说明很多有关表情动作和情绪状态的外表特征方面的现象。可是,同时达尔文一开头就偏爱去采取生理学分析方法;如果说他用这个方法没有成功地达到十分明白的地步,那么这个罪名应该归属于当时生理学的状况方面。只有到了现在,当我们有可能在巴甫洛夫生理学的卓越发现的背景前面去考察达尔文的见解时候,就可以看出,达尔文在自己的探索方面是多少接近于真实情况的。有了这些发现,这种成为思想对血液循环过程的影响的基础的生理机制,就变得明显起来;达尔文正是企图用这一点去论证自己的脸红理论。巴甫洛夫的学生贝可夫(К. М. Быков),对这一类在不久以前还是属于精神对肉体所起的神秘影响的现象,进行了详细的分析工作;贝可夫采用条件反射的方法去做实验,就用这些无可责难的实验资料成功地对这些现象作了唯物主义的说明,并且解除了那一层包围住这些现象的神秘主义的蒙布(参看贝可夫:《大脑皮质和内部器官》,第二版,1947年)很有意味的是:早在达尔文以前,另一位卓越的自然科学家拉马克,当时曾经对这个问题发表了同样的见解,而且在他的《动物学的哲学》的第三部分里,用好几页的文字来叙述这些见解。也像达尔文一样,拉马克替自己所详细叙述的那些表明出思想和注意对身体的生活过程起有影响的事实,顽强地找寻生理学的说明。虽然他的说明也反映出他的思维在这些问题上具有明确的唯物主义倾向,但是它仍旧带有幼稚的性质,这一部分也是由于他偏信流体学说(учени о флюидах)而造成的。可是,虽然这样,不论达尔文或者拉马克,都是大部分可靠地预见到,应该使他们的见解在先进的唯物主义生理学的发展方面起有显著的作用。

[99]　(第219页)达尔文在论断定向的注意对于器官和它的机能起有影响这一些文字里,引用了预想会对疾病发作的产生起有影响的说明;现在不能认为这种说明是使人满意的,因为预想状况本身反映出以前大脑皮质和一定反应的联系。因此,达尔文所叙述的现象,可以采用暂时联系或者条件反射的形成机制的观点来获得说明。

[100]　(第220页)现代科学拥有了大量事实,证明可能使任何一种感觉器官的灵敏度发生重大变

化,特别是在专门训练的影响下可能发生这种情形[参看克拉夫可夫(C. B. Кравков):《感觉器官的心理生理学》,莫斯科,1946 年]。达尔文在这里引证了注意方向针对疼痛来源的条件下疼痛的感应性发生变化;这个事实是和这类现象的集体有关,但在这种情形下并不是谈到感觉器官和它们的机能活动力的固定变化方面,而是谈到它们的感应性限度向下方和向上方暂时偏移的情形。在这里,巴甫洛夫所定出的高级神经活动法则,再帮助我们去理解为什么集中注意,或者换句话说是大脑皮质里的一定的兴奋发源地的建立,会替感应性的变化创设条件(参看《巴甫洛夫全集》,第 4 卷,第 111—112 页;又第 3 卷,第 196—197 页)。

[101] (第 221 页)在这些作出第 13 章的总结的结束语里,达尔文很明确地发展了关于血管反应的反射机制的见解。不但这样,他还表明出这些起初在相同的外来刺激物的影响下发生的血管反应(例如酸性果实和它对唾腺的影响的试验),能够逐渐去和其他的刺激物发生联系;这些后面的刺激物,正像我们现在一定会说到的,就是条件刺激物。因此,达尔文好像自身在自己的判断过程里,愈来愈精细琢磨了那个基本观念;这就是联合性习惯的观念;达尔文在开头分析情绪状态的外部表现的起源时候,就遵循着这个观念。从第 13 章的结束部分里,可以特别明显地看出,这个观念相当接近于条件反射理论。

[102] (第 226 页)如果考虑到昆虫的身体组织水平和神经系统的构造,那么就可以知道,达尔文在这里所讲到的昆虫的感受的话,带有极度拟人观的色彩。

[103] (第 227 页)我们在这里又遇见达尔文在本书里用来慷慨赠送的关于获得性可能遗传的观念的强调说法。我们可以注意到,这本书是在达尔文的科学创作的后期所写成的,因此有一种情况就显得极其重要,就是:达尔文在这方面表现成一位拥护获得性可能遗传的进步观念的人。可是,达尔文实际上仍旧没有说明基本问题,就是:究竟在哪些条件下和由于怎样的原因,个别的姿态或者怪相可以被传递给后代? 应当指出,自从这本书出版以来,还没有人具体地精密研究过这个问题,所以它直到现在还是没有被解决。

[104] (第 228 页)达尔文发表了很多关于讲话的起源、口语和姿态语方面的意见和关于发声机能的生物学意义方面的意见(参看《物种起源》,第 3 章)。这个问题只有到现在,就是在斯大林的天才著作《马克思主义与语言学问题》发表以后,才彻底弄明白。因此,可以特别着重指出,达尔文在提出姿态语的意义并且指出面部和身体的表情动作在加强和更良好地表现口语的意义时候,绝不是偏爱去认为姿态具有决定作用,也好像在走马看花时候所能觉得的情形一样,是一种人和人之间的交际手段。根据明显的原因,在这本研讨表情动作和情绪状态的外部表现的详细叙述的书里,达尔文认为,作为表情方法的姿态,要比说话具有更加重要的地位。就在这本书的前后文字里,也应该理解到达尔文关于面部和身体的表情动作帮助语的见解;这个见解,并不和斯大林关于这个问题而对别尔金和富列尔两同志的回答里所作的解释发生冲突。达尔文对于下面一点的指示是极其重要的;这一点就是:表情动作也像姿态一样,是表情的手段,并不具有最初特殊的目的,而且在这方面也不应该去和聋哑人的姿态作同等的看待。又可以去参看第 22 条俄译者注。

[105] (第 229 页)在这本书的叙述过程里,正像前面已经提出的情形一样,达尔文多次假定了那些具有目的论的印迹的定义。其实,本书的开头几页的叙述和他的观点和贝尔的观点彼此对抗的情形,正证明了达尔文对一切违反进化学说的说法和一切带有目的论世界观的印迹是根本敌对的。达尔文在这里坚决地卫护了自己的这个立场,对于他的见解的唯物主义方向性并没有丝毫的怀疑。

[106] (第 229 页)残酷态度或者亲热态度和相应的表情动作的联合,的确就成为那些对于另一个

人或者动物关于他们的表情动作的心情或者意图的辨认行动的基础。大家知道,人类在较早时候就获得这种辨认能力;很多动物也具有这种能力,而且也容易培养出这种能力来。它构成那种不是时常意识到的实际"观相术"的基础;我们在日常生活里最时常遵循这种观相术。条件反射原理最好不过地说明了这种辨认和理解别人的姿态和表情的能力。

[107]　(第 230 页)达尔文很清楚地指明,根据他亲自对于自己的孩子的观察和实验,这种理解面部表情、声调等的能力在怎样早的时候发生;可是,他同时不能明确地表达出外界条件的作用、教育和环境(在这个字的广义上说来)的影响。因此,达尔文关于辨认表情的天生感情就是很幼小的孩子就已经表现出来的感情这种说法,就显得极难使人相信。达尔文把两种绝不是同时发展起来的不同的机能——辨认机能和他所说的判断机能——混为一谈,不过他曾经对列莫因作了同样的责备。达尔文在和列莫因进行争论的时候,没有举出相当重大的论据来,因为实际上,到底怎样可以把这种正确而且迅速辨认不同表情的本领认为具有天生的和本能的(根据达尔文的用语)性质,这还是使人极其怀疑的。要是母亲对于自己的婴孩方面的一切举动和她的一切情绪,具有另一种外表性质,例如总是不变地随着亲热态度同时出现悲痛或者威吓的表情,或者相反地在发生后面两种表情时候接着出现亲热态度,那么也就未必可以去怀疑到婴孩辨认表情的本领具有另一种在和现有的正常状态比较说来是歪曲的性质。因此,达尔文关于辨认表情方面的一切判断,犯有两个错误,就是:第一是对辨认能力的天生性质作了不合逻辑的证明;第二是没有明确地把表情的辨认过程和它的判断过程区分开来。达尔文所细致地看出的事实本身,则确实仍旧具有科学资料的意义,它们对于面部表情的辨认能力的发展顺序的理解方面有极其重大的价值。

[108]　(第 231 页)达尔文是坚决拥护关于人种统一的观念的人;特别是他成功地利用了很多关于表情方面的事实,去证实这个原理。达尔文的资料击溃了"种族理论"的拥护者们的反动的、假科学的捏造。

[109]　(第 232 页)应该承认达尔文关于皱眉与其他表情动作是和身体的直立行走有联系这个意见,是极其细致而且独创的。可惜,达尔文只是顺便发表了这个思想,却没有对它作详细的讨论。辩证唯物主义的创立者们就表明出这个因素在人类与他的意识的发展方面具有多么重大的意义。在斯大林的著作里,我们可以阅读到关于这个问题的最宝贵的见解(参看《斯大林全集》,第 1 卷,《无政府主义还是社会主义》,第 313—314 页,中译本第 288—289 页)。根据这些见解,应该用新的、大有效果的观念去充实这一门关于表情动作的起源和演化的科学。

# 附篇1　一个婴孩的生活概述[1]

## · *Appendix* ·

　　泰恩先生关于婴孩智力发展的极其有趣的报告,[2]使我去重新审查我在 37 年以前对自己的一个小孩所作的观察的日记;在最近一期《精神杂志》(*Mind*,第 252 页)里,登载着泰恩先生的这个报告的译文。我曾经获得了这些在直接进行观察方面的特殊机会,并且把一切所看出的情形都记写在日记里。我的主要目的就在于研究表情。我曾经在自己专论这个问题的书里,[3]借用了自己的观察记录;可是,因为我顺便注意了婴孩的其他方面的行为,所以我的观察资料,虽然它们不太重要,但是也可以充当泰恩先生所讲到的内容的补充材料,并且也可以充当以后显然无疑将在这方面所做到的观察的补充材料。根据这些对于我的小孩的直接观察,我确信,小孩的各种不同的能力和习惯是在一定的生活期间里发展起来的。

　　在我的婴孩出生以后的最初七天期间里,有些反射动作,例如打喷嚏、打嗝、打呵欠、伸懒腰,当然还有吮吸和叫喊,已经极其明显地表现出来。在第七天,我用一片纸去触动他的脚的露出的脚踵;他就把脚缩回去,同时脚趾挤紧在一起,正好像年纪较大的小孩在受到搔痒时候所发生的情形一样。这些反射动作很完善;这就证明,随意动作极度不明确的情形,并不是由于肌肉或者协调中心的状况来决定,而是由于意志来决定。我明显地看出,甚至在这个很早的期间里,用温暖的柔和的手去摸触婴孩的面部,也会激起他的吮吸的欲望来。应该把它看做是反射或者本能上的动作,因为我们不可能去相信,婴孩接触母亲的乳房而发生的经验和联合,会这样迅速地想到行动。这个婴孩在最初两个星期里,时常在突然发生某些声音的时候发生颤抖和雯动双眼。可以观察到,我的其他几个孩子在和他相同的年龄时候,也发生同样的现象。当这个婴孩的年龄达到 66 天的时候,我偶然打一次喷嚏,他就发生强烈的颤抖,皱起双眉,好像受到了惊吓,并且高声哭泣起来;此后在一小时里面,他总是处在这种状况下,而年纪较大的孩子处在这种状况下就会被称做神经质的孩子,因为每次极其微小的嘈声就会使他颤抖。在这个事件以前几天,他初次在突然有一件可看的物体出现在他面前的时候,发生颤抖;可是,此后在长久的期间里,声响使他发生颤抖和霎动眼睛的次数,要比视觉刺激使他发生这些情形的次数更加频繁得多;例如,在他的年纪达到 114 天的时候,我用一只装有糖果的硬纸匣在他的面部附近摇动发声,这就使他颤抖起来;可是,当我单单用这只空纸匣或者其他东西在更加接近他的面部处摇动的时候,这并不引起任何的效果来。根据这些事实可以得出结论说,眼睛霎动,主要是为了保护眼睛而发生;这种动作并不是由于经验而获得的。虽然婴孩一般对声音很敏感,但是甚至在 124 天的年龄时候,他仍旧还不能够决定,声音从哪里传播过来的,并且也不能够朝向声源方面瞧望。

至于说到视觉方面,那么早在婴孩出生以后 9 天的时候,他的双眼就已经朝向烛火凝视不动,并且一直到 45 天为止,好像还没有任何其他东西能够吸引他的视线;可是,到 49 天的时候,他的注意力曾经被一把颜色鲜艳的刷子所吸引住;这一点可以根据他的双眼凝视和双手停止动作的情现来断定。他很迟才学会用双眼去追随一个慢慢地左右摇动的物体而瞧看的本领;甚至到 7 个半月的时候,他还很难做到这件事情。在出生以后 32 天的时候,他感觉得到母亲的乳房在 3~4 英寸距离处向他接近;这时候他的双唇向前伸去并且仔细瞧看,因此就可以证明这一点;可是,我很怀疑这种情形是不是和视觉、还有和嗅觉有某种联系,因为他当时确实没有触碰到母亲的乳房。我完全不知道,这究竟是不是由于母亲身体所发散的热量使他嗅到或者感觉到而引起的,还是由于当时他所处的位置所形成的联合而引起的。

在出生以后的长期间里,他的四肢和身体的动作总是无目的的和不确定的,而且通常都是激烈的;只可以举出一个例外情形来:在很早的期间里,就是在他还只有 40 天的时候,他能够把双手举起到嘴边。当他的年龄达到 77 天的时候,他曾经用右手去取奶瓶(保姆时常用这个奶瓶给他吮吸),不管保姆握住他的右手或者左手;而且只有再过了一个星期以后,他方才用左手去取奶瓶,不过这件事情是我设法差使他去干的;因此,右手在本身发展方面要比左手超前一个星期。可是,后来才知道,这个婴孩是善于用左手的人;显然无疑,应该认为这是一种遗传性,因为他的外祖父、母亲和兄弟也是善于用左手的。在他的年龄达到 80~90 天之间,他就会把各种东西都塞进嘴里去;而且在再过两三个星期以后,他已经会用某种技巧来干这件事情;可是,他时常开头想法用鼻子去接近物体,然后再用手把它送进嘴里去。当他把我的手指抓住并且打算把它塞进嘴里去的时候,因为他自己的小手挡住了嘴,所以他就妨碍了自己去吮吸我的手指;可是到 114 天的时候,他在经过了多次训练以后,就迅速地把自己的手开始向下移,以便把我的手指的尖端送进嘴里去。这种动作被他重复做了几次,所以显然这不是偶然发生的,而是完全故意的。因此,双手和手腕的随意动作,要比身体和双脚的动作超前出现;虽然这些动作从外表上看来是无目的的,但是它们从很早的期间起就已经轮流出现,好像在做着走路的行动时候的样子。在这个婴孩的年龄达到 4 个月的时候,他时常仔细地瞧看自己的手和其他位于他附近的物体,同时他的双眼也显著地向内斜移、并且他还时常作着骇人的斜视。过了两个星期以后,就是在他的年龄达到 182 天的时候,我就看出,如果有物体向他的面部移近而达到他的手臂长度的距离处，那么他就企图去抓取这个物体，但是时常不能成功；对于较远的物体，他就不打算去干这件事情。我以为，不应该去怀疑，双眼向物体会聚的动作，就是激发双手行动的原因。因此，虽然这个婴孩很早就开始运用双手，但是在这些动作里一点也没有表现出什么定规来。在他的年龄达到 2 岁 4 个月的时候，他会抓住铅笔、钢笔和其他物体，但是显著地不及他的妹妹那样灵活和能干；当时他的妹妹的年龄是 14 个月，已经表现出相当强烈的对于处理物体方面的天生能力来。

愤怒——很难确定这个婴孩在什么年龄第一次发生愤怒；在他出生以后 8 天的时候，他在哭泣发作以前就皱起双眉，并且把眼睛周围的皮肤皱缩起来；可能认为这种情形是由于疼痛或者苦恼而发生，却不是由于愤怒而发生。在他的年龄大概是 10 星期时候，在全部喂奶的期间里，当他吮吸到较冷的牛奶时候，他的前额就紧蹙起来；当时他好像成年人因为强迫他去干一件使他不高兴的事情而感到伤心的样子。当他的年龄大约是 4 个月的时候，说不定还在更加早些的时候，可以根据他的面部和头皮的充血情形来看出，他开始激烈地发怒起来。只要是不大的原因就足够引起他发生这种情况；例如，在他的年龄略微大于 7 个月的时候，他由于企图用手抓取一只柠檬遭到失败，而失望地发出尖叫来。在 11 个月的年龄时候，如果拿给他的玩具并不是他想要的，那么他就会把这个玩具推开和敲打它；我以为，这种行为就是愤怒的本能上的特征，而且不应该认为这个婴孩由于打算使玩具发生疼痛而这样干的。婴孩的这种本能，好像是小鳄鱼在破卵而出以后慢慢地把双颚颤动发声的样子。在他的年龄是 2 岁又 3 个月的时候，他就发生出一种把书籍和棍棒抛掷到那些欺侮他的人身上去的癖性；我的其他的几个孩子也发生这种情形；从另一方面看来，我始终一点也不能看出我的女儿在这个年龄时候具有这种癖性；这就使我认为，抛掷东西的癖性是由男孩遗传下去的。

恐惧——这种感情极可能是小孩最早发生的感情之一；根据下面的情形就可以明白这一点，就是：早在婴孩出生以后几个星期时候，他们发生颤抖，此后在出现任何突然发生的音响时候，他们就哭泣起来。在我的婴孩的年龄还没有满 4 个半月以前，我多次在他的身旁发出各种奇怪的高声；这些声音使他感觉到是适当的开玩笑；可是，到了这个年龄时候，我有一次发出一种以前没有听到过的响亮的打鼾声来，于是他马上变得严肃起来，此后就发声大哭。过了两三天以后，我由于忘记了这件事，又发出这种打鼾声来，于是又发生了同样的结果。大约在相同的时候（就是在他出生以后 137 天的时候），我有一次转过身子，开始用背部朝着他退走过去，此后又站定不动；这时候，他显得很严肃，并且很是惊奇；要是我不把身体转过去用面部朝着他，那么他一定就要哭起来；当时他的面部立刻就露出微笑来。大家知道，年纪大的小孩会强烈发生模糊不明的恐惧；例如，他们害怕黑暗或者大房间里的黑暗的角落等。我可以举出一个事例来作为例子；当时我带领上面所说的我的婴孩到动物园里去；他的年龄是 $2\frac{1}{4}$ 岁。他高兴地瞧着他以前已经认识的一切走兽，例如鹿、羚羊等，还有一切鸟类，甚至是鸵鸟，但是在看到兽栏里的各种巨大野兽的时候就感到惊惶不安。此后他就时常说，要再去瞧那些走兽，但是不要再看到那些住在"小房子"（兽栏）里的野兽；我们绝不能够说明这种恐惧的原因。是不是应该去假定说，小孩的这些模糊的、但是完全现实的恐惧情形，完全不是由于经验而发生的，却是遗传下来的对现实的危险发生害怕和原始的古代所积累下来的旧有成见的结果呢？我们关于过去良好发展的特征会遗传下去的知识，使我们认为，这些恐惧情形应该在幼年期间里出现，而后来则消失去。

愉快的感觉——根据小孩在喂乳时候所呈现的迷糊的眼光，可以推测说，他们同时在发生愉快的感觉。我们所谈到的这个婴孩，在出生以后45天的时候发生微笑；而另一个婴孩则在46天的时候，发出了那些已经证明是由于愉快感觉而引起的真正微笑，因为同时这两个小孩的双眼变得发亮起来，而眼睑则略微闭起。他们主要是在望见自己的母亲时候发出微笑；这就证明这些微笑的性质是有意识的；可是，这个婴孩也时常在过了一段时间以后，由于某种内部的愉快感情而微笑起来，不过当时绝没有发生出任何一种设法使他兴奋或者高兴的事情来。在他的年龄达到110天的时候，如果有人把围涎布突然蒙在他的脸上，接着又很快除下，那么这种玩意儿就会使他很高兴；如果我把自己的面部迅速向他接近过去，同时把围涎布蒙在自己脸上和突然除下，那么也同样会使他高兴。同时，他还发出一种好像是初生的声笑的声音来。在这种情况下，突然发生的现象就是一种使他高兴的基本原因。在成年人方面，也可以时常观察到，在他们对开玩笑发生反应的时候，就发生这种情形。我以为，在这些由于突然露出面部而发生的高兴情形以前三、四星期里，他好像已经理解到，别人轻轻抚摸他的鼻子和面颊的举动，是一种良好的开玩笑。起初，我由于婴孩在略微过了三个月的年龄时候就会理解到可笑的事情这一点，而感到极度惊奇。可是，同时也应该记住，小猫和小狗在很幼小的时候就已经开始作玩耍了。他在4个月的年龄时候，极其明确地表现出一种要倾听钢琴演奏的愿望来；如果把他在更早的时候对于鲜艳的颜色发生兴趣的情形除开不算，那么显然现在这种情形就可说是他的美感的最早表现了。

恋情的感觉——如果我们根据这个婴孩在2个月的年龄以前对着那些看护他的人发生微笑这一点，来正当地断定他具有恋情的感觉，那么这种感觉极可能发生在很早的生活期间里，不过我还没有获得任何明确的证据，而可以用来证明婴孩在4个月的年龄时候能够辨别和认清任何一个人。可是，只有在他的年龄略微大于一周岁的时候，他方才开始自发地表现出明显的恋情的特征来；这些特征就表现在：他多次在保姆离开了一段时间而回来的时候，开始去吻保姆。每次在保姆装出要哭泣的样子时候，他就对保姆发生同情感，当时他的面部采取忧郁的表情，嘴略微收缩起来。他的年龄达到 $15\frac{1}{2}$ 个月的时候，当我去抚爱大洋娃或者去握他的小妹妹的手的时候，他就表现出嫉妒的特征来。在观察到狗的嫉妒感情怎样强烈地表现出来的时候，就可以预料到，如果以为个体发育在重现出系统发育来的说法是正确的话，还有如果能够用可靠的办法来做试验的话，那么小孩的这种感情应该在更早于刚才所讲述到的年龄时候就表现出来。

观念的联合、理性等——根据我所能观察到的情形说来，他的特殊的实际思考所表现出来的第一个行动，亦即我在前面已经写过的情形，在于他企图抓住我的手指；以便把指尖推送到他的嘴里去；这件事情发生在他出生以后114天的时候。他在4个半月的年龄时候，多次由于看到了镜子里的我和他自己的像而发生微笑，并且显然无疑把这些人像当作是实际的人；可是，当他听到我的声音在他背后发出来的时候，他就表现出理解上的惊奇来。也像其他一切的小孩一样，他很喜爱观看镜子里的自己的像；而且以后在他还不到两个月的时候，他已经清楚地理解到这只不过是人像，因为如果我悄悄地对他做出任何一种怪脸来，那么他马上会把身子转过来，向我瞧看。可是，在 7 个月的年龄时候，他在游乐的时候，隔着巨大的玻璃看到了我，也怀疑我是不是镜子里的像来，因此就发生了困惑。我的另一个婴孩，就是小女孩，在一周岁的年龄时候，还没有表现出这种理解力来；当她看到镜子里的人像在向她迎面走过来的时候，她只是表示出犹疑不决的样子。我曾经观察过最高等的猿；它们用另外的方式去对付一面小镜子，就是：它们把手去按住镜子，用这种动作来表明它们理解到这是怎样一回事情；可是，它们并没有兴趣去细瞧镜子里的自己的像，反而发怒起来，不愿再去看它。

这个婴孩在 5 个月年龄时候，并不依存于任何的教育，[4] 就开始把观念联合起来；例如，只要把帽子一戴在他的头上和把大衣一穿在他的身上，如果不马上（抱着他）去散步，那么他就会开始撒起娇来。在他的年龄正巧是七足月的时候，他已经能够毫不错失地把保姆和她的姓名联合起来，并且在我喊出保姆的名字时候，就去找寻她。另一个婴孩由于把头部左右摇动而高兴起来；我模仿着他的动作，并且发出"摇头"的言语，去鼓励他做这个动作；在 7 个月的年龄时候，他有时听到第一次请求，用不到再看到年纪大的人所作的任何指示，也会做出这种动作来。在以后的 4 个月里，我们所讲到的这个婴孩就把很多事物与动作去和言语联合起来；例如，在有人要他去吻某一个人的时候，他就平静起来，同时伸出双唇；还有在看到炭篓子或者泼出的水时候，因为他已经学会这些东西是污秽，所以他就摇起头来，并且用不满意的声调发出"啊嘿"的呼声。我还可以补充说，在他的年龄达到十足月还差几天的时候，他能够把自己的名字和镜子里的自己的像联合起来；当有人呼喊他的名字时候，他就转身向镜子方面去；甚至在他离开呼喊的人不远的情形下，也是这样。在他十足月以后几天，他自发地学习到，当有人把手或者其他任何一种物体在他的面前的墙壁上投射出影子来的时候，他就一定向身背后去找寻这只手或者物体。在他还没有满一足岁的时候，只要有两三次间断地向他重复作出某种简短的提议，就已经足够使这个提议以联合的观念形式坚牢地固定在他的头脑里。泰恩先生叙述到，婴孩容易发生观念之间的联合；在我的婴孩方面，也可以观察到这种情形，不过那时候他的年龄要比泰恩先生所说的大得多；可是也可能他的初期的联合表现当时没有被我觉察到。在一些情形里，迅速而且容易由于教育而发生联合的观念；而在另一些情形里，则自发地获得这些观念；我以为，这种迅速和容易的情形，好像是婴孩的头脑和我曾经观察到的最聪敏的成年狗的头脑之间所存在着的最明显地表现出来的差异。在把这些资料去和穆比乌斯（Möbius）教授所获得的资料（穆比乌斯：*Die Bewegungen der Thiere etc*，1873 年，第 11 页）作对比以后，就可以看出，婴孩的头脑和梭鱼的头脑有多么显著的不同。穆比乌斯曾经把一条梭鱼放在养鱼缸里的用玻璃板隔开的一部分里，而在另一部分里则放几条鮈（*Gobio fluviatilis*）；这条梭鱼在一连三个月里，总是朝着玻璃隔板撞过去，直到自己头昏无力为止；最后它由于进攻总是受到这种处罚而改掉了原来的习惯；此后，又把它和同样的几条鮈放在一只没有玻璃隔板的养鱼缸里；这时候，它已经不再表现出以前进攻它们时候所采取的无意义的顽强精神来。

正像泰恩先生所看出的情形一样，小孩在最早的年龄时候就表现出好奇心来；这种好奇心对于他们的智力发展极其重要。可是,我一点也没有进行过这方面的专门观察。在此期间,也开始表现出模仿的行为来。当我的婴孩的年龄只不过 4 个月的时候,我觉得,他企图要发出声音来;可是,也可能我在自己的判断方面发生了错误,因为我不十分相信他当时真的在做这件事情;以后直到他满十足月的时候,我方才以为他在这样做。

他在 $11\frac{1}{2}$ 个月的年龄时候,就毫不困难地模仿各种各样的动作;例如,在看到污秽的东西时候,就一面摇头和一面喊出,"啊嘿"(ah)来;或者在念着拙劣的儿童诗的诗句"瞧这个,瞧这个,把字母 T 描下来"的时候,就慢慢地和恰当地把一只手的食指贴近在另一只手的掌心。去察看他的面部在成功地完成了这一类动作以后所发生的满意的表情,真是很有趣的事情。

我不知道,是不是也值得把那些表明幼年的小孩具有良好的记忆力的事实提出来谈谈;例如,当我的小孩的年龄达到 3 岁又 23 天的时候,有一次把他的祖父的画像给他看,当时他已经有 6 个月没有看见祖父,但是他马上认出他,并且列举出许多在他和祖父最后会见时候所发生的事件,而这个小孩周围的人在这 6 个月的期间里一次也没有提到过这件事情。

道德感——在这个婴孩的年龄达到 13 个月的时候,我看出他的道德感的第一批特征表现出来;有一次我说道:"杜但(Doddy,这是他的名字)不愿意吻爸爸——坏杜但。"由于我说了这几个字,他显然无疑变得有些难为情起来;接着在我回转到自己的安乐椅那里去的时候,他就伸出双唇来,表示出他准备来吻我的姿态;此后,他生气起来,把手摇动,一直到我向他走近去和让他能够吻到我的时候方才息怒。和我妥协这件事情,极可能使他发生满意的感觉,因为过了几天以后,当他假装生气、打我的耳光而且硬要接吻的时候,再重现出这一幕来;后来也时常发生这种情形。在这个年龄时候,可以很容易去影响婴孩的感情,并且差使他去干一切随便什么事情。在他的年龄满 2 岁 3 个月的时候,他曾经把最后一块小姜饼送给自己的小妹妹吃,此后就极其满意地喊叫道:"啊,善良的、善良的杜但。"过了两个月以后,当有人对他嘲笑的时候,他就开始发出敏感的反应,同时他的怀疑心理很强烈,以至于时常以为旁人的笑声和谈话都是针对着他似的。在他的年龄再稍大的时候(在 2 岁 7 个半月的时候),我有一次遇见他从餐室里走出来,并且注意到他的双眼发出不寻常的光辉,而且做出一种奇怪的、不自然的、更加正确的说来是假装的举动来;我马上就走向餐室里去,以便认明什么人在那里;结果发现,这个孩子抓去了一把捣碎的砂糖;这件事情以前是不准他做的。不能用害怕这一点去说明他这种奇怪的举动,因为他从来没有受到过责备;我以为,在这种情况下,可以说是愉快的兴奋状况和良心的意识之间所发生的斗争的表现。过了两个星期以后,我正巧在他走出这个餐室时候遇见他,同时察看他的围涎布被整齐地卷起来;这时候他的举动也很奇怪,因此我就决定要查看一下这块卷起来的围涎布,不过他已经说过,在它里面没有藏着什么东西,同时还用命令的口气反复喊道:"走开";我发现,在他的围涎布上满布着咸黄瓜汁的斑点;因此,在这里就出现了狡猾地考虑过的欺骗。因为这个小孩已经受到教养,而且对于他的性格的优点方面特别发生反响,所以他马上就变得正像可能使人盼望到的那样真诚、坦白和可爱。

　　天真、害羞——在长期和幼小的孩子相处在一起的时候，就一定会注意到，他们完全缺乏困惑的状态，因此他们可以长久不眨眼睛，而瞧望着陌生人的面部；而成年人则只有在瞧望动物或者不活动的物体时候，才可能不发生困惑。据我看来，这种情形的发生原因，就在于：幼小的孩子绝没有想到自己，因此就不表现出害羞来，不过他们有时也害怕陌生人。我的婴孩在大约2岁3个月的年纪时候，有初次害羞的表现；我观察到，这些表现是在我离开家里10天以后再见的时候对我发生的；我看出，他的双眼起初逃避开我的视线，但是很快他就走近过来，坐在我的膝盖上，吻着我，于是一切难为情的痕迹就都消散了。

　　交际能力——在出生以后长久期间里并没有眼泪随着哭泣出现；哭泣的声音，或者更加正确的说来是尖锐的哭喊声音，当然是被本能地发出来的，但是也表明出有苦恼存在着。后来，发出的声音渐渐地由于那些引起它们的原因——饥饿或者疼痛——的不同，而开始显得彼此不同起来。在本文所叙述的婴孩年龄达到11个月的时候，他的哭声就显著不同；据我所知，在其他的婴孩的年龄比他更早的时候，也可以观察到这种哭声不同的情形。除此以外，这个婴孩很快学会了依照不同情况，为了要使人理解到他想要什么东西，而作有意识的哭泣，或者皱脸。在他的年龄达到46天的时候，他开始发出几种使他高兴而毫无意义的声音来；这些声音很快就变得彼此不同起来。在这个婴孩的年龄达到113天的时候，可以观察到他的初次出现的笑声；其他的婴孩的笑声在更加早得多的年龄时候就出现了。正像我已经指出过的，我觉得，婴孩在这个年龄时候企图要去模仿声音；在较后的期间里，他的确也就这样做了。他在5个半月的年龄时候，十分明确地发出一个声音"da"（"达"），同时并没有任何意义包含在这个声音里。他在略大于一足岁的时候，就用手势来帮助表达出自己的欲望来；可以举出下面一件事情作为例子：有一次他把一片纸举起来，把它给我，同时用手指着炉火，因为他时常看见纸张在炉火上燃烧的情形，而且他很高兴看到这件事情。在一岁的年龄时候，他作出一些重大的成就；例如他会创造出一个字"mam"（"妈姆"）；依照他的语言，这个字就是"食物"的意思；可是，我始终不知道，为什么会使他发出这个字来。后来，他在感到饥饿的时候，不去采取哭泣的办法，而改用这个新创的字以命令的声调发出，或者是作为动词，同时想要用它来说："给我吃"。因此，这个字符合于泰恩先生所讲到的那个婴孩在较大的年龄14个月时候所使用的字"ham"["哈姆"，意译"火腿"]。可是，我的婴孩也把他的"mam"这个字作为一个具有很多意义的名词来使用；例如，他把糖（sugar）叫做"su-mam"（"苏-妈姆"）；后来，当他学会一个字"黑"（black）的时候，他就把甘草叫做"black—su-mam"，就是"黑色的甜食物"。

　　有一种情况使我特别感到惊奇，就是：在想要吃东西和同时使用"mam"这个字的时候（在下面举出我当时在观察以后立刻写下的记录），在这个字的末尾随着发出特别显著的疑问声调来。起初他主要是在认清了周围的人们当中的某一个人或者看见镜子里的自己的像的时候，使用"啊嘿"（ah）这个声音；以后这个声音开始伴随着声音里的喊叫的热情同时发出，好像成年人在惊奇时候所发出的声音一样。我在自己的记录里指出说，这种音调显然是本能地发生出来的；我懊悔当时自己没有在这方面作出补充的观察来。可是，我在自己的记录里指出说，在较后的期间里，即在18～21个月的年龄时候，这个婴孩在拒绝去做某一件事情的时候，就显著地改变声音，并且发出诉苦的抗议的叫喊声，表示出"我不愿意"的意思来；声音里的音调变化情形，甚至好像是在说"就是，不愿意"。泰恩先生也认为，他所观察过的一个小女孩在她学会讲话以前的声音里的个别音调的表现力，具有重大的意义。我的婴孩在请求吃东西而发出"mam"这个字来的时候，也发出疑问的声音；这种声音是特别有趣的，因为如果有人发出个别的字或者类似的简短的提议来，那么他就会发现，音乐上的声音的升高到这个字的末尾达到最大的高度。当时我没有注意到这种现象符合于我所坚持的见解，就是我认为，在人类还没有学会用音节分明的语言来谈话以前，他已经能发出个别的、好像真正音乐上的音阶的音调来，正像类人猿长臂猿属（*Hylobates*）所发生的情形一样。

最后，应该指出，这种加强婴孩去和周围的人们建立联系用的本能的叫喊，就是婴孩的欲望的最早的表现手段；这种叫喊逐渐地一部分在无意识地发生变化，而另一部分则据我看来是在有意识地发生变化。婴孩的面部表情的无意识的变化、姿态、音调加强的特征，最后还有婴孩本身所创造的而有最普遍意义的字汇，含有更加正确的内容，而且是模仿他所听到的说话而获得的字汇，在实现着他的欲望的表现；正就是这些字汇被婴孩异常迅速地吸收到头脑里去。我以为，婴孩在很早的发育期间里，就已经以某种程度根据那些保育他的人的面部表情而理解到这些人的意图和感情。婴孩的微笑本身，就已经证明了我们差不多不能对它发生任何怀疑；并且我以为，我在本文里所讲述的这个婴孩，在略微大于 5 个月的年龄时候，已经理解到同情心的表现。在他的年龄达到 6 个月 11 天的时候，他由于看到他的保姆假装哭泣的样子而对她表现出明确的同情心来。在他的年龄大约是一岁的时候，他仔细研看着那些向他瞧看的人的面部表情，而且由于成功地完成了一种对他说来是新的任务而感到满意。甚至在 6 个月的这样早的年龄，他显然已经对他周围的个别的人表示同情：不仅是由于他们的面部特征，而且也是由于他们的面部表情而表示同情。在他的年龄还不到一周岁的时候，他对音调和姿态的理解力，也像对很多字汇和简短提议的理解力一样良好。在他创造出自己的第一个字"mam"以前 5 个月里，他只能够理解一个字，就是他的保姆的名字；这一点也是可以料想得到的，因为我们知道，比较低等的动物也容易学会理解个别发出的单字。

＊　＊　＊　＊

## C.Г.格列尔斯坦教授对附篇的附注

[1] （第 261 页）达尔文这篇文章的题目叫做"*A Biographical Sketch of an Infant*"（一个婴孩的生活概述）。我们就按照这个题目直译成"*Биографический очерк одного ребенка*"。如果根据这篇文章的内容来看，那么就应该比较正确地把它叫做"对于我的婴孩的发育的观察"（*Наблюления над развитием моего ребенка*）。达尔文最初把这篇文章发表在《精神》杂志（*Mind*，《心理学与哲学季刊》，第 2 卷，1877 年 7 月，第 285—291 页）里。在这 1877 年里，这篇文章又被译成法文，转载在法国《科学》杂志里（*Revue Scientifique*，第 2 类，第 7 年，第 2 期）。1878 年，俄国读者得到这篇文章在俄国《莫斯科医学杂志》（*Московская медицинская газета*）上转载出消息。这篇文章的俄译文，是由莫斯科的医师兼人类学家别

恩秦格尔（В. Н. Бензенгр）所作；他还写了下面一段序文："我在去年把泰恩的美妙的论文的俄译文寄送给《莫斯科医学杂志》编辑部（请大家原谅我采用了"美妙的"这个形容词，但是我以为，在科学论文方面，也像在任何文艺作品方面一样，具有很多美妙的地方）；这篇论文的题目是《论婴孩的言语的发展》（О развитии речи у ребенка，参看《莫斯科医学杂志》第 24 期，1876 年）；当时我以为，在极短的期间里，一定会有极多的观察者来批评这篇文章；可是，我应该自认，我绝没有盼望到，现代最有天才的观察者查理士·达尔文会用这样迅速、这样富于同情而且这样响亮的方式来评论这篇文章。当然，达尔文的评论是用不到我们来作任何的注解的；可是，除了著名的人名以外，事情本身也是不说自明的。这位思想家的观察琐细、细致而且几乎微细难辨，还有他的美学上的描写，使自然科学的观察者感到惊奇，并且使后者回忆到，他曾经也做过同类的观察，不过是为了不同的目的而做的；他在和公文'宝藏'脱离关系以后，就快乐地提出了自己的意见，并且他也遇到了合适的机会，他不仅不鄙视进行这些观察，而且现在由于他的崇高的声望，又抱着热爱和狂喜的心情，开始去进行同样的观察，并且成年累月地去干这些工作；由于这些劳动的结果，当然不会单单像现在这样出现人类心理学方面的不可消灭的一页；这种心理学不是根据于形而上学的挣扎，而是根据于直接的观察，根据于科学的、自然史的心理学试验。天才的人物具有一个特点，就是：他们甚至不讨厌一根在他脚旁拾到的最小的麦秆，而且知道这根麦秆在他们所筑造的房屋里可以占有怎样的位置。可是，我们就不得不在这里的莫斯科地方，带着悲痛的心情去听取一种高傲地耸起双肩的人所发表的意见，就是：不值得去研究这些琐细的事情，这些微小的事情，而这些事情更加不值得在重要的杂志里占有地位；我们高兴地把达尔文所写的这篇短文送给这些头脑愚笨的自作聪明的专家们来作为回答，同时盼望《莫斯科医学杂志》编辑部能够愉快地把这篇短文也像泰恩的论文一样登载在自己的杂志里。"别恩秦格尔对于这篇文章的译文，有很多地方不确切，而且译得马马虎虎，因此我们现在不能感到满意。

1881 年，达尔文这一篇文章又被人重译成俄文，以单独的小册子出版，书名改为"Наблюдения над жизнью ребенка"（《对于婴孩生活的观察》）；这次的译文虽然有些改进，但仍旧绝不是完善的；这次没有印出译者的姓名来（圣彼得堡，哈恩博士印刷所，1881 年）。在同一年份（1881 年 3 月）里，有人在《语言杂志》（Слово）里发表一篇对这个小册子的简短评论。这篇评论文章的著者（也是隐名的人）写道：这个小册子没有独立的科学意义，而它的趣味也只不过是作为《人类和动物的表情》这本书的补充罢了；根据他的说法，这个小册子里的大部分观察资料，已经被包含在《人类和动物的表情》这本书里了。从此以后，达尔文的这篇文章没有在著作界受到专门的评论，只有在有关幼龄儿童的心理的专门著作里，才偶尔出现一些引用这篇文章里的文字。1900 年，在俄国出版过一个小册子——伊坡里特·泰恩和查理士·达尔文：《对于婴孩生活的观察》（Наблюдения над жизнью ребенка，第二版，增订本，圣彼得堡，纳杜特金出版社，1900 年）。在把 1881 和 1900 两年所出版的小册子来对照时候，可以证明它们差不多是完全相同的。显然，它的译者就是同一个隐名的著者。

如果我们用现代唯物主义科学关于幼年儿童的生理与心理特征方面的观点，去评定达尔文的这篇文章，那么就应该承认，达尔文所讲到的基本事实，直到今天还没有丧失它的意义。达尔文所写的关于婴孩在出生以后的最初一个星期里的反射动作的话，从事实上看来，是不容争辩的，而且他所作的关于这些动作具有本能上的和反射的性质这个结论，已经被一切研究过初生婴孩的行为的专家所证实。达尔文所讲到的关于婴孩对视觉与听觉刺激物发生反应的最早时刻的事实，基本上是不容怀疑的。可是，现在已经可以根据大量观察资料来确定，在某些只不过是被达尔文顺便指出的幼年婴孩的反应的最初发生方面，还存在着很多个体上的差异。达尔文对于 4 个月的婴孩的眼睛转动和手的移动的配合方面所作的观察,也是和后来其他研究家们所获得的事实互相符合的。至于说到婴孩的愤怒、恐惧、快乐、恋情的情绪和他们的表现方面,那么从纯粹叙述方面看来,达尔文所讲到的事实也没有失去它的意义;可是,达尔文在这篇文章里却拒绝去作这些事实的说明。达尔文用很简短的和不明显的方式,来讲述了那些有关婴孩的思维发展和第一批机敏要素出现方面的资料;因此,这部分资料现在就没有科学上的价值。至于说到幼龄儿童的表情动作和它们的发展,那么达尔文在现在这篇文章里所叙述的事实大部分的确都已经包含在《人类和动物的表情》这本书里了。应该认为,这篇文章就是《人类和动物的表情》这本书里所发展的几个原理的自然继续和发展;而《人类和动物的表情》则又是达尔文的名著《人类的起源和性选择》里的最主要的观念的发展。

[2] (第261页)达尔文在这里所举出的伊坡里特·泰恩的论文,最初是被发表在《法国和国外哲学评论杂志》里(*Revue philosophique de la France et de l'étranger*,1876年,第8期)。在这一年,别恩泰格尔把它译成俄文,并且登载在《莫斯科医学杂志》(1876年,第24期)里;它的俄文译名是"*Этюд Тэна о развитии речи у ребенка*"(《泰恩论婴孩言语的发展》)。1900年,泰恩的这篇文章的俄译文又和达尔文的现在这篇文章合并在一起出版(参看第1条俄译者注)。

[3] (第261页)这里所说的书,就是指达尔文所著的《人类和动物的表情》(1872年出版)。

[4] (第265页)达尔文写到婴孩的观念的联合是自发的、不依存于教育而形成起来的。在这里,达尔文的见解就具有内部的矛盾,不够彻底。婴孩的联想联系,是由于他的生活经验逐渐发展、他和愈来愈多的各种不同的、具有条件刺激物性质的外界事物的接触结果而发生的。谢切诺夫当时已经卓越地分析了这个过程;他打下了儿童个体发育学说的真正唯物主义基础。天才的巴甫洛夫条件反射学说,也曾经被应用在儿童年龄的研究方面[克拉斯诺戈尔斯基(Красногорский)、伊凡诺夫-斯莫林斯基(Иванов-Смоленский)、舍洛瓦诺夫(Щелованов)等人的研究]。达尔文的观察资料无论是怎样的精确,它们还是基本上具有纯粹叙述的性质;因为在达尔文的时代,缺乏关于婴孩的生理研究方法,所以这就使达尔文的这个著作的科学意义受到了限制。

# 附篇 2 《人类和动物的表情》的历史意义

## · *Appendix* ·

## 1. 《人类和动物的表情》的创作经过

早在达尔文所著的《人类和动物的表情》这本书出版以前很久,不仅是科学家,而且是艺术家(首先是画家、雕刻家、演员),就已经注意到这本书里所讨论到的问题了。这几种艺术的卓越的代表者们,经常在致力于掌握那些用人的情绪所特有的外部表现来表达它们的艺术方法。他们特别注意到富于表情的动作和面部表情的极细微的差异,以便在画布上、在大理石与铜像上和在舞台表演方面把它们表达出来。优秀的演员始终知道手势、身体姿势和面部表情的秘密,并且用一种相似于人的情绪的外部表现的拟态去迷住观众。他们所依仗的本领,就是自己特别清楚地理解到表情的"法则"。这些"法则"照例是被经验方法所确立起来的,也是不成文的,只是由师父传授给徒弟,因此就成为演员技艺的秘密。

后来,从造型艺术和舞台艺术的专家们当中,渐渐地出现了一些人,他们不仅掌握了那种找出表达人类的各种情绪的极细微的差异,而且也掌握了充分的思考力,并且还能尝试说明他们在实践中所理解到的表情的"法则"。

人类的最卓越的天才之一莱奥纳多·达·芬奇,把完全掌握绘画艺术的方法去和敏锐的科学思考力与重大的专门知识(尤其是解剖学)结合在一起;他是第一批企图去解释那些为了在表情和身体动作里准确表现出各种不同的情绪而应当遵循的法则的人当中的一个。他的思考和十分惊人的推测,虽然都证明他具有很大的远见和观察力,但是并没有根据于严格的科学分析,因此也就不可能获得理论上的概括。

他在教授绘画艺术的时候,就讲述了一批法则;借助于这些法则,就可以在画布上面表现出那些在笑、哭和恐怖等时候所发生的动作来。例如,他提出了一种有关笑、哭的各种外部表现方面的很细致的观察。他写道:"一个在发笑的人,无论在眼睛,嘴部或者头颈方面,都和一个在哭泣的人毫无分别;双方的差别,只不过是在于:哭泣的人的双眉紧锁不动,而发笑的人的双眉向上扬起。除此以外,哭泣的人甚至也会同时用双手去撕破衣服和乱扯头发,并且用指甲抓破面部的皮肤;而发笑的人则不会去做这些动作"。其次,莱奥纳多·达·芬奇教导说,"哭泣的人并不和发笑的人做出同样的面部表情来,因为它们时常彼此相似,并且实际上应当辨别得出它们的差异来,正也好像是哭泣状态和发笑状态不同那样:要知道在哭泣时候,眉毛和嘴巴由于不同的哭泣原因而发生变化……"①。

达尔文在这本书的绪论里,对他以前的研究家们的主要著作,作了宝贵的评述。虽然这篇评述绝不是充分的,但是在它里面反映出了那种表现在有关这个问题的文献方面的最主要的东西。根据达尔文的意见,应当认为,拉伐脱尔(Lavater)、贝尔(Bell)、杜庆(Duchenne)、格拉希奥莱(Gratiolet)、皮德利特(Piderit)和尤其是斯宾塞(Spencer)的著作是值得使人承认的。达尔文详细分析了这些科学家的观点,并且批判地评定了他们那些要建立情绪的外部表达法则的企图。达尔文认为,除了斯宾塞以外,这些人都没有用进化观点去考察表情的问题;达尔文曾经多次着重指出,只有进化观点才能使科学得到很大的收获。杜庆虽然没有创立出任何关于表情的理论来,但是达尔文对他的研究工作却作了极高的评价。杜庆首先利用电流刺激面部各种肌肉的办法,人工地复制出各种不同的表情动作来;达尔文认为他所用的复制方法是确定无疑的功绩。达尔文在现在这本书里,多次引证了他所藏有的、杜庆所亲切地提供出来的照片。

现在我们可以知道,在达尔文以前,还有一位科学家,他极其明确地定出了关于动物和人类的表情动作有共同起源的思想。可是,达尔文却没有知道这位科学家的研究工作,因此在现在这本书里没有提出他的姓名来。我们所指的这位科学家,就是伟大的俄国生理学家谢切诺夫(И. М. Сеченов)。1866 年,谢切诺夫出版了《神经系统生理学》(Физиология нервной системы);这是一个充满深刻的新思想的、卓越的独创的著作。谢切诺夫在这本书的后面一章里讲述到表情动作的分析方法。

谢切诺夫在这一章里写道:"大家知道,不仅是人的面部,而且是动物的面部,都能够受到感觉的影响。只要去察看狗的面部动作,就已经足够确信这一点了。在狗的面部,特别表现出了欢喜与悲哀、害怕与惊奇、愉快与痛苦、温柔与怨恨。的确,这些动作并没有像成年人的表情动作那样复杂,但是它们终究是相同的,而且当然谁也不会去怀疑到它们双方在神经与肌肉的活动方面的相同情形;不但这样,狗的表情动作在多样化方面并不比婴孩的同样的动作差一些,这些动作确实也像婴孩的动作一样,是在相同的条件下产生出来的。这种情况是极其重要的。它马上就表明出,动物和小孩的表情组合,属于一种天生的动作配合,完全和打喷嚏和呕吐等动作一样;第二,这种情况就可能使人从成年人的大量表情类型当中,分离出真正最简单的表情的配合来,甚至要是认为所有面

---

① 莱奥纳多·达·芬奇:《莱奥纳多·达·芬奇选集》,第 2 卷,1905 年,第 170 页。

部动作都是几种标准类型的变形,那么也就说不定会分离出基本的表情动作来;①最后,它还可能使人去观察我们的动作在那些比较成年人的动作更加简单的条件下的发展情形。

正像每天的经验所表明的,这些条件实际上是极其简单的,并且可以简单说明如下:动物和小孩的表情动作,的确是在某种外来的感性刺激影响之下发生出来的,也就是在某一种器官受到影响以后发生出来的;换句话说,这些动作总是具有反射运动的特性。

可是,这并不是纯粹的反射运动,因为在它们里面,运动的形式受到感觉的品质的制约;因此,感觉的品质时常位于感性刺激和强制运动之间的中央。在那种由于视觉或者触觉所引起的呕吐情形里,我们就可以看到内容上有同样完善的例子。这种情形,在对于那种由于舌根受到刺激而引起的呕吐方面说来,可以被公正地称作是一种具有心理上的复杂化的反射运动;所以,最适当的是使动物和婴孩的面部的表情动作获得相同的名称。我甚至以为,现在对于这类现象方面,大概可以标明它们发生所经过的全部路线来。别烈秦(Березин)发现,实际上,蛙的后肢的纯粹感觉神经的反射作用,只有在大脑两半球完整的条件下才可能发生下去;我们也已经看出,对于那些也是在感性刺激影响下发生的面部的表情动作方面,也必须具备大脑两半球完整的条件。因此,在这里,感性刺激也只有借助于大脑两半球,才能够转移到运动路线上去。

成年人的精神活动的发展条件,比起婴孩与动物更加多样而且复杂;就因为这一点,所以研究成年人的表情比较困难;不过在其余方面,则双方之间的差异就丝毫都没有了。各种不同的人对于同一品质的感觉方面的表情组合经常不变的情形,在这里也是充分的:那些只有成年人才具有的怀疑、轻视、讽刺的动作,以同样的肌肉的活动的配合,在所有的人的身上发生出来(对于这些情形当中的每一种而说)。因此,这些表情组合全都是天生的,而只有在婴孩身上由于缺乏相当的精神活动,它们方才没有进行活动的机会。其次,任何人都知道,成年人的表情动作的强制性,构成了他们的主要特性。最后,当然谁也不会去争论,在这里,运动虽然是带有一些热情的,但是也时常是首先在外来的明显确定的感性刺激的影响下发展起来的,而以后则大概就不再靠感性刺激而重现出来,例如在回忆时候重现出来。简单说来,在多数情况下,在成年人方面,也可以容易证明表情动作是由于反射作用而产生出来。从这个观点,就极容易去说明下面这种显著的心理上的激情的特性:在紧张的时候,它们不仅使相应的表情肌的收缩加剧起来,而且也会激起那些对精神生活毫无直接关系的器官的活动,例如会刺激呼吸机构、心脏和肠的运动管道等。实际上,谁都知道,在各种欢乐的兴奋时候,呼吸就加速起来,心脏的搏动也加强起来;而在很意外的大乐时候,情形就可以发展到心脏停止跳动(由于制动机构的兴奋)和昏厥。这些现象是和反射作用在刺激加强时候扩大与加强的情形有显著的类似。

因此,除了作为表情动作的基础的感性刺激不能确定的情形(就是不能够在实验心理学方面加以分析的情形)以外,应当把面部的各种表情动作看做是那种被精神要素所

---

① 可惜,直到现在为止,动物的表情要比人类的表情更少得到人们的应有的重视,所以这个问题决没有被人好好研究过。——谢切诺夫的原注

复杂化起来的反射作用的结果。[1]

在这一章的末尾,谢切诺夫讲述到杜庆的著作,同时列出一张表;在这张表里举出 18 种不同的面部表情,相应于注意、考虑、深思、悲痛、怨恨、普通的哭泣、流泪的恸哭、欢乐、笑、讥笑、忧愁、轻视、惊奇、因惊恐而呆立、恐惧、大惊、一意的狂怒和满意这些状态;这些表情关联到面部的肌肉,而这些肌肉的收缩就引起了这些表情。

上面所举出的谢切诺夫的著作里的大段文字,是在达尔文所著的《人类和动物的表情》这本书出版以前 6 年和《人类起源》一书出版以前 5 年所发表的;这就证明了谢切诺夫善于根据理论见解,使表情动作这个问题获得相当明确的唯物主义解释,同时也具有进化学说的观点,因此就可以使人充分有据地认为,谢切诺夫的见解,也就是稍后达尔文所发展的那些在表情的分析中的进化思想的预见。

的确,谢切诺夫并没有收集到大量有关动物表情的实际资料,因此就不得不抱着叹惜的心情去认定科学家们没有注意到这个重大问题。达尔文也就是第一个使表情这个问题获得牢固的实际基础的研究家。他不仅从进化学说的立场上去解释表情,而且也利用了这种资料去加强这些立场,因为达尔文就把人类和动物在同样的或者相近的表情方法方面具有相似特点的情形,看做是人类起源于低等动物类型的证据之一。因此,达尔文对于表情这个问题的兴趣的来源就变得显明可见。达尔文所根据的见解是:如果能够成功地表明出人类的精神生活的不同的表现在低等动物身上有共同的根源,那么关于人类起源的学说就会争取到严整性和规律性。

达尔文早在自己对于孩子们的表情的第一批观察里(1838 年),就已经根据于一个见解,就是:"甚至在这个最初时期,最错综的和最复杂的表情一定都有一个积渐的和自然的起源"(《达尔文自传》)。1840 年,达尔文读过了贝尔所著的《表情的解剖学》(*Anatomy and Philosophy of Expression*);这本书对于这个问题更加有系统的研究方面起有补充的刺激作用,因为它激发达尔文要去驳倒贝尔的主要的思想之一的意图;当时贝尔肯定说,有些肌肉专门是为了要充当表情的手段而存在着(被创造出来)。我们也可以提出斯宾塞所著的书《心理学原理》(*Principles of Psychology*)来说;在这本书里,用发展理论的观点来说明了表情这个问题。这种观点特别明显地表明在 1872 年出版的同书的第二版里;达尔文所著的人类和动物的表情这本书也正在这一年里出版。斯宾塞用专门的一章来讨论这个问题(第 4 卷,第 4 章)。他企图在这一章里,用更加有系统的形式来讲述他顺便对于这个问题所发表的见解《(心理学原理》,1855 年第一版;还有《音乐的起源和影响》与《图解生理学》两书的概述)。在达尔文所著的现在这本书里,有一些在这个著作里的引用文字;从这些引用文字里可以看出,达尔文基本结合起了斯宾塞的见解,同时着重指出这位著者比其他的人具有更大的优点;这些优点就表现在斯宾塞企图用进化观点去解释心理学问题,而情绪问题也包括在内。达尔文没有看出,斯宾塞的进化论具有平凡、庸俗机械论的性质,并且用折中的方式去和精神物理学的平行论这种明显的唯心主义理论结合起来。

可是,到 1867 年,达尔文才有机会去偶然地做一些对于表情的观察,并且有时候记

---

[1]　谢切诺夫:《神经系统生理学》,圣彼得堡,第 483—487 页。重点是本文作者所加。

录自己对于这个问题的思考。在进行人类起源的研究著作的期间里，达尔文的注意力又再次集中到表情这个问题上来，同时他开始了有系统的收集实际资料的工作。他列出了一张专门的疑问表，并且把它分送给大批被他认为可以获得可靠事实的专家。他愈来愈经常地去请教各个正在对各种不同的动物和人类的表情进行一定的观察的通信者。他也愈来愈经常地在信件里把自己对于这个问题的意图和见解告诉朋友和同志们。达尔文的这些书信的遗产，正是研究所有以后各个阶段用的最宝贵的资料；达尔文在这方面的创造性的探求就通过了这些阶段，一直到它们最后形成了他的决心去写出这本专门著作《人类和动物的表情》来为止。

很使人有兴趣的是，在按照达尔文亲自所写的信（收集在《达尔文的生平和书信集》和多方书信集里），探索出他怎样一步步去收集他所需要的事实，以便论证那三个构成他的表情动作的起源理论的基础的原理。现在我们就来谈谈几封最重要的信。

达尔文在 1858 年阅读了斯宾塞的关于音乐的文章以后，曾经写信给他，讲述自己对于这个问题的观点，同时指出说，每种表情具有一定的生物学上的意义。后来，达尔文就在自己所著的书里发展了这个思想，并且使它成为自己的概念的指导思想之一。1860年，达尔文在写给莱伊尔的信里说，他已经收集了很多关于表情方面的事实，而且在最近他对这个问题作了很多的考虑。从同一封信里可以看出，早在 1860 年，达尔文已经开始采取明确的步骤，去收集有关不同人种的代表者们的表情的具体资料。他在写给莱伊尔的信里说："顺便提出，前天我把大批关于表情的问题寄送到火地岛去了。"可以推测到，正是这些问题构成了这张问题表的主要部分；达尔文后来（1867 年）曾经把这张问题表分送给大批专家，并且也在《人类和动物的表情》这本书里完全列举出来。

1867 年，当表情这个问题在达尔文的创作意图里占有牢固的地位时候，他把一批有关动物、小孩和不同人种的感觉表现的问题，寄送给阿沙·格莱（Asa Gray）、赫胥黎（Huxley）、米勒（F. Müller）和华莱士（Wallace）。1868 年，达尔文在写给巴乌孟（Bowman）和唐得尔斯（Donders）的信里，谈到关于眼睛周围的肌肉收缩和流泪之间的联系问题，还有关于眉毛倾斜这种在痛苦时候特有的表情的问题。1870 年夏季，达尔文在写给勤纳（Jenner）的信里，提出了关于鸟类羽毛蓬乱竖起的问题。他也对鸟类在饥饿和急躁时候的表情动作发生兴趣，因此他请求勤纳把这方面的事实告诉他。

在 1870 年年末和 1871 年年初，达尔文在写给伦敦动物园的主任巴尔特莱特（Bartlett）的信里，请求巴尔特莱特把关于两只狗在短距离内相遇时所特有的表情动作的记述送给他。当时他对于狗的双耳直竖和毛发蓬乱情形特别发生兴趣。他也请求巴尔特莱特去观察象、狼和胡狼等动物在兴奋状态时的情形。他请求巴尔特莱特告诉他，在猴子（Callithrix Stiureus）哭泣的时候，它的眼睛周围的皮肤是不是也像小孩一样皱缩起来的。达尔文请求巴尔特莱特提出几个对于动物方面的实验，并且在动物身上引起一种人工规定的情绪表现。1871 年，达尔文在写给吐尔纳（Turner）、奥格耳（Ogle）、唐得尔斯和埃利（Ery）的信里，讨论到人类在恐惧、惊奇、羞惭等情况下的情绪表现问题。

达尔文在著述了这本书以后，对于表情问题仍旧有浓厚的兴趣。1872 年 12 月，他写信给唐得尔斯，要求马上就把一本关于表情的小册子邮寄给他；同时还请求答复关于生来就瞎眼的人的面部表情的问题。他请求唐得尔斯告诉他，瞎子怎样皱眉，瞎子在哭泣时候的表情是怎样的。1872 年 12 月,达尔文在写给秋克(Tuke)的信里,认为自己有责任来承认,他如果事先能阅读到秋克所著的精神对身体的影响一书,他就一定会把自己的《人类和动物的表情》这本书里许多地方加以改写。1873 年初,达尔文在写给华莱士的信里,表明自己不赞成华莱士对于达尔文的现在这本书里个别地方所提出的一些批判意见。最后,1874 年,达尔文在写给怀特(Wright)的信里,响应拉爱特所发表的关于摇头是表示反对的动作的几个见解。达尔文对这些见解非常注意,因为它们建基于新的事实之上;这些事实表明,有些民族并不是用普通的头部动作来表示同意和反对的。达尔文写道:"你的来信将对我的论表情的新版本有很大的用处。"在达尔文的许多信里,显然表明他对于人类和动物的表情这本书的创作的整个发展过程。在这些信里,特别清楚地反映出了一种方法;达尔文就靠了这种方法,去收集他所需要的事实,在这些事实的基础上建立起理论概括来,提出明确的假设,靠了有经验的专家们的帮助去精密核对这些假设,同时逐渐地定出一个宝贵的客观的原理,使他可以在自己的科学结论里完全根据于这个原理。

## 2. 达尔文关于表情的学说的基本原理

前面已经指出,达尔文在对小孩表情开始进行第一批观察时(1838 年),曾经用下面一种说法来作为指南:情绪生活受到进化法则的支配。可是,他绝不敢大胆先把这种说法去构成一种科学理论,除非是事实的逻辑来推进到这方面去。当时达尔文所拥有的这些事实还是很少,因此他就规定自己的首要目的是要增加观察的次数。在达尔文的观察过程和分类里,愈来愈清楚地显现出明确的理论解释来;这种解释逐渐地获得了那些概括的性质,这些概括高于局部的事实,而且可以去说明很多好像彼此毫无关系的现象。例如,形成了一些观念,这些观念后来就使达尔文能够定出三个构成《人类和动物的表情》这本书里的理论核心的基本原理。

我们并不拥有准确的资料,去确定在达尔文的这三个原理当中,究竟哪一个原理的观念最先被他想出来。只可以这样来推测说,他的理论思想首先遇到了那种要去说明最多数的一类事实的必然性,因此使达尔文去确立了第一原理,就是有用的联合性习惯原理(The principle of serviceable associated habits)。这个推测是根据达尔文所举出的三个例子的分析而来;这些例子是根据最接近进化学说的要点,而用来论证第一个原理的。很有意味的是:在过去的文献里,正就是这个原理遇到了最少的反驳,并且使多数批评家认为是已经有可靠的事实和逻辑的论证来最坚强地证实了的。

达尔文用来辩护第一原理的证据的有力方面,就在于:他以为,表情这个问题的历史观点和生物学解释,是和它的生理学分析的企图结合在一起的。达尔文在发展有用的联合性习惯这个观点时候,就在联合性习惯的发生机制的生理学分析方面找到了一部分支持;从现代的看法说来,这种习惯就是一种用条件反射来经常补充最复杂的无条件反射的现象。可以认为,第一个原理因为拥有数目最显著的表情动作,所以按照它的意义看来,在达尔文的全部这本书里占有了总的思想地位。

达尔文认为，现在所观察到的那些很可以作为各种不同情绪的特征的表情动作，正就是情绪和情感表现双方的遗传性联合的产物。这些联合曾经在动物的生活过程里被获得；同时它们如果对动物有用，那么也就会巩固起来，并且开始成为有用的联合性习惯，而遗传地传递下去。达尔文多次重复提到这个问题，并且总是经常从这方面来解决它。

可以恰当地着重指出，米丘林生物科学（它的基本原理之一就是获得性状的遗传学说）就在达尔文这本关于表情的书里所含有的很丰富的事实当中，找到了重要的补充资料。

达尔文的第二个原理——对立原理（The principle of Antithesis）——的观念，大概是紧随着他亲自明确地定出了第一个原理以后就产生出来的。达尔文发现，还有很多表情动作，却不能够根据有用的联合性习惯原理去解释它们。在它们当中，首先就有一批在情绪方面所特有的表情动作，正和那些在第一个原理里面已经获得解释的表情动作互相对立（例如：悲哀——欢乐；敌视——友爱等等）。

这类情绪所特有的表情动作的分析，使达尔文发生一种思想，认为应当再有一个表情的原理存在着；它好像是补充有用的联合性习惯原理的。达尔文就把这个原理叫做对立原理。在研读这本书的时候，就不难看出，达尔文所举出的有利于这个第二原理的证据，具有较不详尽和较不可靠的性质。达尔文时常只是满足于一种在外部表现上对立的动作在对立情绪下发生的事实检定方面。

最后，达尔文不得不又再遭遇到大量表情动作，而且认为无论第一个原理或者第二个原理都不能够去满意地说明它们。达尔文首先把所有关于人类和动物在兴奋状态下所发生的狂热的表情的情形，归进到这一类里面去。他注意到这样一种事实，就是在差不多任何情绪达到高度紧张的时候，它就在外表上表现得异常强烈和多样化：身体发抖、有很多的姿势、不能自制和有各种不同的运动反应出现；更加不必去谈到多种多样的身体内部的过程——血液循环、呼吸作用、出汗——强烈变化的情形了。达尔文就偏爱采用第三原理——神经系统一般刺激的直接影响原理[①]——去说明所有这一类情形。

应当指出，达尔文利用了一般的概念"身体内部的过程"，并没有像现代的办法那样把这些过程细分开来。他所记述的事实，表征出那些和各种不同的情绪联结的神经系统的总体反应。在达尔文的时代，关于神经系统的学说还刚开始发展起来。当时还完全没有研究出一章关于大脑皮质在植物性神经系统的机能方面的调节作用的内容来。因此，我们一点也不用奇怪，达尔文把各种极不相同的现象合并在同一类里，把它们构成第三个原理的基础。达尔文在论证这个表情的第三个原理时候，显著地根据斯宾塞的著作；斯宾塞当时曾经去分析这一类表情动作，并且提出了一种极其相似达尔文的第三个原理的理论说明，去解释这些动作。

顺便可以指出，达尔文曾经多次同时采取两个或者三个已经说明的原理，在解释一

---

① 这是简称，按照后面一章，则全称应该是"由于神经系统的构造而引起的、起初就不依存于意志、而且在某种程度上不依存于习惯的作用原理"（The principle of actions due to the constitution of the Nervous System, independently the first of the Will, and independently to a certain extent of Habit）；或者简称"神经系统的直接作用原理"（The principle of the direct action of the nervous system）。——译者注

定的情绪和这种情绪所特有的外部表现之间的联系。

从《人类和动物的表情》这本书的第四章开始，达尔文举出了很多例子，来证明他所提出的三个原理正确无误。全部广泛的实际资料是依照下面的次序来讲述的：起初描写动物所特有的表情方法（第四章和第五章）；此后，达尔文就转移到人类所特有的表情的叙述方面（第六章到第十三章），同时特别注意到婴孩时期，就是最初显露和表现出正是那些情绪生活方面的期间；这些情绪生活最清楚地表明出人类和他的动物祖先的相似来。这8章都是记述和分析人类的差不多全部的情绪，从最简单的情绪开始，一直到最复杂的情绪为止。在全部这几章里，我们所遇见到的已经不是新的、原则上重要的观念，而是使我们十分惊奇地看到了：实际资料十分丰富，达尔文所采取的这些资料的来源是多方面的，观察特别细致，而且在叙述各种不同情绪表达的几乎难辨的细微差异方面具有最高度的艺术性。

在这本书的最后一章（第十四章）里，达尔文又回头讲述到全书所根据的这三个原理，并且在做总结的时候，略微谈到了几个具有原则上的意义的新问题：关于表情的本能上的认识，关于人种的种的统一，关于模仿的作用等问题。

这就是现在这本书的基本内容，而且也是达尔文所卫护的主要观念。

## 3. 对《人类和动物的表情》这本书的批判

自从达尔文所著的《人类和动物的表情》这本书出版以来，到现在已经有80年了。在这一段期间里，显示出了自然科学的旺盛发展。有一批关于表情动作的书籍发表出来。也有新的理论产生出来；这些理论的发表者们企图用另外的观点去考察达尔文所提出的问题，并且对达尔文的基本立场作了批判性的评价。

开头应当指出，在达尔文的这本书出版以后所发表的而且对它作过批判的很多著作里，却极少对这本书的实际资料发生争辩。不但这样，无论哪一篇关于这本书的评述文字，总是都着重指出了达尔文所提出的实际资料丰富，他具有特殊的观察力，他的叙述很准确。不仅是那些对这本书表示好感的人，而且是那些认为这本书好像是不值得重视的和没有科学价值的人，都承认这一点。

要是达尔文的这本书单单是由一批事实所构成，而并不含有任何理论上的概括，那么按照一般的承认，它仍旧具有特殊的价值，并且会长期保存着唯一独特的关于这个问题的著作的意义了。可是，直到现在为止，在文献里还没有过任何其他的一本书，而它也以动物和人类的表情动作的起源这个问题来作为自己的对象，并且会有达尔文所做的那样详尽地去考察情绪起源的问题。可以认为，只有一本书是写到这个主题的；这正就是达尔文本人所写的书。虽然已经有几百个关于情绪问题的著作发表出来，但是在它们当中，却并没有像达尔文所提出和研讨的情形那样，采用进化观点和广泛的生物学观点，来整个地提出和研讨这个问题。显然可知，这方面的科学思想所以有这样缓慢发展的原因，应该就在于：为了要去理解表情动作的发生和发展的法则，就必须具备许多在科学方面可靠的事实；而且为了要达到这个目的，就应当拥有对于这些综合问题的科学研究方面的良好的研究方法,而这些问题同时是属于生物学、生理学和心理学方面的。后来,巴甫洛夫创立了条件反射学说,并且发现了高级神经活动的新的研究方法;可是在他的经典著作还没有发表以前,就根本谈不到那种和达尔文所提出的表情这个问题有关的知识部门的创造性发展。巴甫洛夫学说对这个问题的解决方面提出了正确的启示;而且可以期望到,不久以后,当这门已经在不同知识部门里获得良好成果的巴甫洛夫生理学繁荣起来的时候,也就可以去说明那些还没有揭露的、关于情绪生活和它的外部表现互相统一的法则来。

达尔文的这本书激起了不少的批评;有一部分批评是善意的,也有一部分是敌意的,而主要是由于这些批评的发表者们是分属于达尔文主义或者反达尔文主义的阵营方面的。

在第一批对达尔文的《人类和动物的表情》这本书的评论文章当中,应当提出下面三篇对它不利的批评文章:一篇是在这本书一出版后立刻就发表在英国的杂志《阿脱努姆》(*Atteneum*)上的,第二篇在 1872 年 12 月 13 日发表在《泰晤士报》(*Times*)上的,第三篇则是在 1873 年 4 月发表在《爱丁堡评论》杂志(*Edingburgh-Review*)上的。1873 年 1 月,华莱士在《科学季刊》(*Quartly Journal of Science*)上发表了一篇详细评论达尔文的《人类和动物的表情》这本书的文章。华莱士在一部分问题上和达尔文进行了论争(上面已经提到关于他们的不同意见),同时对这个著作整个提出了高度的肯定的评价,而且强调说,在达尔文的这本书里,最清楚地表现出了"著者的思考的特征"。

在第一批对于《人类和动物的表情》的批判文章当中,应当指出英国心理学家亚历山大·培恩(Alexander Bain)的文章来。这个作者特别注意到那些被达尔文认为是由于神经系统的极度刺激而出现的动作的起源问题(达尔文的第三个原理)。作为唯心主义者的培恩,就认为这一类动作是"自然发生"的,就是能够在缺乏刺激时候完成动作;可是,达尔文在自己的最后的反驳文章里,却坚决不同意这种说法。培恩不愿意把这些动作看做是表情动作,因为根据他的意见,除了体力的过剩以外,它们几乎没有表现出什么来。后来,培恩出版了自己的书《感觉和智力》(*The Senses and the Intellect*)[①]的新版本,却在它的附录里极其不恰当地企图去批判达尔文的《人类和动物的表情》这本书。

一般说来,达尔文的这个新的完全独创的著作,在它出版以后的第一年里,并没有引起西欧和美国的科学界的热烈反应。可是,在以后的年份里,《人类和动物的表情》这本书就多次成为研究的对象,并且愈来愈吸引了各个不同的知识部门的专家们的注意力,特别是引起了心理学家们的注意。

应当指出意大利科学家孟特加查(Mantegazza)所著的书《生理学和感情的表现》(Физиология и выражение чувств,1885 年)来。孟特加查提供了这个问题的极其详细的历史和各种著者所收集的实际资料的报道,讲述了达尔文的表情学说,对达尔文的这本书的实际方面作了高度的好评,并且认为在这本书里含有真正的发现。同时,孟特加查在着重指出达尔文的第一个原理的意义时候,整个反驳了达尔文所提出的三个原理,而

---

① 培恩:论达尔文的《人类和动物的表情》(这位著者的《感觉和智力》这本书里的附录,第一版,1874 年;又第四版,1894 年)。

且另外提出两个原理来代替它们，就是：(1) 存在着有用的表情，或者"防卫的"表情；(2) 存在着"同情的"表情，就是一种对其他人表示同情感的表情。容易看出，孟特加查的分类就是已知事实的简单的检定，而达尔文所提出的原理则是科学史上第一个要从进化理论的立场上来揭露出动物和人类的各种情绪的起源的企图。

心理学科目的代表者们对达尔文的这本书提出了最多的批评；这种情况是不应当使人惊奇的。虽然在《人类和动物的表情》这本书里谈及那些早已对自然科学家——生物学家、生理学家和心理学家是重要的问题，但是这本书的基本的主题路线到底是最接近于心理学方面的。因此，也就有一切的理由，去首先把《人类和动物的表情》这本书看做是心理学的研究著作（从这个字的严格的意义说来）。达尔文说不定企图要用这本书去实现他在《物种起源》的结论部分里所发表的希望，就是：将来要开辟心理学方面的新的重要的研究场地；心理学将牢固地安放在进化理论的基础上面。

作为一个唯物主义自然科学家的达尔文，能够看出心理学在研究精神现象的起源和发展史方面的主要意义；无论这些现象有多么复杂，都能办到。达尔文虽然不知道谢切诺夫，却在这方面遵循了这位卓越的俄国生理学家当时所宣传的一个原理，就是后者认为，心理学的对象是由于一种要首先去认识心理现象的起源的必然性而产生的。谢切诺夫对这方面写道："科学的心理学按照本身的全部内容说来，绝不会和很多关于精神活动的起源的学说有任何的不同。"①达尔文的这本书正也是满足了这个要求，因此它也在进步的心理学家们当中获得了最热烈的响应。生物学家们并没有去对这本书作详细的研讨或者批评分析，而只限于作了一般的、常常是高度肯定的评价。季米里亚捷夫在这方面所发表的意见是很有意味的："关于人类这本书里的一章，被展开成为整个单独的一卷——人类和动物的表情；这是他的关于全部生物统一的一般学说的最机敏的发展之一，依据于面部等在各种不同的精神活动下的表情这些好像是微小的事实。"②

从心理科学的代表者们对达尔文这本书所提出的很多批评文章当中，我们可以举出三位作者的意见来；他们对达尔文的主张作了最详细的研讨；这就是法国心理学家利波（Рибо）、德国心理学家冯德（В. Вундт）和美国心理学家波耳杜英（Д. М. Болдуин）。

利波在自己所著的书《感情的心理学》（Психология чувств，1896 年，俄文译本在1897 年的版本）里，用专门的一章来讲述关于情绪的外部表现的问题。利波在简略地讲述了这个问题的历史和指出了拉伐脱尔、贝尔和特别是杜庆的著作的意义以后，就写道："最后，达尔文的划时代的著作出版了。达尔文根据于长期研究的结果（这些研究扩展到成年人、小孩、精神不正常的人、动物、各种不同的人种方面），第一个彻底提出了一个问题：某一种情绪为什么和怎样会和某一种动作联系起来，而不是和另一种动作联系起来？他设法要去回答这个问题，而且从此以后，这个问题就被安放在科学的基础上了。"利波作出结论说，应当承认，达尔文的第一个原理，就是有用的联合性习惯原理，是最确实可靠的。根据利波的意见，达尔文的第二个原理——对立原理——可以认为是要坚决拒绝的。至于说到第三个原理，那么根据利波的意见，从它的本身意上说来，它不可能被提出

---

① 谢切诺夫：谁去研究和如何研究心理学（《谢切诺夫全集》，第 1 卷，苏联科学院出版社，1952 年，第 209 页）。
② 季米里亚捷夫：查理士·达尔文的生平简述（《季米里亚捷夫全集》，第 7 卷，莫斯科，1939 年，第 548 页）。

来和前面两个原理并列在一起，因为在它里面包括更加广大的综合观念。实际上，它很接近于第一个原理。

冯德是唯心主义心理学家，明显拥护精神生理学的平行论的反动理论的人，也是多卷《生理心理学基础》（*Основы Физиологической психологии*）的著者；他提出了自己的感觉理论，并且使表情问题在这个理论里占有显著的地位。冯德爱好用三个原理，去说明那些随着各种不同的情绪而出现的一定的表情动作的起源。在这三个原理当中，第一个原理是神经分布的直接变化原理（*принцип непосредственного изменения иннервации*）；由于这种变化，好像存在着肌肉活动的强度对于情绪强度的一定的依存关系。实际上，这个原理是和达尔文的第三个原理互相符合的，不过被他按照他的本身意义而放置在第一个地位上罢了。他的第二个原理的出发点就在于承认下面的事实：任何一种精神状况的外部表现，都取决于这种状况和某些感性印象的互相一致。因此，根据冯德的意见，满意或者痛苦这些被纯粹生理上的原因所制约的表情方法，当精神上的原因出现而来代替生理上的原因时候，就显出是彼此相合的。实际上，这第二个原理和达尔文的第一个原理没有多大差异，因为双方的基础都是观念联合法则（*закон ассоциации*）。最后，冯德的第三个原理就根据于下面的事实：即使在那些引起肌肉活动的实在对象的地位上放置一些相当于情绪的想象的、刺激的对象，那么这些活动也能够暴露出一种类似表现的准备来。[①] 虽然利波对冯德的主张要比对达尔文的主张更加偏爱些，但是正义要求大家承认，冯德的观念却并没有和达尔文的基本思想有重大的差异。冯德在基本上用自己的话来转述了达尔文的说法，但是同时却抛弃了达尔文的最宝贵的部分，就是他对这个问题的历史的、唯物主义的看法，把它去和反历史的唯心主义主张对立起来。

波耳杜英在自己的那本根据唯心主义和庸俗进化论的原理而写成的书《儿童个体的精神发展》（*Духовное развитие детского индивида*，1895 年）里，由于受到事实的压力，不得不去承认达尔文的有用的联合性习惯原理具有重大意义，并且指出："达尔文亲自详细地研究了各种不同的本能表现，而且不容争辩地证明了它们大多数是为生命而斗争、自卫和扩展方面的原始的有用的反应类型"。

上面所举出的三个著作，绝没有全部包括进西欧和美国的心理学家对于达尔文的这本书所写的一切意见。可是，在这三位著者所写的批评意见里，特别提出了整个一批问题，成为资产阶级心理学专家们在批评达尔文的这本书时候的讨论主题。不能不指出，西欧和美国的科学家们关于表情这个问题方面的著作，都没有提出过任何重大的新观念，而只不过是限于那种和达尔文原理类似的见解以及那些想把达尔文的唯物主义见解和各种各样的唯心主义主张调和起来的企图。

达尔文关于情绪方面的观念在俄国科学界里获得了完全不同的接待；俄国科学界由于自己的卓越的代表们的努力而批判地和创造性地研讨了这个问题。

使人值得注意的是：俄国读者们也能够和那些直接阅看英文原本的读者们同时看到达尔文所著的《人类和动物的表情》这本书。当达尔文在校对这本书的校样时候，科瓦列

---

① 冯德：《生理心理学基础》，俄译本编辑者克罗奇乌斯（*крогиус*）、拉祖尔斯基（*лазурский*）和涅察也夫（*Нечаев*），第 3 卷，第 17 章，第 332—344 页。

夫斯基（B. O. ковалевский）就从达尔文那里取得了一份已经订正的校样，于是马上就和谢切诺夫的妻子波各娃（M. A. Бокова）一同把它翻译成为俄文。因此，这本书的俄文译本，也就和英文原本在同年（1872 年）出版。可是，在俄国出版界方面，则没有马上出现对这本书的批判文字。

著名的俄国解剖学家列斯加夫特（П. Ф. Лесгафт），就是第一批对这本书提出批评的人之一。1880 年，在自然科学家、人类学与人文学爱好者协会在莫斯科大学里的集会上，他作了一个报告；这个报告的题目是：论表情和那些围绕高级感觉器官的肌肉活动两者间的发生上的联系（О генетической связи между выражением эмоций идеятелъностыо мыщц，окружающих органы высших чувств）。列斯加夫特在提出杜庆和格拉希奥莱的著作而作了历史简述以后，就转到叙述和批评达尔文的这本书方面来。

列夫加斯特的这个报告的基本内容，是从他对面部肌肉的解剖学上的见解里产生出来的，因为这些肌肉对于表情动作起作用。列夫加斯特认为表情肌的先天特征和它们所特有的动作较不重要，而认为生活条件和教养因素起着决定的作用。列斯加夫特爱好把那些主要是面部表情所实现的表情动作的发展，去和个体发展的历史与这种发展所通过的条件联结起来，而且主要是去和人类所进行的活动的性质联系起来。他所根据的说法，就是："任何的印象、感觉必定转变成为动作，这种动作应当或者是用智力活动表现出来，或者是用肌肉收缩表现出来。"那些曾经作为列斯加夫特的观察对象的新生婴孩的表情动作，使他相信周围环境对它们起有重大的影响。婴孩所获得的经验和他的发育与教养的条件，比起遗传特征，大都更加能够决定表情动作的性质。列斯加夫特根据许多可以作为表情的特征的例子，去说明自己的报告里的这个基本观念。根据列斯加夫特的想法，肌肉机构能够产生极多的各种不同的动作，但是这些动作的一种加强而且获得牢固的表情动作的性质的实际配合，是由发育和教养的条件来决定的。

因此，我们可以看出，列斯加夫特在自己的报告里接触到了达尔文学说的核心本身，并且企图把达尔文的原理去和自己独创的表情动作的起源的解释对立起来。应当承认，我们可以发现，在列斯加夫特的主张里，含有达尔文学说的创造性的加工；从理论方面说来，这种加工比起外国心理学家们（就是上面已经考察过他们的著作的那些人）所作的一些修正说法，更加要宝贵得多。虽然列斯加夫特对于表情动作的起源和对于这些动作依存于周围条件与教养的观点具有一定的进步性，但是在它们里面终究还是遗漏了达尔文所提出的一个问题；达尔文为了要解决这个问题而顽强地耗用了他的富于研究的思考力。这就是一个关于表情动作在精神活动的进化里的地位的问题。

对于这个问题的历史，可以很有趣味地指出，我们发现，在俄国境内，最初对达尔文的这本书的批评文章之一，是唯心主义心理学家乌拉季斯拉甫列夫（M. Впадиславлев）所发表的。1881 年，乌拉季斯拉甫列夫在他所出版的两卷集《心理学》（Психология）的第二卷里，专门对达尔文的著作《人类和动物的表情》进行了批判。乌拉季斯拉甫列夫在讲述了达尔文关于表情动作的学说的要点以后，就着重指出说，这本书"不能被每个负有说明身体感觉的表现的任务的研究家忽视"。乌拉季斯拉甫列夫认为，在和所有过去探讨这个问题的著作来比较的时候，达尔文的这本书按照它的本身意义说来是巨大的著作，是根据大量事实的精密收集和研究而产生出来的。根据乌拉季斯拉甫列夫的意见，达尔文的这本书的缺点所以发生，就在于达尔文忽略了表情的自由动作，他对情绪发展的观念的不正确。可是，乌拉季斯拉甫列夫在对不同的表情方法来作出自己的解释时候，却自己不知不觉地实际上依从了达尔文的解释，尤其是在他用观念联合法则去说明表情动作的发生情形时候更加显明。这一点更加显得重要，因为乌拉季斯拉甫列夫自己的立场可以表征出是唯意志论这一派的唯心主义者们的立场；这一派人虚假地提出了关于情绪和它们的外部表现之间的联系的问题本身。也应当提出俄国神经病理学家米诺尔(Л. Минор)的文章"论神经病与精神病中的面貌变化"(*Об изменениях Физиономии в нервных и душевных болезнях*，登载在 1893 年出版的《哲学与心理学问题》杂志里)。米诺尔所收集到的事实，对达尔文的这本书的几个部分作了补充说明；达尔文在这几个部分里，企图用那些属于精神病患者的表情动作的资料来证实他所提出的三个原理正确无误。米诺尔引证了达尔文的著作，把它看做是表情动作的研究工作的经典性榜样，并且作出结论说，在精神病患者的表情里，感性的知觉和观念起有重大的作用。米诺尔在自己的著作里还指出了一种探求情绪和它们的外部表现之间的联系的可能性。他注意到那种催眠和提示的方法，他曾经为了研究表情动作而应用这个方法去进行实验。

最后，应当指出沃罗比耶夫(B. Воробьев)的一篇叫做"表情动作的分类"的文章(*Классификация выразительных движений*，登载在 1897 年出版的《哲学与心理学问题》杂志里)。这位作者详细分析了达尔文的学说，对他的特殊的观察力作了赞扬，并且基本上和他的见解结合在一起，但是着重指出，达尔文的错误就在于把智力活动方面所特有的表情动作去和情绪方面所特有的表情动作混杂在一起了。他认为，达尔文在研究表情方面比所有其他的人做得更多，因此"我们应当把这个奠定表情的动作在发生上的研究基础的功劳归属于他"。

## 4. 从巴甫洛夫生理学观点来看达尔文关于表情的学说

在俄国的有关表情动作这个问题的创造性研讨方面的科学文献里，最卓越的精神病学家和神经病理学家别赫切列夫(B. M. Бехтерев)的著作占有特殊的地位。

1883—1884 年，在医学周刊《医师报》上，别赫切列夫发表了一个实验工作，这个工作的目的主要是去查明表情动作的局部性现象。别赫切列夫对动物进行了实验，把这些动物的脑子的各个不同部分摘除或者加以刺激，同时去观察动物所特有的那些表情动作的变化情形。别赫切列夫就根据这些试验来得出结论说，表情动作(或者根据别赫切列夫所称呼它们的说法，是"表现的动作"，Выражающие движения)，对神经结节的机能有明确的关系，就是对中脑有关系。后来，别赫切列夫把这个资料包括进自己的多卷著作《集脑的机能学说基础》(*Основы учения о функциях мозга*，在 1906 年出版过这个著作集的第七版)。发出声调的机能也包括在别赫切列夫所研究的表情动作里面。别赫切列夫企图把那些从某些表情动作方面所观察到的变化细致地区分开来；这些表情动作就是张牙、尖叫、吠叫、毛发蓬乱竖起，尾巴直竖等，对刺激或者摘除中脑的各个不同部分有依存关系。

斯烈兹涅夫斯基（В. В. Срезневский）的医学博士的学位论文值得受到更大的注意；他是别赫切列夫院士的心理实验所的共同工作者（使人感到兴趣的是，巴甫洛夫就是这个实验所的监察人之一）。这篇学位论文讲述到恐惧方面的问题，并且在它里面把那些和各种不同的情绪有关的表情动作的分析列进到特殊的地位。这位作者详细地讲述到达尔文的《人类和动物的表情》这本书，并且评论了达尔文的这本书里的几页有关恐惧感情的外部表现方面的文字，认为对于这个问题所写述的内容很好。这位作者在构成这个著作的实验部分时候，就以达尔文的这本书里的基本原理作为根据，尤其是以他第一个原理（就是有用的联合性习惯原理）作为根据。

从那些起源于巴甫洛夫学说的现代观念说来，别赫切列夫和他的学生们所收集到的和分析过的事实，具有另外一种解释。为了说明它们起见，就必须时常去记住，所有位在大脑两半球的皮质下面的脑子各部分，都受到皮质的调节作用的影响。因此，对情绪和那些伴随它们而出现的表情动作，就不可能用简化易懂的定位学说（учение о локализации）的观点去考察；特别是如果注意到人类这种特殊生物的情绪生活的品质的特殊性和复杂性，那么更加不可能去这样办了。

现在已经可以认为，脑子的皮质活动和皮质下活动对于情绪的发生和发展方面所起的作用这个基本问题被充分地查明了。根据巴甫洛夫的意见，"为了保存个体和种族，有机体与外在环境间的极其复杂的相互关系，首先是由与大脑两半球最相近的皮质下的活动所制约的"；[①]这个事实使那种硬认为人类感情具有特殊的皮质下的本性的说法失去了根据地。巴甫洛夫在自己的文章"大脑的高级部分的动力定型"（Динамическая стереотипия высшего отдела головного мозга）里写道："我以为，有足够的理由可以认为，上面所讲到的大脑两半球的生理过程［皮质内部的过程的定型的确立］符合于哪一种情形，我们主观地亲自把这种情形叫做感觉；这些感觉成为肯定的和否定的感觉的一般类型，并且或者由于它们的配合，或者由于不同的紧张程度，而成为大批细微差异和变形。"根据巴甫洛夫的意见，人体在受到不同的重大刺激时候所体验到的严重感觉，"正就是在旧有的动力定型发生变化和遭到破坏方面，和在新的动力定型的建立发生困难方面，显著地具有自己的生理上的基础"。因此，人的特种的情绪具有显著的皮质的性质，而皮质下则只不过是"有机体和周围环境的复杂的相互关系方面的第一阶段"。[②]

巴甫洛夫写道："高级神经活动是由大脑两半球和最接近的皮质下的结节的活动所形成的，就是中枢神经系统的这两个最重要的部分的联合活动。这些皮质下的结节就是……最重要的无条件反射或者本能的中心（例如吃食的、自卫的和性的本能等的中心），因此也就是动物体的基本意图、最主要的倾向。在皮质下中枢里，包含有机体的基本的外部生活能力的总量。从生理学的观点看来，皮质下中枢特有着惰性，无论是在刺激作用方面或者制止作用方面都是这样。"巴甫洛夫举出了一个被摘除大脑两半球的狗的例子；这只狗因此不能应答大批外来的刺激物，同时也不能够去对多次重复的刺激物作反射性制止。于是，巴甫洛夫就定出一个关于皮质和皮质下互相联系的结论道："大脑

---

① 巴甫洛夫：《巴甫洛夫全集》，第 3 卷，第 2 分册，1951 年，第 220—221 页。
② 巴甫洛夫：《巴甫洛夫全集》，第 3 卷，第 2 分册，1951 年，第 214 页和第 243 页。

两半球的皮质对于皮质下方面所起的作用,就在于把所有外来的和内部的刺激作细致而又广泛的分析和综合,就是说,这是为了皮质下而进行的,并且要经常去改正皮质下神经结节的呆滞状态。皮质好像在皮质下神经中枢所进行的一般粗浅的活动背景上,刺绣出更加精致的动作的花样来;这些动作就保证最充分地符合于动物的生活情况。皮质下则也反过来对大脑两半球的皮质起有确实的影响,并且表现成为它们的力量的来源。最普通的事实都证明皮质下对皮质起有这种影响。"巴甫洛夫就用狗的例子去说明这个原理;狗的饮食反应就依存于食物刺激状况而发生强烈的变化。巴甫洛夫写道:"这个事实的说明,就在于:在提高食物的刺激性时候,受到强烈刺激的皮质下就使皮质极其紧张起来,提高了细胞的不稳定性,同时在这些条件下,强烈的刺激物就变成为超限的,发生了抑制作用。相反地,在降低食物的刺激性的时候,皮质下方面来的冲量减少,皮质细胞的不稳定性也减低;而且在它们当中,以前那些工作得最剧烈的和受到强烈的刺激物影响的细胞,也最迅速地恢复原状。"

巴甫洛夫在一批狗的试验里,看出了他所讲述的皮质下对皮质的影响的证据来;在这批试验里,他用人工方法增加或者减少性激素在血液里的含量,结果也就使皮质活动发生变化,有时超过标准数字,有时则低于标准数字。前后两批类似的事实,也就使巴甫洛夫有根据去得出下面的结论来:"在总计我所说的关于皮质和皮质下的活动的相互关系时候,可以说,皮质下就是一切高级神经活动方面的能量的泉源,而皮质则对于这种盲动的力量方面起有调节器的作用,细致地指导和抑制着这种力量。"正像巴甫洛夫所指出的,从谢切诺夫时代起,早已在生理学里确定了皮质具有抑制影响的思想。巴甫洛夫在进一步发展自己关于这种抑制影响的思想时候,就证明说,任何一次在这种抑制影响减弱的时候(例如在沉睡、做梦或者催眠状态的时候),也就立刻显露出皮质下的活动痕迹来。因此,巴甫洛夫写道:"在皮质下中枢里,保存着过去非常强烈的刺激的痕迹;只要大脑两半球的皮质对于皮质下的抑制作用一减弱,这些痕迹就马上向外暴露出来;而且在可以出现皮质对于皮质下的正诱导的时候,这些痕迹甚至还要暴露得更加厉害。"

人类的所谓第二信号系统("用说话来表明的信号系统")的活动,是和他的第一信号系统有不断的联系的。人类有了这种第二信号系统,而它又和第一信号系统作着人类所特有的相互影响,这就构成了他的脑部活动的最重要的性质的差异,而且向我们表明是人类的复杂的精神生活的高级类型。如果不考虑到这一点,那么也就不可能去理解人类的情绪和这些情绪的表达方法。我们可以用巴甫洛夫的话来记住他的第一和第二信号系统学说的实质。巴甫洛夫写道:"在进化的动物界里,在人类出现的阶段上,就产生了一种特殊的对神经活动机制的附加物。对于动物方面说来,差不多专门只有那些直接达到身体的视觉、听觉和其他感受器的特种细胞里来的刺激和这些刺激在大脑两半球里的痕迹,方才能够发生信号作用。这就是我们自己也具有的东西,既有从周围的外界环境这种一般自然环境里来的印象、感觉和观念,也有从我们的社会环境来的印象、感觉和观念,但是除开可以听到的语言和看到的词不算。这就是我们和动物共有的现实的第一信号系统。可是,语言(词)构成了我们所专有的现实的第二信号系统,也就是第一信号的信号。一方面,无数的词的刺激物使我们去和现实脱离……另一方面,正也是语言使我们成为人;当然在这里不再有机会来详细谈到这一点。可是,不应当忘记,那些在第一信号系统工作里所建立起来的基本规律,也应该同样支配着第二信号系统,因为这是同一神经组织的工作。"①巴甫洛夫的所有这些思想,在理解情绪生活的规律性和它的外部表现方法方面,具有基本的意义。

卓越的苏联神经病理学家阿斯特瓦察土罗夫(М. И. Аствацатуров)在巴甫洛夫学说的基础上,创立了关于情绪起源的理论观念。阿斯特瓦察土罗夫爱好把情绪划分成为皮质的和皮质下的两类:人类的高级的情绪是属于皮质方面的;而比较原始的情绪则是属于皮质下方面的,也是动物和人类都具有的,但同时受到人类脑皮质的调节影响。② 著名的苏联精神病学家奥西坡夫(В. П. Осипов)以巴甫洛夫学说作为根据,去仔细研究了情绪的生理上的起源这个问题,并且特别注意到研究各种精神病发作时候的精神错乱状况,把这些状况去和一定的外部和内部的刺激物的作用联系起来。③

巴甫洛夫关于情绪方面的思想,也在他的其他学生和后继者们的著作里获得了发展。在它们当中的一个著作里,把达尔文关于表情的见解去和巴甫洛夫学说作了一个比较。这个比较就是巴甫洛夫的学生之一弗罗洛夫(Ю. П. Фролов)在他所著的书《本能的生理特性》(Физиологическая природа инстинкта)里所作的;他写道,在达尔文的《人类和动物的表情》这本书里,幸运地把生理研究方法和历史方法配合起来,因为在把这两种方法结合在一起以后,它们就"使达尔文的研究天才获得巨大的力量"。弗罗洛夫证明说,达尔文对于那些伴随着各种不同情绪而出现的表情动作的本性方面的观点,整个是和巴甫洛夫学说互相符合的。

现在就来作一个总结。达尔文的表情动作的学说,根据思想基础和它的唯物主义方向性说来,极其接近于巴甫洛夫生理学的基本思想。达尔文对于表情动作的反射本性的见解,使人可以从这样的角度上来正确提出表情动作的起源问题,就是可以用巴甫洛夫生理学从这个角度上去深入地和富于成效地精密研究。有用的联合性动作原理,是达尔文在表情动作的起源问题方面的理论见解的基础;可以整个把这个原理放到现代关于条件反射的学说的轨道上去。因此它也就显出是极其接近于巴甫洛夫对精神活动的起源与发展的看法了。

当然,从巴甫洛夫和他的学派的研究工作的观点看来,达尔文在这本书里所发展的这些对于人类的表情动作的起源和他们特有的情绪有联系的观点,虽然全部都具有重大的意义,但是犯了一个错误,就是:轻视了大脑皮质对于人类的各种特殊的情绪的发生和表现方面的作用。人类所特有的财富——第二信号系统——在和第一信号系统作着连续不断的相互作用和不可分割的统一,所以它对情绪的最后表达起有决定性的影响。正是因为这样,人类学会了怎样去控制自己的情绪:有时使这些情绪充分发挥出来,有时则

---

① 上页到这里所用的巴甫洛夫的话,参见《巴甫洛夫全集》,第 3 卷,第 2 分册,第 335、402、403、404、406 页。

② 阿斯特瓦察土罗夫:《阿斯特瓦察土罗夫选集》,圣彼得堡,1939 年。论文篇名:《情绪的体质基础》("Соматические осноаы эмоций")和《现代神经学关于情绪本质的资料》("Современные неврологические данные о сущностн эмоций"),第 320—334 页。

③ 奥西坡夫:《论情绪的生理上的起源》("О физиологическом происхождении эмоций",登载在巴甫洛夫院士 75 岁纪念集里,第 105—113 页);还有:《关于精神错乱状态的发生问题》("К проблеме генеза аффективных состояний",基洛夫军医大学著作集,第 1 卷,圣彼得堡,1946 年)。

抑制住它们的外部表现,依从时机的要求而决定。在达尔文的主张里,并没有反映出这种对情绪表现的问题的看法来,这也就是这个主张的意义狭小的原因之一。

至于说到达尔文用最细致的观察方法来获得的并且靠了广泛和很多通信者互相通信的办法而收集到的实际资料,那么现在就可以用新的资料来替换和补充它了。自从达尔文的这本书出版以后,已经积累了特别多的有关猿类的习性与表情动作的事实。这些事实是用更加完善的方法来获得的:一部分是在天然条件下,另一部分是在实验条件下,而且广泛采用了照相和电影拍摄的方法来获得的。苏联科学家拉德吉娜—科特斯(Н. Н. Ладыгина-Котс)在黑猩猩(猩猩)方面获得了特别宝贵的资料。她的一极有趣的含有丰富的事实的专门著作《黑猩猩的孩子和人类的孩子》(*Дитя щимпанзе и дитя человека*),就是对达尔文的《人类和动物的表情》这本书的极其宝贵的补充资料。达尔文只能够去想象到这样精密地作出的关于黑猩猩的表情动作和表情的记载,因为这些记载会使他获得更加精密得多的可靠的分析上的资料。在其他的苏联科学家——沃伊托尼斯(Н. Ю. Войтонис)、瓦楚罗(Э. Г. Вацуро)等——的著作里,也包含有不少关于猿类的宝贵资料,不过这些科学家还没有去把表情动作当做自己的专门研究工作的对象。

巴甫洛夫学说对于生理学的发展作了强有力的推动;只有进化生理学才能把各种动物的情绪起源问题的解决办法提到更高的理论水平上,并且从进化观点去查明情绪和它们的外部表现的联系的生理机制。只有采取这条路线,方才可能进一步去加深和发展达尔文在研究表情的问题方面所作出的一切结论。

在比较后不久,由于苏联神经病理学家谢普(Е. К. Сепп)的研究著作的发表,达尔文的主张又在某一个问题上获得了支持。谢普根据"达尔文在他的关于动物和人类的表情动作的著作里,卓越地说明了关于眼睛在哭泣和发笑时候紧紧眯细具有预防意义的问题"这一个说法,就去对某些和一定肌肉群的收缩有联系的表情动作、对于脑部血液循环的影响方面,作了更加详细的分析。谢普企图证明,很多参加哭泣动作、皱眉、集中注意力等方面的表情肌的收缩,具有一定的生物学上的意义,同时对于脑部血液循环创设了良好的条件(在本书后面的俄文译者的附注里,可以看到更加详细的说明)。谢普的见解虽然在实际方面也是缺少充分的论据,却是相当重要的,因为如果证实了这些见解,那么它们就会去补充说明很多表情动作的直接在生理上的意义,因此也可以使达尔文所发表的几个作为假设形式的思想得到进一步的发展。

因此,我们可以看出,我们国家的科学,是和外国的科学不同的,它对情绪和表情动作的问题,作了最深入的创造性研究。达尔文的有些思想已经得到证实,还有一些思想则受到了深刻的批判,而且显然无疑的是:从巴甫洛夫学说的立场来进一步发展这个科学部门,将会得出更加多的重要而且宝贵的成果来。

## 5. 达尔文关于表情的主张的优点和缺点

应当认为,达尔文的不可争辩的历史功绩,就在于他确定了动物和人类的各种不同的情绪方面所特有的表情动作在发生上具有共同的根源。这种共同性的证明,就是达尔文关于有机界的发展的学说的重要确证,而且首先是他关于人类起源于低等动物类型的学说的重要确证。达尔文正是为了这个目的,用他所特有的一切精密性,去收集大量有关动物和人类的表情方面的事实和观察,并且把它们分类。应当特别着重地指出,达尔文同时企图要用新的重要的论据,去加强一切人种团结一致的先进思想;他经常不变地用一种相信自己正确的科学家的顽强性和坚决心,去卫护这种思想。

达尔文对问题作了整个又深入又广泛的研究,抱有明显的唯物主义的意图,在这个复杂的研究工作方面提出了一系列大有成效的科学假设。在这方面,达尔文关于表情的著作不仅具有重要的历史意义,而且即使到现在也仍旧保持着它的重大意义。

可是,我们在着重指出达尔文的这个确实无疑的功绩时候,也应该同时清楚地想象到达尔文的主张的缺点方面;特别是在他对人类的表情动作的发生这个问题的解释方面具有缺点。这些缺点方面,并不限定于上面已经讲到过的他的生理学解释的某些具体缺陷,而是具有深刻的方法论上的根源。

达尔文没有成功地创立出一种能够去解释人类所特有的情绪的起源和发展的完备的理论来。可以用下面的话来说明这一点。那些对人类最有特征性的情绪,是和人类的社会劳动活动有联系的,因为这种活动是在全部人类历史发展的遥远道路上形成的。从辩证的历史唯物主义观点看来,任何一种对于人类情绪生活的生物学解释,如果脱离开了它所能理解的范围,并且硬要去完全解决问题,而不是局部解决问题,那么就绝不会使人认为是满意的。在达尔文的这本书里,丝毫都没有讲述到主要的一点,就是人类情绪的社会根源。达尔文只看到了问题的一方面;而另一个对于理解人类情绪起源的最重要的方面,却没有被他注意到。在达尔文的这本书里,并没有反映出"劳动创造人类"这个公式所表明的真理的基本重要性。因此,达尔文对那些快乐、不满、憎恨、轻视、厌恶、自觉有罪、惊奇、羞耻等情绪的外部表现所作的叙述,就显得贫乏和片面。虽然达尔文在细节的描写方面非常细致,他所表现的观察力非常惊人,还有他的很多解释十分聪明,但是他的眼光却显得太狭窄,因此这种情况也就成为一种对他所提出的问题的充分而周到的说明方面的主要障碍。达尔文想用生物学方法去解决这个属于人类方面的问题,想消灭人类和动物之间的性质上的界线;这种错误的企图,正像他的关于人类起源的著作里所清楚地表现出来的企图一样,也在这本关于表情的书里充分地反映出来。

不能反驳的情形是:在找寻人类情绪的发生上的根源时候,要去注意到饥饿、自卫、繁殖等本能。可是应当记住,从上述的本能所产生的情绪的初期类型开始,直到那些和人类的认识活动与实践活动有关的典型的人类情绪为止,要通过一条漫长的人类历史发展路线。在这里,可以恰当地用马克思的话来说:"……只有靠了(物象上)客观上展开的、人类实体的财富,才能够产生出主观的人类的感性的财富,产生出能够欣赏音乐的耳朵、能够理解形态的美观的眼睛——总之,人类的能够享受的感觉,那些被肯定是人类的重要的力量的感觉,一部分首先产生出来,一部分则发展下去。不仅是普通的五种感觉,而且也是所谓精神上的感觉、实际的感觉(意志、爱情等),总之是人类的感觉、感觉器官的人情,只是由于它们的对象的存在,由于人化的本性,方才发生出来。五种感觉的形成,这就是全部世界史的产物。"①

因此,人类的情绪和他的活动有最密切的联系,首先决定于社会历史条件、人类的社会劳动活动。人类亲自参加劳动;他在劳动里展开了自己的体力和精力的一切财富和多样性。在人类的创造性活动里,他的认识力、他的意志、他的感情就互相融合在一起。列宁曾写到"……如果没有'人类的情绪',那么绝不会而且不可能有人类对真理的追求"的时候,②他所指的就是这样的热情,人类就把这种热情投进到自己为实现一定的理想而作的斗争里去。当巴甫洛夫写到"科学要求人们鼓足干劲和拿出伟大的热情来。你们要热烈地工作,热烈地追求真理"的时候,③他也表明出了同样的思想来。

人类情绪的全部财富,从最简单的原始的情绪开始,一直到那些丰富而复杂的、不断地和人的意识交织在一起的、使人整个对自己的一切想法和意图专心一致的情绪(例如苏联人对自己祖国和自己人民的热爱的感情)为止,只有在我们从马克思列宁主义科学的立场上去研究人类的情形下,方才会被我们理解到。人类的语言、意识和情绪生活被交织成为整个一团,彼此有不可分割的联系,因此,斯大林的天才著作《马克思主义与语言学问题》里所发表的最深刻的思想,对于研究情绪问题方面具有十分重要的意义。

C. Γ.格列尔斯坦

---

① 马克思:"神圣家族"一书的准备工作(《马克思恩格斯全集》,第 3 卷,第 627 页)。
② 列宁:对鲁巴庚的书"在书籍中间"的评论(《列宁全集》,第 20 卷,第 237 页)。
③ 巴甫洛夫:给青年的一封信(《巴甫洛夫全集》,第 1 卷,1940 年,第 27—28 页)。